阅读提示：

《法国女装结构与纸样设计》系列书共有6册，其中第1～3册是基础，建议读者循序渐进地学习，先学习第1～3册，再学习第4～6册。

第4～6册中使用的基础样板在第1～3册中有详细的绘制方法和步骤介绍，没有按分册先后次序学习的读者在遇到不熟悉的基础样板时，可扫图书封底二维码查看本系列书所有分册目录，找到相关基础样板所在分册及页面，进行有针对性的学习。如果查找有困难的，也可以加入我们的编读群（扫图书封底勒口二维码），在群里向我们咨询。

书中所有未标单位的尺寸均以厘米（cm）为单位。

为了尊重原版书的写作方式，中文版的图片编号方式与原版书一致，书中编号包括阿拉伯数字编号（如图1、图2、图3……）、阿拉伯数字与英文小写字母组合编号（字母从b开始起编，如图1b、图1c、图1d……）两种方式。采用阿拉伯数字与英文字母组合编号的图片包括以下几种情况：

1. 由于版面关系，相应阿拉伯数字编号图片在同一页面上排不下，拆分后排在不同页面上的图；
2. 相应阿拉伯数字编号图片的辅助图片，对相应制图步骤作补充或局部细节说明；
3. 最终样板图。

——本系列书编辑团队

LE VÊTEMENT FÉMININ
MODÉLISME
COUPE À PLAT

Dominique Pellen

法国女装结构与纸样设计 ①

制板基础·衣身·衣领·衣袖

[法] 多米尼克·佩朗　著

王俊　贺姗　译

東華大學出版社

·上海·

图书在版编目（CIP）数据

法国女装结构与纸样设计. ①, 制板基础 · 衣身 · 衣领 · 衣袖 / (法)多米尼克 · 佩朗著；王俊，贺姗译. 一上海：东华大学出版社, 2021.9

ISBN 978-7-5669-1931-1

Ⅰ. ①法… Ⅱ. ①多… ②王…③贺… Ⅲ. ①女服－服装结构－结构设计②女服－纸样设计 Ⅳ. ①TS941.717

中国版本图书馆CIP数据核字(2021)第133228号

责任编辑：徐 建 红

书籍设计：东华时尚

出　　版：东华大学出版社（地址：上海市延安西路1882号　邮编：200051）

本社网址：dhupress.dhu.edu.cn

天猫旗舰店：http://dhdx.tmall.com

销售中心：021-62193056　62373056　62379558

印　　刷：上海盛通时代印刷有限公司

开　　本：889mm × 1194mm　1/16

印　　张：14

字　　数：490千字

版　　次：2021年9月第1版

印　　次：2021年9月第1次

书　　号：ISBN 978-7-5669-1931-1

定　　价：99.80元

目 录

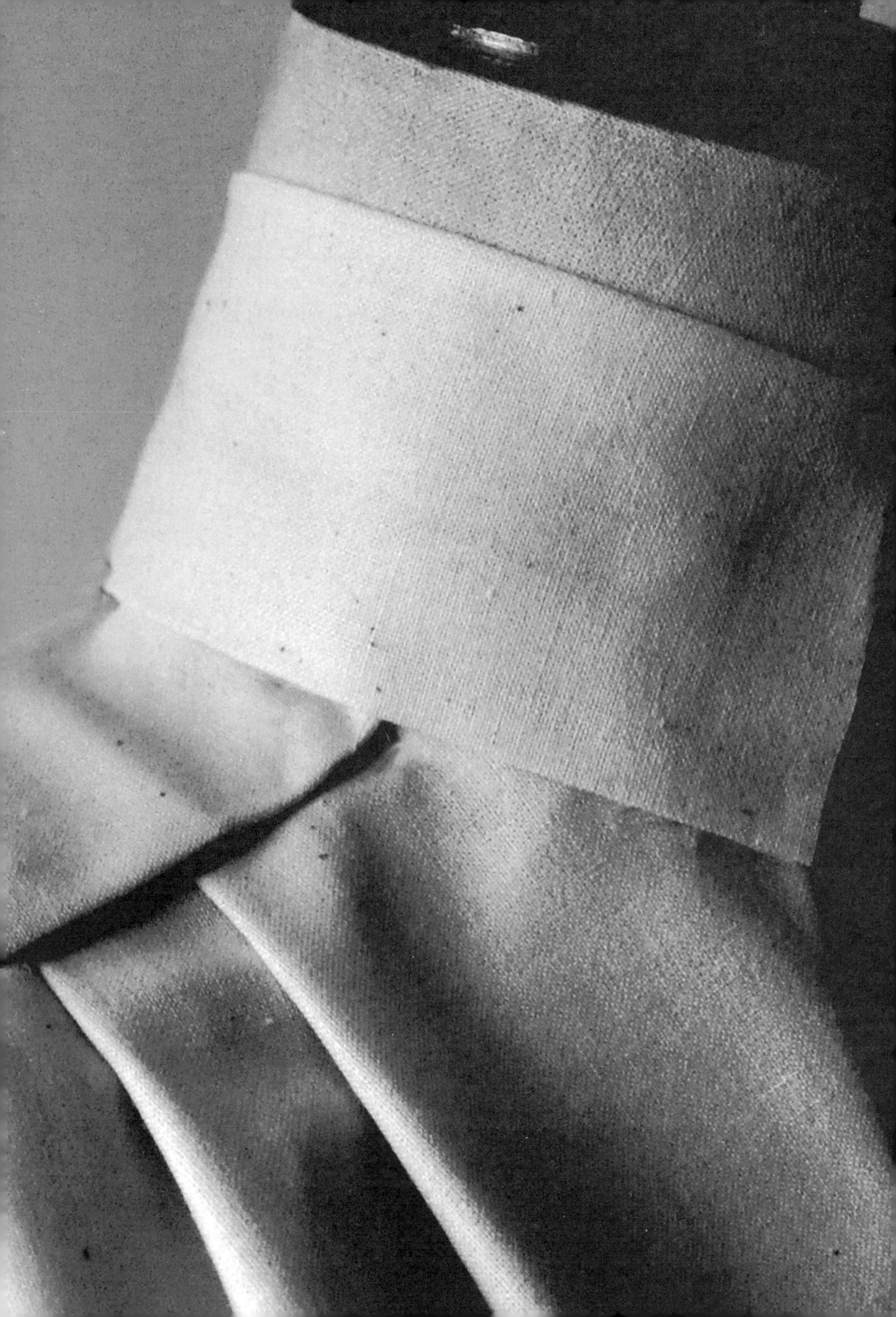

1

制板基础

服装制板常用材料与工具

1. 锥子：金属尖头，用于把一张绘图纸上的样板线条复制到另一张绘图纸上。

2. 钩子：用于悬挂最终完成的样板。

3. 0.5mm黑色和彩色铅笔芯：插入自动铅笔中。黑色笔芯可用来绘制基础样板结构线，彩色笔芯可用来突出样板上的某条结构线。

4. 0.5mm笔芯自动铅笔：用于绘制较精细的线条。0.3mm笔芯自动铅笔用于绘制更精细的线条。

5. 60cm大弯尺和小弯尺：绘制西装外套曲线的塑料模具尺。

6. 用于裤子和裙子的金属弯尺：绘制裤子和裙子曲线的金属模具尺。

7. 黑色自黏标记带：黑色自黏细塑料带，用来贴在人台上标记尺寸。

8. 红色和蓝色标记带：彩色棉布带，宽约0.5cm，用来在人台上标记基本结构线。通常红色标记带用于标记垂直方向，蓝色标记带用于标记水平方向。

9. 透明描图纸：为了使样板线条更精准，可以借助透明描图纸来调整样板轮廓线，这样可以避免折叠样板。

10. 圆规：用于绘制圆形或圆弧的绘图工具。

11. 35cm×60cm金属角尺：用于绘制长方形和直角的绘图工具。

12. 带有量角器功能的60°塑料三角尺：用于绘制不同角度的重要绘图工具。

13. 打孔器：用打孔器在样板上打孔之后，可以用钩子将样板悬挂起来。

14. 服装制板打孔器：在样板上打小孔做标记的工具。

15. 图钉：用于拓描图纸时辅助固定样板，也可以代替锥子打孔做标记，但没有锥子方便。

16. 大头针：用来将坯布样衣不同部位的裁片组合起来。

17. 裁布剪刀：用来裁剪坯布样衣或面料的工具。

18. 纸镇：在纸板、绘图纸或者坯布上拓描样板轮廓线时，用来保持样板固定不动。

19. 65cm×100cm白纸：用来绘制样板的纸张。

20. 绘图纸：一种用来绘制线条、样板且便于长期保存的卡纸。后期也可以在拓描时充当模板，或在设计有改动时作为原型样板，以节省时间。

21. 60cm透明直尺：透明塑料直尺，尺面上印有几行直线，方便绘制各种图样。

22. 70cm云尺：用于绘制较长曲线的绘图工具。

23. 21号曲线板：用于绘制各种曲线的绘图工具。绘图时主要使用曲线板的外缘弧线。

24. 描线轮：在坯布上复制样板的工具。最好不要在样板上使用描线轮，因为在纸张上其精度不佳。

25. 裁纸剪刀：剪切绘图纸的必要工具，也可以用于裁剪法制板。

26. 橡皮：绘图时用来更正错误的工具。

27. 开口钳：用来将纸板剪切出小缺口作为标记的夹具，比如标记某个省道的省边或者某个刀眼位置。

28. 金属米尺：用于绘制较长直线的绘图工具。

29. 卷笔刀：用于削尖在坯布上绘图的彩色铅笔。

30. 白坯布：制作坯布样衣所用的本白全棉细布，根据布样在人台上试穿的实际情况修改样板。

31. 软尺：用于测量人体各部位尺寸的工具。

32. 木棉：一种非常轻的植物纤维，具有防透水和防腐的特性，但也具有易燃性。可以作为人台手臂的填充物，也可用于调整人台的基本形状。

33. 蓝红双色铅笔：用来在坯布上做标记的彩色铅笔。

34. 烫垫：用来熨烫衣服的隆起部位，确保熨烫成型。

35. 烫凳：熨烫工具，用于分烫开衣服上某些较窄部位的缝份，例如袖子。

36. 划粉：用来在坯布上绘制线条和标记点位的工具。

37. 顶针：手缝时的必要工具。

38. 人台：用来展示制作完工的服装，以便观察其悬垂感、平衡性以及是否伏贴。

39. 碳式复写纸：一种用于将纸样复制到坯布上的复写纸，也可以复制坯布样。

40. 美纹胶带：可用来调整轮廓线的工具。

1. 锥子
2. 钩子
3. 0.5mm黑色和彩色铅笔芯
4. 0.5mm笔芯自动铅笔
5. 60cm大弯尺和小弯尺
6. 用于裤子和裙子的金属弯尺
7. 黑色自黏标记带
8. 红色和蓝色标记带
9. 透明描图纸
10. 圆规
11. 35cm×60cm金属角尺
12. 带有量角器功能的60°塑料三角尺
13. 打孔器
14. 服装制板打孔器
15. 图钉
16. 大头针
17. 裁布剪刀
18. 纸镇
19. 65cm×100cm白纸
20. 绘图纸
21. 60cm透明直尺
22. 70cm云尺
23. 21号曲线板
24. 描线轮
25. 裁纸剪刀
26. 橡皮
27. 开口钳
28. 金属米尺
29. 卷笔刀
30. 白坯布
31. 软尺
32. 木棉
33. 蓝红双色铅笔
34. 烫垫
35. 烫凳
36. 划粉
37. 顶针
38. 人台
39. 碳式复写纸
40. 美纹胶带

女装规格尺码表

本系列书中所有样板参考尺寸均基于女装规格尺码表中的38码。

女装规格尺码表中列举了身高168cm女性的常规尺寸，尺码从36至48码不等。这些尺码主要分为三组：

第一组，36~42码

第二组，44~46码

第三组，48码

每个尺码所属的组别不同，所对应的档差也不一样，即随着尺码的增加，档差将相应变化。

在表格的右边记录了每个组别不同的档差，仅供参考。

规格尺码表以cm为单位，每个部位的尺寸都有编号，与插图中人体上的编号相对应。

认真分析测量尺寸非常重要，这也是制板的第一步。

直接测量人体各部位的尺寸并不是一件容易的事。在绘制样板时，如果发现尺寸有异（太大或太小），应该重新测量，消除疑问。

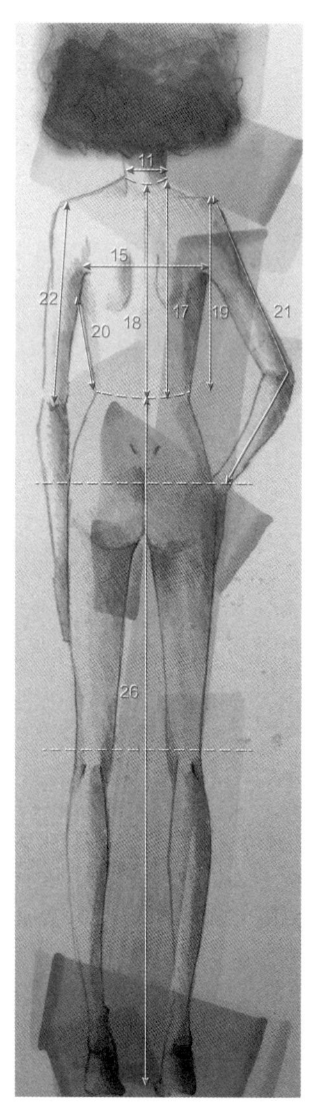

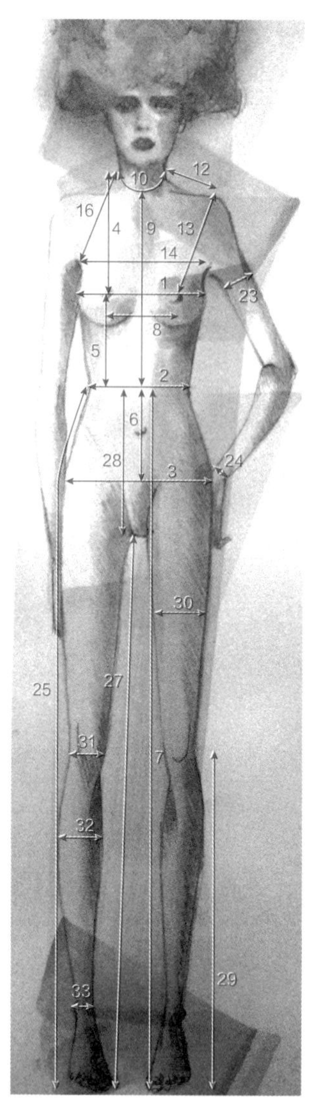

女装规格尺码表

单位：cm

	名称	36码	38码	40码	42码	44码	46码	48码	档差
	身高	168	168	168	168	168	168	168	
1	胸围	83	87	91	95	100	105	111	+4/+5/+6
2	腰围	63	67	71	75	80	85	91	+4/+5/+6
3	臀围	90	94	98	102	107	112	118	+4/+5/+6
4	颈侧点至胸围线的长度	26.3	27	27.7	28.4	29.25	30.1	31.1	+0.7/+0.85/+1
5	胸高点至腰围线的长度	16.75	17	17.25	17.5	17.8	18.1	18.45	+0.25/+0.3/+0.35
6	腰围线至臀围线的长度（前中线上）	19.75	20	20.25	20.5	20.8	21.1	21.45	+0.25/+0.3/+0.35
7	腰围线至地面的高度（前中线上）	104.5	105	105.5	106	106.6	107.2	107.9	+0.5/+0.6/+0.7
8	乳间距（胸高点之间的距离）	18.5	19	19.5	20	20.6	21.2	21.9	+0.5/+0.6/+0.7
9	前中长（领围线至腰围线的长度）	36.5	37	37.5	38	38.6	39.2	39.9	+0.5/+0.6/+0.7
10	领围	32.8	34	35.2	36.4	37.9	39.4	41.2	+1.2/+1.5/+1.8
11	领宽	11.6	12	12.4	12.8	13.3	13.8	14.4	+0.4/+0.5/+0.6
12	小肩宽（颈侧点至外肩点的长度）	12.2	12.5	12.8	13.1	13.45	13.8	14.2	+0.3/+0.35/+0.4
13	胸高点至外肩点的长度	23.3	24	24.7	25.4	26.25	27.1	28.1	+0.7/+0.85/+1
14	前胸宽（前片左右腋点之间的宽度）	31	32	33	34	35.25	36.5	38	+1/+1.25/+1.5
15	后背宽（后片左右腋点之间的宽度）	34	35	36	37	38.25	39.5	41	+1/+1.25/+1.5
16	颈侧点至前腋点的长度	17.5	18	18.5	19	19.6	20.2	20.9	+0.5/+0.6/+0.7
17	后身长（颈侧点至腰围线的长度）	42.5	43	43.5	44	44.6	45.2	45.9	+0.5/+0.6/+0.7
18	后中长（领围线至腰围线的长度）	41	41.5	42	42.5	43.1	43.7	44.4	+0.5/+0.6/+0.7
19	外肩点至腰围线的长度	39	39.5	40	40.5	41.1	41.7	42.4	+0.5/+0.6/+0.7
20	侧缝处袖窿底至腰围线的长度	20.75	21	21.25	21.5	21.8	22.1	22.45	+0.25/+0.3/+0.35
21	臂长（外肩点至手腕的长度）	61.5	62	62.5	63	63.6	64.2	64.9	+0.5/+0.6/+0.7
22	肘高（外肩点至手肘的长度）	34.5	35	35.5	36	36.6	37.2	37.9	+0.5/+0.6/+0.7
23	臂围（肱二头肌处围度）	26	27	28	29	30.25	31.5	33	+1/+1.25/+1.5
24	手腕围	15.5	16	16.5	17	17.6	18.2	18.9	+0.5/+0.6/+0.7
25	腰围线至地面的高度（侧缝处）	105	105.5	106	106.5	107.1	107.7	108.4	+0.5/+0.6/+0.7
26	腰围线至地面的高度（后中线上）	103.5	104	104.5	105	105.6	106.2	106.9	+0.5/+0.6/+0.7
27	前裆底部至地面的高度	81.5	81.5	81.5	81.5	81.5	81.5	81.5	0
28	前裆长（腰围线至前裆底部的长度）	23.5	24	24.5	25	25.6	26.2	26.9	+0.5/+0.6/+0.7
29	膝盖至地面的高度	47	47	47	47	47	47	47	0
30	大腿围	50	52	54	56	58.5	61	64	+2/+2.5/+3
31	膝围	33.5	35	36.5	38	39.85	41.7	43.9	+1.5/+1.85/+2.2
32	小腿围	32.25	33.5	34.75	36	37.52	39.04	40.84	+1.25/+1.52/+1.8
33	脚踝围	21.5	22.5	23.5	24.5	25.7	26.9	28.3	+1/+1.2/+1.4

注：表中数据仅供参考

服装制板基本原理

书中介绍的服装样板都采用38码规格尺寸，基于法国巴黎Siége et Stockman公司生产的编号为50497的半身人台。

为了让读者更好地理解和掌握各种女装基础样板的设计原理和方法，书中每个操作步骤都有标准尺寸以便检查和标记，读者在制板时可以随时核对尺寸。

如果遇到其他尺码，依然可以参照基础样板进行推档，绘制新的样板。重要的是掌握方法，按比例且均衡地缩放样板。

当然，样板中指定的尺码可大可小。在此之前，最好先熟练掌握38码基础样板的制板方法，了解并掌握不同尺码的档差后再进行推档，这一点非常重要。

为了方便读者阅读，在讲解新的制图步骤时，书中对应图片中的新结构线或变化结构线用红线表示，其余结构线全部用黑线表示。

基本规则

1. 在设计女装时，应始终在穿着者的右侧进行操作。因为女装的右片在左片上面，扣纽扣的方式是从右侧扣到左侧。

2. 在绘图纸上绘制样板时，一定要把绘图纸的正面（绘制样板的一面）作为面料正面。因此，后中线始终在左侧，前中线始终在右侧（图1）。

3. 查看样板的方式也应该始终保持一致。也就是说，如果面前有5块样板，应该从位于最右侧的前片开始，从右到左依次是前中片、前侧片、后侧片和后片（图2）。

4. 对于每个部位的样板，应该标记一条中心线（或直丝缕）及各种信息。此外，在每个部位的样板上标记样板参考号也非常有必要（图3）。

- 样板参考号（如W14.401.2.、婚纱等）
- 样板部位名称（如前片、前侧片、大袖等）
- 样板尺码（如38码、40码等）
- 每个部位的裁剪数量（如×2、×1等）
- 如果某个部位需要整体复合黏合衬，请注明（如烫黏合衬）。如果只是局部，建议最好按照实际大小另外复制一块样板。
- 也可以在每块样板的编号中标示出样板的总数（如3/7即表示总共有7块样板，这是第3块）。

5. 对于左右对称的衣服，无需绘制完整的样板，只需绘制右半边即可（只有当衣服投入生产时才需完整地呈现出来）。如果是不对称的衣服，则必须先按照镜像复制衣服的右半边，然后在复制的样板上进行调整，绘制衣服的左半边。

6. 为了避免在制板过程中出现偏差，必须精确地绘制每个部位的样板。千万不要忘记，服装制作分为几个必要的步骤：首先是绘制样板，其次是裁剪面料，最后是缝合。任何一个步骤没有严格执行，都可能会导致在成衣上多出或缺少几毫米，甚至几厘米。

7. 依据本书介绍的方法，可以借助透明描图纸检查和调整样板，使各个部位拼接缝合得更加精准、完美。这种方法在操作过程中完全不需要折叠绘图纸，并可以使样板保持最佳的清晰度。

透明描图纸以灰色背景表示。

图1

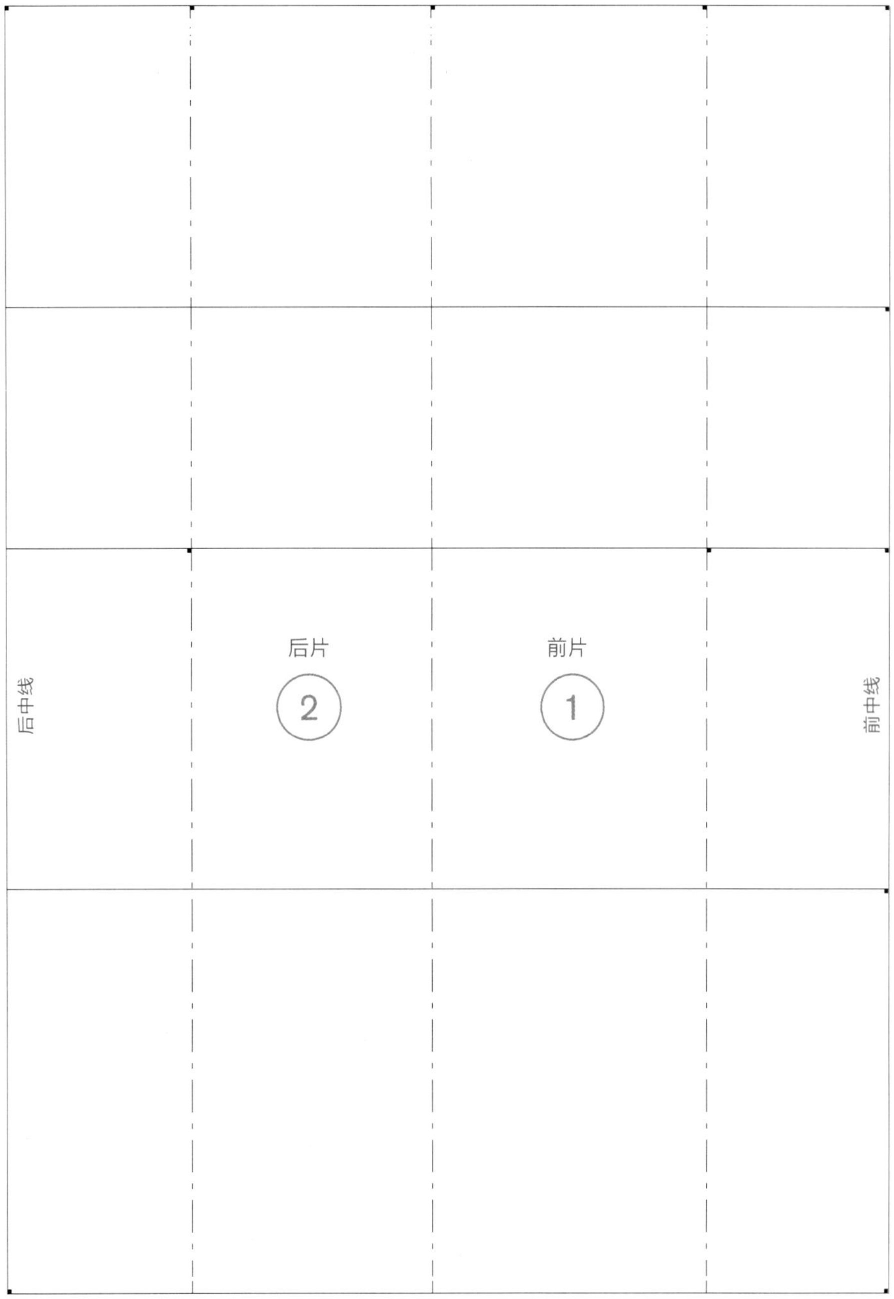

后片
2
前片
1
后中线
前中线

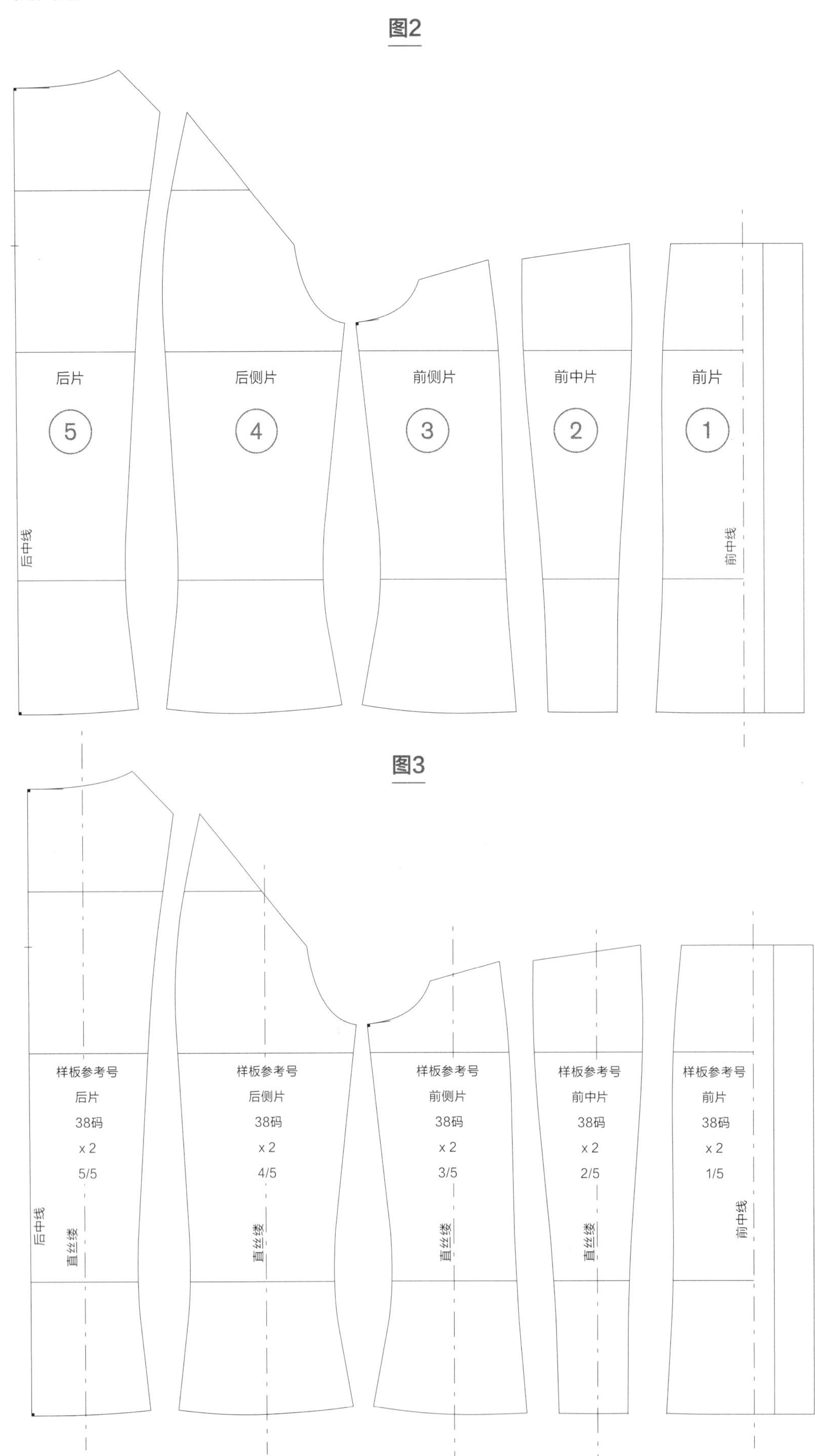
图2
后片
5
后中线
后侧片
4
前侧片
3
前中片
2
前片
1
前中线
图3
样板参考号
后片
38码
x 2
5/5
后中线
直丝缕
样板参考号
后侧片
38码
x 2
4/5
直丝缕
样板参考号
前侧片
38码
x 2
3/5
直丝缕
样板参考号
前中片
38码
x 2
2/5
直丝缕
样板参考号
前片
38码
x 2
1/5
前中线

基础样板的绘制方法

1. 在绘制基础样板前，要先测量人体尺寸，这一点至关重要。在绘制样板时，为了避免出现误解和差错，使用正确的方法和保持严谨的态度也很有必要。

2. 无论服装的具体设计或款式如何，各种服装或部位（裙子、上衣、袖子等）都可以制作基础样板，但首先必须确定穿着者的身体尺寸，以此作为绘制样板的基础。

3. 一般来说，在绘制基础样板前，必须根据人体相应部位的最大高度和宽度绘制一个长方形来确定样板的总体尺寸。

4. 为了画好样板的每条轮廓线，请仔细阅读操作步骤，以免出现误解和差错。

5. 为了准确地对位，需要在样板上设置刀眼。刀眼必须有规律地分布在车缝难度较大的部位，以便辅助车缝，准确地拼接裁片，使整体效果更美观，更协调。

6. 完成样板后，可以用白坯布裁剪制作样衣并进行试样。试样后，如有必要，可修改坯布样，然后在基础样板上进行相应调整，这样将来每件衣服都可以在此基础上进行制板。

7. 在轮廓线外按照成衣或高定工艺设置缝份，以便完成样板，然后根据要求进行车缝。不要忘记在每个部位的样板上添加必要的标记。

8. 将这个样板作为基础样板，可在此基础上根据选定的服装款式进行变化调整。

改造基础样板设计其他款式的方法

1. 观察要创作的款式并细化每一步操作，这对于制板而言非常重要。仔细研究这个款式的线条、接缝和细节（尺寸、领子和袖子的样式、收边方式等）。

2. 选择适当的基础样板来进行制板。先将基础样板的每个部位拓描在一张绘图纸上，接着再绘制这个款式与基础样板不同的线条。

3. 在基础样板上绘制出这些线条后，要按照新款式的设计意图，考虑如何更好地进行调整：比如设置拼缝、育克、口袋，放宽某些部分，增加某些部位等。

4. 不要忘记给每个款式设置门襟和相应的扣合方式（纽扣、拉链等），它们对于服装必不可少。

5. 不要忘记检查样板的拼缝处，要确保缝线长度一致，美观协调。然后，设置车缝对位刀眼。

6. 将这个新款式的样板置于白坯布上进行拓描，制作样衣并穿在模特身上进行第一次试样。同样，如果需要修改或调整，先在坯布样上操作，再调整样板。

7. 设置缝份，以便于衣服能够顺利车缝，完成制板。最后，不要忘记在样板的每个部位上添加必要的标记。

设置人台标记线

为了观察衣服的悬垂性，在人台上设置结构线必不可少。本书以38码的人台为基础，举例说明如何设置标记线。

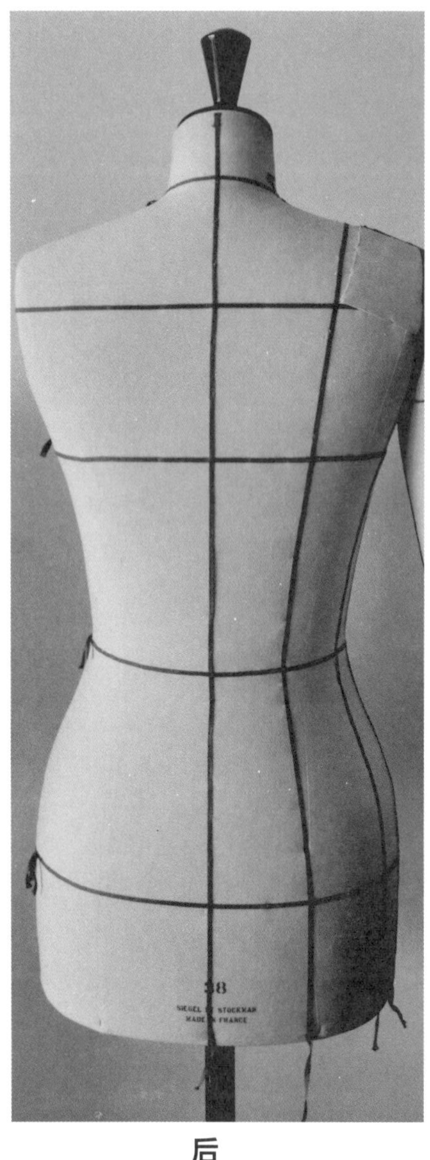

后

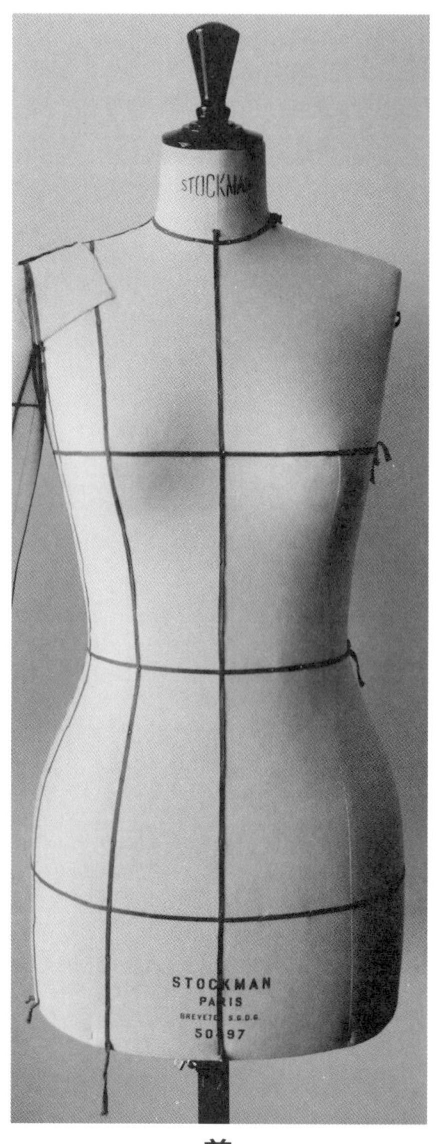

前

图 1

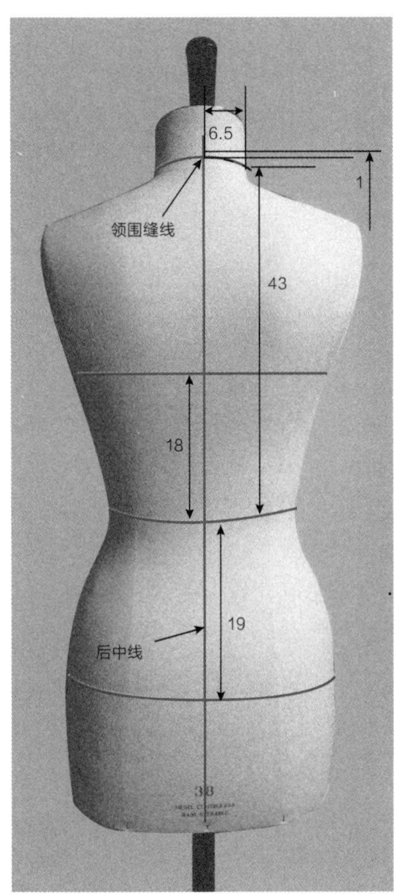

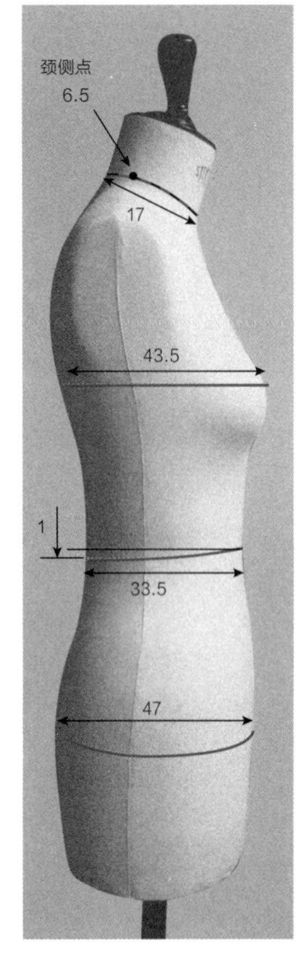

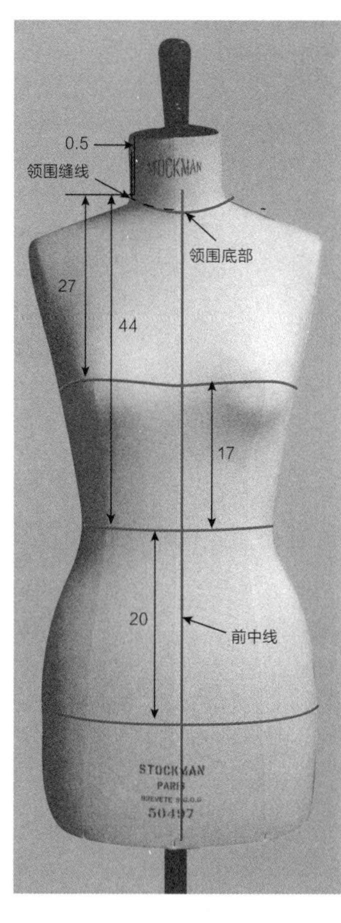

图1

前中线

沿着人台的前中线，自领围底部以上1cm处垂直向下设置标记线，直至人台底部，确保前中标记线自然垂直。

领围线

先测量领围（此人台领围为34cm），然后自前中线开始在领围的1/2处找出后中线的位置：34/2＝17cm。

自前中线开始，沿着人台的领围缝线设置领围标记线。在肩缝处，把领围标记线向领围缝线以上抬高0.5cm，然后继续沿着人台的领围缝线设置领围标记线，最后在后中线处向上抬高1cm。自后中线朝肩缝方向在领围线上量取6.5cm，找出颈侧点。

腰围线

腰围=67cm，绕着人台腰身拉紧标记线并打结固定在左侧。在人台前片上，将腰围标记线设置在距离颈侧点44cm的腰身最细处。在人台后片上，把腰围标记线向下拉低1cm。检查后片上颈侧点和腰围标记线间的垂直距离是否等于43cm。腰围线与颈侧点的间距，在前片（44cm）和后片（43cm）有1cm的差值。

胸围线

胸围＝87cm，从左侧开始设置胸围标记线，经过胸高点水平围绕人台一周，并将其固定在人台左侧。在前片上，颈侧点和胸围线的间距为27cm。在前中线上，胸围线和腰围线的间距为17cm。在后中线上，由于腰围线下降了1cm，胸围线和腰围线的间距为18cm。

臀围线

臀围＝94cm，将臀围标记线置于腰围线以下20cm处（在前中线上量取），使其保持与人台底部平行，并打结固定在人台左侧。在后中线上，由于腰围线下降了1cm，腰围线和臀围线的间距为19cm。

后中线

在胸围线、腰围线、臀围线和人台底边等水平方向的标记线上，分别找出中点：1/2胸围＝87/2＝43.5cm，1/2腰围＝67/2＝33.5cm，1/2臀围＝94/2＝47cm。

从之前设置领围标记线时找出的后中线位置开始，向下设置后中标记线，经过以上几个中点，直至人台底部。

为了便于今后查看衣服的悬垂性和平衡对称性，这条标记线必须与水平线保持垂直。

图2

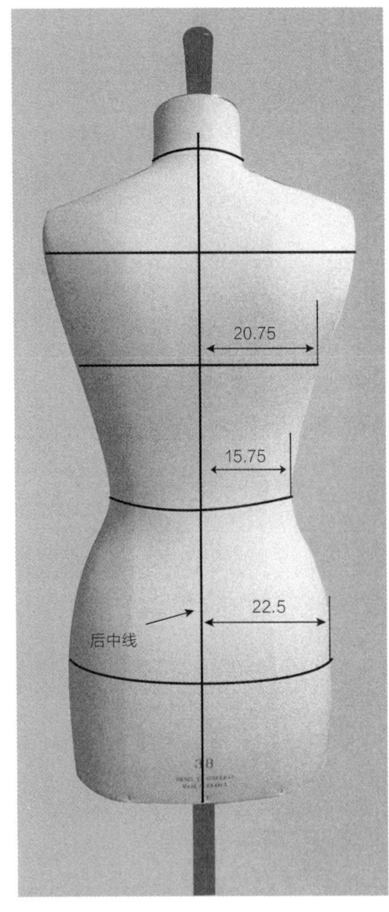

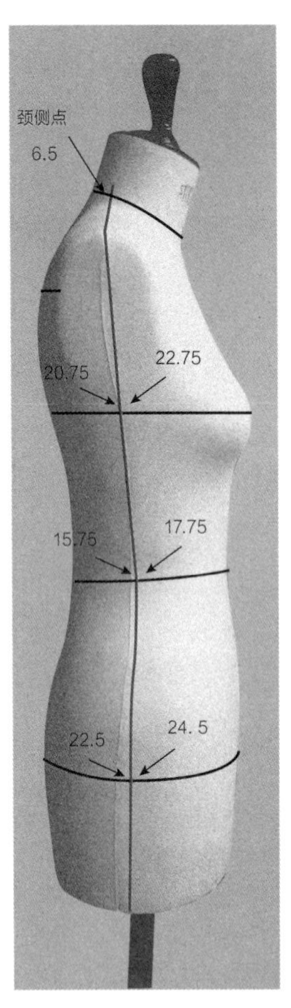

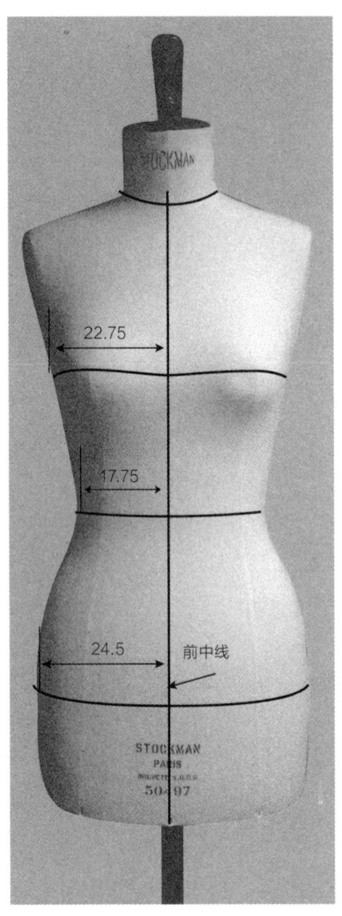

图2

肩斜线-侧缝

1. 将前中线和后中线之间的胸围、腰围、臀围标记线等分。

为了避免从正面观察时衣服的侧缝外露，可将侧缝往后片方向移动1cm（总围度不变）。

这意味着当前片放大1cm时，后片会自动缩小1cm，而半胸围、半腰围、半臀围的尺寸不变。

2. 由此得出以下尺寸：

- 1/2胸围=87/2=43.5cm，1/4胸围=43.5/2=21.75cm
  前片胸围=21.75+1=22.75cm
  后片胸围=21.75−1=20.75cm
- 1/2腰围67/2=33.5cm，1/4腰围=33.5/2=16.75cm
  前片腰围=16.75+1=17.75cm
  后片腰围=16.75−1=15.75cm
- 1/2臀围=94/2=47cm，1/4臀围=47/2=23.5cm
  前片臀围=23.5+1=24.5cm
  后片臀围=23.5−1=22.5cm

3. 自距离后中线6.5cm的颈侧点开始，将标记线沿人台侧面向下延伸，分别经过根据之前的计算结果在胸围线和腰围线上确定的点，设置肩斜线和侧缝标记线。

经过臀围线上确定的点，继续垂直向下，将标记线延伸至人台底部。

图3

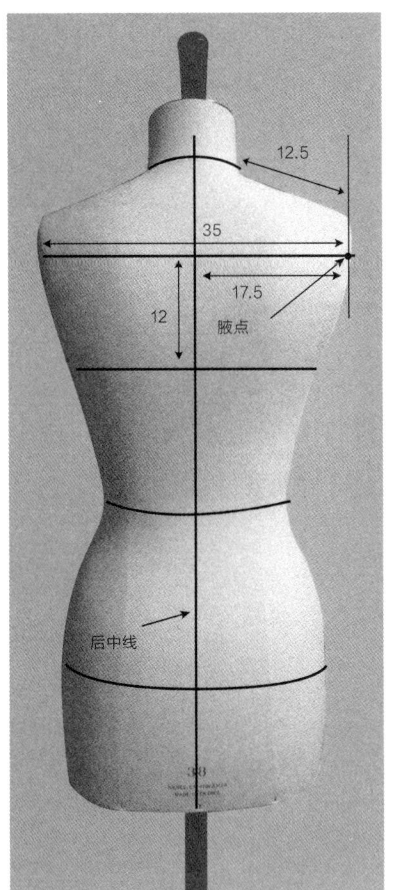

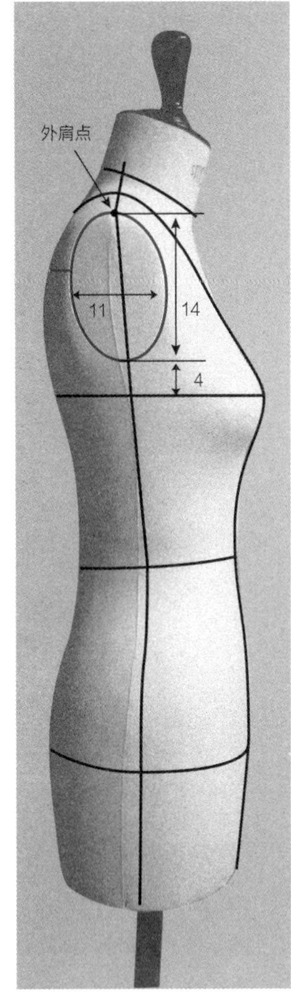

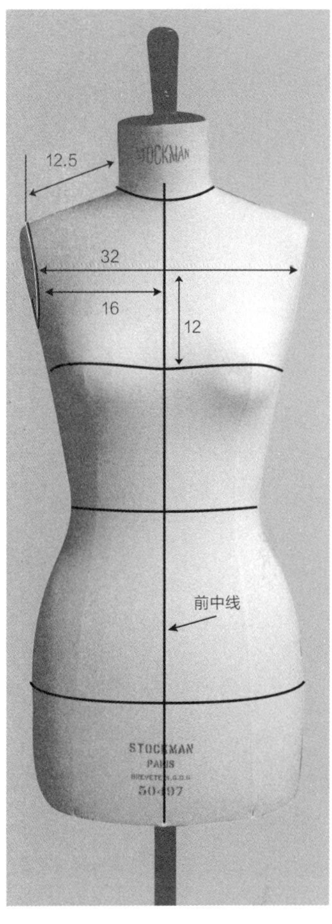

图3

袖窿线

1. 小肩宽 = 12.5cm

自颈侧点开始，沿着肩斜线向下12.5cm处，即外肩点（或肩斜点）位置。

2. 袖窿深 = 14cm

自外肩点开始，沿着侧缝向下14cm处，即袖窿底部。

袖窿底部位于胸围线以上4cm处。

3. 前胸宽 = 32cm（1/2前胸宽 = 32/2 = 16cm）。在胸围线以上12cm处，自前中线向左，沿着水平方向量取16cm，即前腋点的位置。

后背宽 = 35cm（1/2后背宽 = 35/2 = 17.5cm）。在胸围线以上12cm处，自后中线向右，沿着水平方向量取17.5cm，即后腋点的位置。

4. 袖窿宽 = 11cm

这个尺寸是在人台右侧测量的前腋点和后腋点之间的距离。

图4

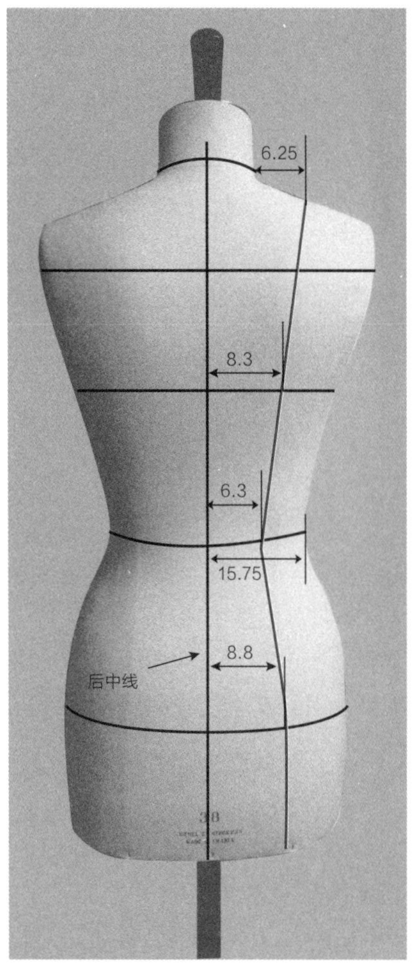

胸围线
腰围线
臀围线

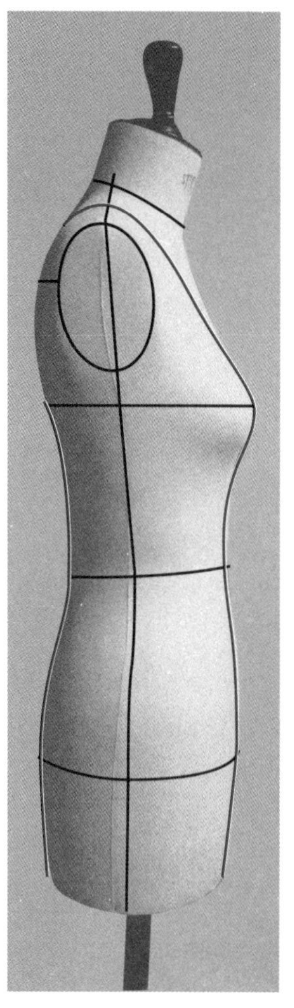

胸围线
腰围线
臀围线

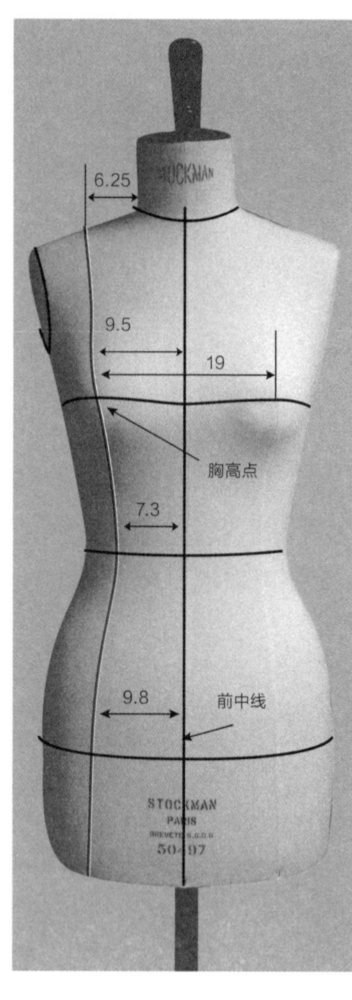

图4

公主线

1. 为了设置公主线，将后片腰围15.75cm设为参数值。

2. 等分小肩宽（12.5/2＝6.25cm），从肩斜线的中点处开始设置标记线，与前中线保持1/2乳间距（19/2＝9.5cm），向下延伸至前片胸高点处。

自胸高点开始，将标记线向下延伸至前片腰围线，使其与前中线的间距为2/5参数值+1cm，即15.75×2/5+1＝6.3+1=7.3cm。

3. 继续向下设置标记线，使其在臀围线上与前中线的间距为7.3+2.5＝9.8cm。然后将标记线延长至人台底部并固定。

4. 经过以上各点，在前片得到一条美观匀称的公主线。

5. 处理后片时，也是从肩斜线的中点（离颈侧点6.25cm）开始，将标记线向下延伸至胸围线，使其与后中线的间距为2/5参数值+2cm，即15.75×2/5+2=6.3+2=8.3cm。

6. 继续向下设置标记线，使其在腰围线上与后中线的间距为2/5参数值，即15.75×2/5＝6.3cm。

7. 继续向下设置标记线，使其在臀围线上与后中线的间距为2/5参数值+2.5cm，即15.75×2/5+2.5＝6.3+2.5＝8.8cm。然后将标记线延长至人台底部并固定。

8. 经过以上各点，在后片得到一条美观匀称的公主线。

图5

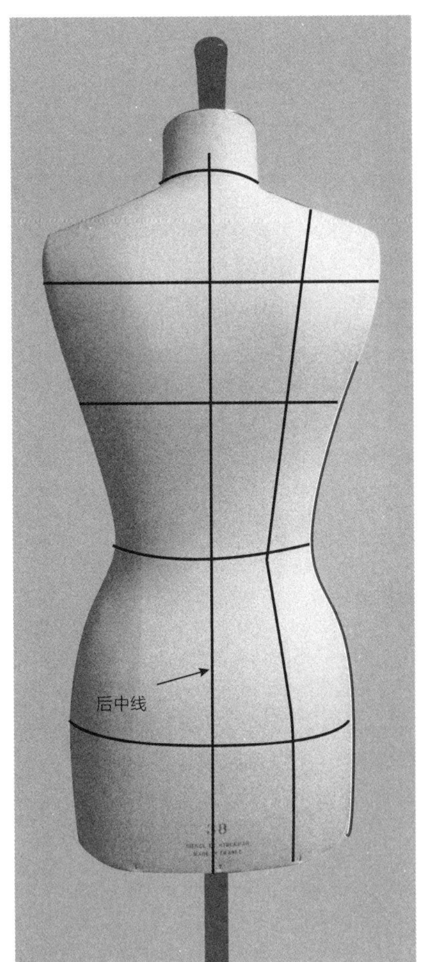

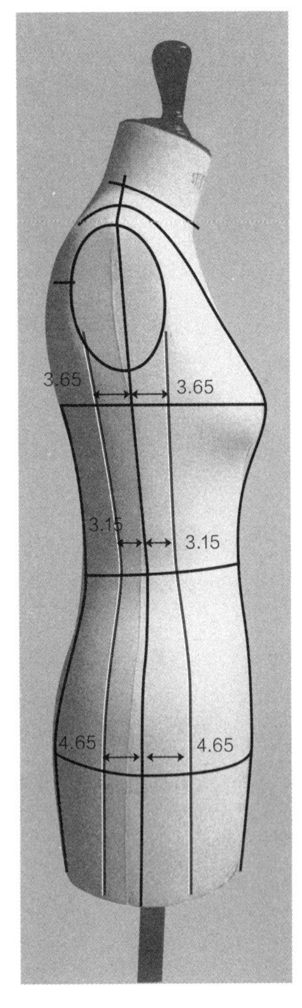

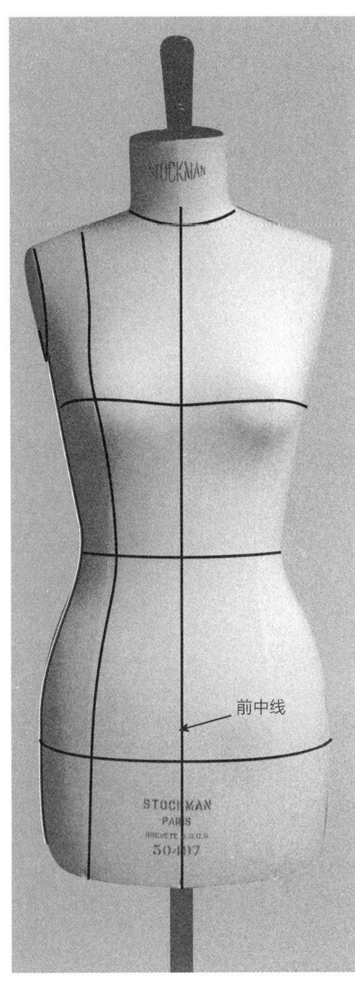

图5

侧片标记线

1. 为了设置侧片标记线，需要在侧缝的两侧取值：

- 在胸围线上，侧片标记线与侧缝的距离：
  1/5参数值+0.5=15.75/5+0.5=3.65cm
- 在腰围线上，侧片标记线与侧缝的距离：
  1/5参数值=15.75/5=3.15cm
- 在臀围线上，侧片标记线与侧缝的距离：
  1/5参数值+1.5=15.75/5+1.5=4.65cm

2. 经过以上各点，从袖窿线向下设置侧片标记线，使其在前片和后片上与侧缝之间保持均匀的距离，一直延伸至人台底部。

制作人台手臂并设置标记线

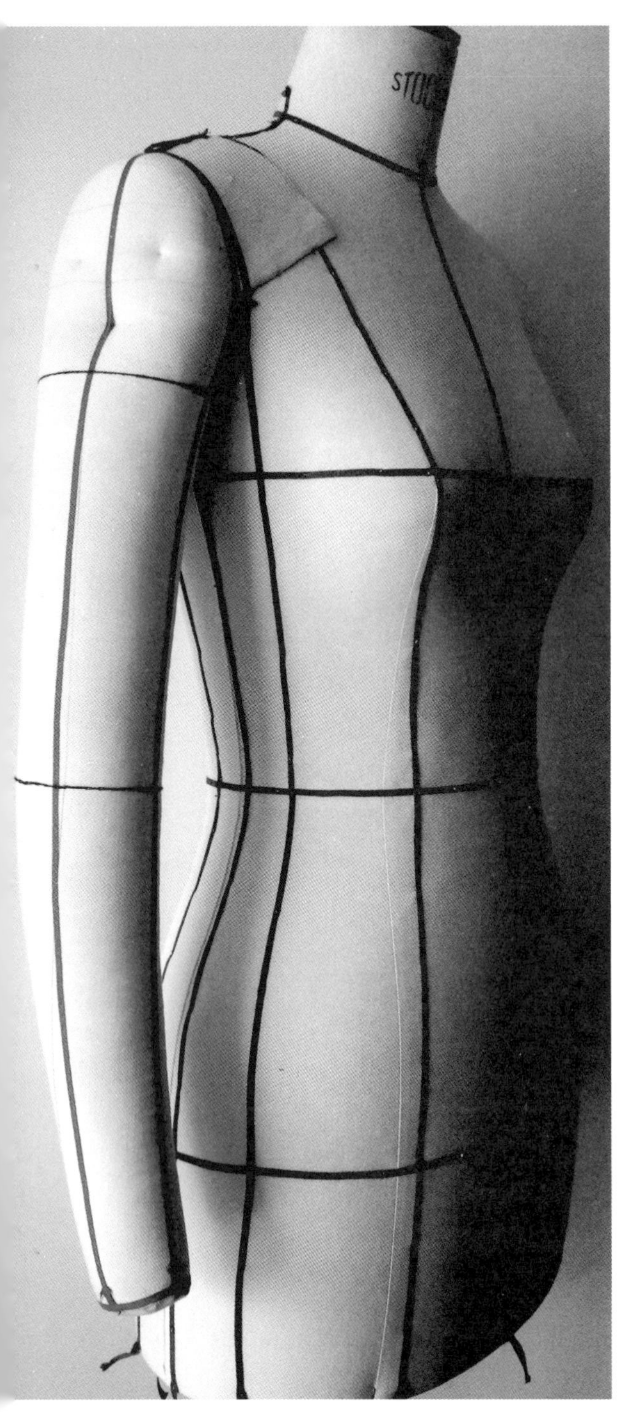

人台手臂的构造使其可以固定在人台上，方便缝制服装时绱袖和调整衣袖位置。

在设计女装上衣时，始终在人台右侧进行操作；与之相应，人台手臂的标记线也应设置在人台的右侧手臂上。

图1

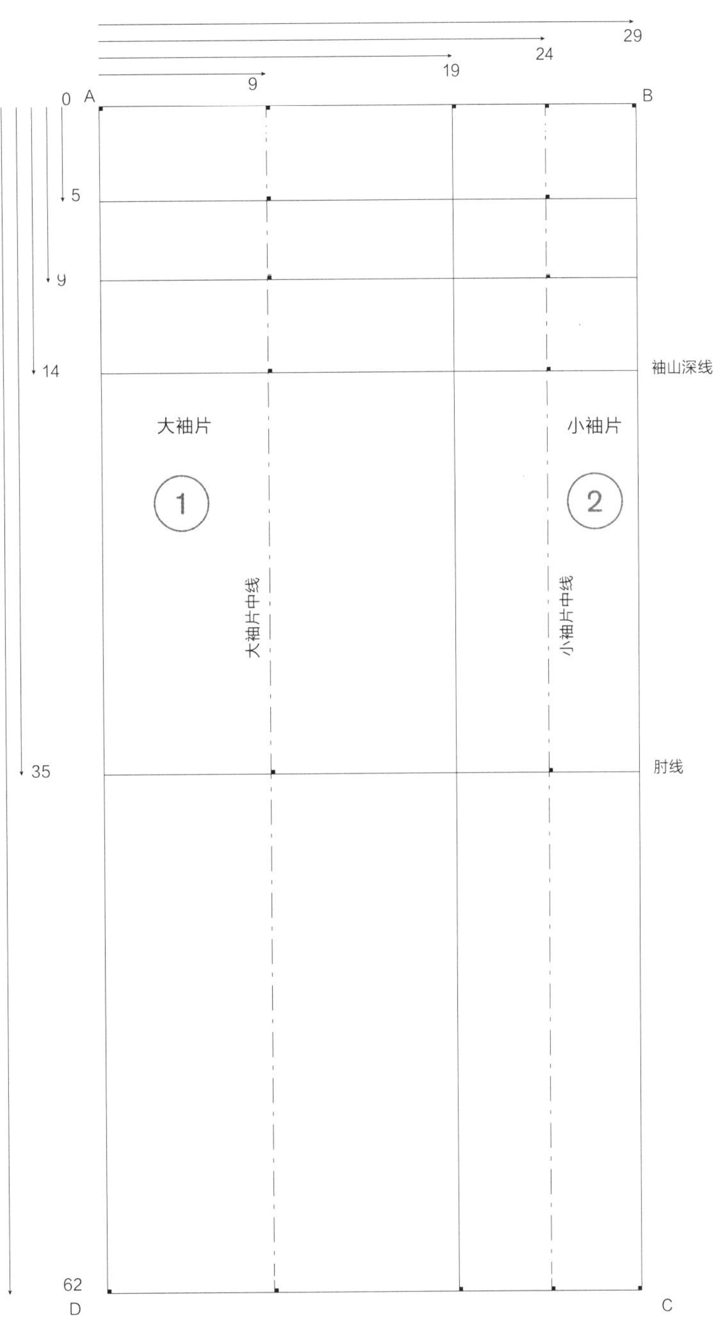

图1

1. 根据以下尺寸绘制长方形基础框架（ABCD）：

- AB=29cm
- AD=62cm

制作完成后，人台手臂最粗处的围度应为27cm。

2. 在水平方向上，分别自距离A点9cm、19cm、24cm的位置向下绘制垂直线，其中9cm和24cm处的垂直线分别对应大袖片中线和小袖片中线。

在垂直方向上，分别自距离A点5cm、9cm、14cm、35cm的位置向右绘制水平线，其中14cm和35cm处的水平线分别对应袖山深线和肘线。

图2

1. 在14cm处水平线上，在其与19cm处垂直线的交点两侧1cm处，分别标记E点和G点，从这两个标记点分别向上绘制1cm长的垂直线，标记F点和H点。在肘线与19cm处垂直线的交点左右两侧3cm处，分别标记I点和J点，用直线分别连接F点和I点、H点和J点。FI代表大袖片内弧线的一部分，HJ代表小袖片内弧线的一部分。

2. 本例中，大袖片内弧线EIK总长度为46cm。测量FI的长度得22.1cm，以I点为圆心，以大袖片内弧线剩余部分的长度23.9cm（46−22.1=23.9cm）为半径向下方画圆弧，与19cm处垂直线相交于K点。

从K点向长方形基础框架的底边作一条长11cm的直线，并与底边相交于L点，即KL=11cm。然后，连接L点与M点。*此时，大袖片的轮廓开始显现出来了。*

3. 重复上述操作步骤，按照47cm的总长度绘制小袖片内弧线（GJN）。以J点为圆心，以24.9cm（47−22.1=24.9cm）为半径向下方画圆弧，与19cm处垂直线相交于N点。

将小袖片部分的基础框架底边向上抬高0.5cm，标记为线段OQ。从N点向OQ作一条长5cm的直线，并与OQ相交于R点，即NR=5cm。然后，连接R点与S点。*小袖片的轮廓也开始显现出来了。*

4. 大袖片外弧线最高位置为U点，小袖片外弧线最高位置为T点。

图2

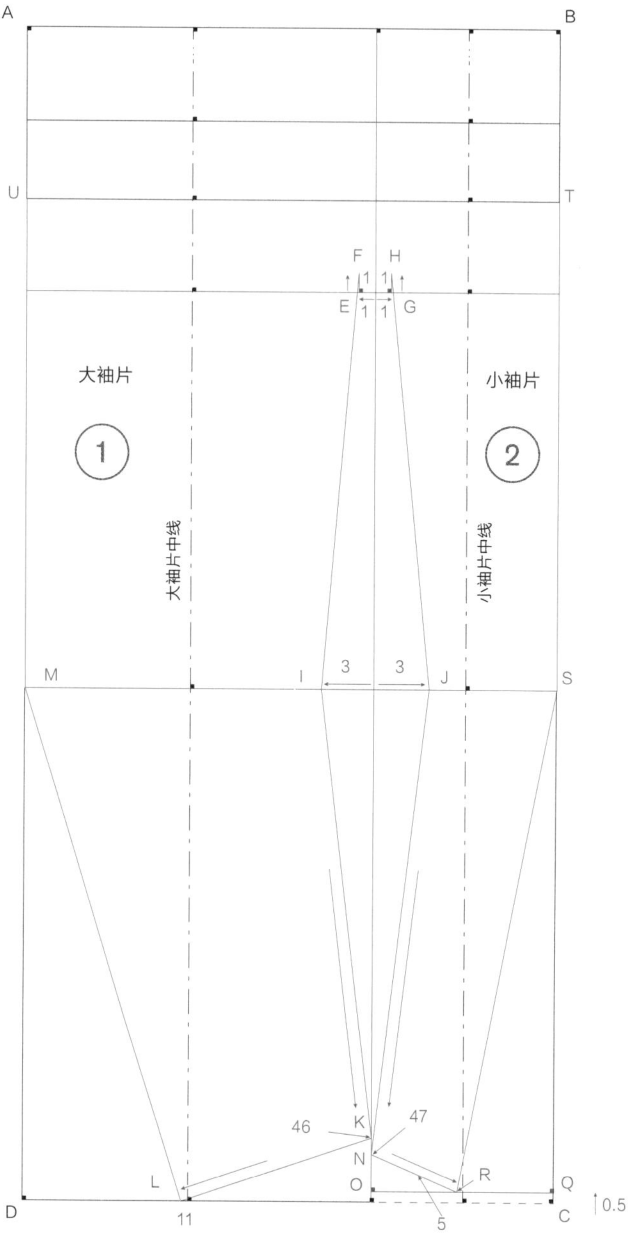

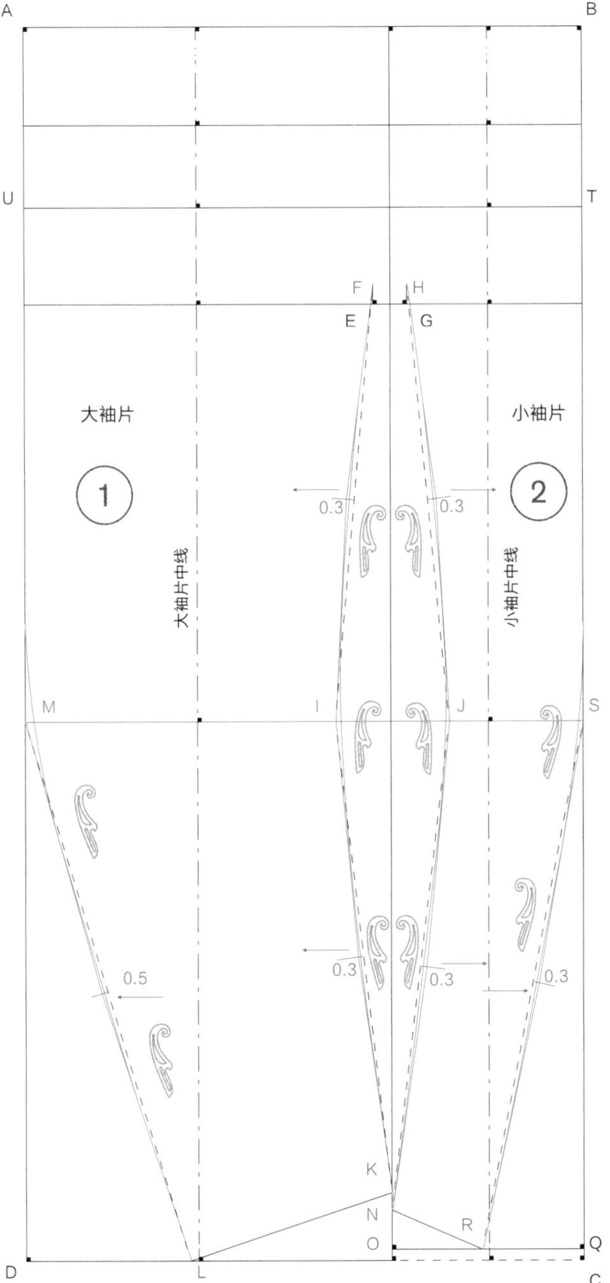

图3

1. 目前，大小袖片的内弧线和外弧线还是呈直线。为了绘制弧线，在FI、IK、HJ、JN、SR的中点处作垂线，并在垂线上0.3cm处做标记。

接着，在ML的中点处作垂线，在垂线上0.5cm处做标记。

2. 内弧线的垂线标记点在大小袖片内侧；外弧线的垂线标记点在大小袖片外侧。用直线分段连接这些标记点，借助曲线板画顺各处转角，包括肘线处的转角。

图4

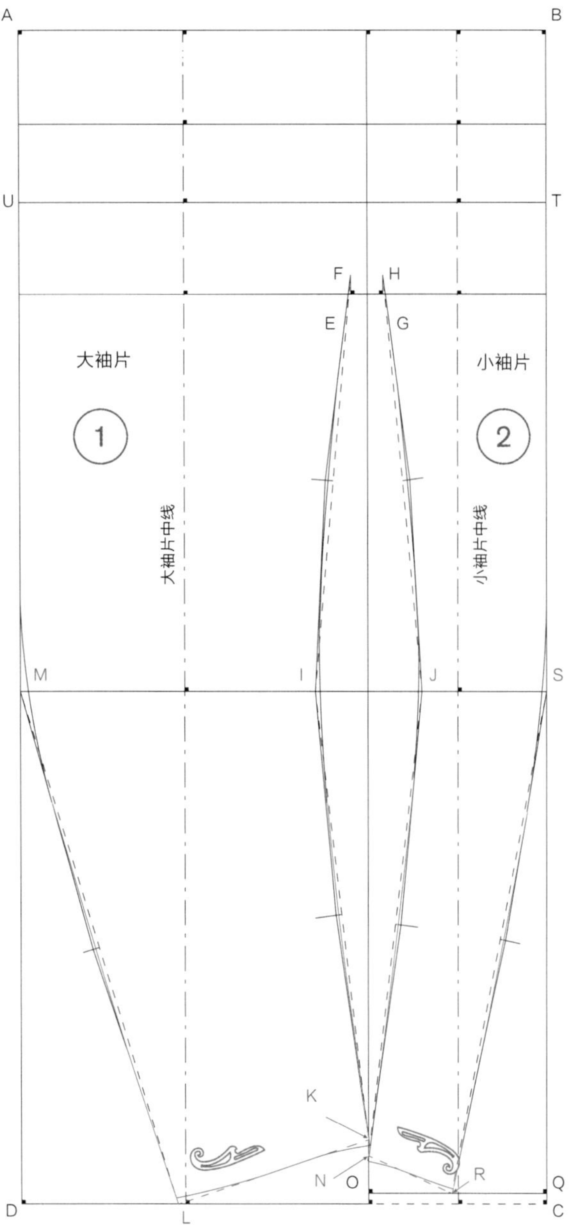

图4b

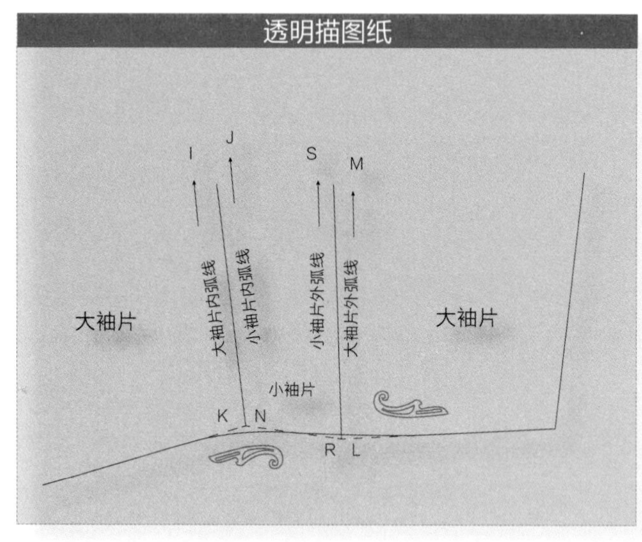

图4

为了调整袖口弧线，先在透明描图纸（图4b）上拓描大袖片袖口线LK和内弧线IK。接着移动透明描图纸，使IK与小袖片内弧线JN重合，并继续拓描小袖片袖口线NR和外弧线RS。然后移动透明描图纸，使RS与大袖片外弧线LM重合，并继续拓描大袖片袖口线LK。借助曲线板画顺各处转角线条，再用锥子标记透明描图纸上调整好的线条并将其拓描至样板上。

图5

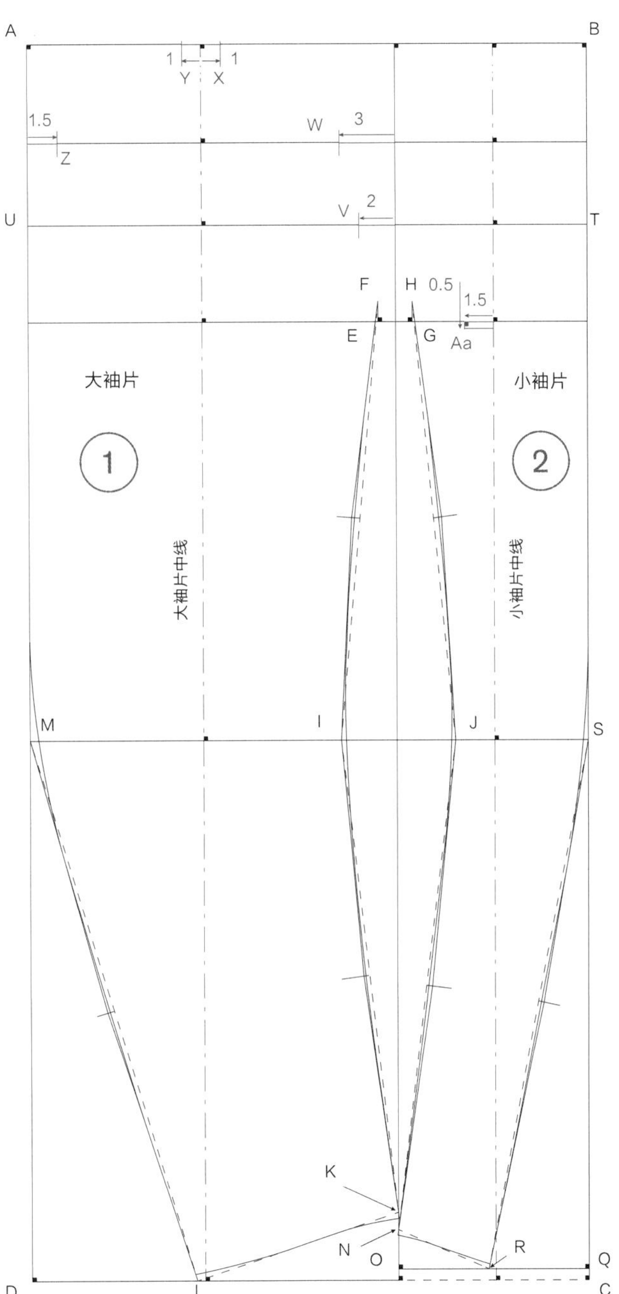

图5

添加标记点，以便绘制袖山弧线。在大袖片5cm处的水平线上，自基础框架左边线向右量取1.5cm，标记为Z点，自19cm处垂直线向左量取3cm，标记为W点。在大袖片9cm处水平线上，自19cm处垂直线向左量取2cm，标记为V点。

在小袖片14cm处水平线上，自小袖片中线先向左量取1.5cm，再向下量取0.5cm，标记为Aa点。

在基础框架的边线AB上，在大袖片中线两侧各取1cm，分别标记为X点和Y点。

图6b

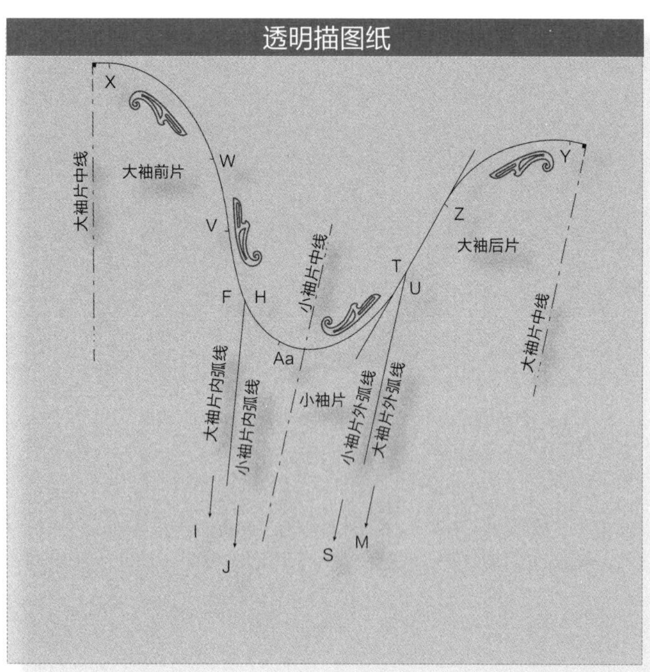

图6

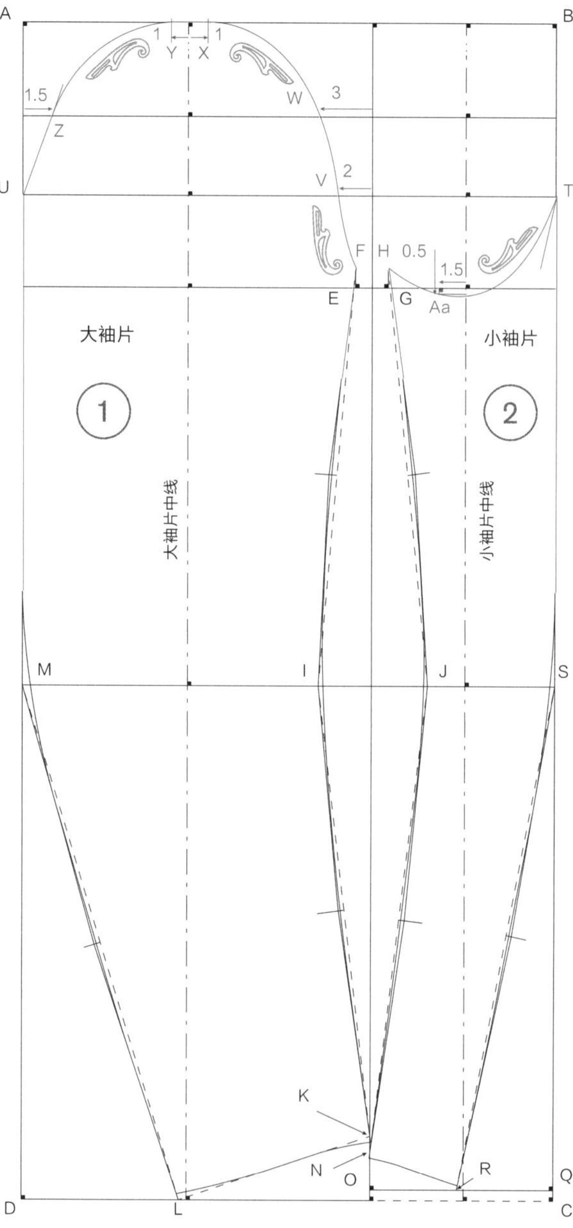

图6

1. 绘制袖山线时需使用透明描图纸。

2. 把透明描图纸（图6b）的左侧边线置于大袖片中线的左侧，先拓描大袖前片的大袖片中线、X点、W点、V点、F点及其下方的大袖片内弧线。然后移动透明描图纸，使大袖片内弧线（F点）与小袖片内弧线（H点）重合，继续拓描Aa点、小袖片中线和与基础框架右侧边线对应的一段小袖片外弧线，以及T点。再次移动透明描图纸，使小袖片外弧线（T点）和与基础框架左侧边线对应的大袖片外弧线（U点）重合，然后拓描大袖后片的Z点、Y点和大袖片中线。

3. 在透明描图纸上绘制袖山弧线。首先，用直线连接T（U）点和Z点，并将连线向两端延长。接着，借助曲线板经过标记点绘制弧线。大袖前片的袖山弧线与X点处1cm的水平线相切后向下延伸，并依次经过W点、V点。小袖片的袖山弧线与之前绘制的TZ线相切于T点后向下延伸，并依次经过Aa点和小袖片内弧线的顶点H（F）点。大袖后片的袖山弧线与之前绘制的TZ延长线相切于Z点，向上延伸后与Y点处1cm的水平线相切。最后，在小袖片内弧线顶点H（F）点和V点之间绘制一条弧线。按照刚才绘制袖山弧线的顺序，用锥子分段标记透明描图纸上的弧线并将其拓描至样板上。

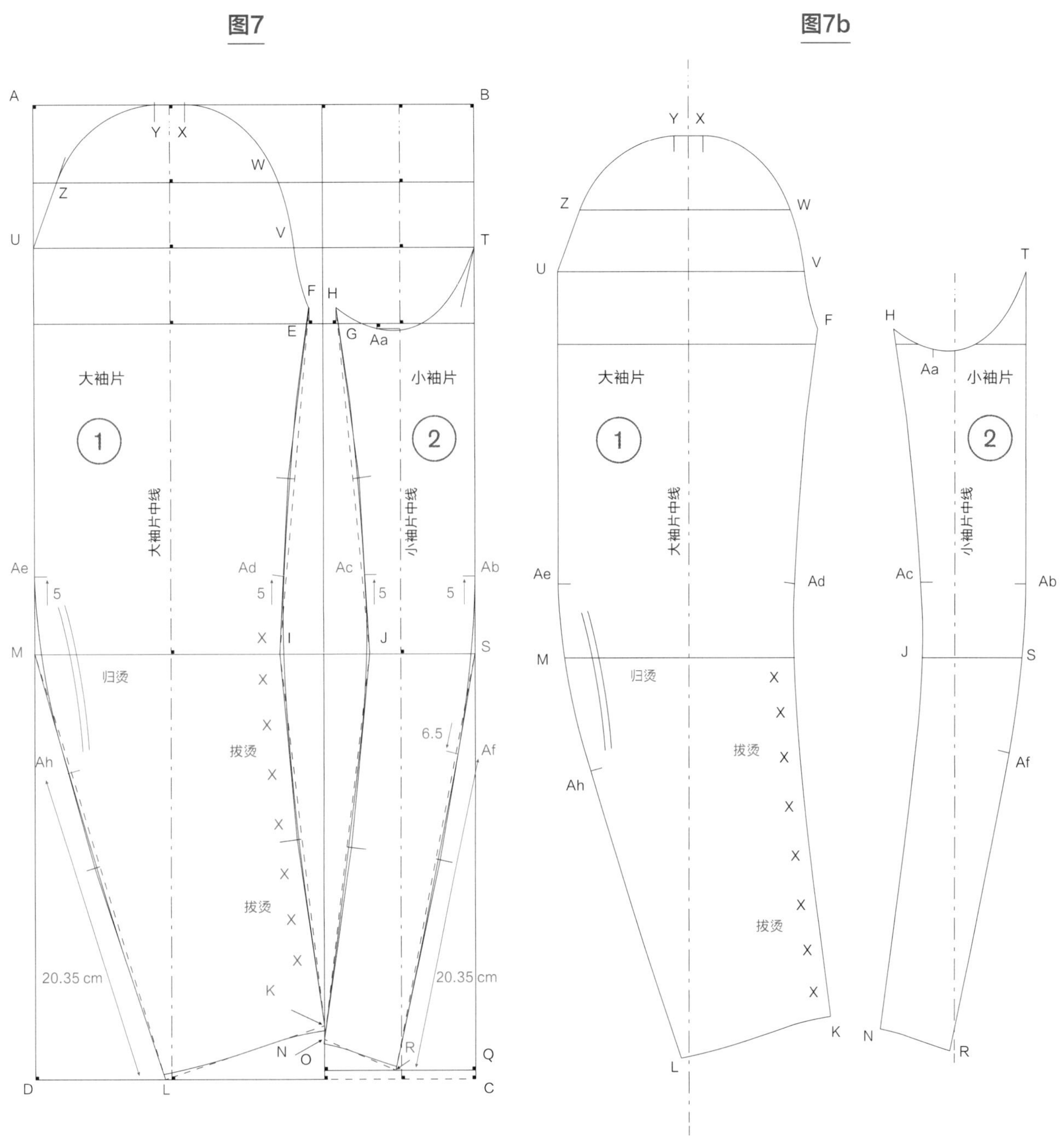

图7

设置车缝对位刀眼

1. 在大小袖片外弧线和内弧线上，距离肘线MS上方5cm处设置刀眼，分别标记为Ab点、Ac点、Ad点、Ae点。在小袖片外弧线上，距离肘线MS下方6.5cm处设置刀眼，标记为Af点。然后测量这个刀眼和袖口线之间的距离，即AfR=20.35cm。从大袖片袖口线的L点向上，在大袖片外弧线上量取同等长度，即20.35cm，以便确定大袖片外弧线上需要归拢的吃势量，在此处设置另一个刀眼，标记为Ah点。

2. 在小袖片外弧线上，刀眼Ab点和Af点之间的距离为11.5cm（5+6.5cm）；而在大袖片外弧线上，刀眼Ae点和Ah点之间的距离为12.8cm。两者相差12.8−11.5=1.3cm，即大袖片外弧线上需要归拢的吃势量。

3. 大袖片内弧线AdK比小袖片内弧线AcN短1cm，必须通过拔烫达到相同长度。同时，拔烫大袖片内弧线能够使袖片微微弯曲，符合手臂的形状。

4. 完成袖子最终样板（图7b）的绘制。

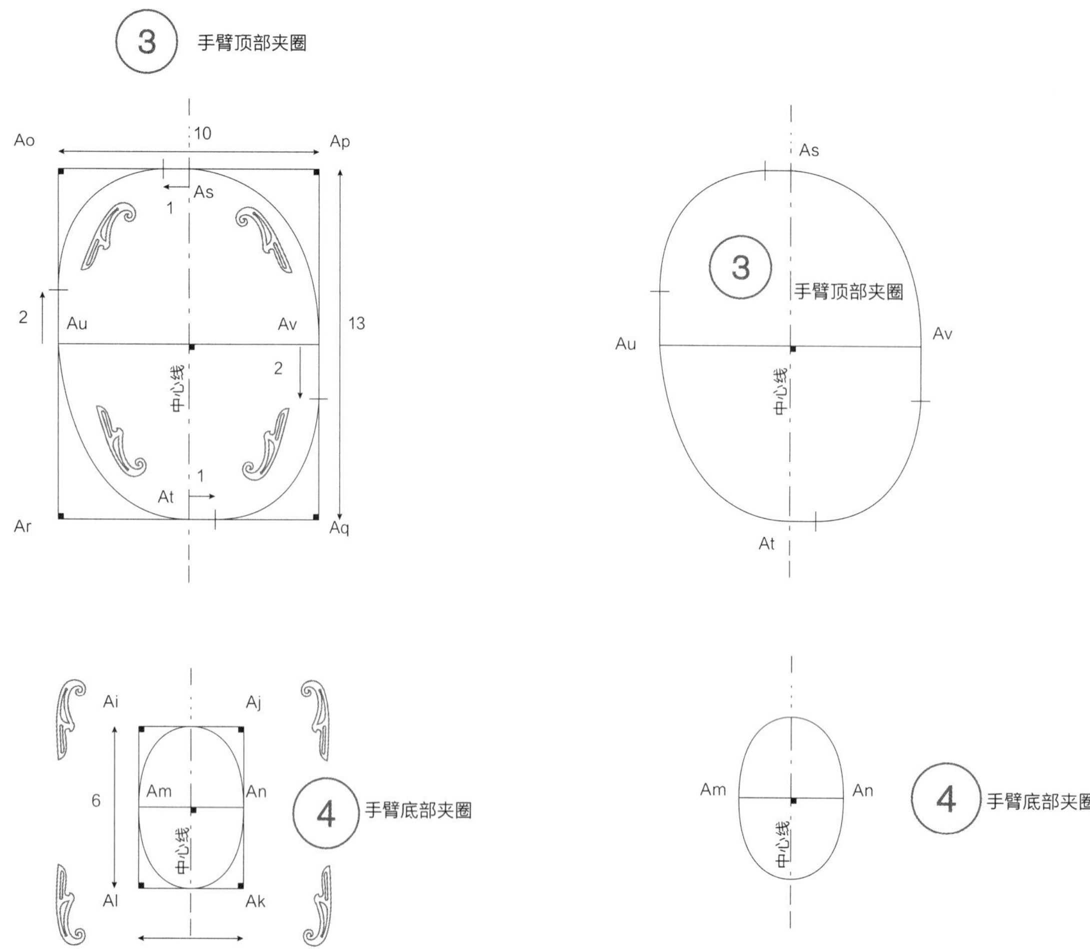

图8

绘制人台手臂两端的亚麻布夹圈

1. 对于手臂底部的夹圈，先绘制一个长6cm、宽4cm的长方形（AiAjAkAl），然后绘制对称轴，将长方形分成4个部分，再分别绘制4条对称的曲线。在水平轴线的两端分别标记Am点和An点，它们将分别与大袖片的Bg点（图10）和小袖片的Bm点（图10）连接。

2. 对于手臂顶部的夹圈，先绘制一个长13cm、宽10cm的长方形（AoApAqAr），然后取其四边的中点（As点、At点、Au点、Av点）并绘制对称轴。沿着长方形左侧边线，从水平轴线上的Au点向上2cm；沿着长方形右侧边线，从水平轴线上的Av点向下2cm。接着，从垂直轴线底部的At点向右1cm；从上端的As点向左1cm。用曲线板绘制4条曲线，使其两两相互对称。垂直轴线两端的As点和At点将分别对应大袖片中线顶端的Be点（图10）和小袖片中线顶端的Bk点（图10）。As点及Be点位于肩缝处（即肩斜线上）。

图9

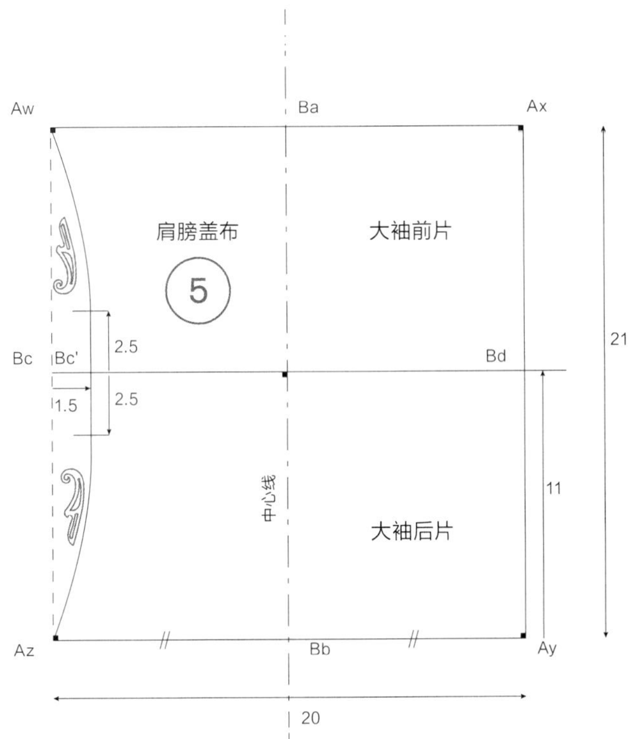

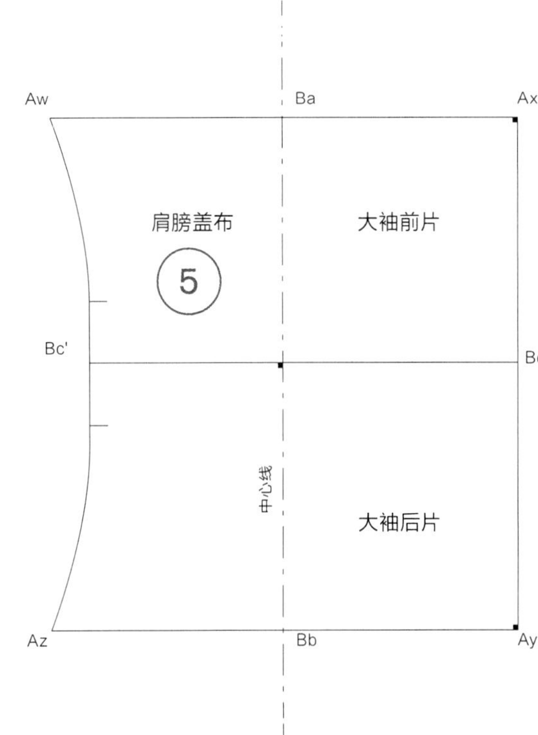

图9

用亚麻布制作肩膀盖布，以便把手臂固定到人台上

1. 绘制一个长21cm、宽20cm的长方形（AwAxAyAz），在长方形的中心点绘制一条垂直线BaBb作为中心线，接着在距离长方形底边上方11cm处绘制水平线BcBd。

2. 从长方形左侧边线上的Bc点沿着水平线向右1.5cm，标记为Bc'点，经过Bc'点绘制一条垂直线。

3. 在Bc'两侧的垂直线上各取2.5cm，然后借助曲线板将垂直线的两端分别与Aw点和Az点连接起来。

车缝人台手臂的时候，要先拔烫大袖片内弧线，再缝合大小袖片内弧线，接着缝合大小袖片外弧线，在肘部融入吃势量。

用亚麻布制作夹圈覆盖人台手臂顶部和底部，并用针线缝合固定。先缝合底部夹圈，再用木棉填充手臂，然后继续缝合顶部夹圈。

最后，绕着手臂顶部手工缝制一条亚麻布带，以便将手臂安装在人台上。

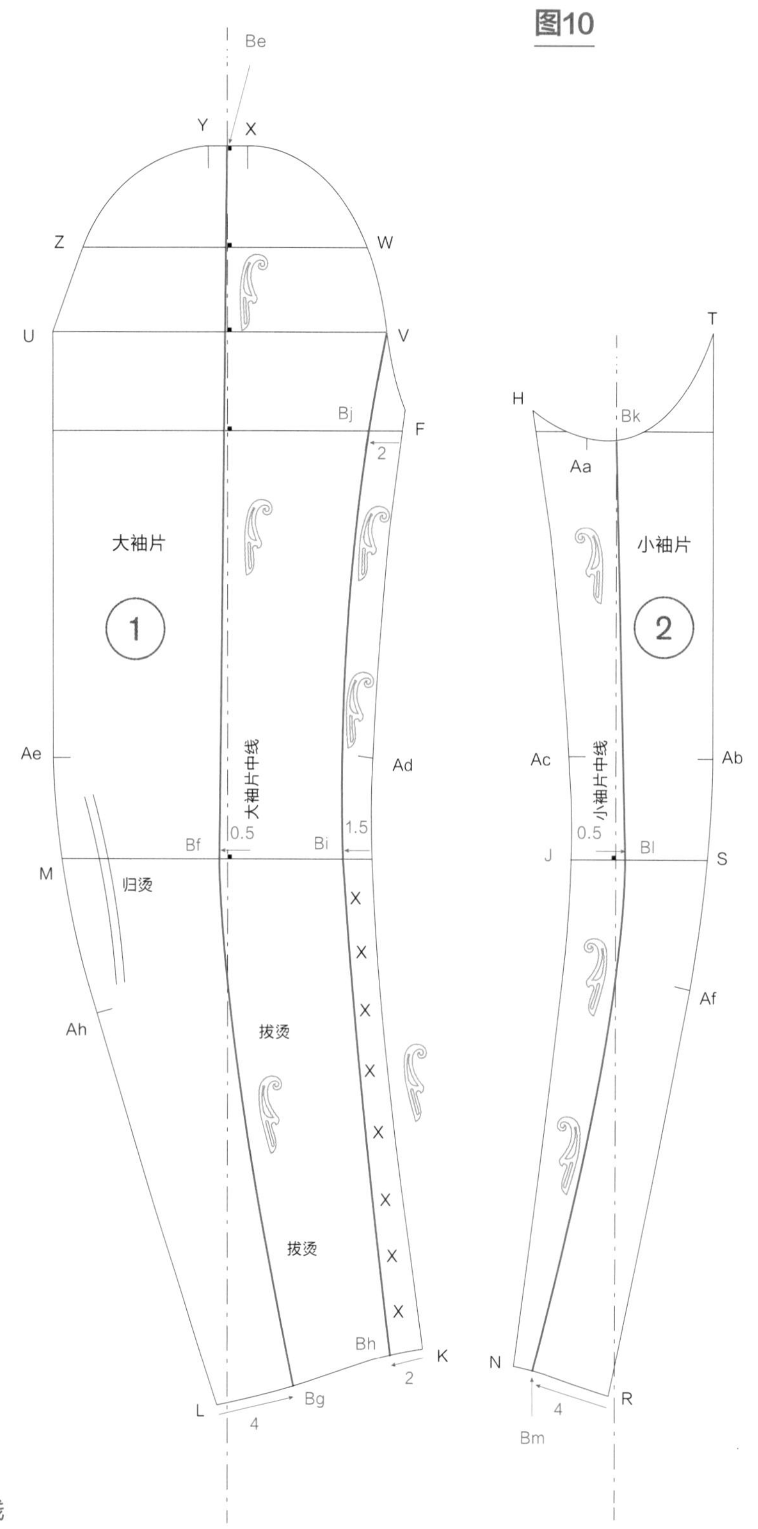

图10

添加标记点并绘制曲线

1. 大袖片：将大袖片中线和袖山弧线顶部的相交处标记为Be点；从肘线与大袖片中线的相交处向左平移0.5cm，标记为Bf点。在袖口线上，从外弧线的L点向右量取4cm，标记为Bg点；从内弧线的K点向左量取2cm，标记为Bh点。接着，从肘线与内弧线的相交处向左平移1.5cm，标记为Bi点；从袖山深线与内弧线的相交处向左平移2cm，标记为Bj点。

借助曲线板连接Be点、Bf点、Bg点，绘制第一条标记线；再连接V点、Bj点、Bi点、Bh点，绘制第二条标记线。

2. 小袖片：把小袖片中线与袖山弧线顶部的交点标记为Bk点。从肘线与小袖中线的相交处向右平移0.5cm，标记为Bl点。在袖口线上，从外弧线的R点向左量取4cm，标记为Bm点。

借助曲线板连接Bk点、Bl点、Bm点，绘制小袖片标记线。

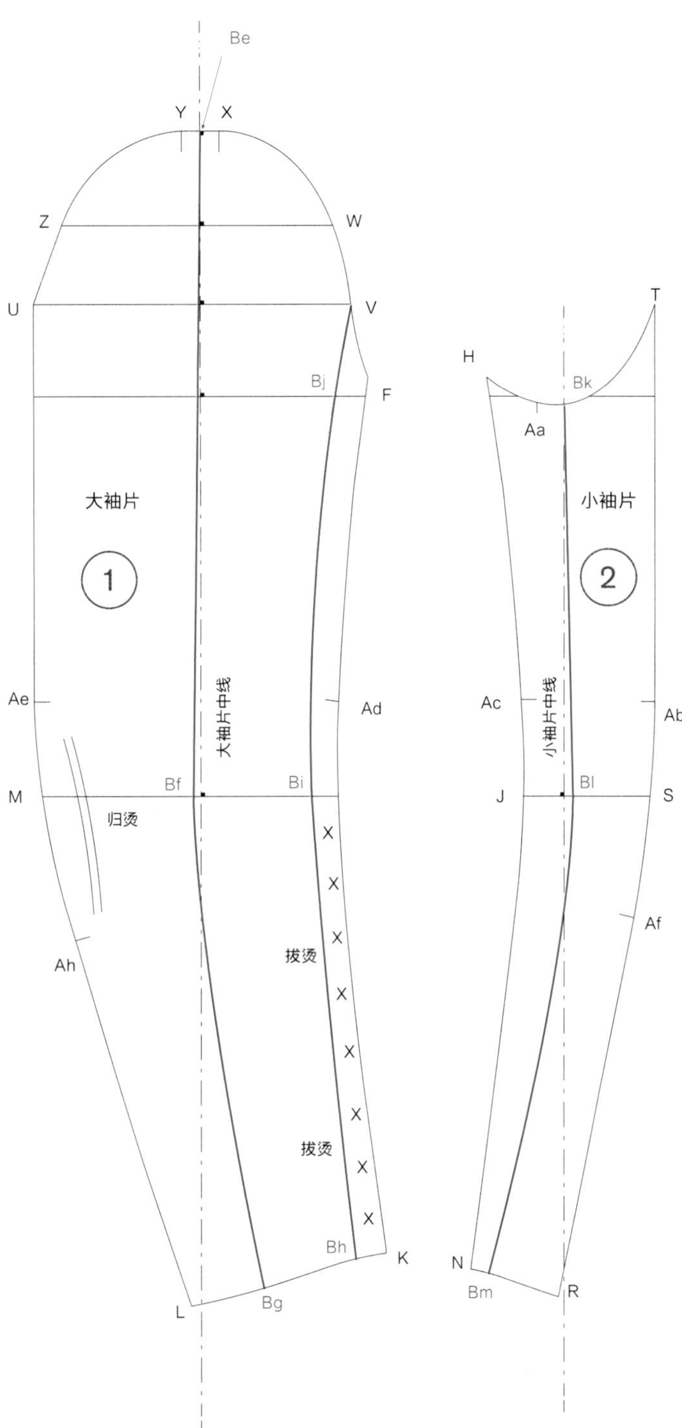

图11

图中红线表示人台手臂上设置的最终标记线。

2

衣身

短上衣基础样板参数

绘制短上衣基础样板需要以下参数：

1. 身高168cm
2. 胸围87cm
3. 腰围67cm
4. 臀围94cm（腰围下20cm处）
5. 前身长44cm（颈侧点至腰围线）
6. 前胸长27cm（颈侧点至胸围线）
7. 乳间距19cm（胸高点之间）
8. 前中长37cm（前中领围线至腰围线）
9. 领围34cm
10. 领宽12cm
11. 小肩宽12.5cm
12. 外肩点至胸高点的长度24cm
13. 前胸宽32cm
14. 侧缝处袖窿底至腰围线的长度21cm
15. 后中长41.5cm（后中领围线至腰围线）
16. 后身长43cm（颈侧点至腰围线）
17. 后背宽35cm

这个短上衣基础样板适用于梭织面料，为了穿着舒适，需要在以上参数基础上加放尺寸。可以参照以下放松量：

- 胸围：+4cm
- 腰围：+2cm
- 臀围：+4cm

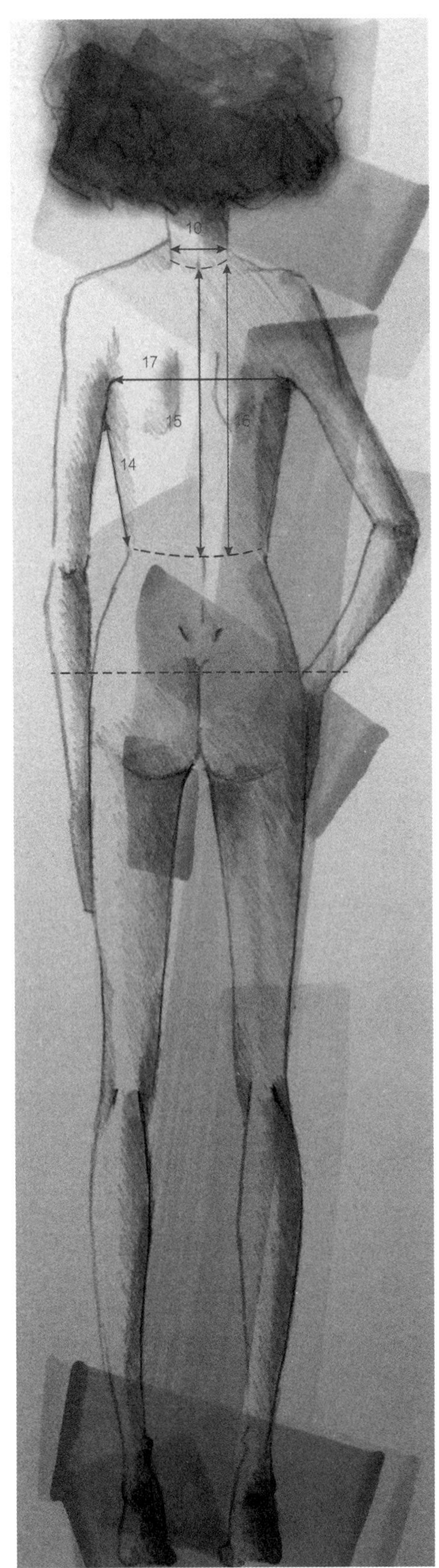
10
17
15
16
14

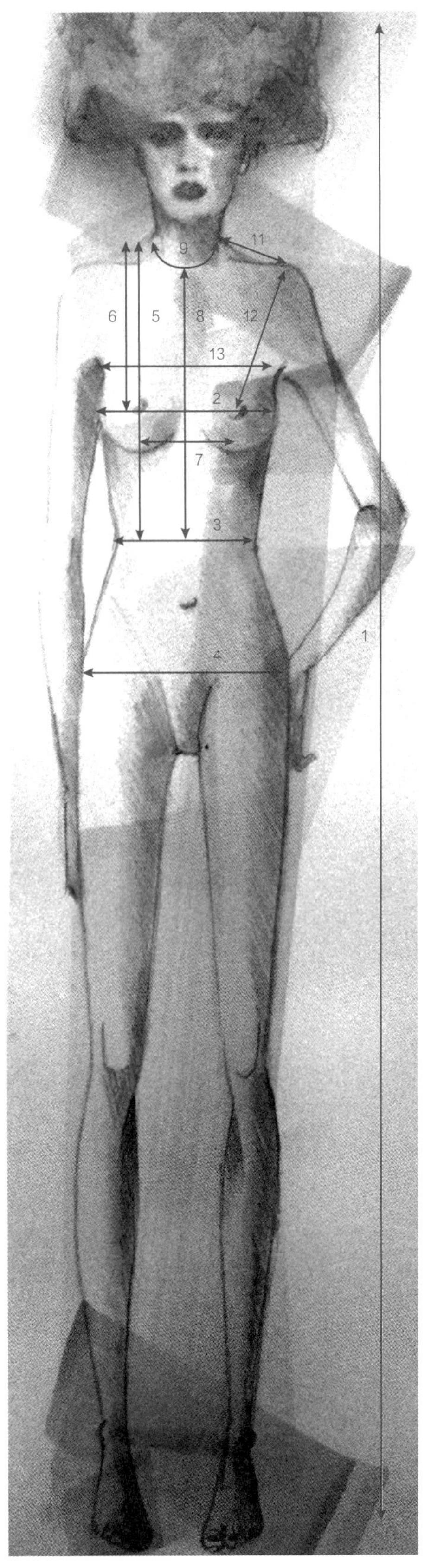
9
11
6
5
8
12
13
2
7
3
4
1

短上衣基础样板

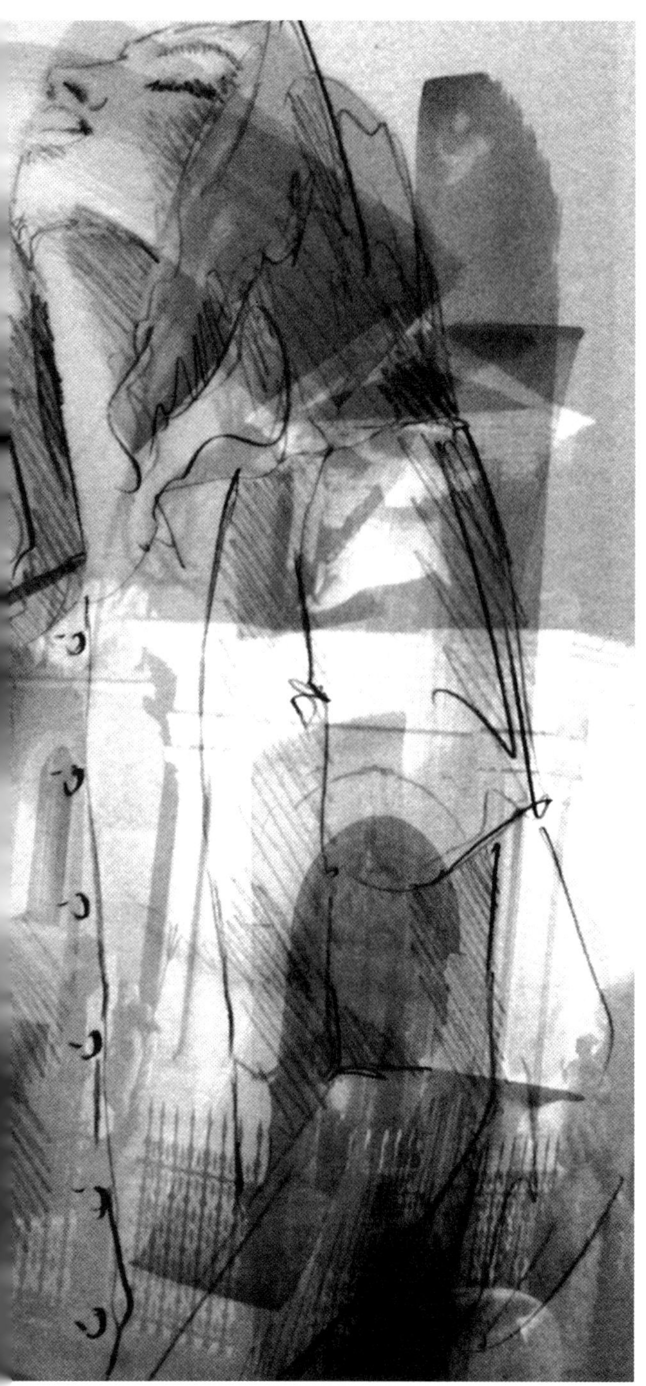

短上衣衣身基础样板在本系列书中简称短上衣基础样板，经常被用作其他各种不同类型服装（外套、衬衫、连衣裙、夹克衫、大衣等）制板时的基础样板。

短上衣基础样板跟据人台尺寸进行制板，为了使服装穿着更舒适，适当添加了一些放松量。

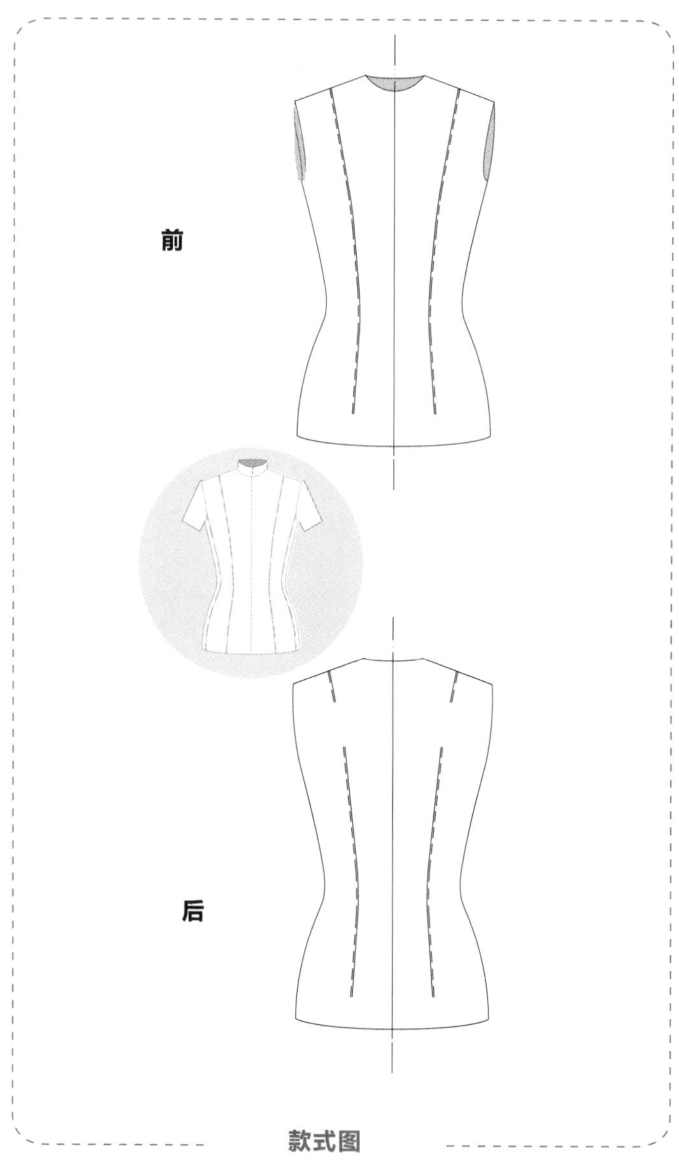

款式图

图1

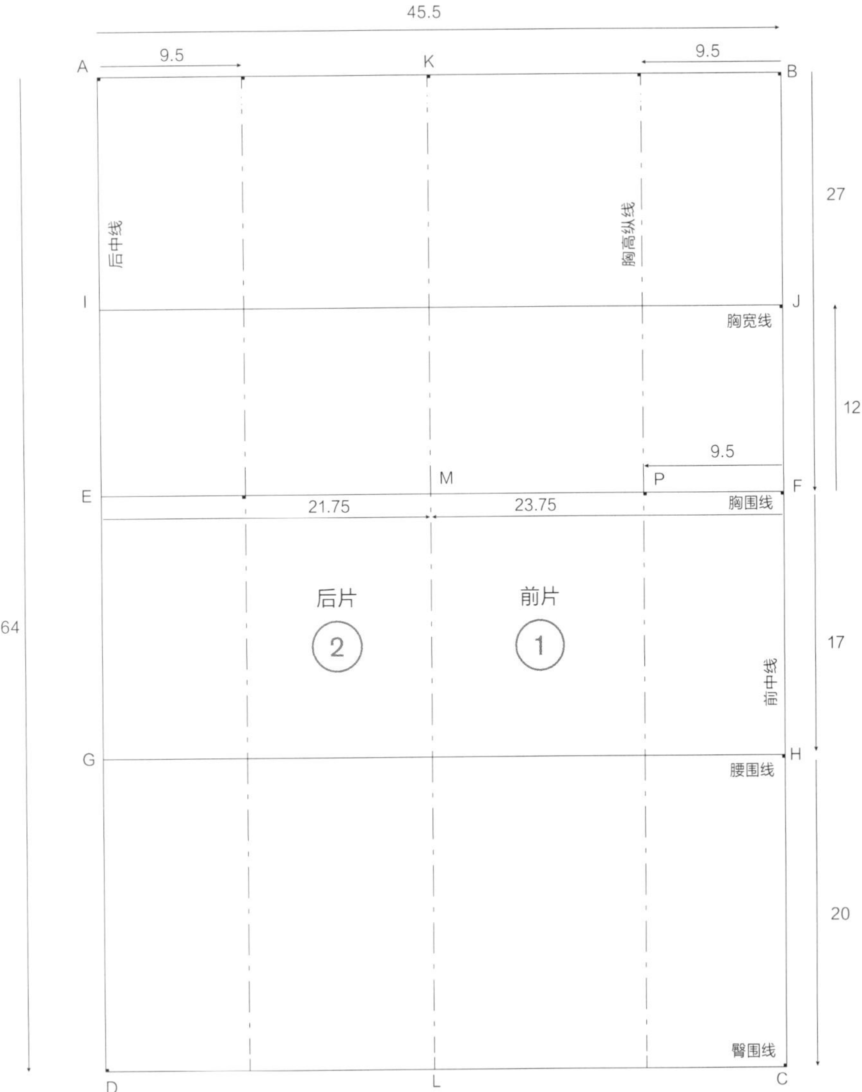

图1

长方形基础框架（ABCD）

1. 确定长方形的宽度（AB）：

AB=（胸围+放松量）/2=（87+4）/2=91/2=45.5cm

2. 确定长方形的长度（AD）：取颈侧点至胸高点（P点）的长度、胸围线至腰围线的长度绘制垂直线，并向下延伸至臀围线，即

AD=27+17+20=64cm

3. 在B点下方27cm处（F点）的水平线上设置胸围线（EF），在胸围线下方17cm处设置腰围线（GH），在腰围线下方20cm处设置臀围线（CD），在胸围线上方12cm处设置胸宽线（IJ）。

4. 测量乳间距，即胸高点之间的距离。基础样板的乳间距为19cm，制板时，将其等分，即19/2=9.5cm。

5. 在距离前中线9.5cm处的胸围线上绘制一条垂直线，胸围线（EF）和这条垂直线的交点为胸高点（P点）。

6. 在后片上，同样在距离后中线9.5cm处的胸围线上绘制一条垂直线，此处将会设置一个腰省。

7. 确定侧缝（KL）的位置。先将长方形基础框架的宽度等分，即45.5/2=22.75cm，然后调整前后片尺寸，将侧缝后移。

8. 调整前后片尺寸：

- 前片FM=22.75+1=23.75cm
- 后片EM=22.75−1=21.75cm

9. 在距离前中线23.75cm处的胸围线上取M点，绘制侧缝（KL）。

注意：从这一步开始，前后片样板是不对称的。

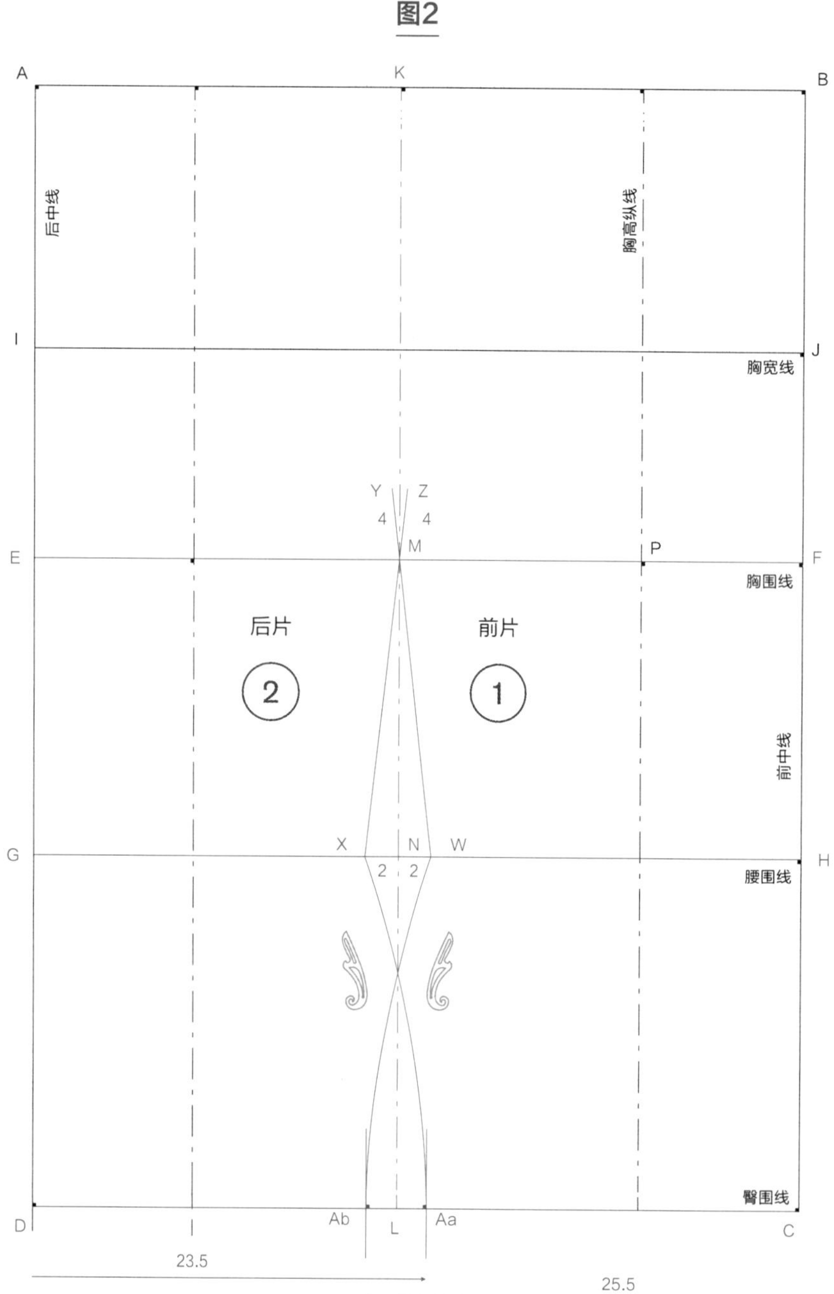

图2

1. 从侧缝开始制板。在腰围线（GH）上的N点两侧各取2cm（常规尺寸，可以根据实际腰围上下浮动），得到X点和W点。

2. 借助直尺，分别自X点、W点向侧缝（KL）与胸围线（EF）的交点（M点）绘制直线，两条直线相交后继续延伸4cm长，确定袖窿底部Y点和Z点。

3. 确定前后片臀围以便完成侧缝的绘制。本例中，臀围为94cm加上4cm的放松量，取其1/2，即（臀围+放松量）/2=（94+4）/2=49cm，再将其等分并调整前后片尺寸，即

- 49/2=24.5cm
- 前片CAb=24.5+1=25.5cm
- 后片DAa=24.5−1=23.5cm

4. 在臀围线CD上，距离前中线25.5cm处标记Ab点，距离后中线23.5cm处标记Aa点。

5. 借助曲线板绘制曲线，分别连接Aa点和X点、Ab点和W点，曲线板方向如图所示。

遇到平臀，即腹围大于臀围的体型时，也可以翻转曲线板，换个方向绘制曲线。

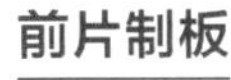

图3

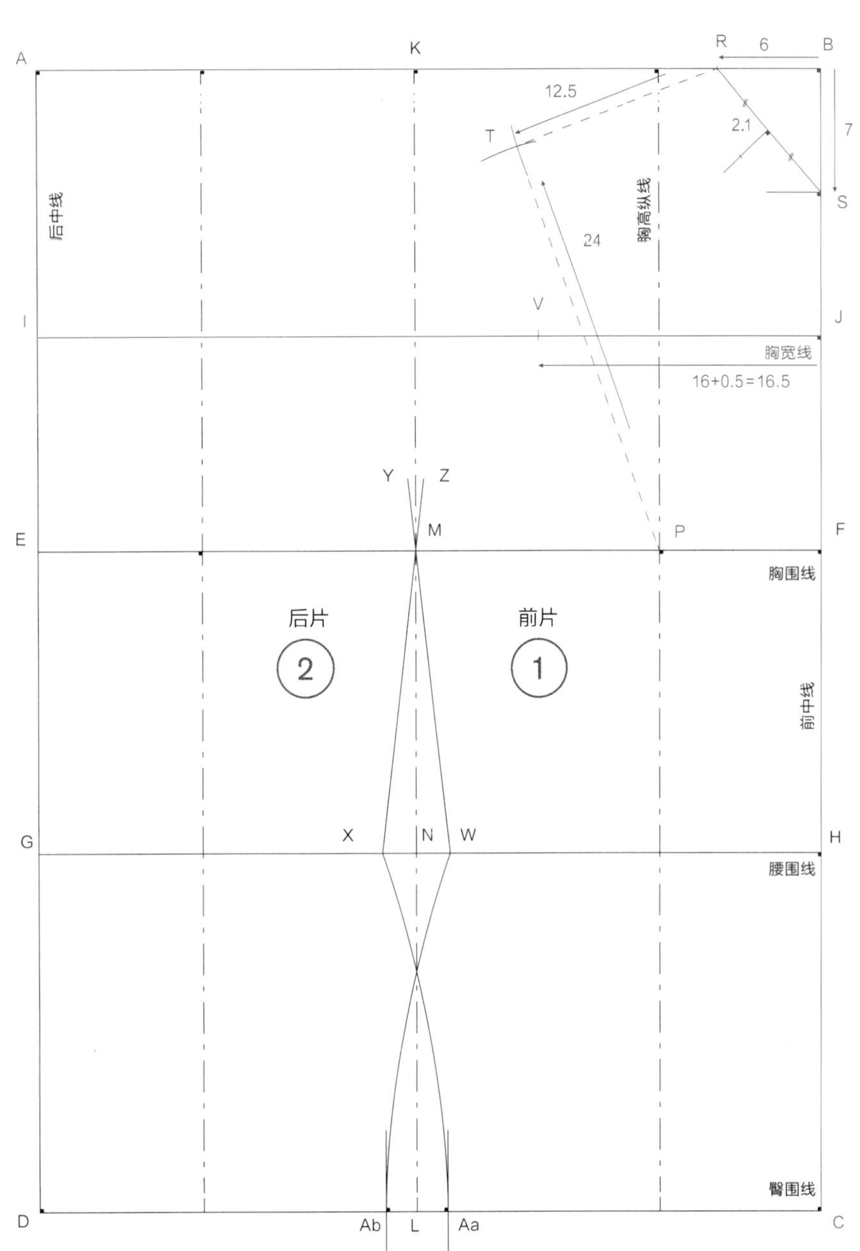

图3

1. 在人台后身左右颈侧点之间测量领宽，并将其等分，用于制板，即12/2=6cm。这个尺寸对应人台领围标记线的位置，也就是说领围线紧贴颈部。

2. 自前中线上的B点向左，在AB上取6cm，标记为R点，即颈侧点。

3. 自B点向下，按照常规尺寸在前中线上取值，即前领深为7cm，标记为S点。

4. 用直线连接R点和S点，在连线的中点处向下作垂线。在垂线上取2.1cm，这个标记点将用于绘制领围线。

5. 确定前片的肩斜线。以R点为圆心，以小肩宽12.5cm为半径，用圆规画一条弧线。然后以P点为圆心，以24cm（自P点至外肩点的距离）为半径，用圆规画一条弧线。两条弧线相交于T点。

6. 在胸宽线上取腋点。前胸宽为32cm，计算1/2前胸宽时，不要忘记加上1cm的放松量，即

（32+1）/2=16.5cm

自前中线J点向左，在胸宽线上量取相应数值，标记为V点。

图4

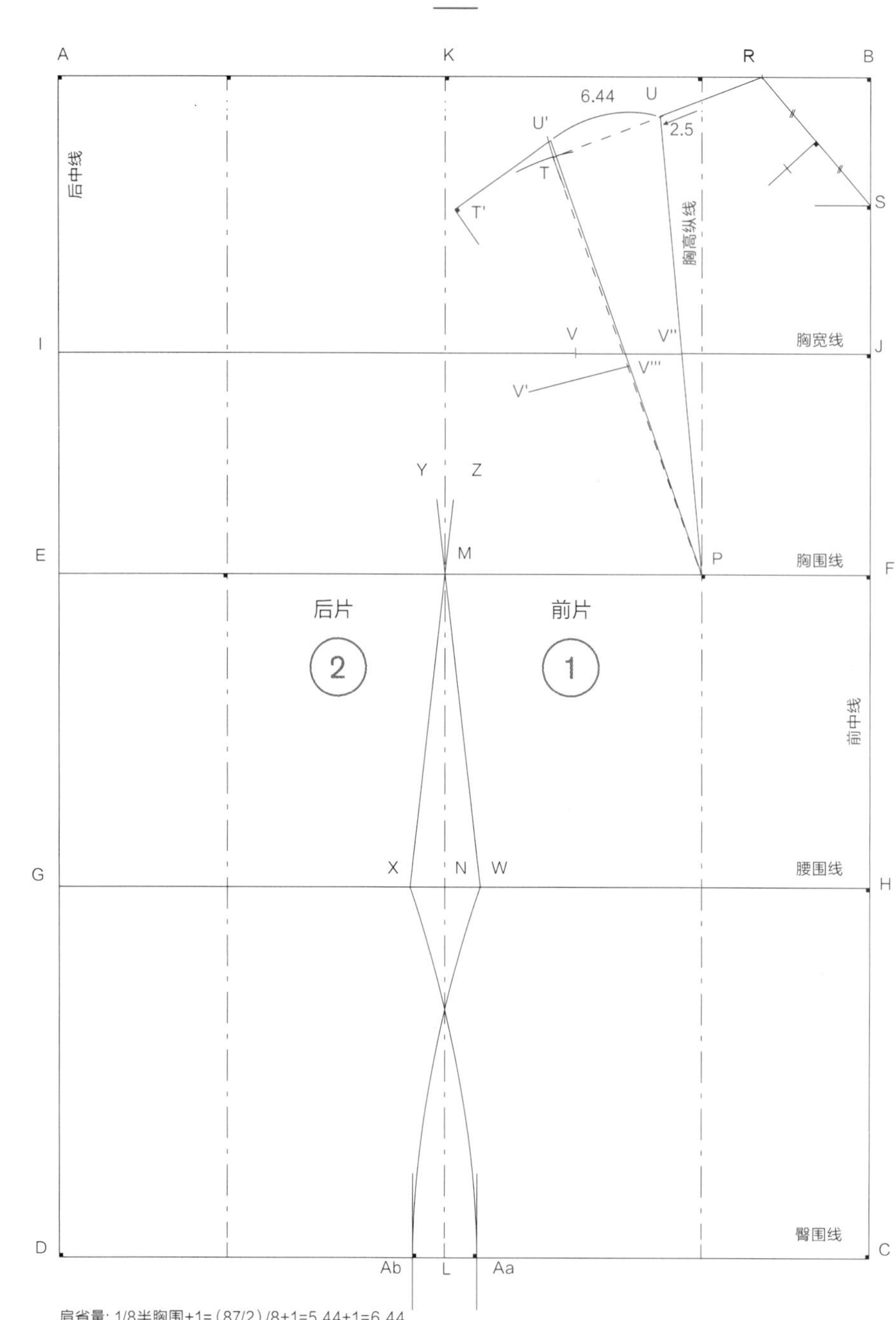

图4b

透明描图纸

肩斜线
T
U
前片肩省第一省边
V
胸宽线
V''
P

图4

设置肩省

1. 肩省的第一省边设置在肩斜线上，胸高纵线左侧2.5cm处，在此取U点，向胸高点P点绘制直线。*2.5cm这个尺寸非常合适，省道不偏不倚：既不会太直，也不会太斜。*

2. 借助透明描图纸（图4b）拓描第一省边PU、第一省边左侧的肩斜线UT和胸宽线VV''。

3. 用公式来计算肩省量：1/8半胸围+1cm（固定值），即（87/2）/8+1=5.44+1=6.44cm

现在已知肩省量，将透明描图纸置于短上衣样板上，以胸高点P点为圆心，将透明描图纸上的U点向左旋转6.44cm（与肩省量对应），得到U'点和第二省边PU'。

第一省边左侧的肩斜线及胸宽线也发生了位移，得到U'T'和V'V'''。用锥子标记透明描图纸上的线条，并将其拓描到样板上。

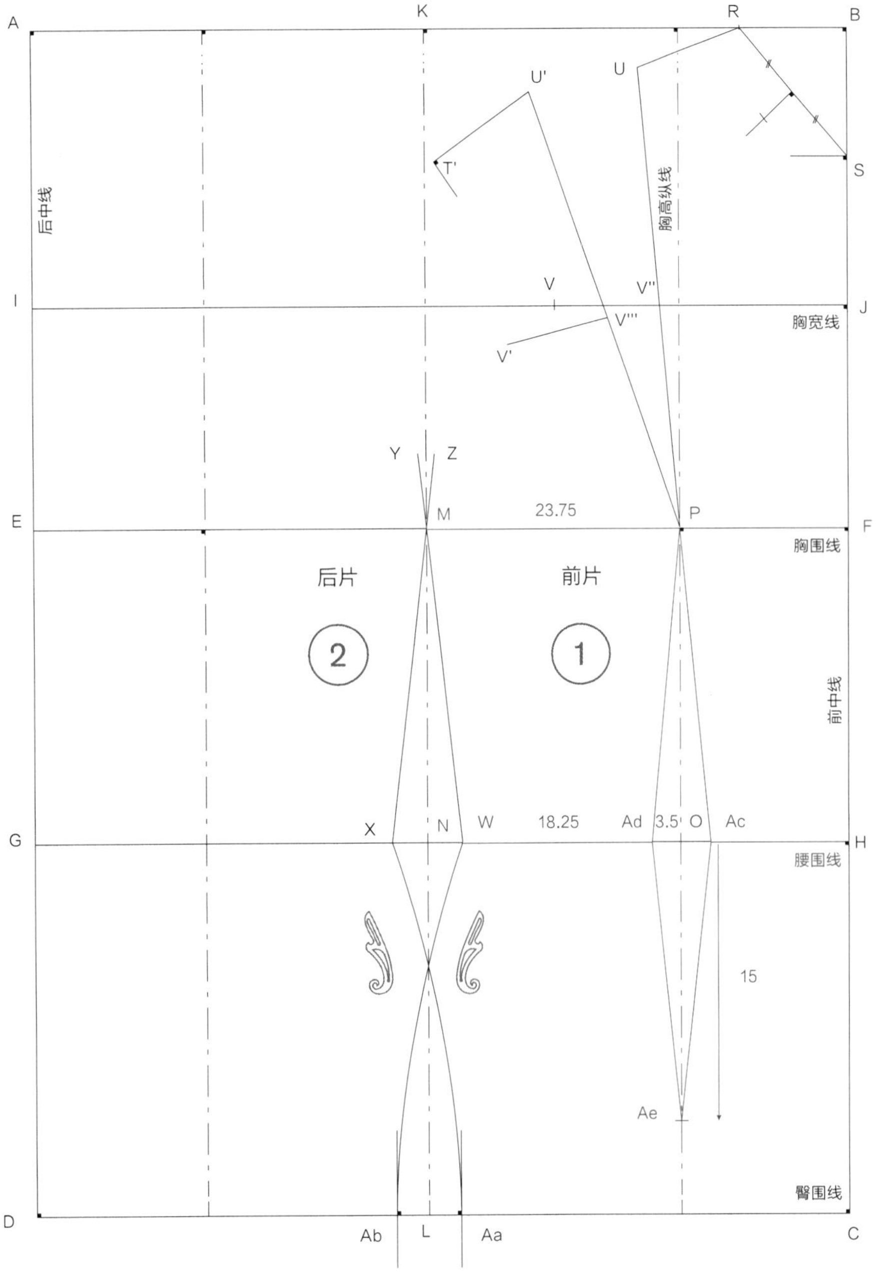

图5

设置腰省

1. 基于前片腰围来计算腰省量。

取腰围67cm加放松量2cm并将其等分，再除以2，暂时作为前片腰围，也可以直接除以4，即

（67+2）/4=69/4=17.25cm

2. 不要忘记调整前后片尺寸，即

前片：17.25+1=18.25cm

3. 之前基于胸围构建长方形基础框架时，确定前片胸围FM为23.75cm。

4. 将前片胸围减去前片侧缝处的2cm省量（NW）及前片理想腰围18.25cm，即

23.75−2−18.25=3.5cm

3.5cm代表前片腰省量，将其等分并分别设置在腰围线与胸高纵线的交点（O点）两侧，即3.5/2=1.75cm，得到Ac点、Ad点。

5. 用直线分别将Ac点、Ad点与胸高点P点连接起来。将省道延伸至腰围线以下15cm处，得到Ae点，分别连接AeAc和AeAd。

现在前片腰围达到了理想值，即

WAd+AcH=18.25cm

后片制板

图6

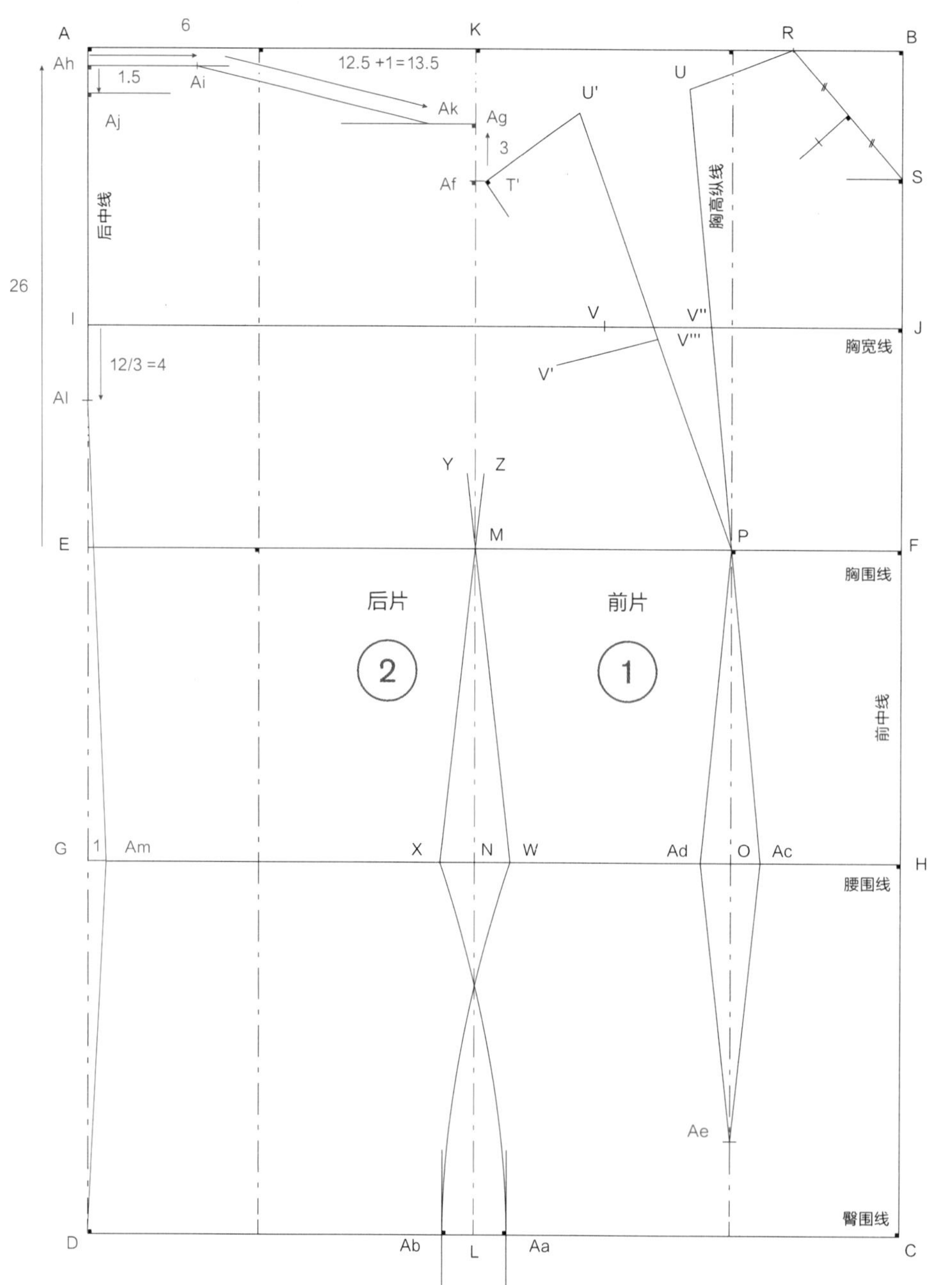

图6

图6

1. 自前片外肩点T'点绘制一条水平线至侧缝KL，与KL垂直相交于Af点。

2. 在Af点上方3cm处标记Ag点，并向左，即在后片上绘制一条水平线。

3. 在后片上确定颈侧点位置。在后中线上距离胸围线上方26cm处标记Ah点，向右绘制一条长6cm（半领宽）的水平线，得到Ai点。

4. 在后片上，自Ah点向下量取1.5cm（后领深），得到Aj点，并在此处绘制一个直角。

自颈侧点Ai点至Ag点处的水平线上量取小肩宽。小肩宽基础参数为12.5cm，加上设置肩胛省所需的1cm省量，即12.5+1=13.5cm。由此得到Ak点，绘制肩斜线AiAk。

为了包裹肩胛部位，需设置肩胛省。

后片颈侧点比前片颈侧点低1cm，这是正常的，因为前胸隆起，后背较平。

腰围线至颈侧点的长度为43cm（17+26=43cm）。

腰围线至后领底部的长度为41.5cm（43-1.5=41.5cm）。

5. 在后中绘制收腰省。在腰围线上，自后中线上的G点向右量取1cm，标记为Am点。

6. 用直线连接Am点与长方形底边的D点。省尖Al点位于I点下方4cm（等于胸围线和背宽线之间距离的1/3，即12/3=4cm）处，用直线连接Al点与腰围线上的Am点。

图7

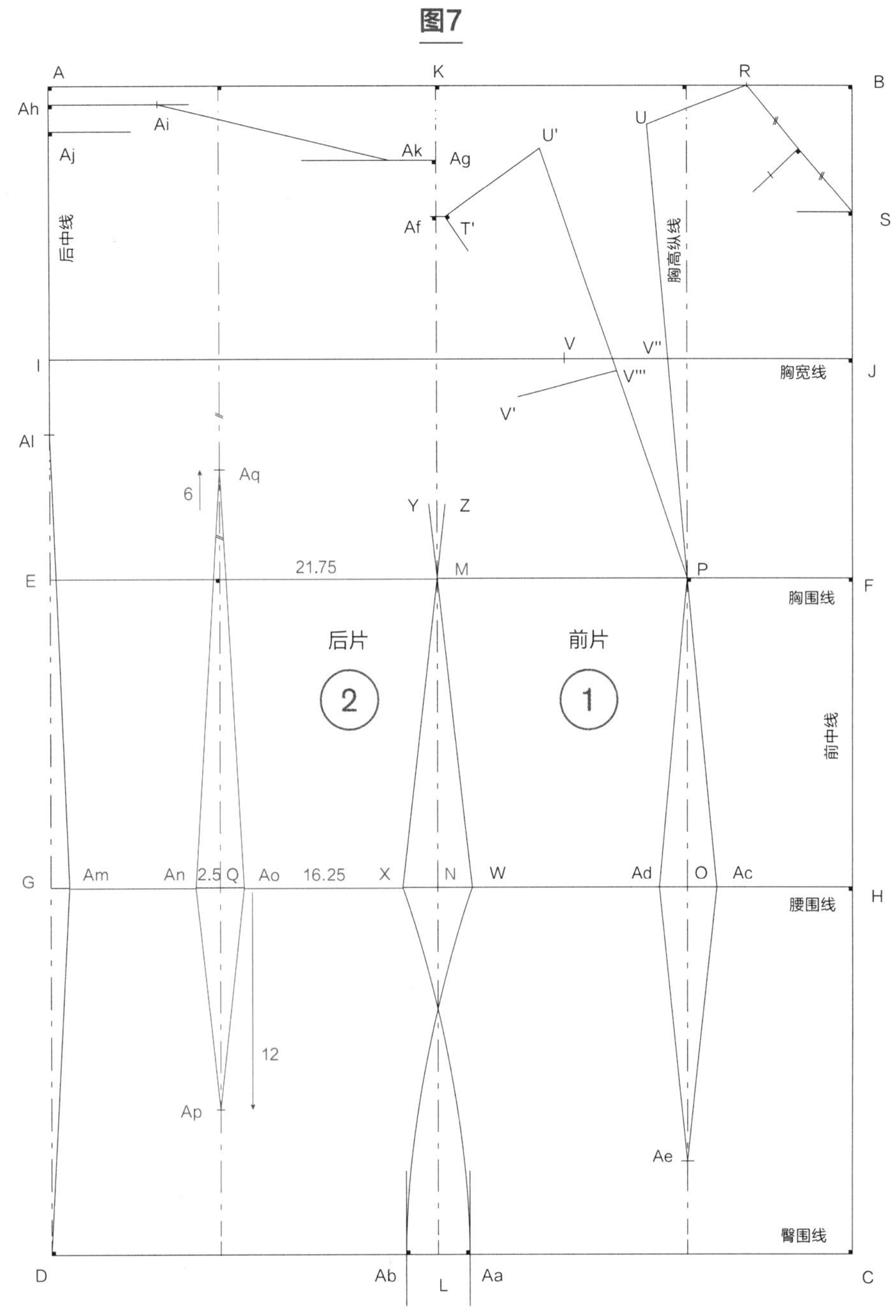

图7

1. 在距离后中线9.5cm处的垂直线上设置腰省。省量的计算方式同前片一样：

腰围67cm加放松量2cm并将其等分，再除以2，暂时作为后片腰围，也可以直接除以4，即

（67+2）/4=69/4=17.25cm

2. 不要忘记调整前后片尺寸，即

后片：17.25－1=16.25cm

3. 之前基于胸围构建长方形基础框架时，确定后片胸围EM为21.75cm。

4. 将后片胸围减去后中收腰省的1cm省量（GAm）、后片侧缝处的2cm省量（NX）及后片理想腰围16.25cm，即

（21.75－1－2）－16.25=2.5cm

2.5cm代表后片腰省量，将其等分并分别设置在腰围线与后片9.5cm处垂直线的交点（Q点）两侧，即2.5/2=1.25cm，得到An点、Ao点。

5. 将省道向下延伸至腰围线下方12cm处，得到Ap点。将省道向上延伸至胸围线上方6cm处，即胸围线EF和背宽线IJ的中间位置，得到Aq点。用直线连接这四个点，绘制省道。

可以根据不同体型适当延长或缩短前后腰省在腰围线以下的省道长度。如果体型偏胖，还可以用曲线板绘制省道。

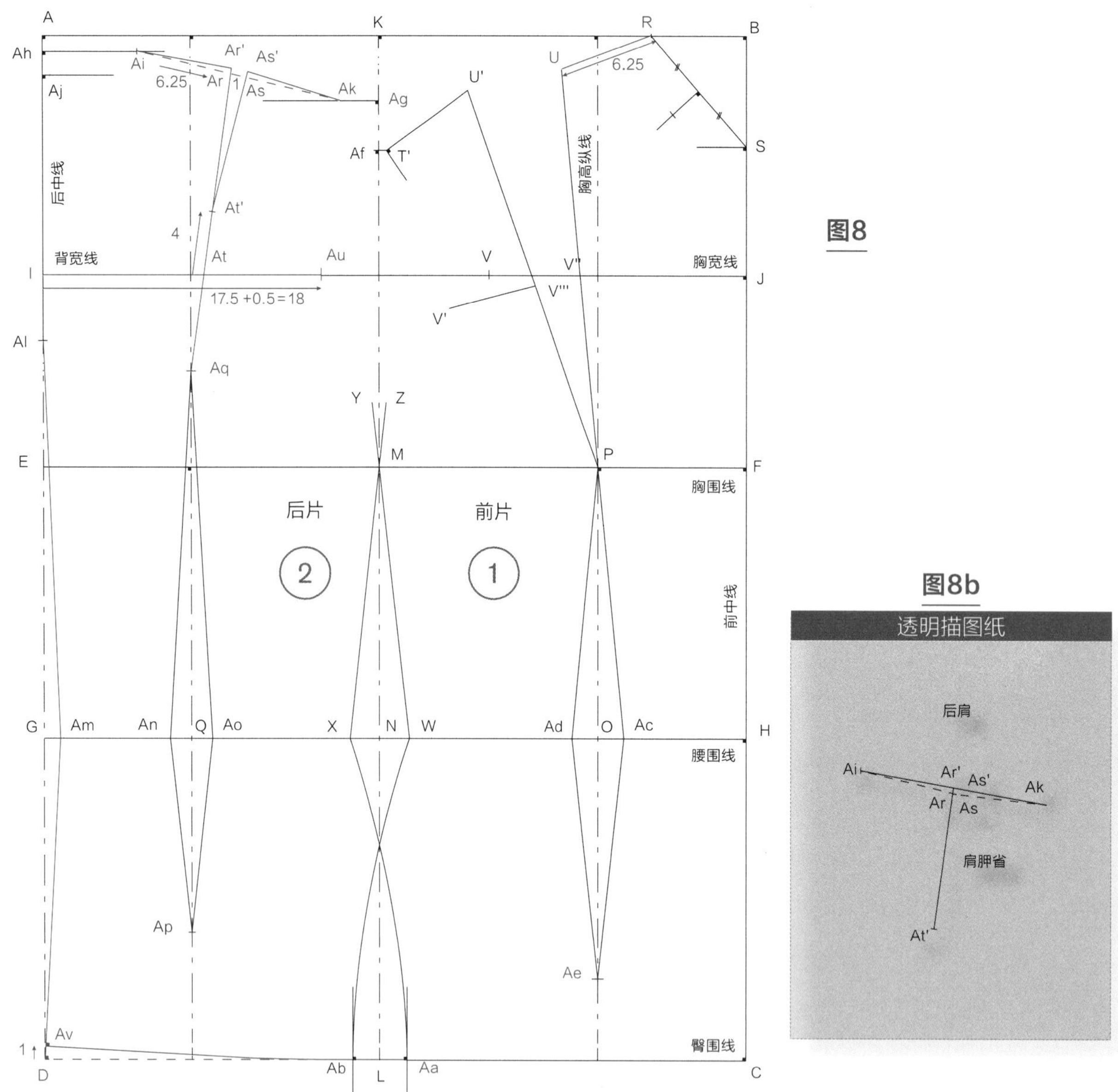

图8

在绘制后片肩斜线时设置肩胛省

1. 在后片肩斜线上取前片RU尺寸，即6.25cm，将后片肩胛省设置在与前片肩省对应的位置。

2. 在后片肩斜线上，自颈侧点Ai点起量取6.25cm，标记为Ar点。用直线连接Ar点和腰省的省尖Aq点，成为肩胛省第一省边，并与背宽线相交于At点。自At点向上，在第一省边上标记肩胛省的省尖。本例中，向上量取4cm，标记为At'点。

3. 自Ar点向右量取1cm（这是之前预设的肩胛省量），标记为As点，用直线连接As点和At'点。

4. 设置完肩胛省后，需要调整肩斜线。借助透明描图纸（图8b）拓描肩斜线AiAr，再向下拓描第一省边至At'点。以省尖At'点为圆心旋转透明描图纸闭合省道，继续拓描肩斜线至外肩点Ak点。将肩斜线AiAk的长度调整为12.5cm。

5. 确认AiAr'的尺寸，其长度应与前片RU相同，即6.25cm。

6. 将修改后的Ar'点和As'点、肩胛省的两条省边和两段肩斜线（AiAr'和As'Ak）用锥子标记并拓描到样板上。

7. 自后中线I点起，在背宽线上量取后背宽加放松量的一半尺寸，即（35+1）/2=18cm，得到Au点。在后中线上，自长方形底边D点向上1cm处标记Av点，然后在此处绘制一个直角，并重新绘制后片底边曲线，直至侧缝处。

图9b

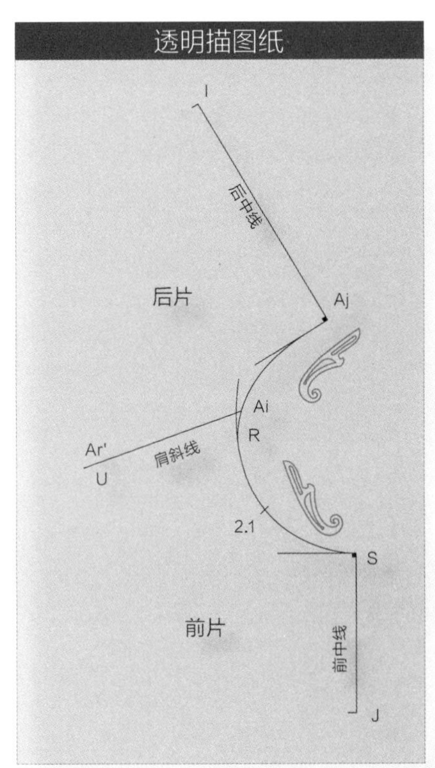

图9

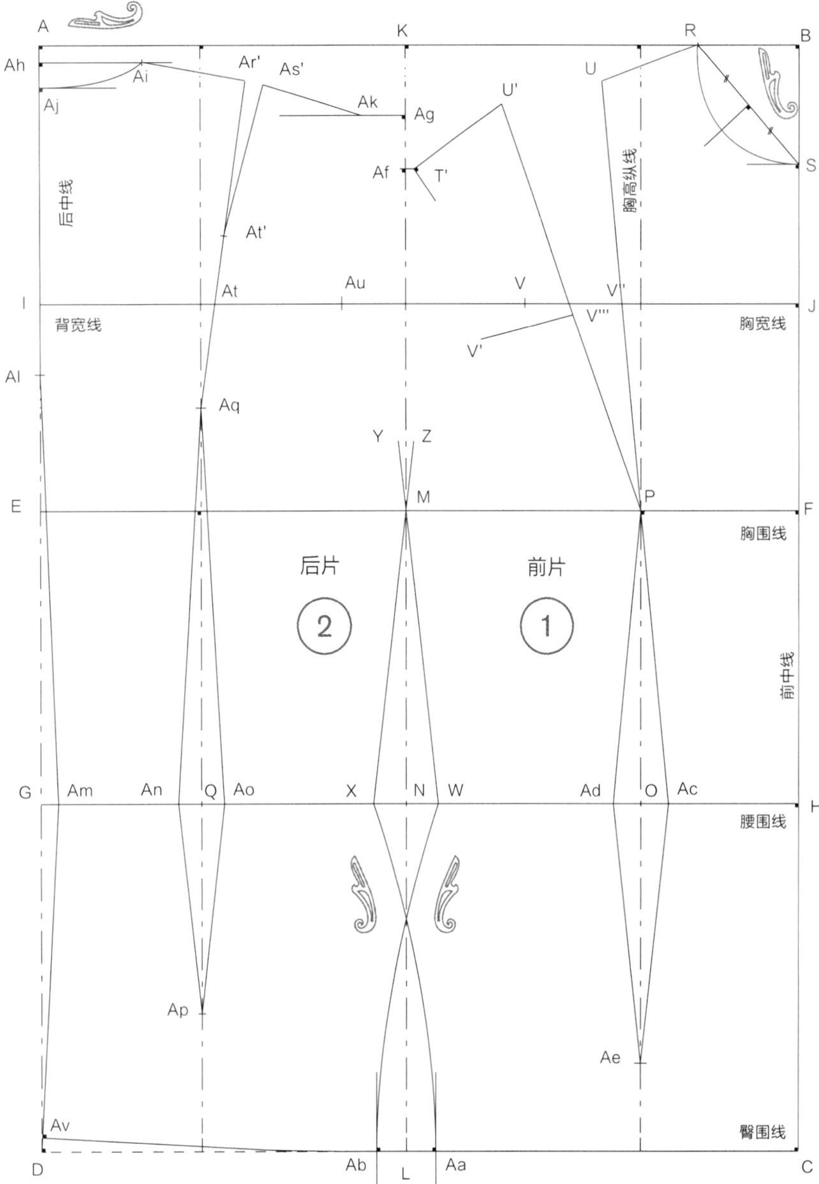

图9

绘制前后领围线

1. 借助透明描图纸（图9b）拓描前中线JS、2.1cm处的标记点及肩斜线RU。将透明描图纸移至后片肩斜线上，使RU与AiAr'重合，然后拓描后中线AjI，并在Aj点绘制一个直角。

2. 在前领底部S点绘制一个直角，借助曲线板绘制领围线，使其经过2.1cm处的标记点。完成后，先将透明描图纸置于样板前中线上，用锥子标记并拓描前领围线；再移至后中线上，用锥子标记并拓描后领围线。

图10

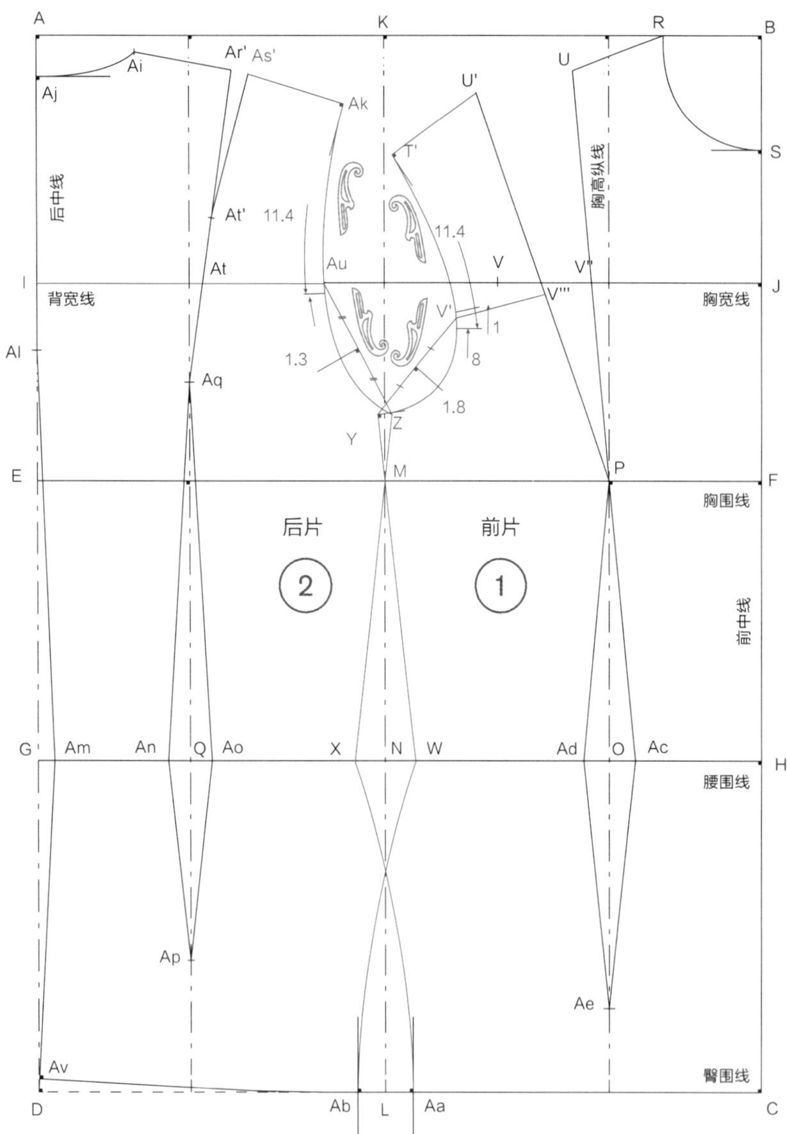

图10b

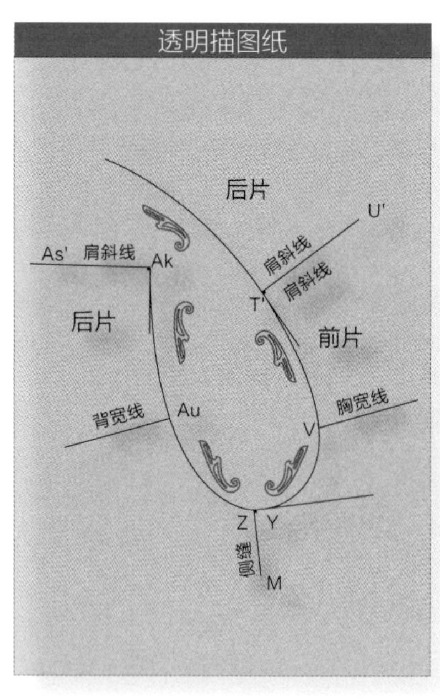

图10

绘制袖窿弧线

1. 用直线连接后片背宽线上的Au点与后袖窿底部Z点，自连线的中点向下绘制一条垂直线，在垂直线上1.3cm处做标记。

2. 用直线连接移动后的前腋点V'点与前袖窿底部Y点，自连线的中点向下绘制一条垂直线，在垂直线上1.8cm处做标记。

3. 在前袖窿底部Y点及前后外肩点T'点和Ak点处绘制直角。

4. 借助透明描图纸（图10b）拓描前肩斜线U'T'及此处直角、前腋点V'点、1.8cm处的点、前袖窿底部Y点处的直角和前侧缝（YMW）。移动描图纸，使前侧缝（YMW）与后侧缝（ZMX）重合，然后拓描后片上1.3cm处的点、背宽线及Au点、外肩点Ak点及此处直角和后肩斜线AkAs'。

5. 借助曲线板分别绘制前后片袖窿弧线，将后肩斜线与前肩斜线拼在一起，检查袖窿弧线在前后肩连接处是否平顺，然后用锥子标记袖窿弧线并将其拓描到样板上。

6. 在袖窿弧线的垂直方向设置刀眼：

- 前片上，自袖窿底部Y点向上8cm处设置一个刀眼，然后再向上1cm，设置第二个刀眼，以此表示这是前片样板。
- 后片上，自袖窿底部Z点向上9cm处设置一个刀眼。

7. 测量袖窿弧线剩余段的长度：

- 前片上，T'点与8cm处刀眼之间的距离为11.4cm
- 后片上，Ak点与9cm处刀眼之间的距离为11.4cm

完成袖窿弧线的绘制。

图11

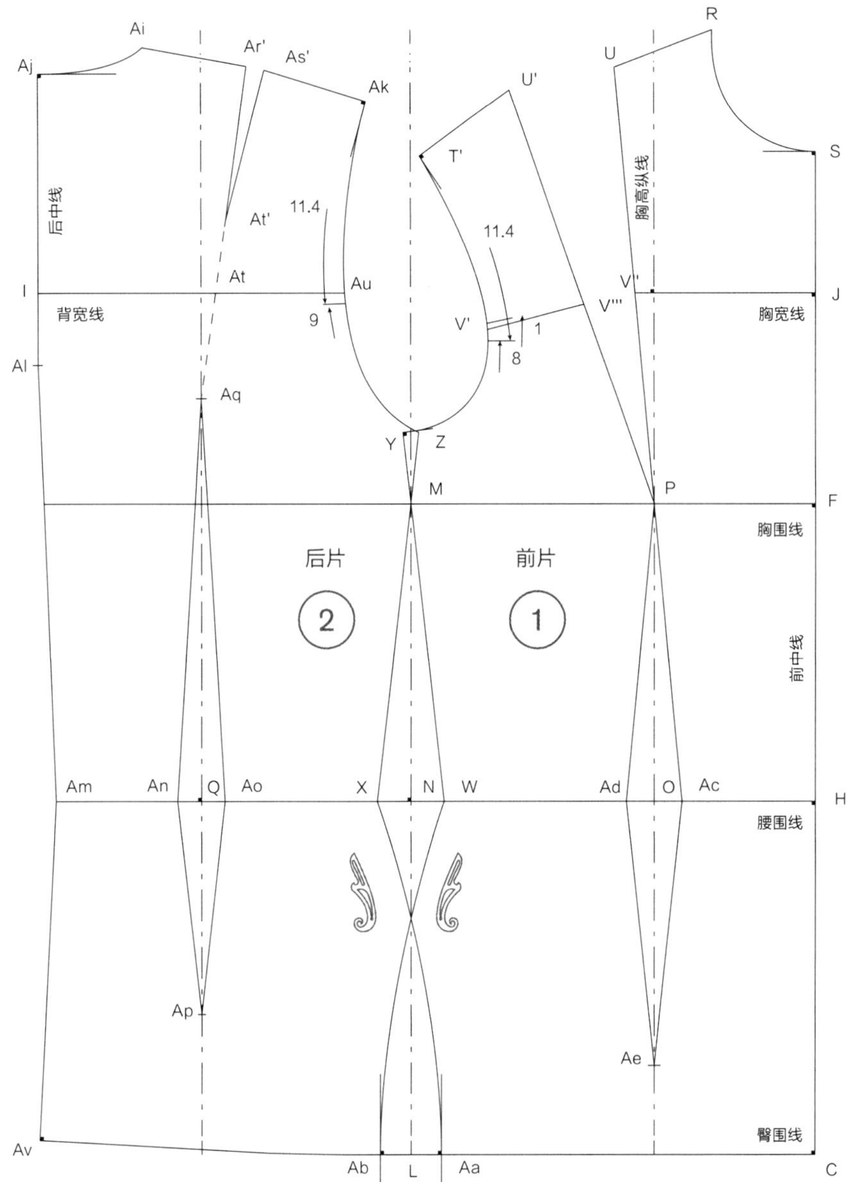

图11b

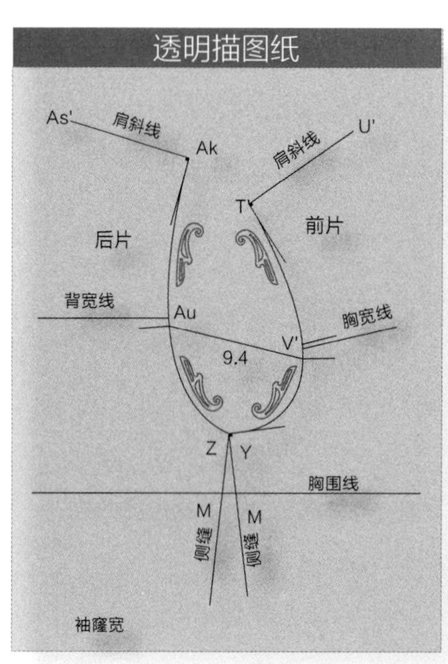

图11

检查基础样板的袖窿宽

1. 借助透明描图纸（图11b）拓描前片的袖窿弧线及刀眼、侧缝、肩斜线和胸围线，将前袖窿底部Y点与后袖窿底部Z点重合在一起，注意使前后片胸围线处于一条水平线上（保持前中线和后中线相互平行），然后拓描后片的袖窿弧线及刀眼、肩斜线和侧缝。

2. 测量后袖窿弧线上自袖窿底部向上9cm处刀眼与前袖窿弧线上自袖窿底部向上8cm处刀眼之间的距离，为9.4cm。

3. 一般来说，连衣裙和衬衣的袖窿宽平均值在11~12cm之间，女式西装、大衣等的袖窿宽平均值在12~14cm之间。

袖宽与袖窿宽的比例协调，可以保证穿着舒适、活动自如。当袖窿宽偏小时，需要增加袖宽，以免穿着不适。相反，如果袖窿宽偏大，则需要适当减少袖宽。

图12

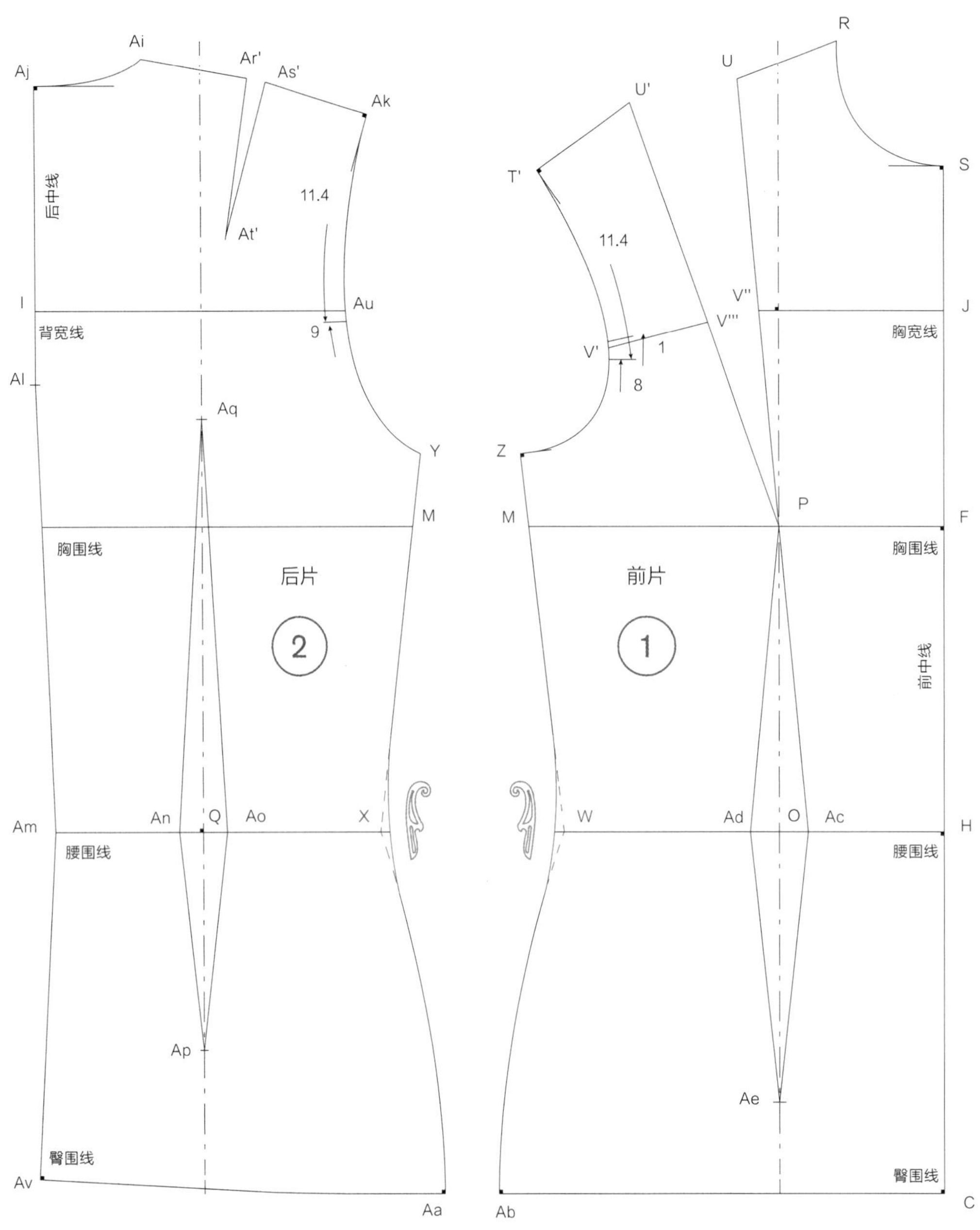

图12

分别拓描前片和后片样板，然后将腰围线上X点和W点处的转角线条画顺，完成最终样板的绘制。

如果用这个基础样板制作衬衫或其他款式，在保留前片的肩省和腰省的情况下，省尖必须避开胸高点（1~3cm左右），才能使胸部的曲线保持平滑圆顺，不会在胸高点处出现尖角。

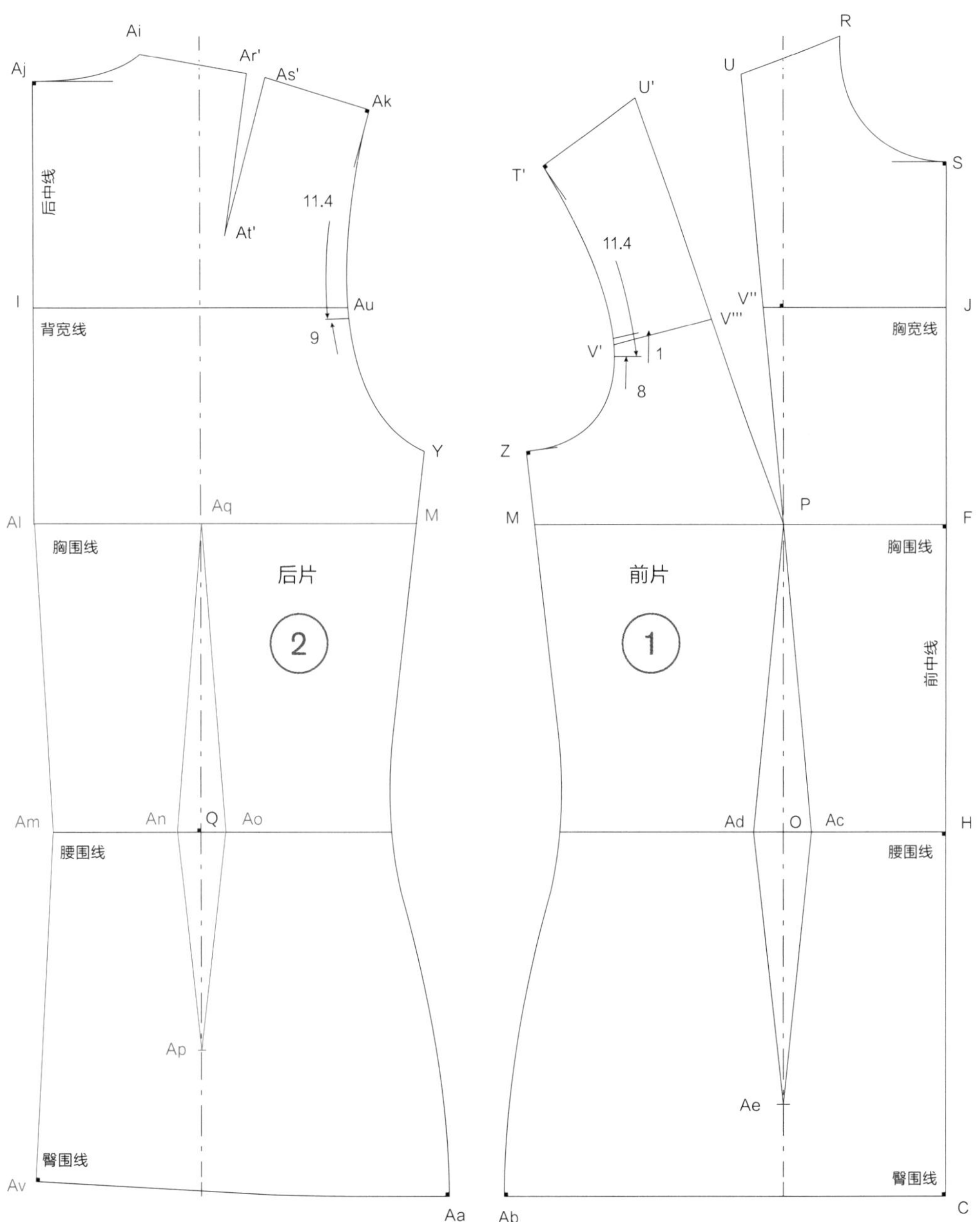

图13

如果后片胸围需要恢复到原来的尺寸，可将后中省和后腰省的省尖下移至胸围线位置，这样服装的胸部就不会那么紧身了。

省道旋转与转换

本节以短上衣基础样板为例，介绍如何进行省道旋转与转换。

省道旋转与转换

（基于短上衣基础样板腰围线以上部分）

在造型感较强的服装样板中，省道的设置能够使服装更好地贴合身体。

省道出现在不同位置：

- 前片的胸腰部位
- 前后片的腰臀部位
- 前片的胸部和肩部
- 后片的肩胛部位

在基础样板的前片上，所有省道都指向胸高点P点。

在基础样板的后片上，所有省道都指向肩胛骨。

如果在制板时希望沿用基础样板的尺寸，就需要保留省道。

还需要分析设计图，根据款式需求确定如何设置新的省道，如何调整方向、转移原来的省道。

需要注意的是，省道的位置会影响服装的合体性，应事先考虑清楚。

省道旋转或者转换包括：

- 转移省道
- 将省量转移至拼缝
- 通过褶裥或抽褶转移省量

有两种制板方法：

- 第一种，透明法（即旋转法）。在基础样板上根据设计需要定位新的省道，然后借助透明描图纸拓描基础样板上的省道，以胸高点P点为圆心旋转省道，在另一张绘图纸上得到新的样板。这种方法需要理解逻辑关系，以完成精准的省道转移。
- 第二种，裁剪法。这种方法比第一种方法更容易操作。在基础样板上根据设计需要定位新的省道，然后沿着新的省道裁开样板直至胸高点P点，沿着原来的省道裁开样板并闭合省道。基础样板上原来的省道闭合后，新的省道自然会在之前定义的位置打开。这样的转换方法很直观，比起第一种方法，需要思考的地方也较少。

第一种方法在理解和认知上更为复杂，但由于可以借助现有样板进行转换。在操作上比较省时，这种方法更适用于经验丰富的人。而第二种方法需要复制基础样板并将其裁开，在省道转移之后再次复制样板或者将其重新黏合起来。

一般来说，在省道旋转前，应在纸样上留出较大的操作空间。

当省量由多个省道组成时，有以下几种处理方式可以保持总省量不变：

- 省道数量保持不变。从理论上来说，只要这些新省道的位置合适，样板不会受到任何影响。
- 只保留一个省道。这是可以的，但减少省道数量的同时，需要增加省量，可能会使省尖更凸出，也会使腰围收缩过多，从而导致不同的部位之间产生明显的尺寸差异（比如胸腰差）。
- 增加省道数量。从理论上来说，这样更容易调整样板尺寸，使服装更贴合身体线条。

总之，省道越多，就越容易使服装做得合体。

样板的调整方法很多，有些简单可行，有些复杂难懂。

本节介绍了几种省道旋转与转换方式，掌握这些步骤就可以设计更多新的款式。

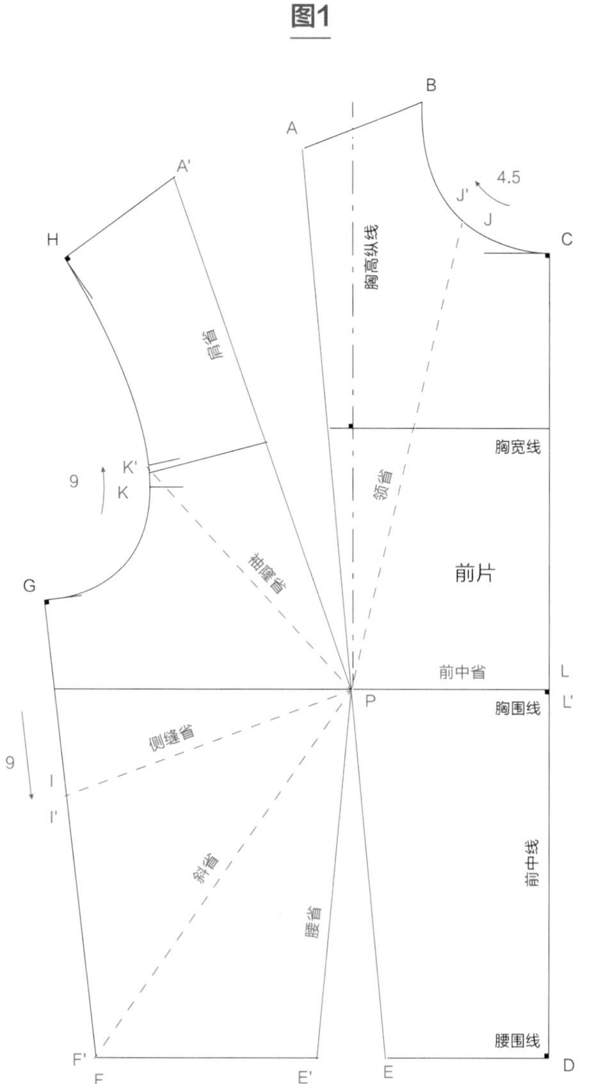

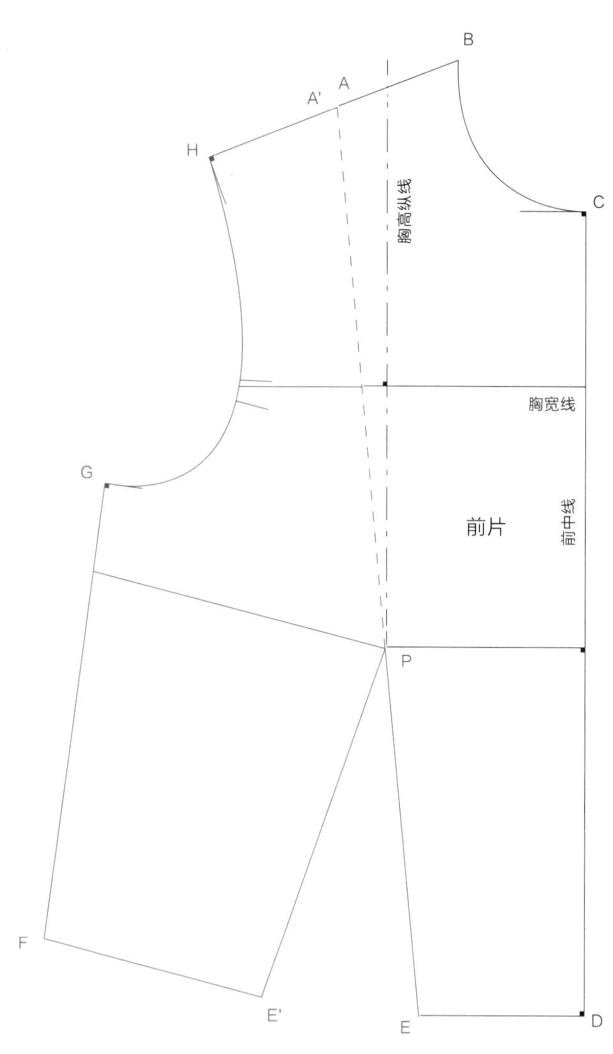

图1

准备工作非常重要。取短上衣基础样板腰围线以上部分，根据设计需求，在基础样板上标出设置省道的位置。

本节主要借助透明描图纸（透明法）进行省道旋转。

图2

将肩省转移至腰省

1. 先在绘图纸上绘制基础样板右半边部分（ABCDEP），然后将其置于透明描图纸的下面并保持不动，将前中线设置为直丝缕（重要概念，下同）。

2. 以P点为圆心旋转基础样板左半部分（PE'FGHA'），使A'点与A点重合，从而闭合肩省。

3. 将肩省转移至腰省后，腰省的省量增加了。

因为省道的长度不同，所以无法通过测量A点和A'点的间距来确认肩省的省量是否完全转移到了腰省上（EE'+AA'）。如果需要检查转移效果，可以通过测量省道的夹角来确认基础样板的肩省是否已经转移至腰省。

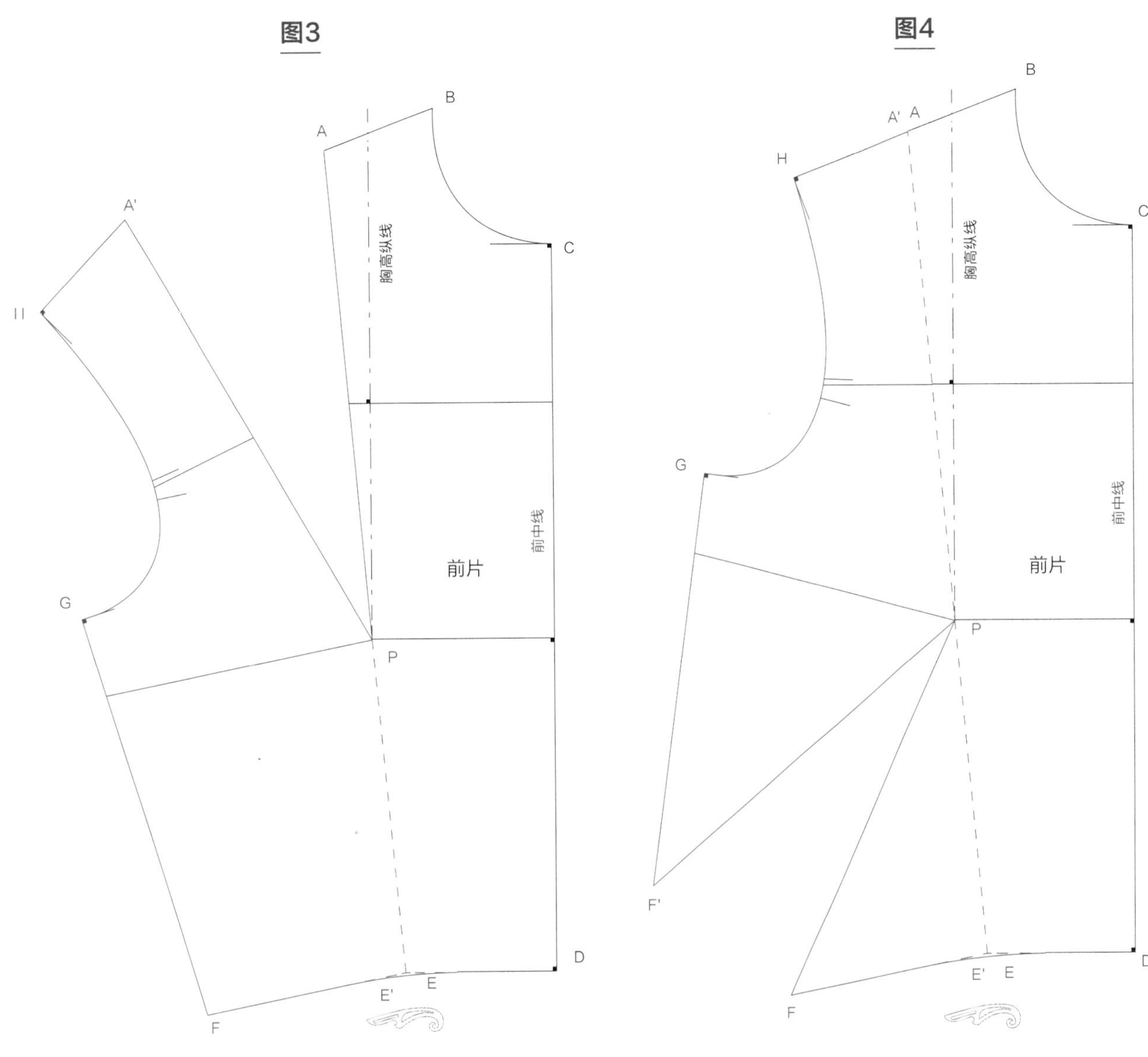

图3

将腰省转移至肩省

1. 先在绘图纸上绘制基础样板右半边部分（ABCDEP），然后将其置于透明描图纸的下面并保持不动，将前中线设置为直丝缕。

2. 以P点为圆心旋转基础样板左半部分（PE'FGHA'），使E'点与E点重合，从而闭合腰省。借助曲线板，将E'点、E点处产生的转角线条画顺。

图4

将肩省和腰省转移至腰围线和侧缝之间的斜向省道

1. 先在绘图纸上绘制基础样板右半边部分（ABCDEP），然后将其置于透明描图纸的下面并保持不动，将前中线设置为直丝缕。

2. 以P点为圆心旋转基础样板的第二个部分（PE'F），使E'点与E点重合，从而闭合腰省。

3. 继续旋转基础样板的第三个部分（PF'GHA'），使A'点与A点重合，从而闭合肩省。

4. 在F点和F'点之间出现一个斜向的省道。借助曲线板，将E'点、E点处产生的转角线条画顺。

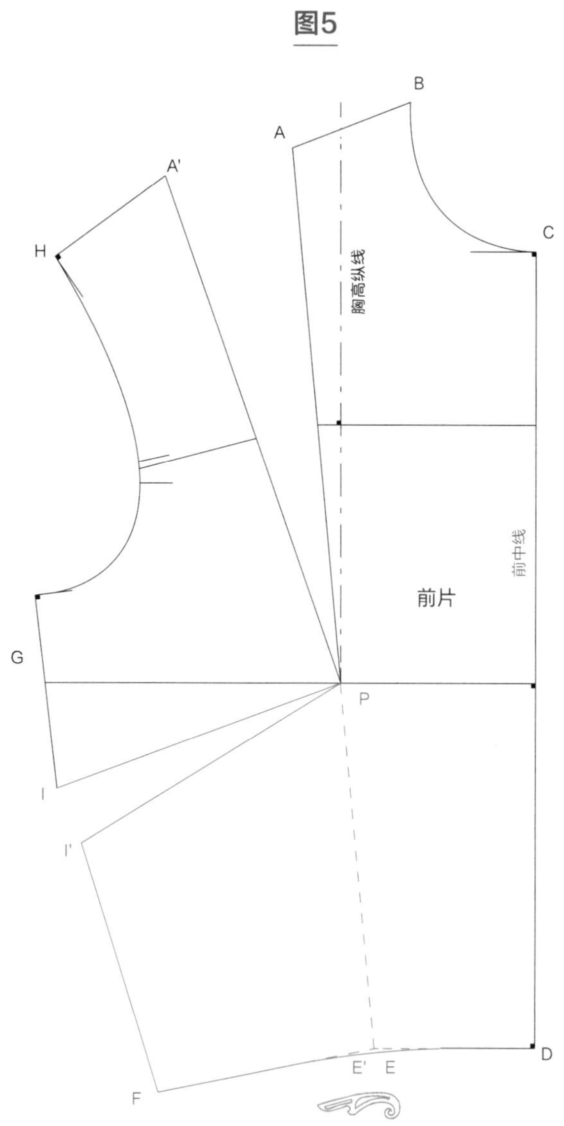

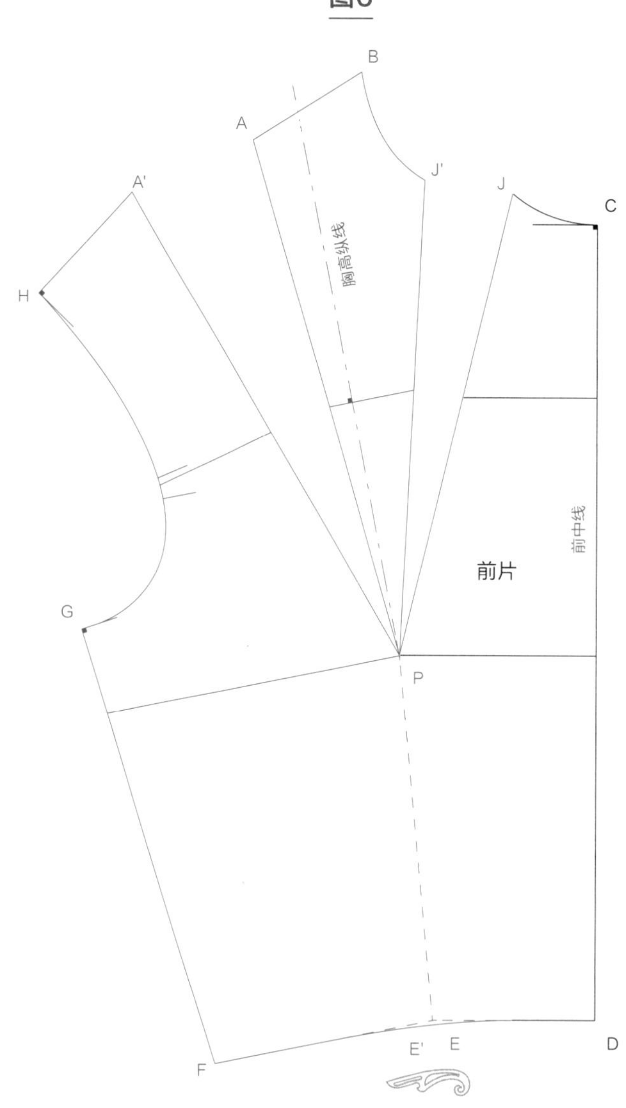

图5

保留肩省，将腰省转移至侧缝省

1. 在基础样板上确定新省道的位置。本例中，新省道位于距离袖窿底部G点下方9cm的侧缝上（I点）。
2. 先在绘图纸上绘制基础样板右半边部分（ABCDEP），然后将其置于透明描图纸的下面并保持不动，将前中线设置为直丝缕。再拓描另一个部分（PIGHA'），同样保持不动。
3. 以P点为圆心旋转基础样板的最后一个部分（PE'FI'），使E'点与E点重合，从而闭合腰省。
4. 在I点和I'点之间出现了一个侧缝省。借助曲线板，将E'点、E点处产生的转角线条画顺。

图6

保留肩省，将腰省转移至领省

1. 在基础样板上确定新省道的位置。本例中，新省道位于距离前中线C点4.5cm处的领围线上（J点）。
2. 在绘图纸上绘制基础样板右半边部分（JCDEP）并保持不动，将前中线设置为直丝缕。
3. 以P点为圆心旋转基础样板的第二个部分（PE'FGHA'PABJ'），使E'点与E点重合，从而闭合腰省。
4. 在J点和J'点之间出现了一个领省。借助曲线板，将E'点、E点处产生的转角线条画顺。

图7

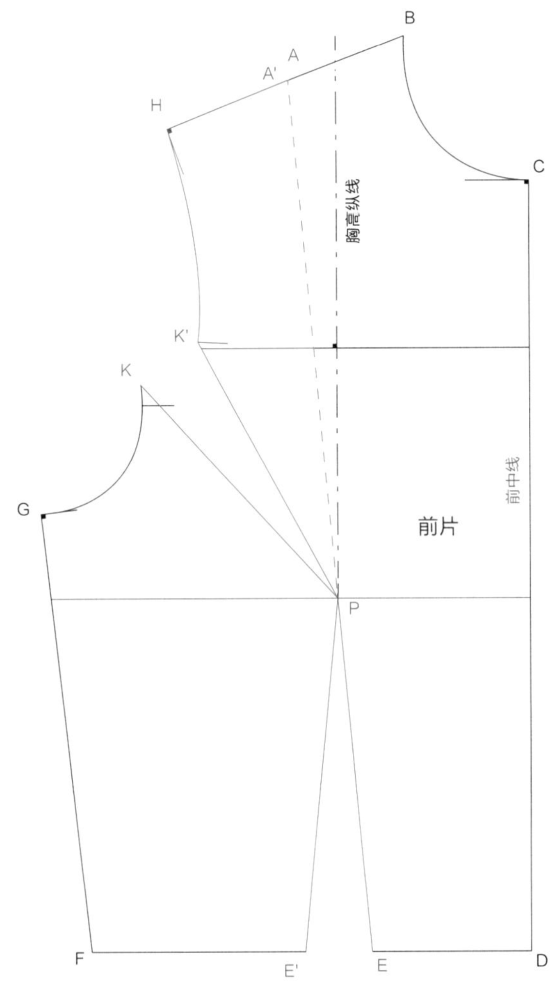

图8

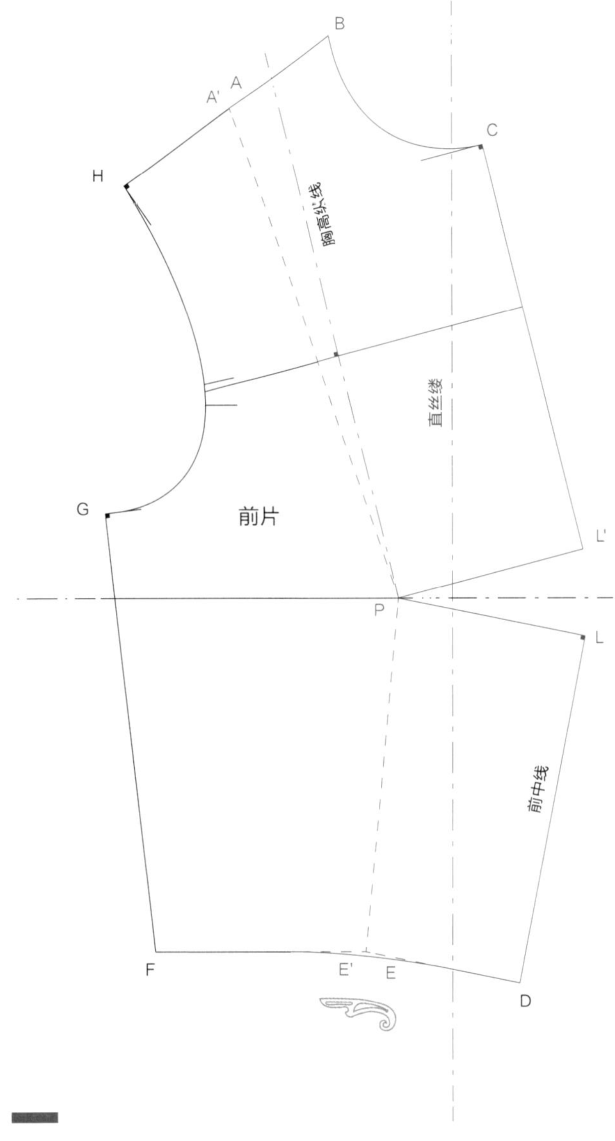

图7

保留腰省，将肩省转移至袖窿省

1. 在基础样板上确定新省道的位置。本例中，新省道位于袖窿底部G点向上9cm处的袖窿弧线上（K点S对应前片袖窿刀眼位置）。

2. 绘制基础样板右半边部分（ABCDEPE'FGK）并保持不动，将前中线设置为直丝缕。

3. 以P点为圆心旋转基础样板的第二个部分（PK'HA'），使A'点与A点重合，从而闭合肩省。

4. 在K点和K'点之间出现了一个袖窿省。

图8

将肩省和腰省转移至前中省

1. 在基础样板上，确定新省道的位置。本例中，新省道位于胸围线处。

2. 绘制基础样板的左半边部分（A'PE'FGH）并保持不动。

3. 以P点为圆心旋转基础样板的第二个部分（ABCL'P），使A'点与A点重合，从而闭合肩省。继续旋转基础样板的第三个部分（PLDE），使E'点与E点重合，从而闭合腰省。

4. 在L点和L'点之间出现了一个前中省。借助曲线板，将E'点、E点处产生的转角线条画顺。

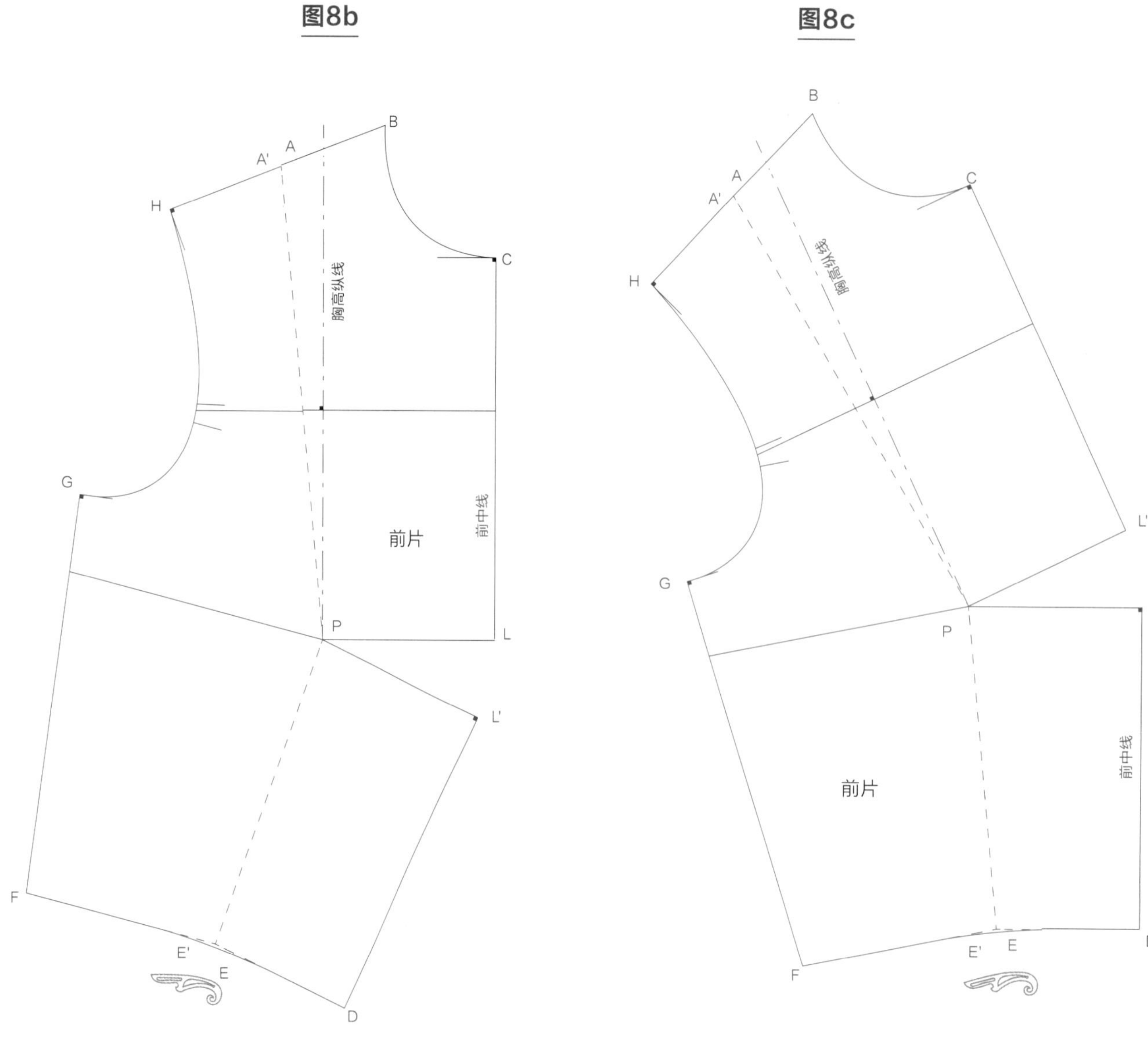

5. 本例中，胸围线垂直于直丝缕，而前中线分为上、下两段，均处于斜丝缕方向。缝合时，前中线处将会出现一条拼缝。

6. 也可以使上半部分样板保持直丝缕方向（图8b），以实现更加合体的效果，在这种情况下，下半部分处于斜丝缕方向。

7. 还有一种方式：使下半部分保持直丝缕方向（图8c），从而使上半部分处于斜丝缕方向（这将会改善面料悬垂感）。这种方式适用于上身较为丰满的设计。

将少许省量转移至袖窿处

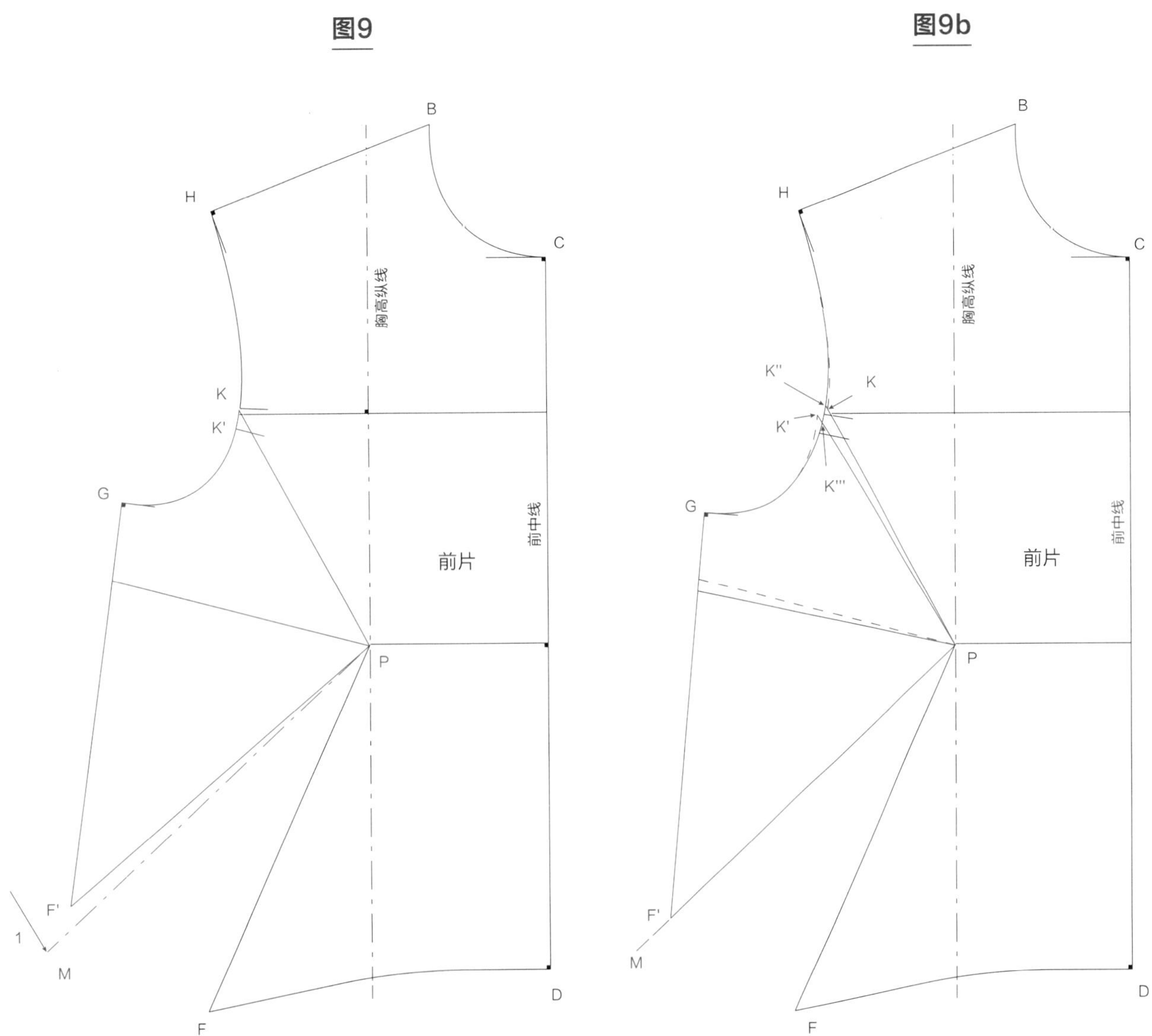

图9

本例沿用带斜省的短上衣基础样板

分析基础样板的体量，将斜省的少许省量转移至袖窿，通过减少基础省（斜省）的省量，可以改善衣服的合体性。装袖的衣服可以通过这种方式调整省量并吸收袖窿处的浮余量。省道转移后，前袖窿弧线将会变长，因此需要重新调整衣袖。

1. 对基础样板进行调整时，转移的省量不宜太大。在省道内侧距离F'点（第二省边）1cm处取M点，连接轴线PM。

2. 另取一张绘图纸绘制基础样板右半边部分（KHBCDFP）。以P点为圆心旋转另一个部分（K'PF'G），使第二省边（PF'）与轴线（PM）重合。在K点和K'点之间出现了一个开口（图9b）。

3. 重新画顺前袖窿弧线，使其与基础样板的袖窿弧线相切，延长第一省边得到K''点，第二省边与弧线相交得到K'''点。在第一个袖窿刀眼下方1cm处重新设置第二个刀眼。

图9c

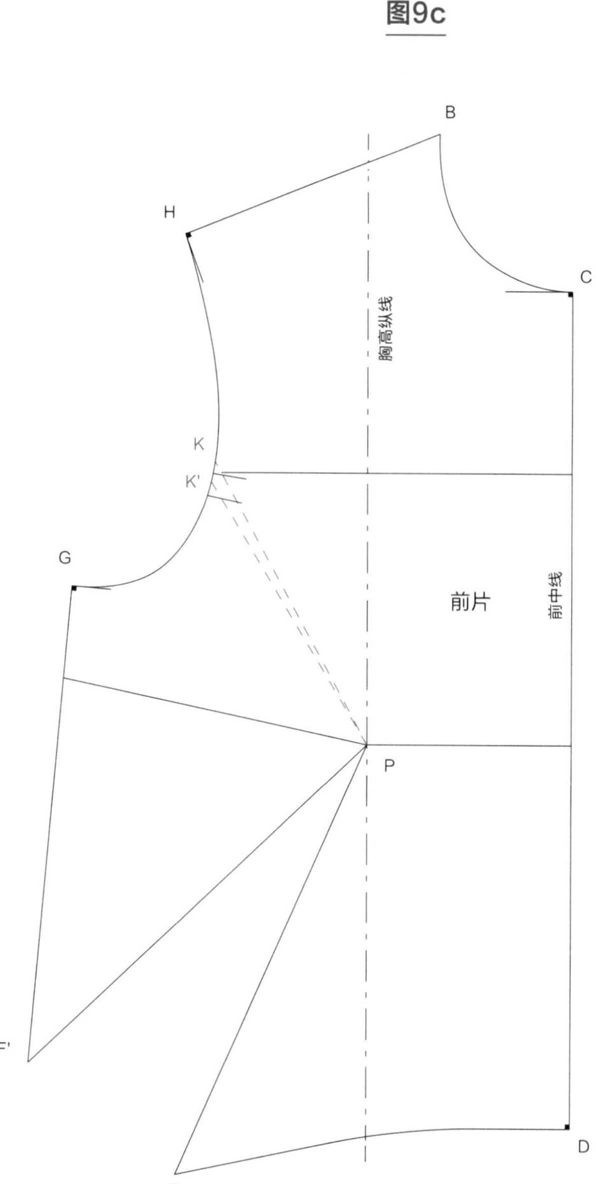

4. K点和K'点之间的距离并不代表省量，只代表在袖窿上添加的浮余量（图9c）。

5. 在前片上完成这个步骤后，可以用同样的方式在后片上操作。只需要将肩胛省转移至袖窿并保持前后袖窿平衡即可。

将肩省分解转移至侧缝

图10

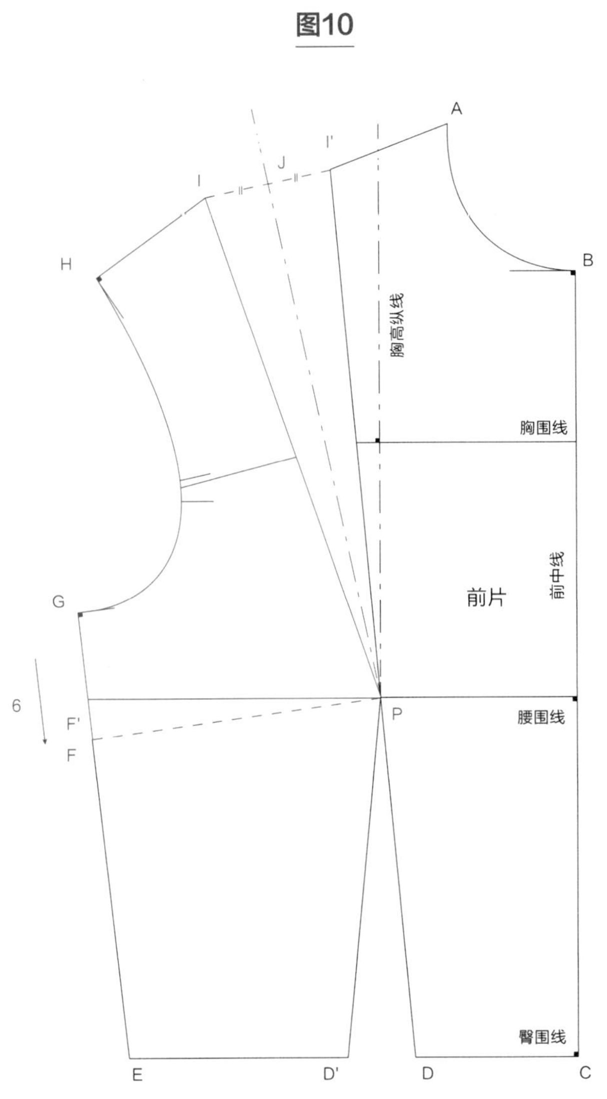

图10b

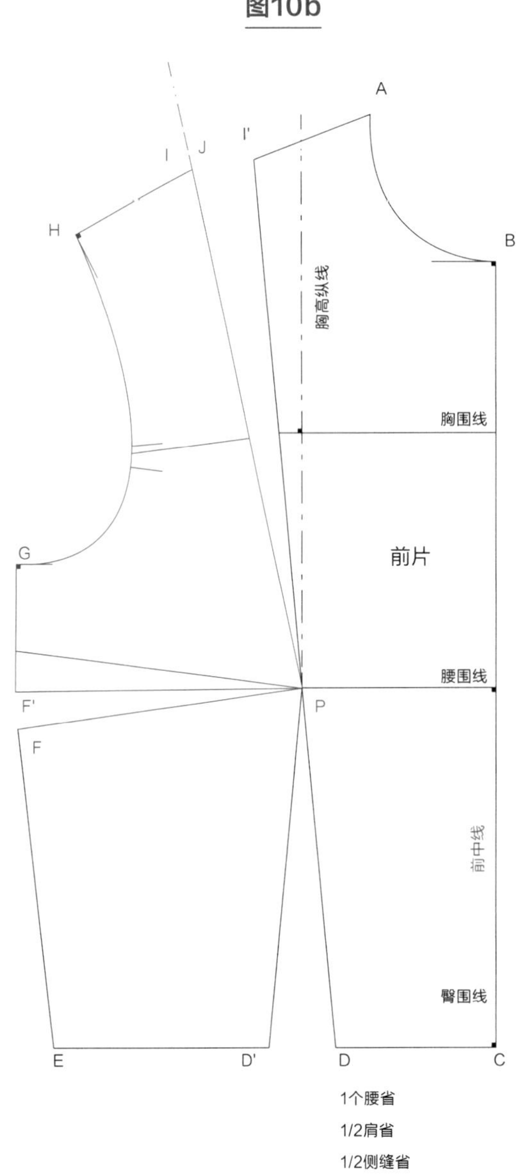

图10

在基础样板上，可以从一个省中分解出另一个省。本例基于带有一个肩省和一个腰省的短上衣基础样板腰围线以上部分，根据设计需求，在不改变基础样板体量的情况下，在侧缝再增加一条省道。要创建这个省道，需减少肩省量。

1. 在基础样板上确定新省道的位置。本例中，新省道位于距离袖窿底部G点6cm处的侧缝上（F点）。

2. 将肩省等分，在省道夹角的角平分线上找到J点。

3. 在绘图纸上绘制基础样板右半边部分（I'ABCDPD'EF）并保持不动，将前中线设置为直丝缕。

4. 以P点为圆心旋转基础样板的第二个部分（PF'GHI），使肩省的第二省边（I点）与肩省的角平分线（J点）重合，从而闭合一半省量。

在F点和F'点之间出现了一个侧缝省（图10b）。

将肩省分解转移至五个小省道

图11

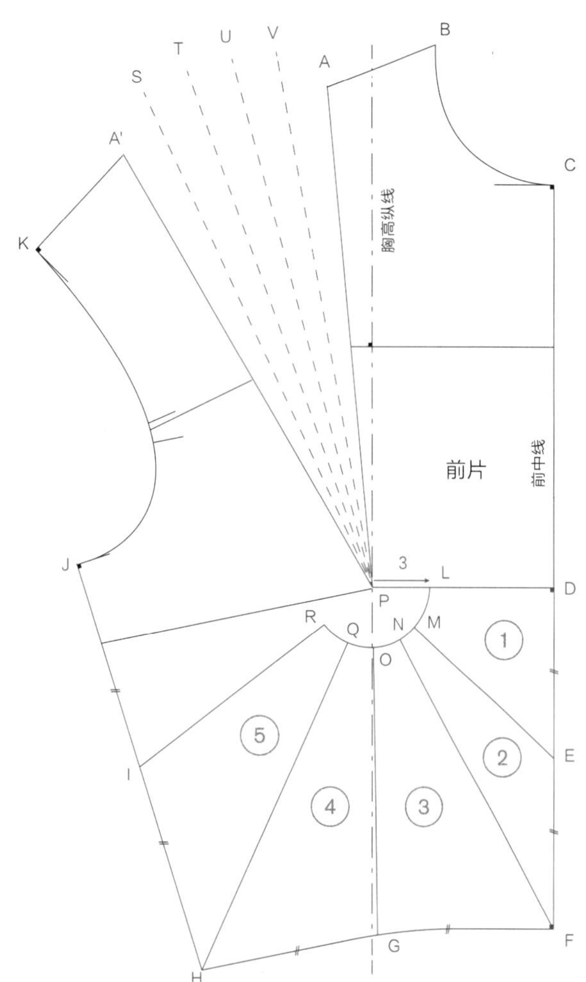

图11b

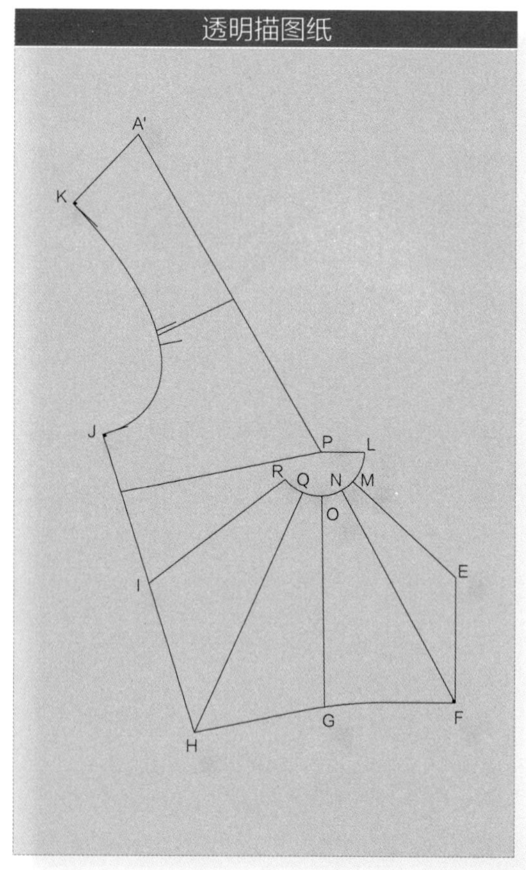

图11

在基础样板上，可以将一个省道分解转移至其他几个距离胸高点（P点）稍远一些的省道。本例基于带有一个肩省的短上衣基础样板腰围线以上部分，根据设计需求，将肩省转化为五个位于胸围线下方的小省道。

1. 确定新省道的位置：

- 第一省：前中线DF段的中点（E点）
- 第二省：腰围线与前中线的交点（F点）
- 第三省：腰围线FH段的中点（G点）
- 第四省：腰围线与侧缝的交点（H点）
- 第五省：侧缝HJ段的中点（I点）

2. 确定省尖：以P点为圆心绘制一条半径为3cm的圆弧，用直线分别将五个新省（E点、F点、G点、H点、I点）与P点连接起来，直线与圆弧的交点即对应五个省尖（M点、N点、O点、Q点、R点）。

3. 将肩省五等分（S点、T点、U点、V点），然后绘制四条轴线，确定五个小省道的省量。

4. 另取一张绘图纸，绘制基础样板右半边部分（ABCDEMLP）并保持不动，将前中线设置为直丝缕，再拓描肩省的四条轴线（SP、TP、UP、VP）。

5. 借助透明描图纸（图11b）拓描基础样板左半边部分（A'PLMEFNOGHQRIJK），以便创建五个小省道。

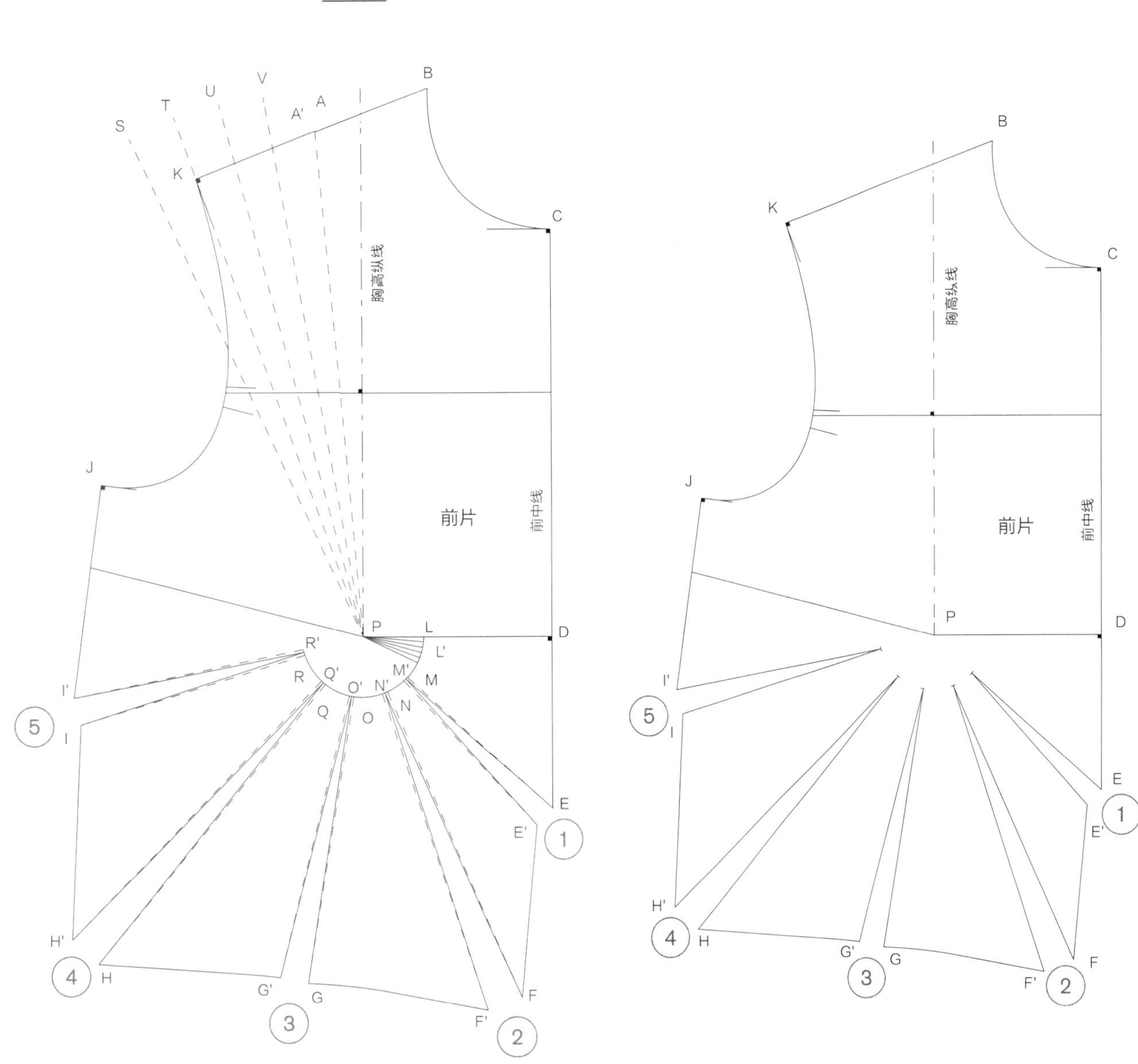

6. 将透明描图纸固定在绘图纸上的P点（图11c），以P点为圆心开始旋转：

- 将A'点转至S点，设置第一省，绘制M'E'FN
- 将A'点转至T点，设置第二省，绘制N'F'GO
- 将A'点转至U点，设置第三省，绘制O'G'HQ
- 将A'点转至V点，设置第四省，绘制Q'H'IR
- 将A'点转至A点，设置第五省，绘制R'I'JKA'。

7. 绘制省道。取MM'、NN'、OO'、QQ'及RR'的中点，分别与基础样板上五个小省道的端点（E点和E'点、F点和F'点、G点和G'点、H点和H'点、I点和I'点）连接起来。

8. 旋转后，PL和PL'之间出现了一个空间。这个空间是制板过程中的必然产物，不必担心。

9. 随着样板上肩省的闭合，其省量已被分解且转移至距离P点3cm的五个小省道（图11d）。

将腰省分解转移至三个同位省

图12

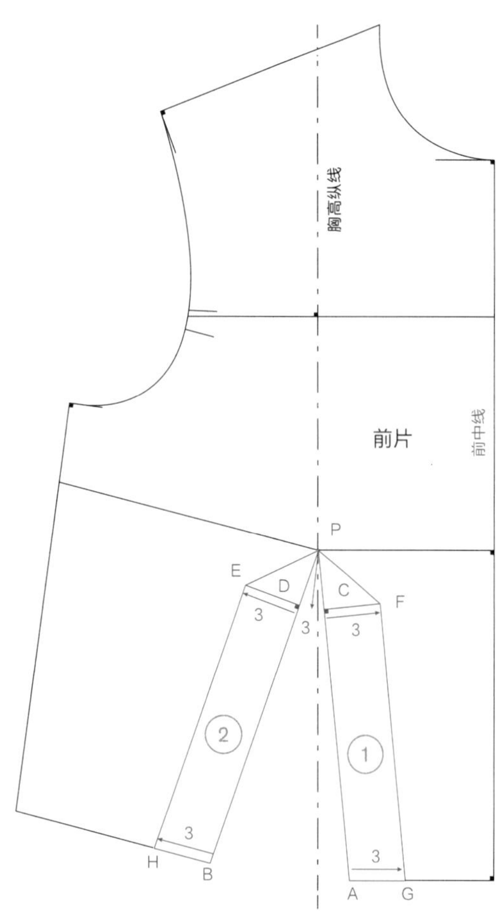

图12b

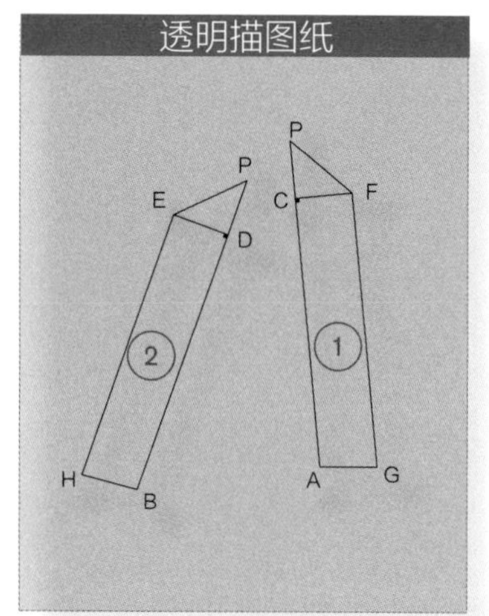

图12c

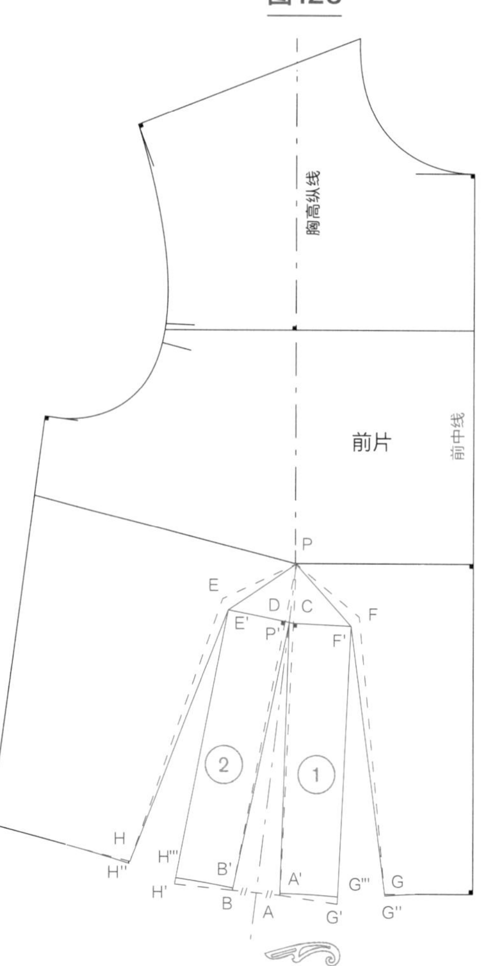

图12

在基础样板上，可以将一个省道分解转移至同一位置或其他位置的三个小省道。本例中，在原有省边（AP和BP）上距离P点3cm处做标记，并将C点和D点设置为新省道的省尖。

1. 根据设计需求确定两个新省道与原有省道之间的距离。本例中，从C点和D点向省道外侧作垂线，并在垂线上3cm处分别标记E点和F点。自E点和F点分别绘制原有省边的平行线，得到H点和G点。

2. 测量原有省道的省量（AB），并将其三等分。

3. 借助透明描图纸（图12b）拓描两个部分的样板（PFGAC和PDBHE）。

图12d

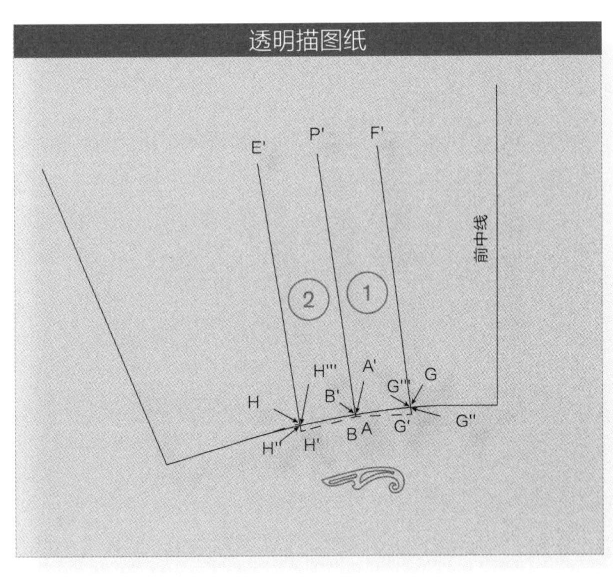

图12e

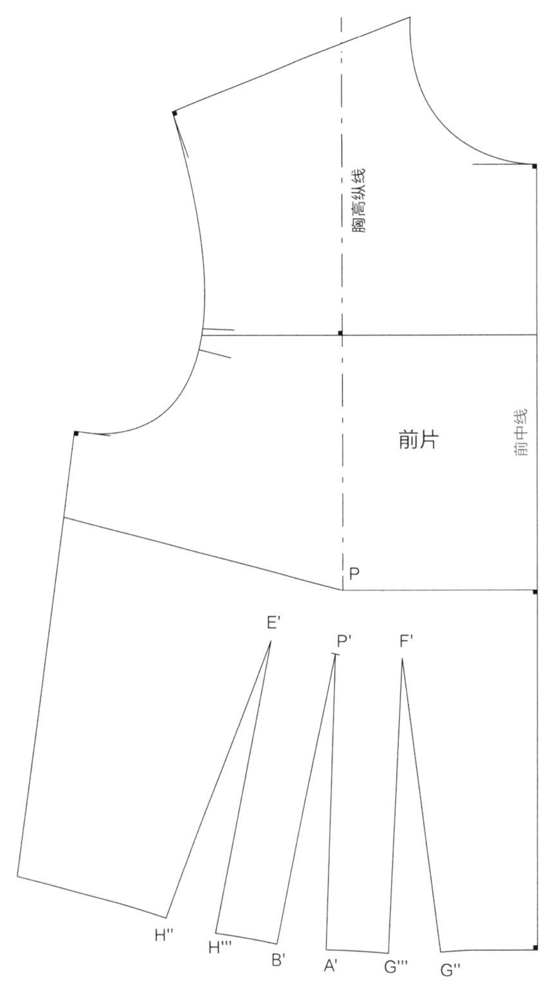

4. 在基础样板(图12c)上，自G点、H点向省道内侧取1/3的省量，分别标记为G'点、H'点。接着将透明描图纸上的两个部分固定在样板上的P点并进行旋转，使G点、H点分别与G'点、H'点重合。最后，拓描转移后的两个部分(PF'G'AC和PDBH'E')。

5. 绘制三个新省道：

- 第一省：绘制第一省边F'G，得到省道GF'G'。
- 第二省：在角APB的角平分线上，自P点向下3cm标记P'点，得到新的省道AP'B。
- 第三省：绘制第二省边HE'，得到省道H'E'H。

6. 借助透明描图纸(图12d)，分别以F'点、P'点、E'点为圆心旋转。闭合三个省道，并借助曲线板将腰围线画顺，由此得G''点、G'''点、A'点、B'点、H'''点和H''点。

7. 用锥子标记，将调整后的腰线拓描至样板上。

8. 腰省被分解转移至三个大小相同的省道(图12e)。

将腰省分解转移至三个领省

图13

本例基于带有一个腰省的短上衣基础样板，将省量分解转移至领围线上三个不规则的省道。

1. 在基础样板上确定三个领省的位置。中间的省道位于领围线上距离前中线A点5.5cm处的B点。用直线连接P点和B点。
2. 在领围线上B点两侧1.5cm处标记C点和D点，确定另两个省道的位置。下一步是确定这两个省道的长度。
3. 如图所示，在PB上，自P点向上12cm标记E点，过E点画一条直线垂直于PB，在E点两侧3cm处分别标记F点和G点。
4. 用直线分别连接F点和C点、G点和D点、F点和P点、G点和P点，绘制另外两条省道。

本例运用裁剪法对这个基础样板进行转换。

5. 绘制完成后，沿着新的省道（CFP、BEP、DGP）裁开样板。

图13

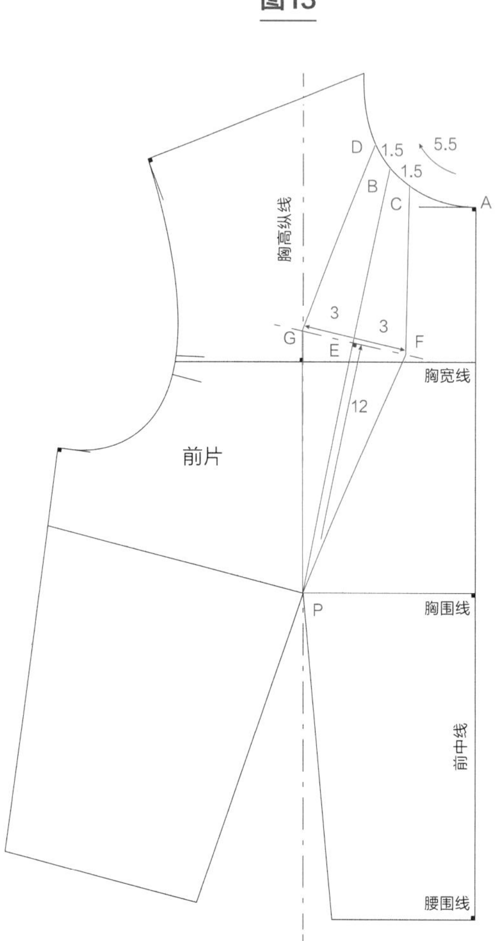

图13b

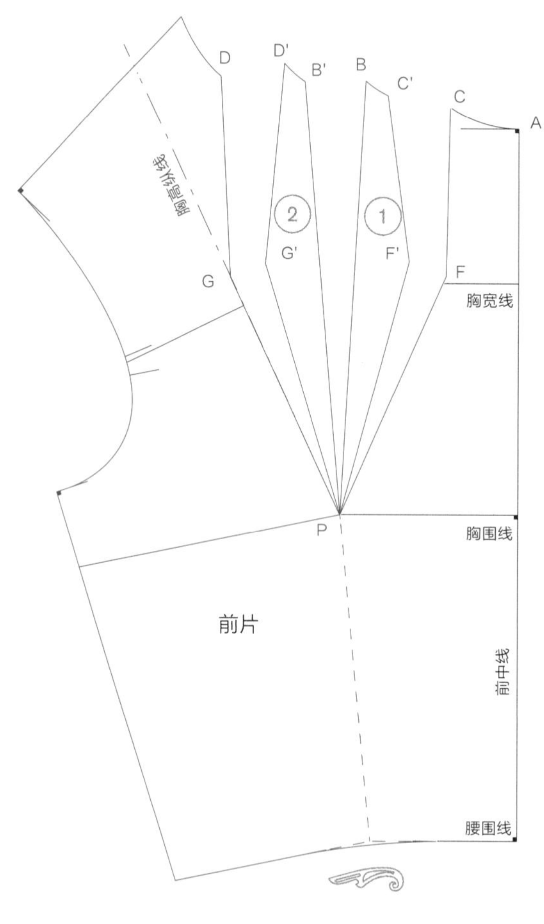

6. 闭合腰省，在C点和D点之间出现领省（图13b）。
7. 将C'F'PB和B'PG'D'这两个部分均匀地放在领省内，重合于P点，拓描这两块样板。
8. 绘制省道（图13c）：

- 第一省：取FF'的中点F''点，用直线分别连接CF''和C'F''。
- 第二省：在角BPB'的角平分线上，自P点向上3cm处标记P'点，用直线连接BP'和B'P'。
- 第三省：取GG'的中点G''点，用直线分别连接DG''和D'G''。

图13c

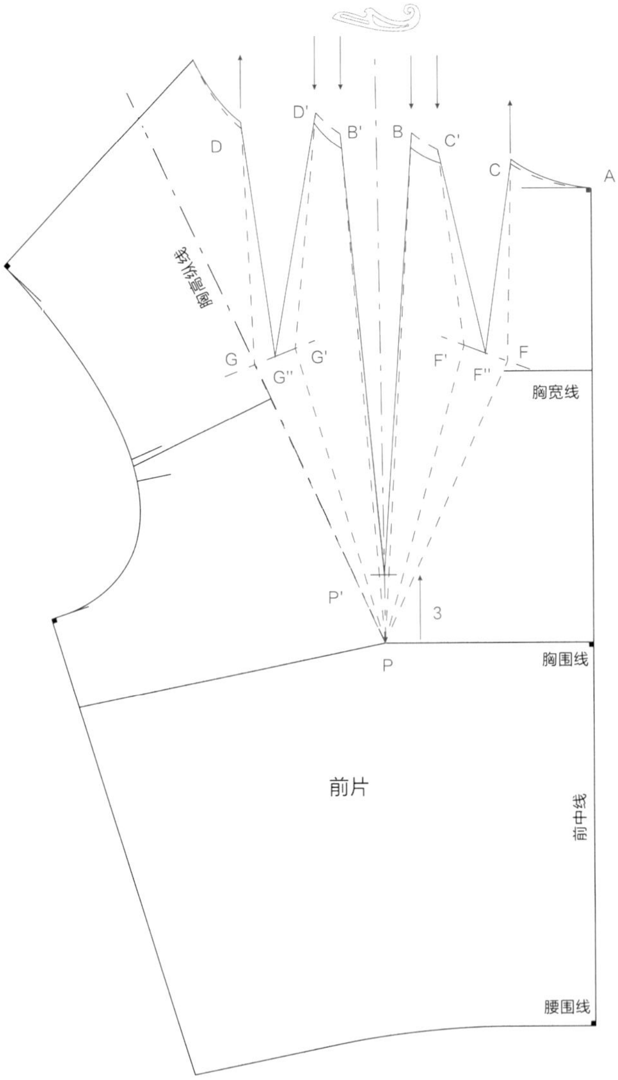

图13e

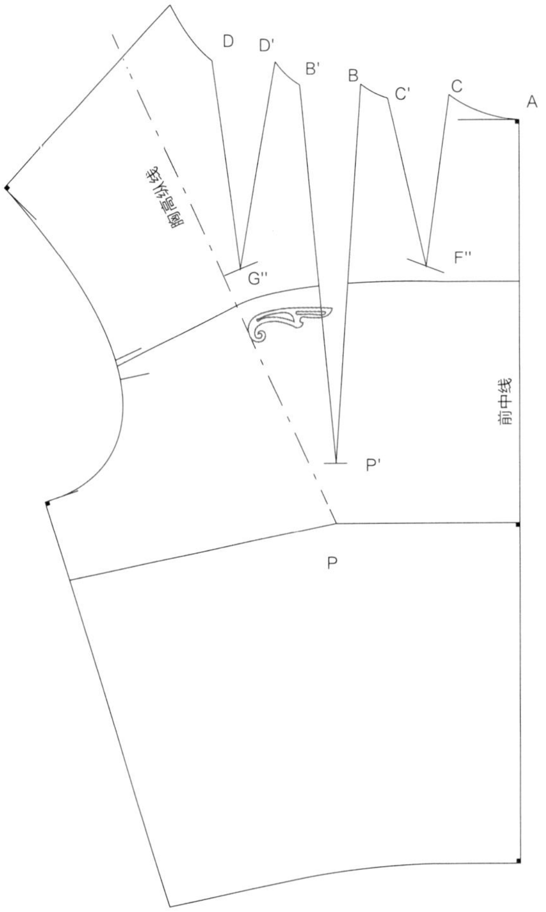

图13d

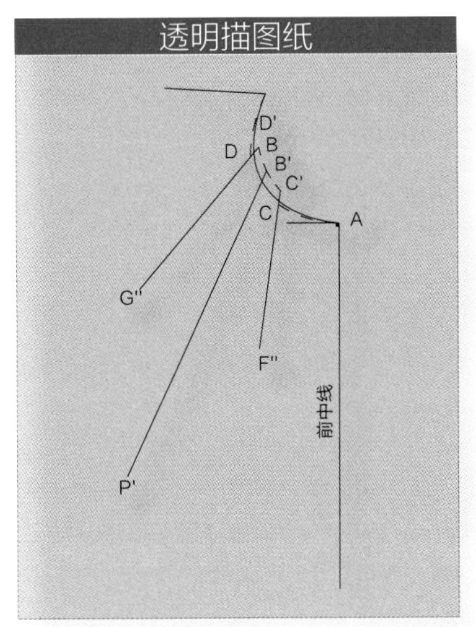

9. 借助透明描图纸（图13d），分别以F''点、P'点和G''点为圆心旋转闭合省道，分段拓描领围线。

在透明描图纸上画顺领围线，并用锥子标记，将调整后的领围线拓描至样板上。如图所示（图13c），领围曲线沿着箭头方向产生位移。

完成最终样板的绘制（图13e）。

省尖从胸高点移位

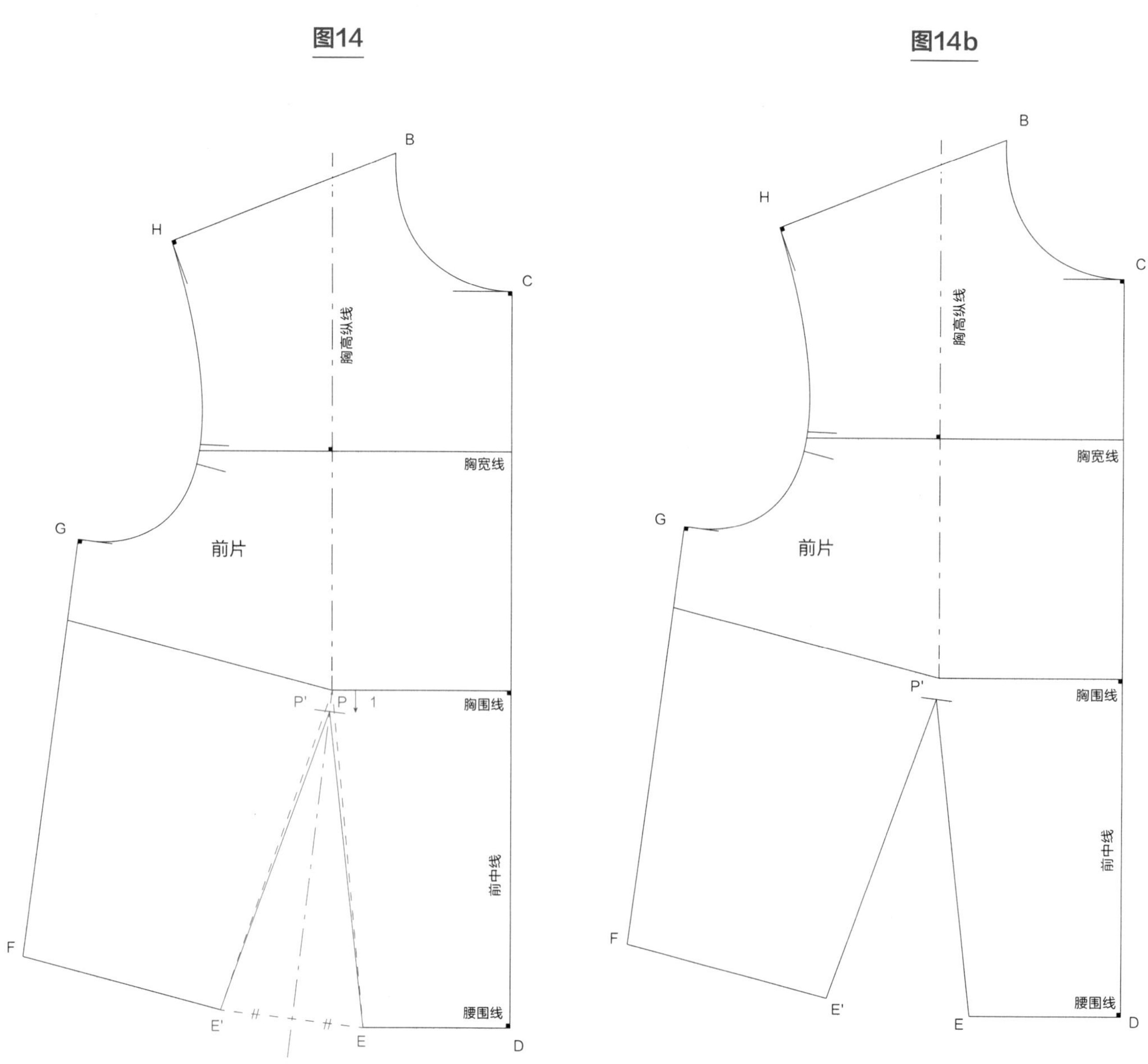

图14、图15和图16

1. 设置省道时，省尖应该与胸高点（P点）保持一定距离，以防止省尖处太尖锐，因为胸高点处本身已经呈现自然凸起的状态。

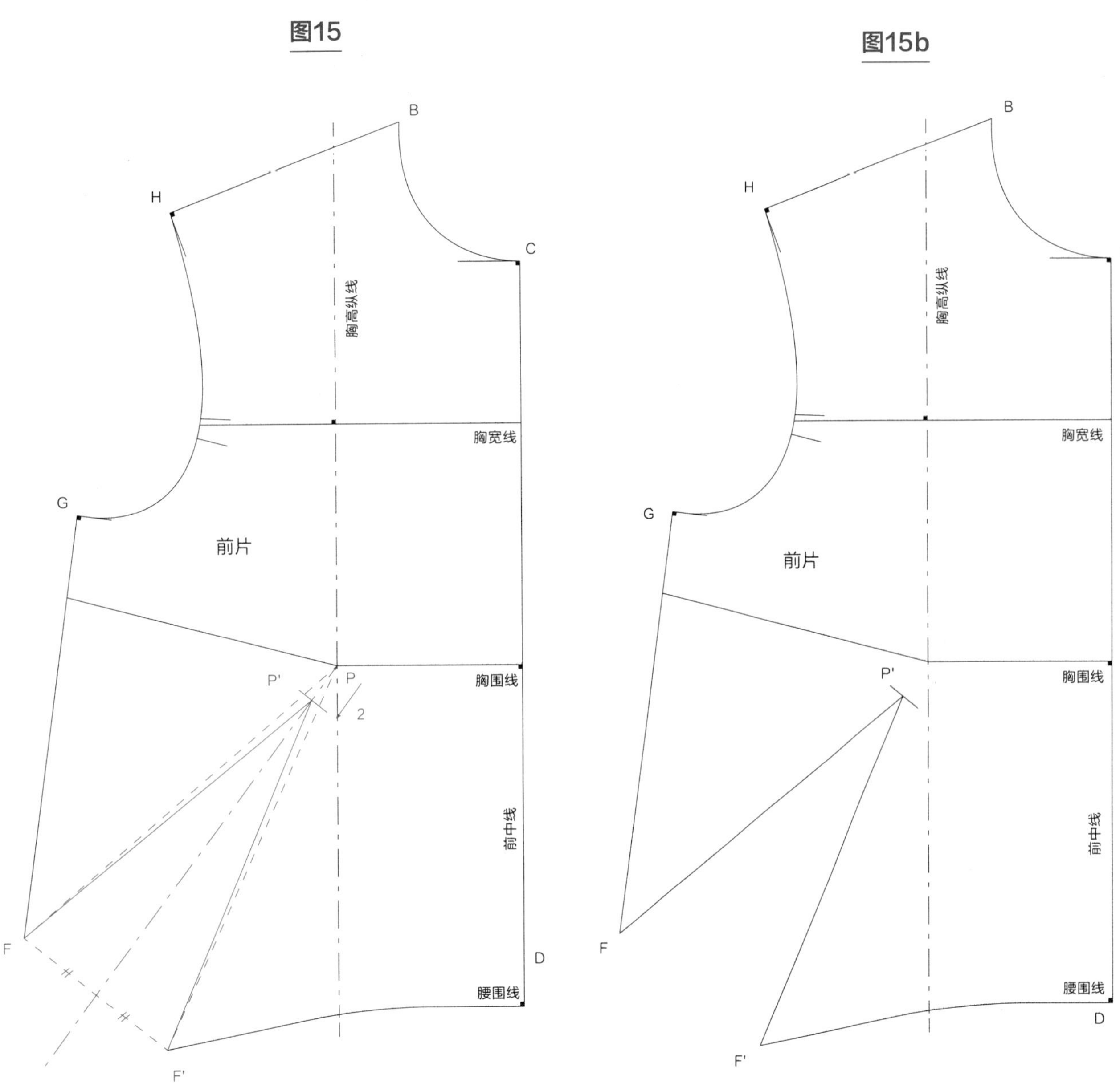

2. 调整省尖位置后，省道将较为平缓地分布在胸部。省尖移位的距离取决于省道的位置、胸部体量及衣服款式。通常省尖移位的距离为1~3cm，可以根据不同情况调整：

- 腰省：省尖移位1cm（图14）
- 斜省：省尖移位2cm（图15）
- 侧缝省：省尖移位3cm（图16）
- 肩省：省尖移位1cm（图16）

3. 移位时，先找到省道夹角（EPE'、F'PF、APA'或I'PI）的角平分线，然后自P点向外，在角平分线上取期望的移位距离标记新的省尖（P'点和P''点）。最后，连接新的标记点，绘制新的省边。

4. 完成最终样板的绘制（图14b、图15b、图16b）。

图16

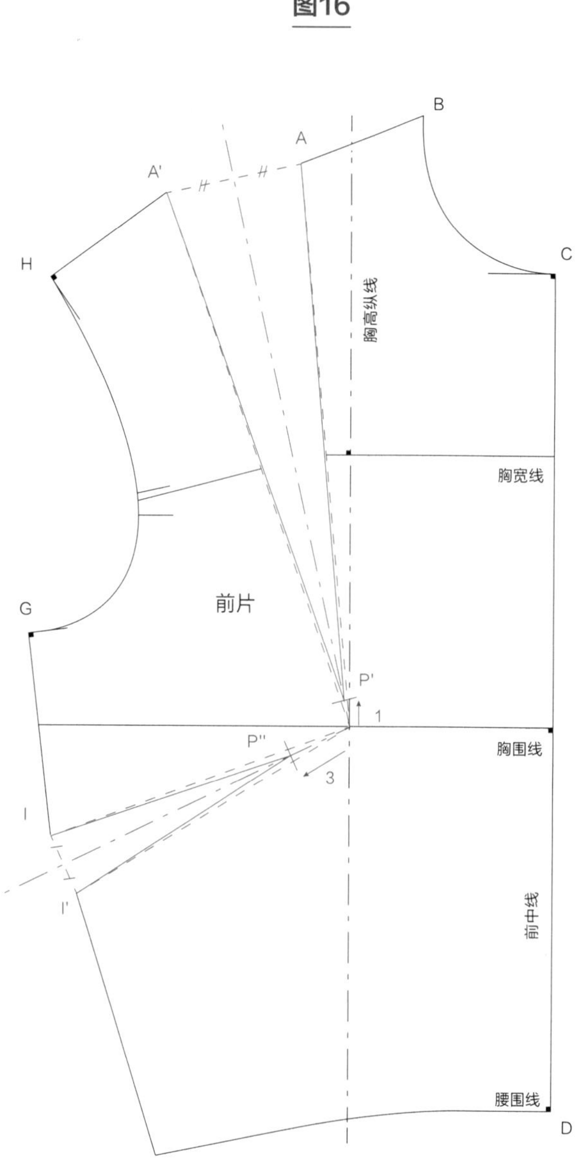
B
A
A'
H
C
胸高纵线
胸宽线
G
前片
P'
1
P''
3
胸围线
I
I'
前中线
腰围线
D
F

图16b

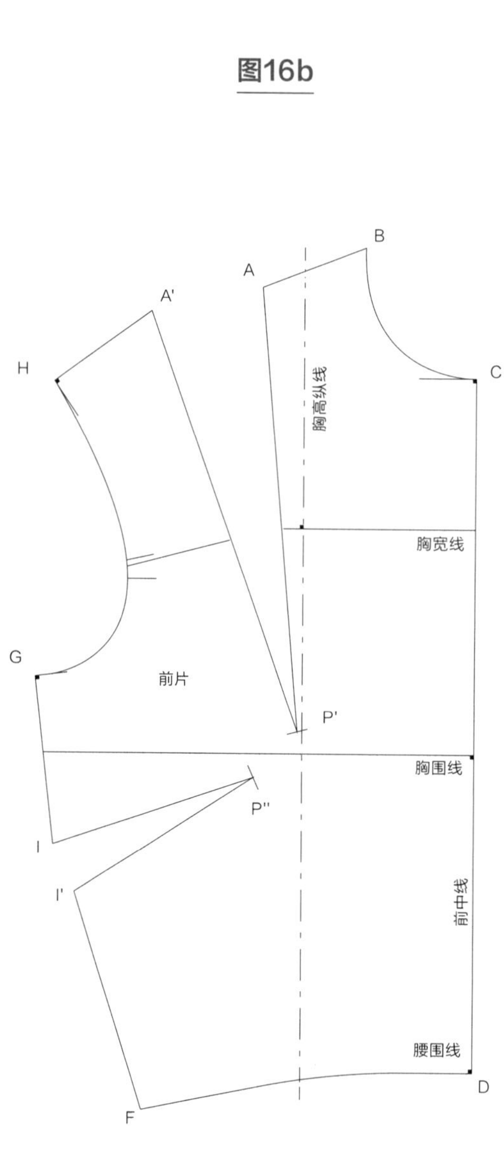
B
A
A'
H
C
胸高纵线
胸宽线
G
前片
P'
胸围线
P''
I
I'
前中线
腰围线
D
F

弯曲的省道
或折线状的省道

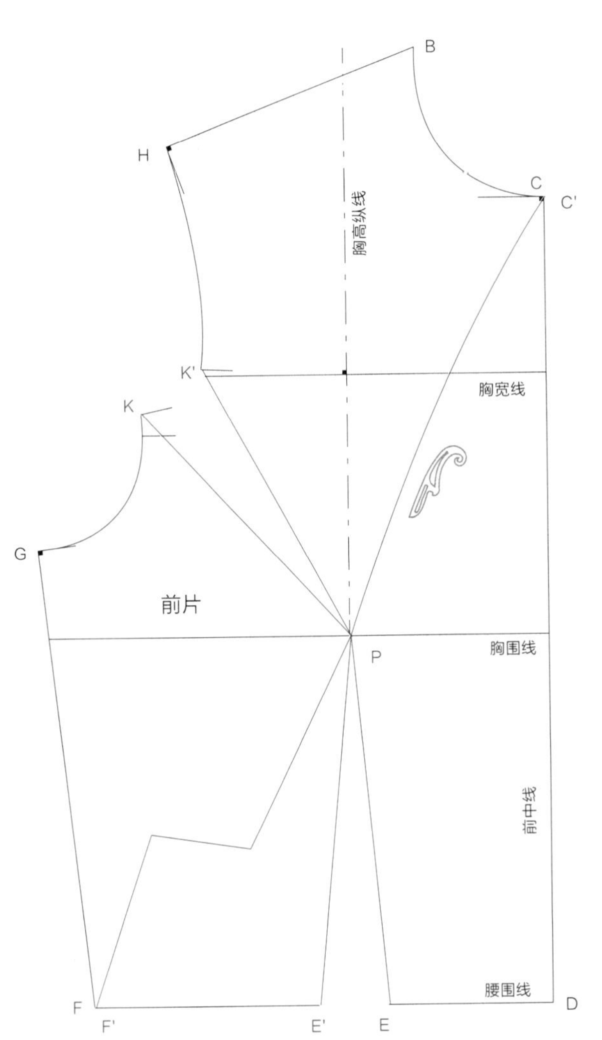

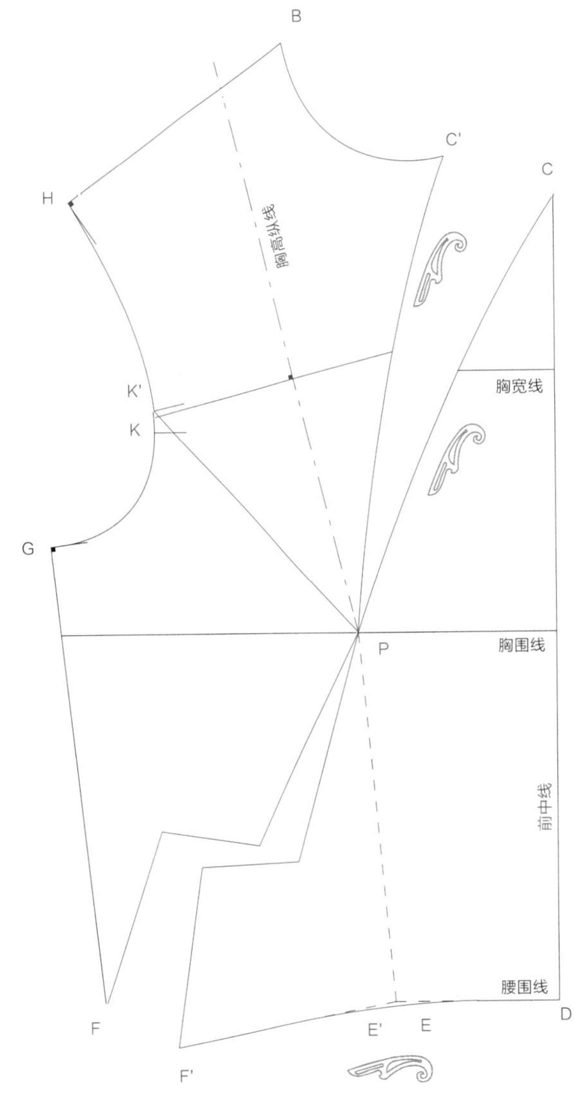

图17

通常一个省道由两条直线（或微弯的曲线，根据不同款式而定）省边组成。然而，根据设计需求，也可以让省边呈现不同的形态。本例基于带有一个腰省和一个袖窿省的短上衣基础样板，将省道转移至一个弯曲的领省及一个折线状的斜省。

1. 在基础样板上确定新的省道位置。本例中，新省道位于领围线转角处C点和侧缝转角处F点。

2. 另取一张绘图纸（图17b），绘制基础样板右半边部分（PCDE）并保持不动，将前中线设置为直丝缕。再绘制PFGK部分，同样保持不动。以P点为圆心旋转基础样板的第二个部分（PE'F'），使E'点与E点重合，从而闭合腰省。

3. 绘制第三个部分（PK'HBC'），使K'点与K点重合，从而闭合袖窿省。

4. 在F点和F'点、C点和C'点之间分别出现了斜省和领省。借助曲线板，将E点和E'点处产生的转角线条画顺。

5. 如果想保留这两个省道，可以将省尖从胸高点移位，完成省道的绘制。

也可以连接这两个省道，使其形成一条分割缝，将基础样板一分为二。

将省量转化为褶量

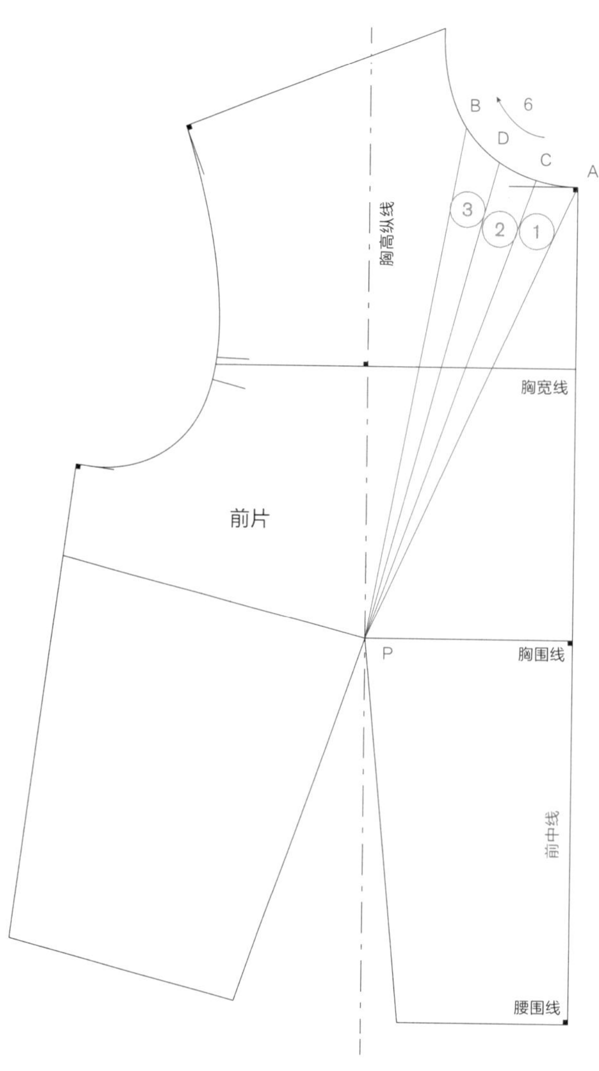

图18

每个省的省量都可以转化为褶量，通常情况下，省量与褶量相等，因此，完成制褶后，服装依然合体。首先需要确定在服装上制褶的部位。本例中，在距离前中线6cm处的领围线上制作褶裥。其次，需要确定根据哪个短上衣基础样板进行转换。本例选用的是带有一个腰省的短上衣基础样板腰围线以上部分。

1. 在领围线上，自前中线A点向左6cm处标记B点。分别用直线连接PA、PB。

2. 将角APB三等分，在领围线上得到C点和D点，分别用直线连接PC、PD，借助①号片APC、②号片CPD、③号片DPB确定褶量。

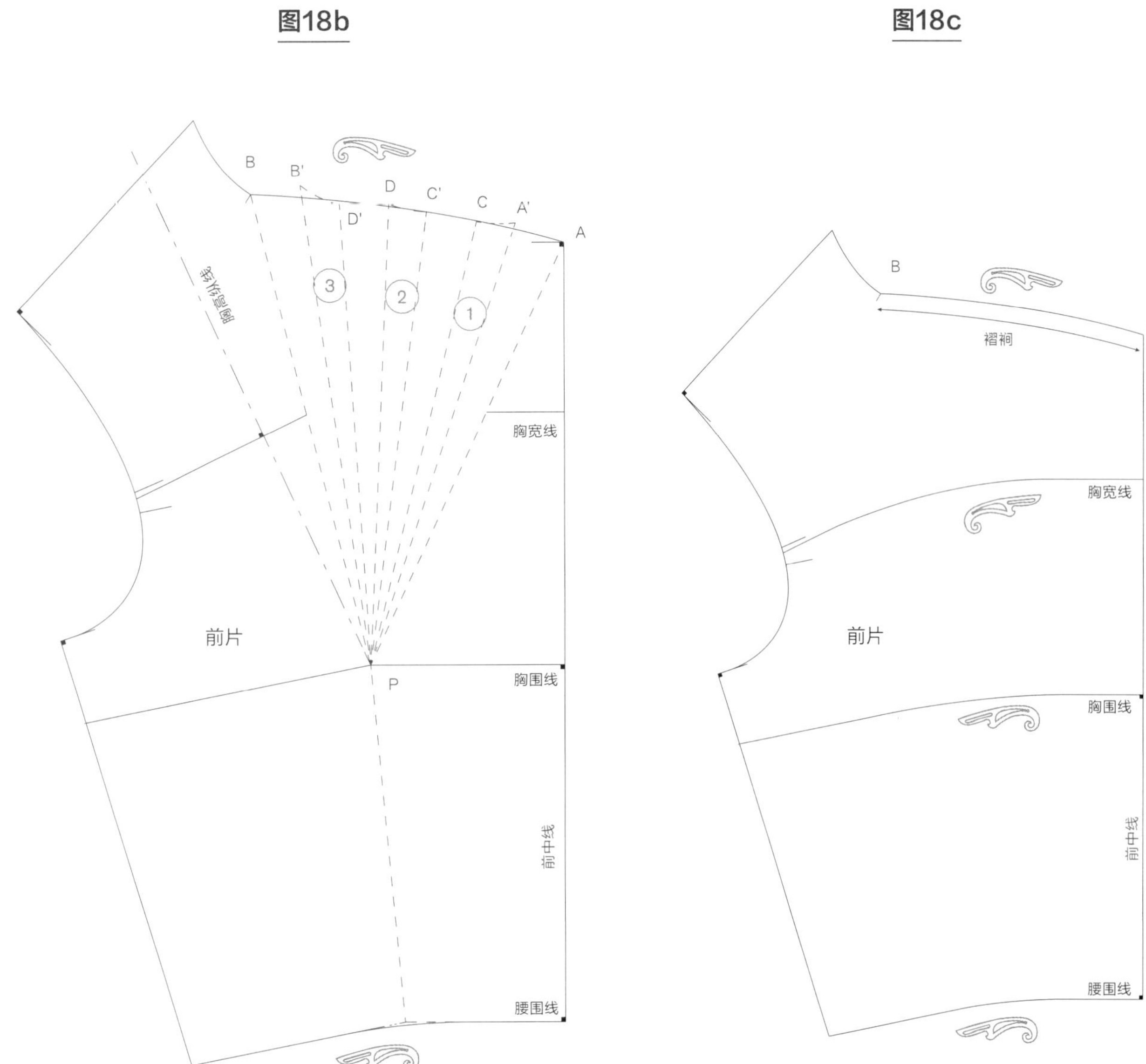

3. 运用裁剪法进行转换（图18b）。

将①、②、③号片裁剪出来，注意保留P点以便固定位置（使制板更精确、更容易）。闭合腰省，将其转换为领省量。

将①、②、③号片均匀地放在A点和B点之间，确保AA'、CC'、DD'、B'B之间的间距相等。取A'C、C'D、D'B'的中点，重新绘制领围线。新的领围曲线应尽可能地经过三个中点，以便使领口在制褶后仍然保持原来的形状。

4. 画顺领围曲线，完成最终样板的绘制。不要忘记在B点设置一个刀眼，以此作为结束制褶的标记（图18c）。

省道旋转与转换
（基于短上衣基础样板）

图19

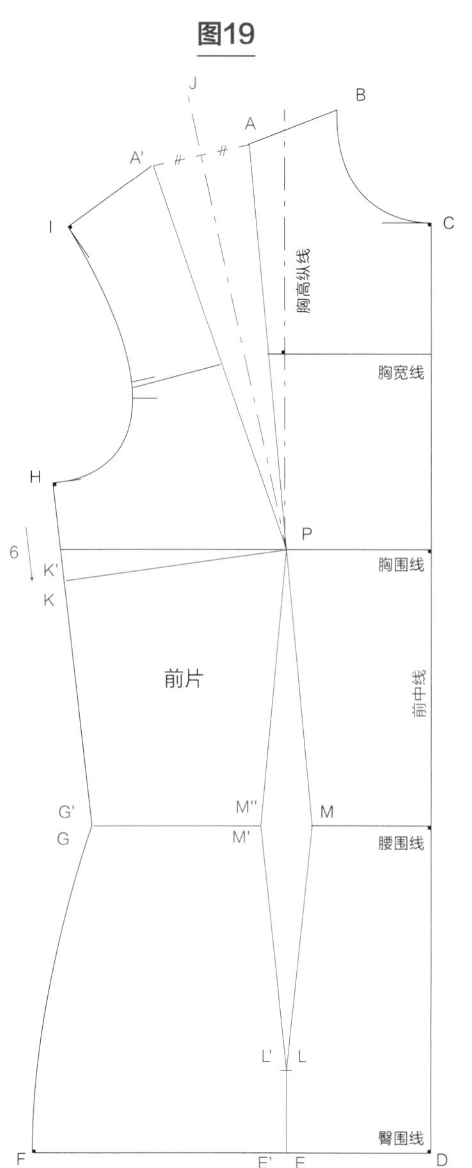

图20

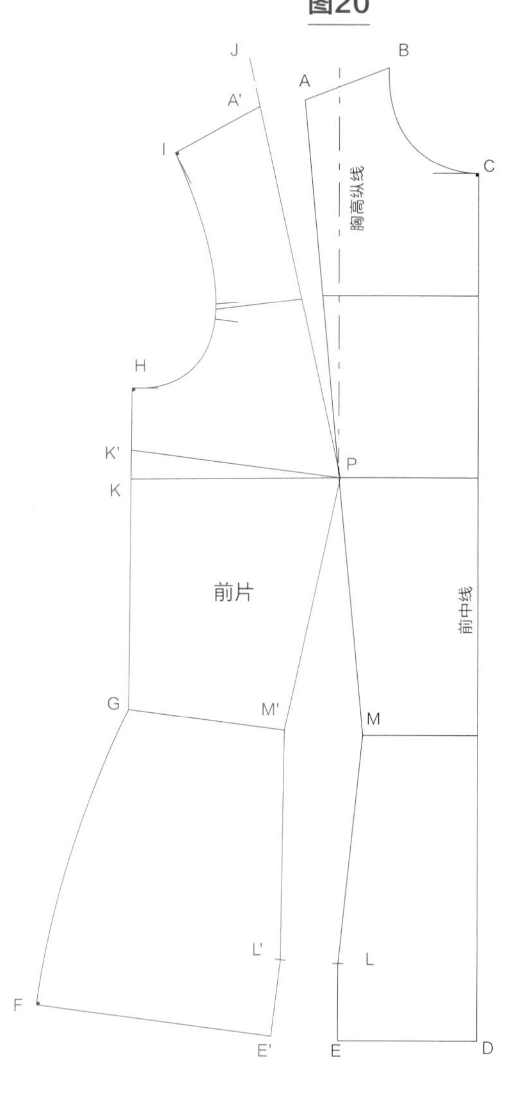

图19

1. 也可以在完整的短上衣基础样板上完成省道的转移。

此处仅以肩省为例，通过旋转省道进行分解和移位。由于腰围处的省道形态弯曲，旋转处理会更难一些。

2. 准备工作尤为重要，即在基础样板上确定新的省道位置。

本节讲解如何通过旋转（透明法）来转移省道，采用其他方法也可以实现同样的效果。

图20

将肩省转移至腰省和侧缝省

将肩省量的一半移位至侧缝省，另一半移位至腰省。

1. 在基础样板上确定新的省道位置。本例中，新省道位于侧缝上距离袖窿底部H点6cm处的K点。

2. 确定肩省的角平分线（J点），然后拓描基础样板右半边部分（ABCDELMP）并保持不动，将前中线设置为直丝绺。

3. 以P点为圆心旋转基础样板的第二个部分（PM'L'E'FGKHIA'），使A'点与J点重合，从而闭合一半肩省量。

4. 因打开省道而增加的腰省量相当于一半的肩省量。在操作过程中，需要将腰省底部的L点和L'点、E点和E'点之间裁开。

5. 拓描最后一个部分（PK'HIA'）并以P点为圆心进行旋转，使A'点与A点重合，从而完全闭合肩省。在K点和K'点之间出现侧缝省。

6. 不要忘记在角平分线上调整省尖的位置。腰省的省尖（P'点）在P点下方1cm处，侧缝省尖（P''点）在P点左侧3cm处（图20b）。

7. 重新绘制腰省省边P'M和P'M'、侧缝省边P''K和P''K'。

8. 完成最终样板的绘制（图20c）。

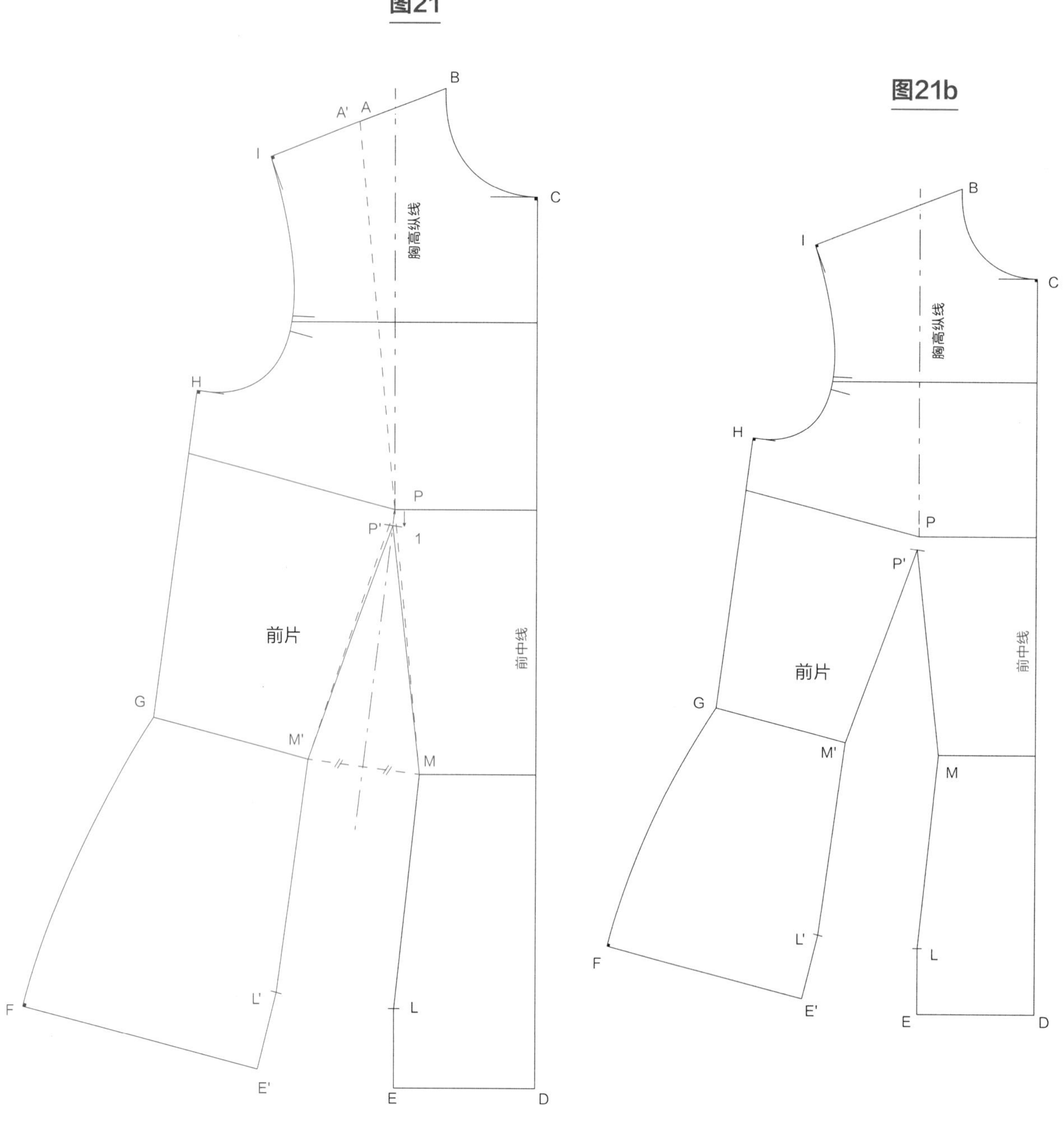

图21

将肩省转移至腰省

1. 在绘图纸上绘制基础样板右半边部分（ABCDELMP）并保持不动，将前中线设置为直丝缕。

2. 以P点为圆心旋转基础样板的第二个部分（PM'L'E'FGKHIA'），使A'点与A点重合，从而闭合肩省。

因打开省道而增加的腰省量相当于整个肩省量。

3. 在角平分线上将胸高点P点向下1cm处标记为P'点，并重新绘制省边P'M和P'M'。

4. 完成最终样板的绘制（图21b）。

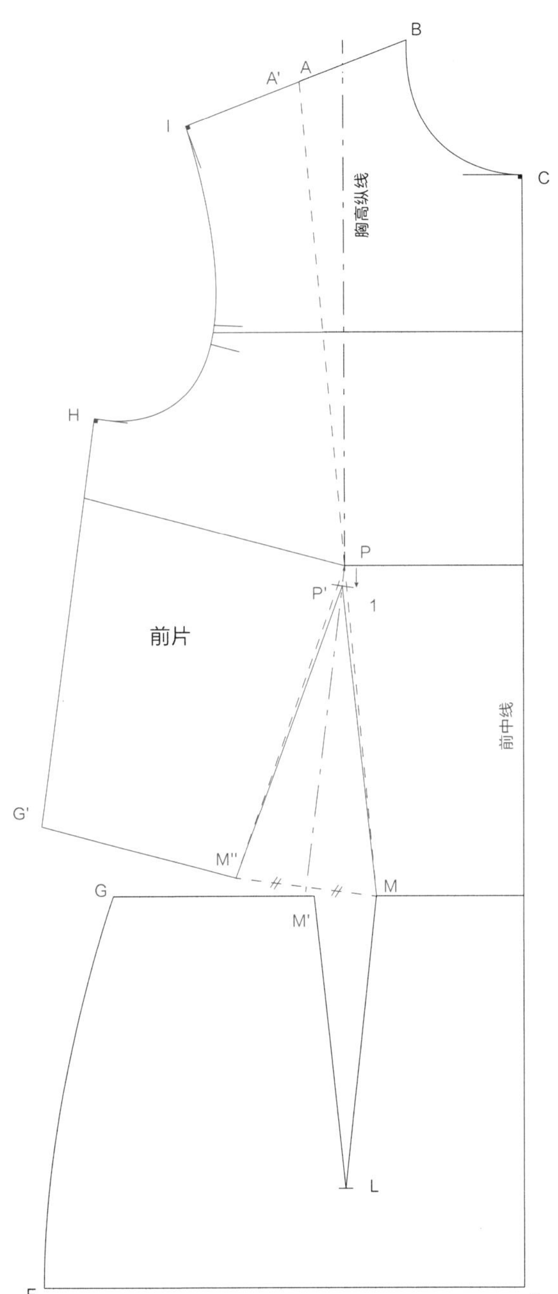

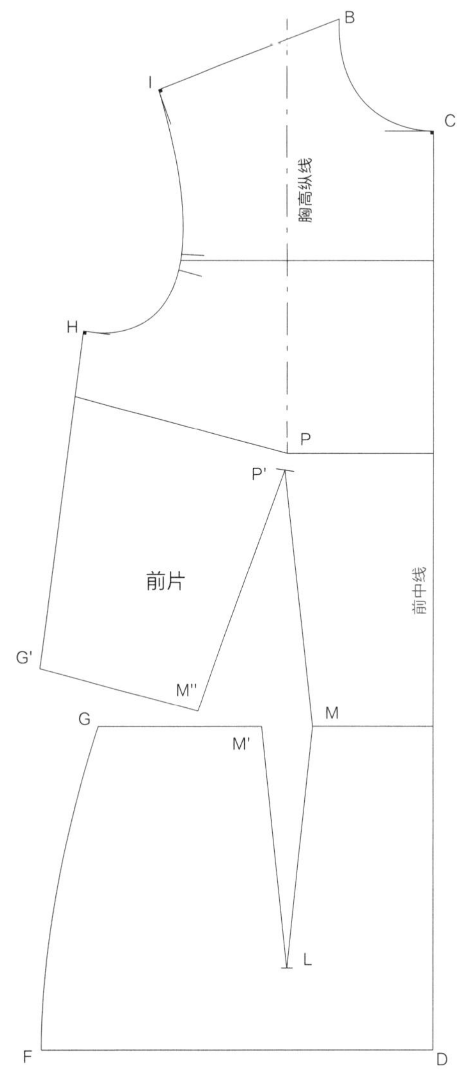

图22

将肩省转移至腰围线上方的腰省(设置袋位)

这种转换在设计口袋的时候比较常见,比如根据设计需求,将肩省转移至腰围线上方的腰省,通过拼缝隐藏省道。在这种情况下,腰围线以下不会发生任何变化。

1. 将肩省移位至腰省。在绘图纸上绘制基础样板右半边部分(ABCDFGM'LMP)并保持不动,将前中线设置为直丝缕。

2. 以P点为圆心旋转基础样板的第二个部分(PM''G'HIA'),使A'点与A点重合,从而闭合肩省。

腰围线上方的腰省中增加了肩省的省量。

3. 在角平分线上将胸高点向下1cm处标记为P'点,重新绘制省边P'M和P'M''。

4. 完成最终样板的绘制(图22b)。

转移肩胛省
（基于短上衣基础样板后片腰围线以上部分）

图24

图23

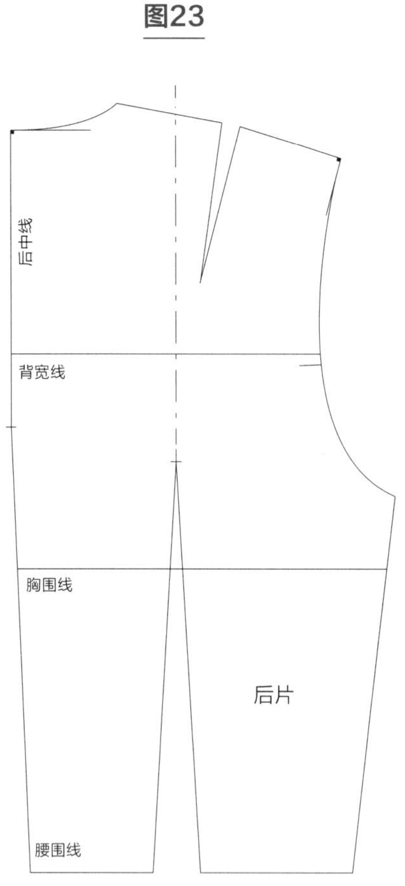

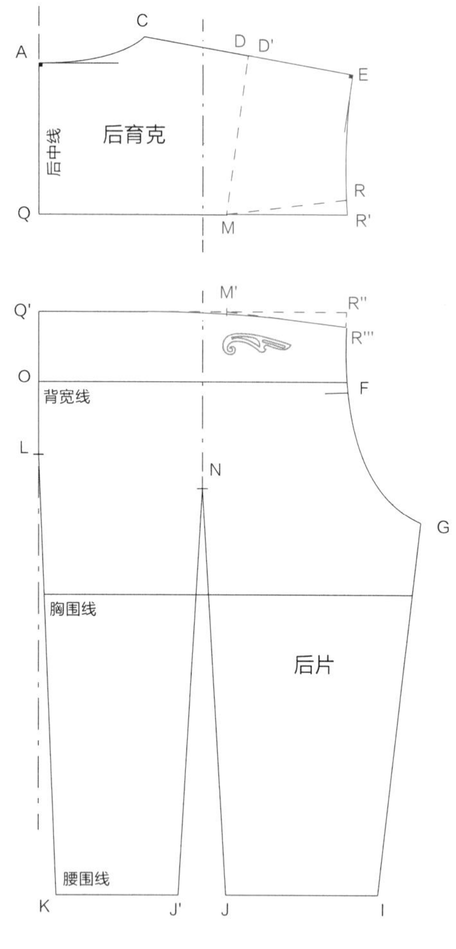

图23

1. 后片上的肩胛省可以根据设计需求进行移位。

2. 一般来说，在后片上进行腰省的移位并不常见。然而，从创意的角度考虑，也可以将腰省移位至侧缝，或将其分解转移等。

3. 准备工作尤为重要，即在基础样板上确定新的省道位置。可以根据实际情况缩减肩胛省的长度。

本节讲解如何通过旋转（透明法）来转移省道。

图24

将肩胛省转移至育克拼缝处。本例育克拼缝设置在肩胛省底部的水平线上。

1. 在绘图纸上绘制后领部分的育克（AQMDC），然后以肩胛省底部M点为圆心旋转闭合省道，使D'点与D点重合。继续绘制后育克的另一个部分（MD'ER）。

2. 如果可能，育克的拼缝应保持水平。

将QM向R点方向水平延伸出来，再延长袖窿弧线，得到R'点。

3. 在袖窿弧线上出现了一个增量（RR'），在基础样板的下半部分将其去除即可。自R''点向下，在袖窿弧线上去除增量，得到R'''点。用直线连接M'点和R'''点，然后将M'点处产生的转角线条画顺。除此之外，基础样板下半部分没有任何变化。

4. 完成最终样板的绘制（图24b）。

图24b

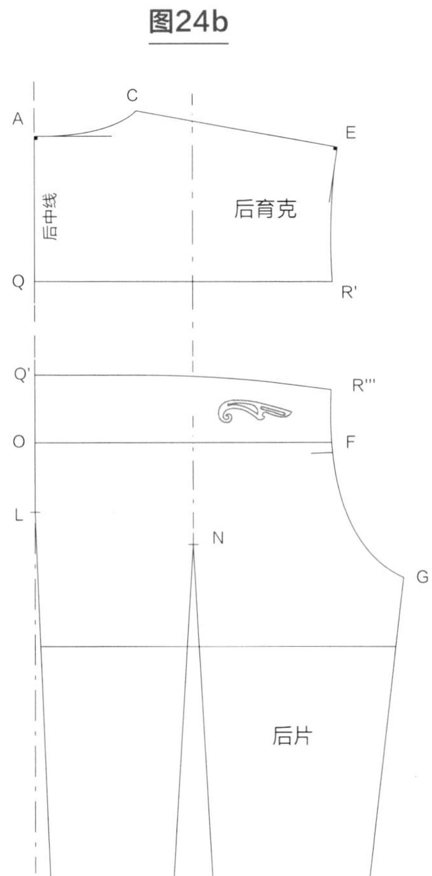

图25

将肩胛省移位至领围线中点（B点）处，将腰省移位至侧缝中点（H点）处。

1. 在绘图纸上绘制第一个部分（MBAQOLKJ'NHGFRED'）并保持不动，将后中线设置为直丝缕。
2. 以M点为圆心旋转第二个部分（MB'CD），使D点与D'点重合，从而闭合肩胛省。
3. 以N点为圆心旋转最后一个部分（NH'IJ），使J点与J'点重合，从而闭合腰省。
4. 借助曲线板，将J'点和J点处产生的转角线条画顺。
5. 完成最终样板的绘制（图25b）。

图25

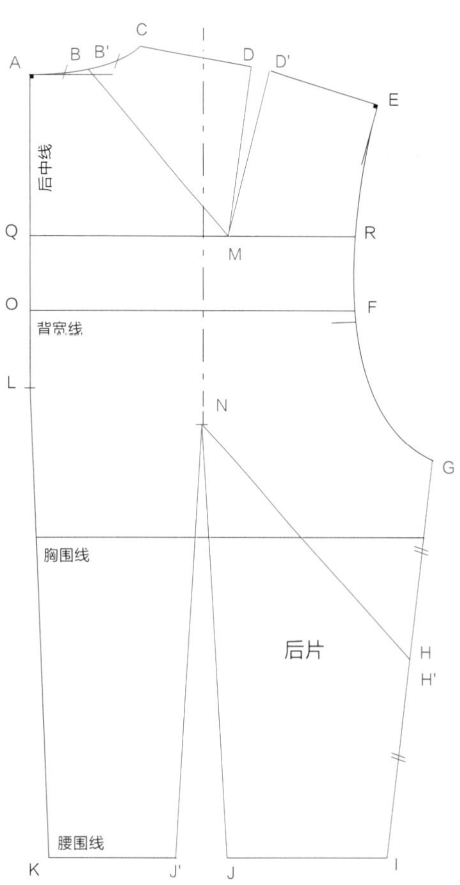

图25b

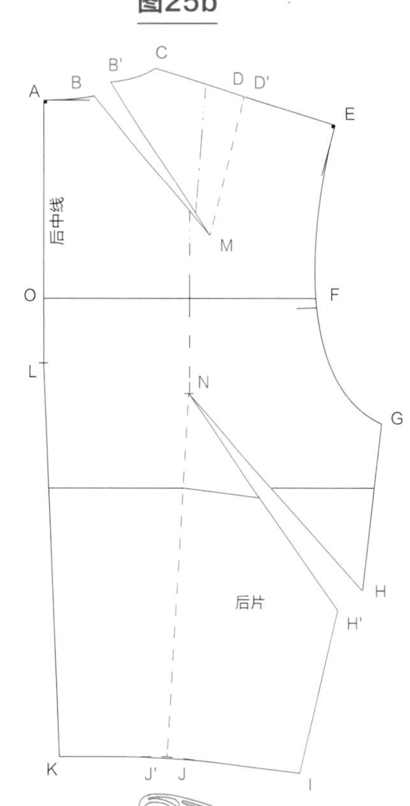

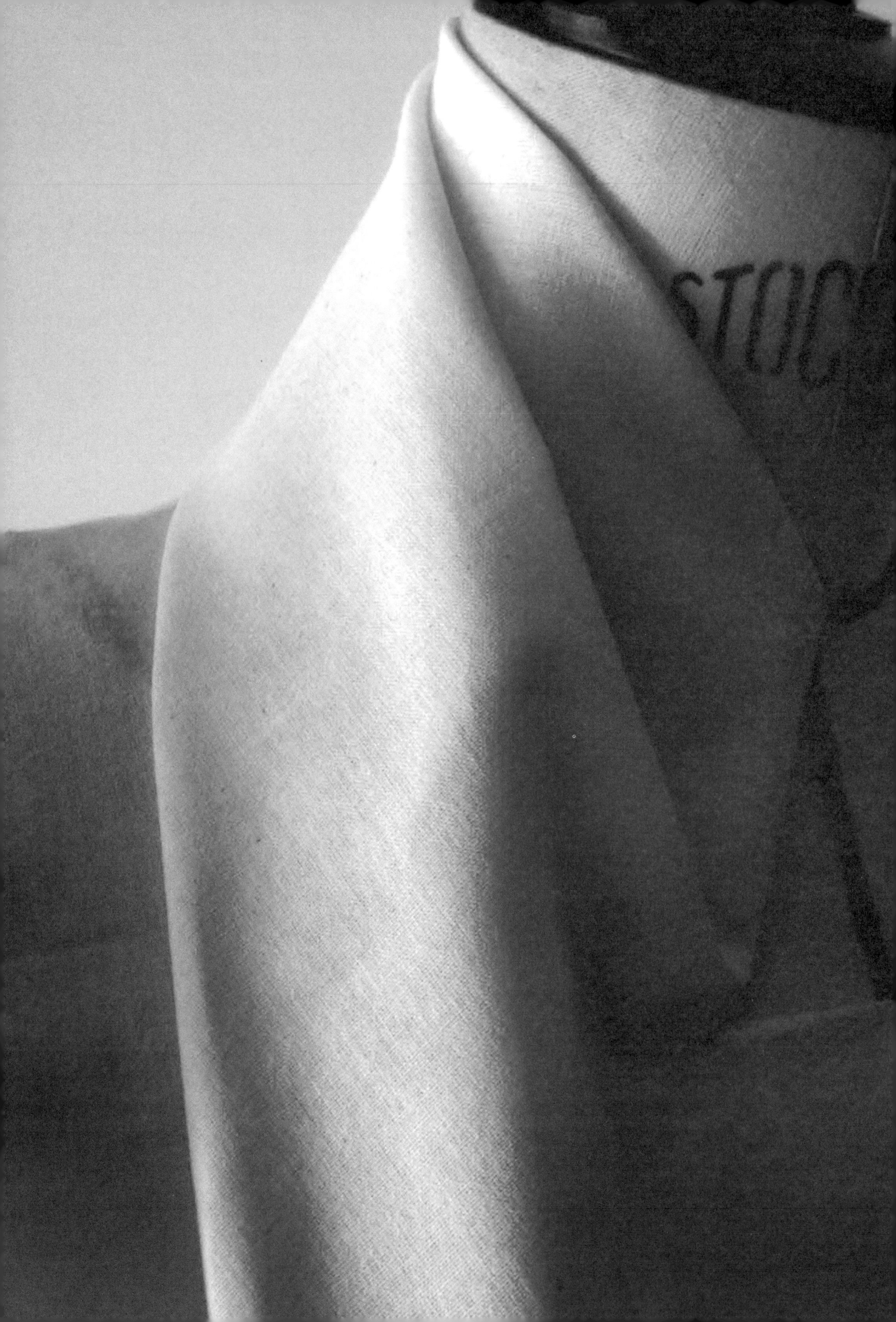

3

衣领

带领座的关闭式衬衫领

该款衣领由两个裁片组成。一个是竖立在领口的领座部分，通称“立领”；另一个是向外翻折覆盖领座的部分，通称“翻领”。

制板时，需要确定领座高和翻领高。本例中，领座高为3cm，翻领高为4.5cm。

翻领高必须始终大于领座高（后中线处），以确保翻折后翻领能覆盖住领座。

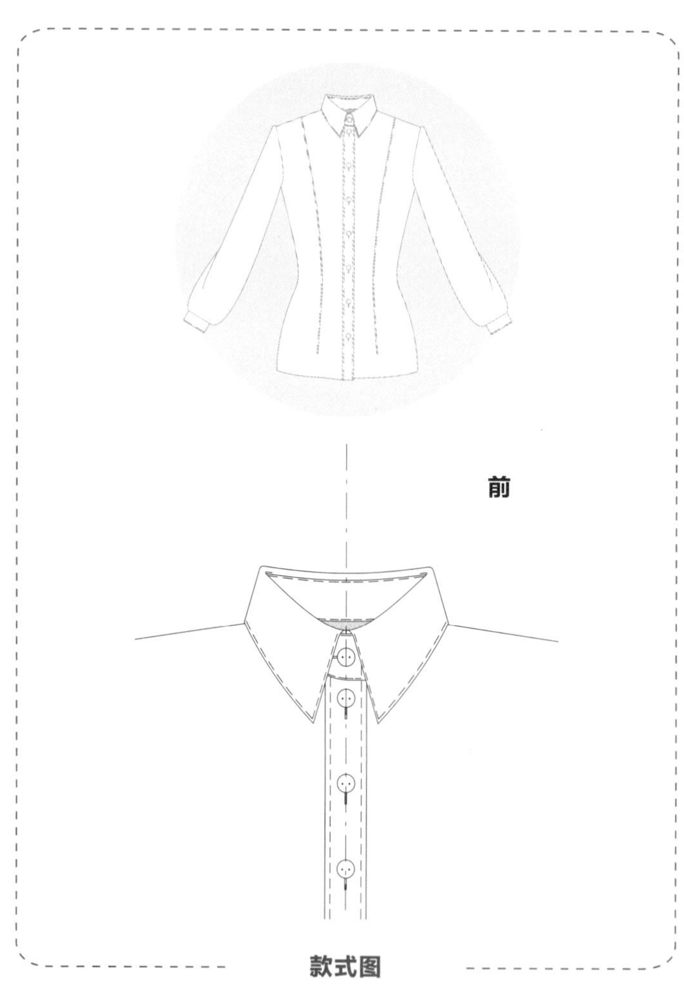

款式图

图1

在绘图纸的左下角绘制水平轴线OX和垂直轴线OY。将YO作为后中线。

图2

领座的制板

1. 从O点向右，在水平轴线OX上取常规衬衫领围的1/2长，得到A点即OA=19cm。

从O点向上，在垂直轴线OY上取常规衬衫后领围的1/2长，得到B点，即OB=6.9cm

从A点向OX上方作垂线，在垂线上将A点：

- 抬高1cm（领座高的1/3，即 3×1/3=1cm），得到A'点（领座1）
- 抬高2cm（领座高的2/3，即 3×2/3=2cm），得到A''点（领座2）

所取数值取决于目标领型

领座的基本造型是朝前中线方向弯曲的形状。弯曲的弧度越大，领座越贴近颈部。可以根据不同的风格设计相应的理想领型。

借助曲线板，根据所选领型，将A'点或A''点与B点相连。确认新曲线（OA'或OA''）的长度仍然等于1/2领围。如果曲线长度发生变化，需要重新定位A'点（领座1）或A''点（领座2）。

从A'点或A''点向弧线上方作垂线，作为领座的前中线。在前中线上取领座高，即3cm，得到D点（领座1）或D'点（领座2）。

也可以保持后领座高不变，适当降低前领座高。比如，后领座高为3cm，而前领座高仅1.5cm（图2b）。

2. 从O点向上，沿后中线OY取领座高，得到C点，即OC=3cm。从C点到标记线BB'绘制一条水平线。

借助曲线板绘制曲线，连接B'D（领座1）的或B'D'（领座2），使其平行于领座底部的弧线。

3. 从A'点或A''点向前中线（A'D或A''D'）右侧作垂线，在垂线上取叠门宽（纽扣直径），即1.2cm，再向上作垂线（与前中线平行），作为叠门线。

4. 从D或D'点向前中线右侧作垂线，以平滑的弧线连接这条垂线与叠门线，使得领座上口的转角线条顺滑，避免衣领完成后领座向外翻卷。

5. 在前中线的垂线上取领座高的1/2，即3/2=1.5cm，设置扣眼。扣眼的一端位于前中线右侧0.2~0.3cm处*（以保证前中线左右两边的平衡）*，直径为1.2cm的纽扣一般扣眼长度为1.4cm。

除了肩缝对位刀眼外，领座与翻领之间也需要设置车缝对位刀眼，将其设置在领座上口曲线B'D（领座1）B'D'（领座2）上，距离前中线左侧5cm处。

领座的制板

图2

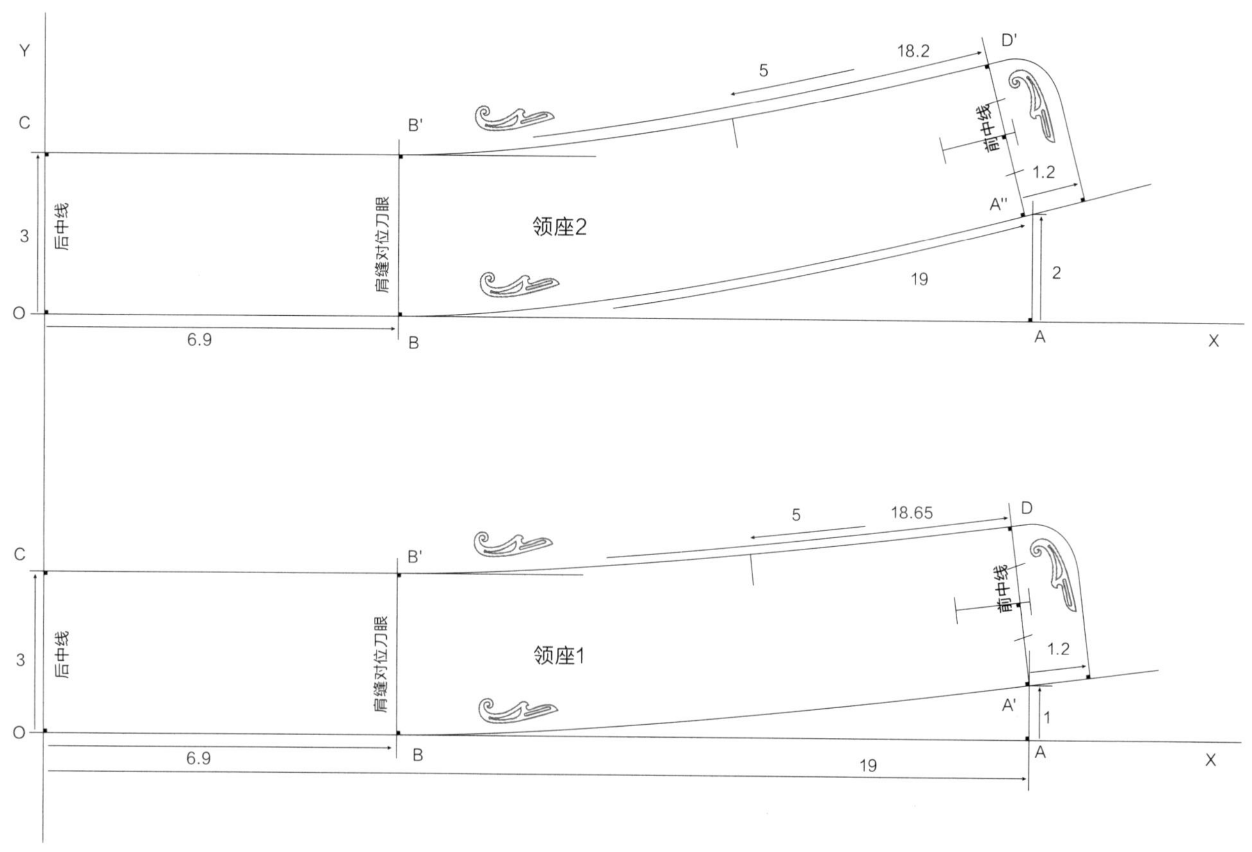
Y
C
B'
D'
18.2
5
前中线
1.2
A''
领座2
后中线
肩缝对位刀眼
3
19
2
O
6.9
B
A
X
C
B'
5
18.65
D
前中线
领座1
1.2
后中线
肩缝对位刀眼
3
A'
1
O
6.9
B
19
A
X

图2b

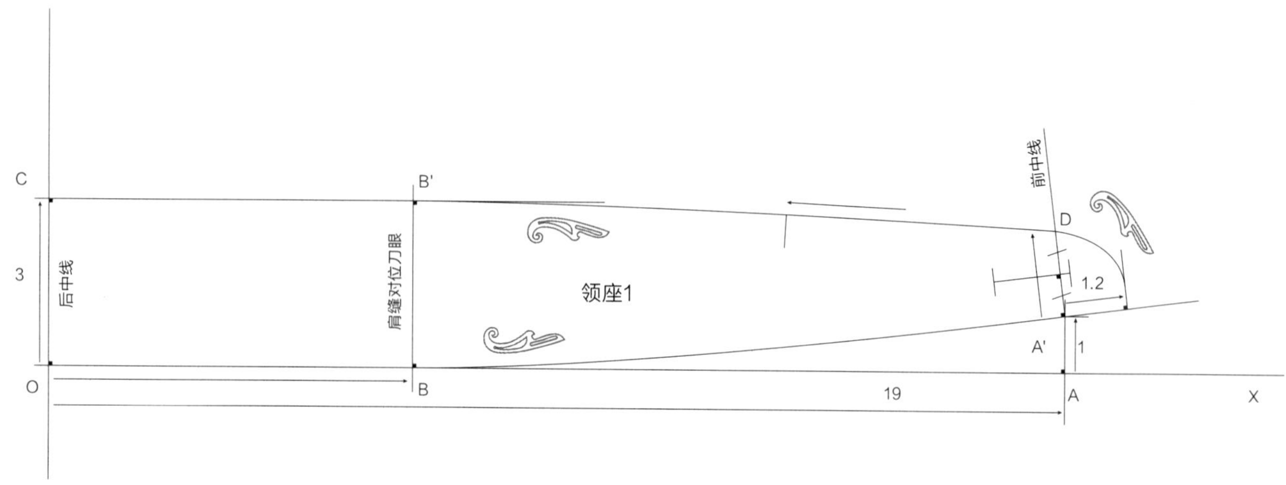
C
B'
前中线
D
3
后中线
肩缝对位刀眼
领座1
1.2
A'
1
O
B
19
A
X

翻领的制板

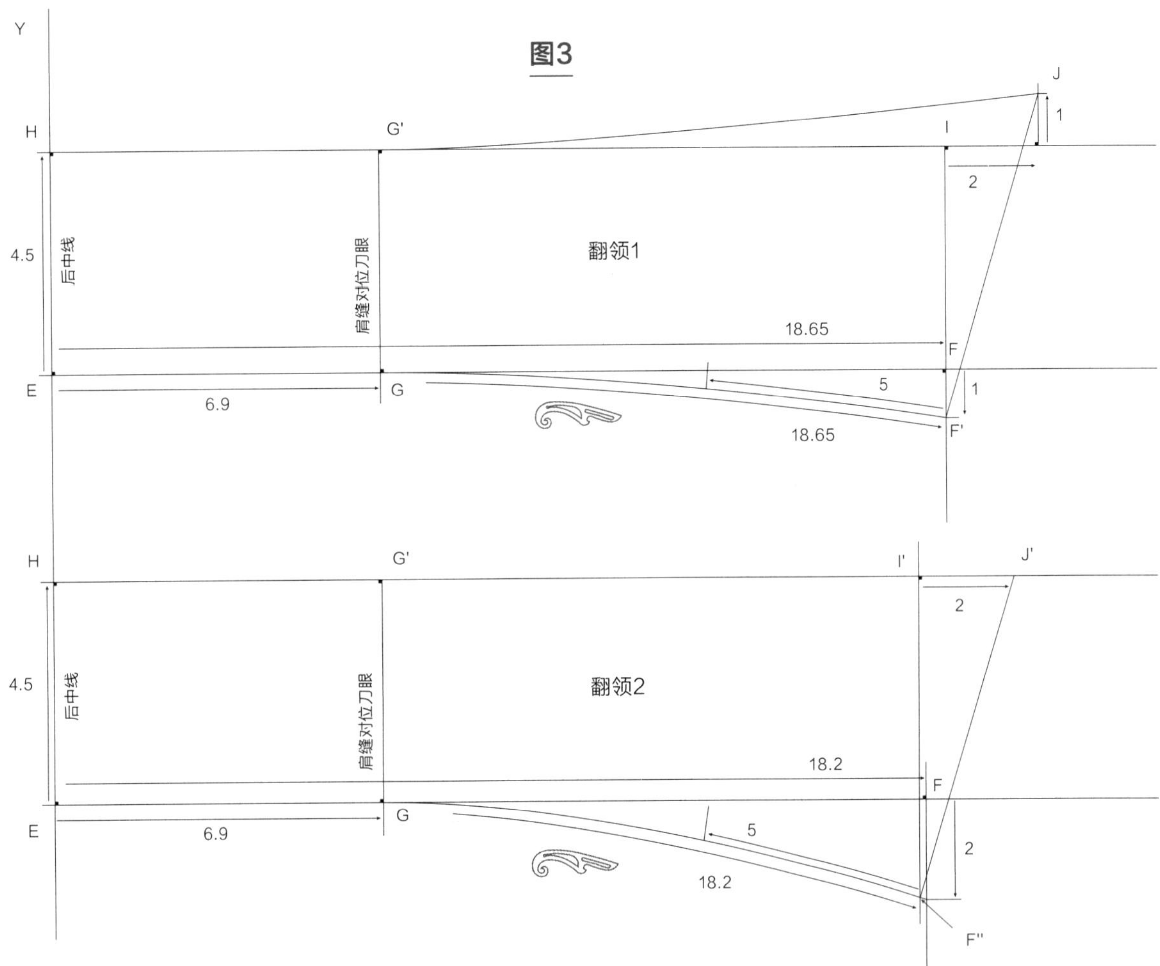

图3

翻领的制板

1. 从E点向右，在后中线OY的垂直方向绘制翻领底部曲线，其长度与领座上口曲线（领座1的CD或领座2的CD'）的长度一致（18.65cm或18.2cm）。

从E点向右，在后中线OY的垂直线上取领座上口曲线的长度，得到F点。从F点向EF下方作垂线，长度为1cm或2cm，这个数值应与领座抬高的数值相同。

从F点向EF下方作垂线，在垂线上将F'点：

– 降低1cm（领座高的1/3，即 3×1/3=1cm），得到F'点（翻领1）

– 降低2cm（领座高的2/3，即 3×2/3=2cm），得到F''点（翻领2）

随着这个数值的上升，衣领将会更贴近颈部。

2. 从后中线的E点取1/2后领围，得到G点，即EG=6.9cm。

根据所选领型，用曲线板连接G点与F'点或F''点。确认翻领底部曲线与领座上口曲线（领座1的CD或领座2的CD'）的长度保持一致。如有必要，可以重新定位F'点或F''点。

在绘制关闭式衣领时，翻领底部曲线的形状朝下弯曲。

翻领底部曲线（翻领1的EGF'或翻领2的EGF''）和领座上口曲线（CB'D或CB'D'）的长度相等，可以保证两者顺利拼缝。

3. 从E点向上，在后中线上取翻领高4.5cm，得到H点，即EH=4.5cm。从H点向右绘制一条垂直于后中线的水平线。

从翻领1的F'点或翻领2的F''点向上画一条线，垂直于H点处的水平线，得到I点或I'点。

从I点沿水平线向右取2cm，然后垂直向上取1cm，得到J点；或者从I'点沿水平线向右取2cm，得到J'点。

这些数值仅作为制作基本款衣领的参考，可以根据需要加以改动。

用直线连接翻领1的F'点和J点，或者翻领2的F''点和J'点。

从G点向HI或HI'作垂线，垂足为G'点。

从G'点用曲线板连接至J点，而G'点与J'点的连线仍然保持水平。如此可保证用两种方法都能得到正确的领量。

4. 由此确定翻领的形状（翻领1的EHG'JF'G，或者翻领2的EHG'J'F''G）。

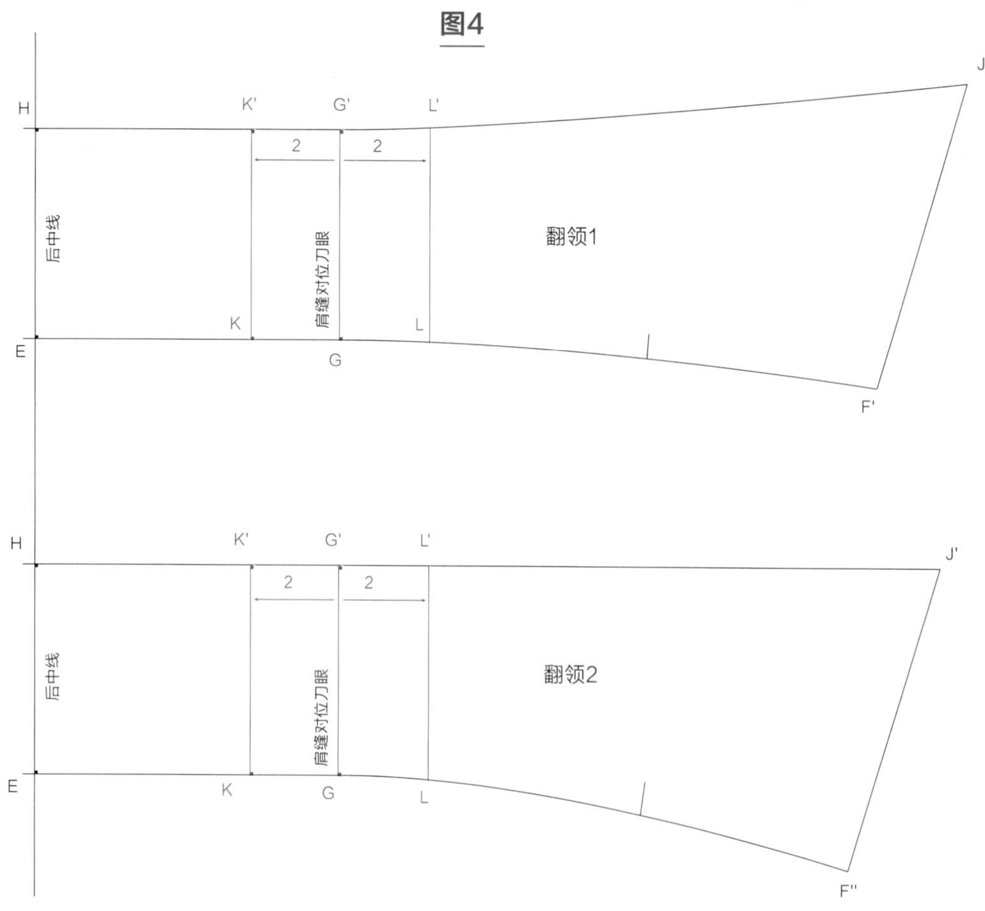

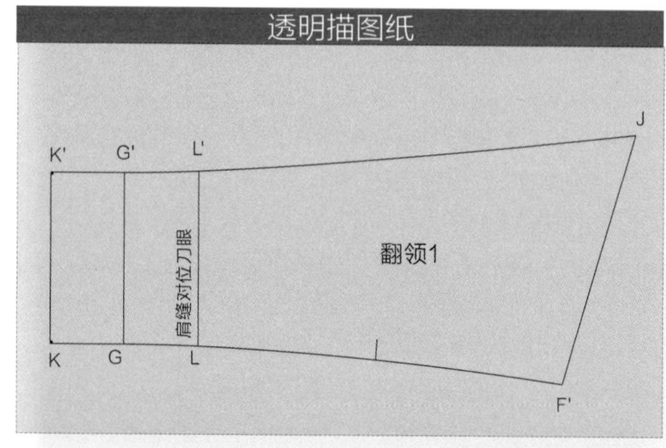

图4

1. 根据所选领型，可以对基础样板进行微调，以免衣领太过紧贴颈部。翻领上部需要加放约1.5cm以使其微微展开，圆顺地围绕在颈部周围。

为了实现这个增量，在距离垂线GG'两侧2cm处绘制平行线KK'和LL'。由于所选领型不同（翻领1降低1cm，或者翻领2降低2cm），L点和L'点的位置会稍有区别。

2. 借助透明描图纸（图4b）依次拓描三条平行线（KK'、GG'和LL'）、翻领底部曲线（翻领1的GF'，或者翻领2的GF''），以及翻领上部曲线（翻领1的G'J）或者直线（翻领2的G'J'）。

3. 分三次将1.5cm的增量添加于KK'、GG'和LL'右侧，即1.5/3＝0.5cm。

图5

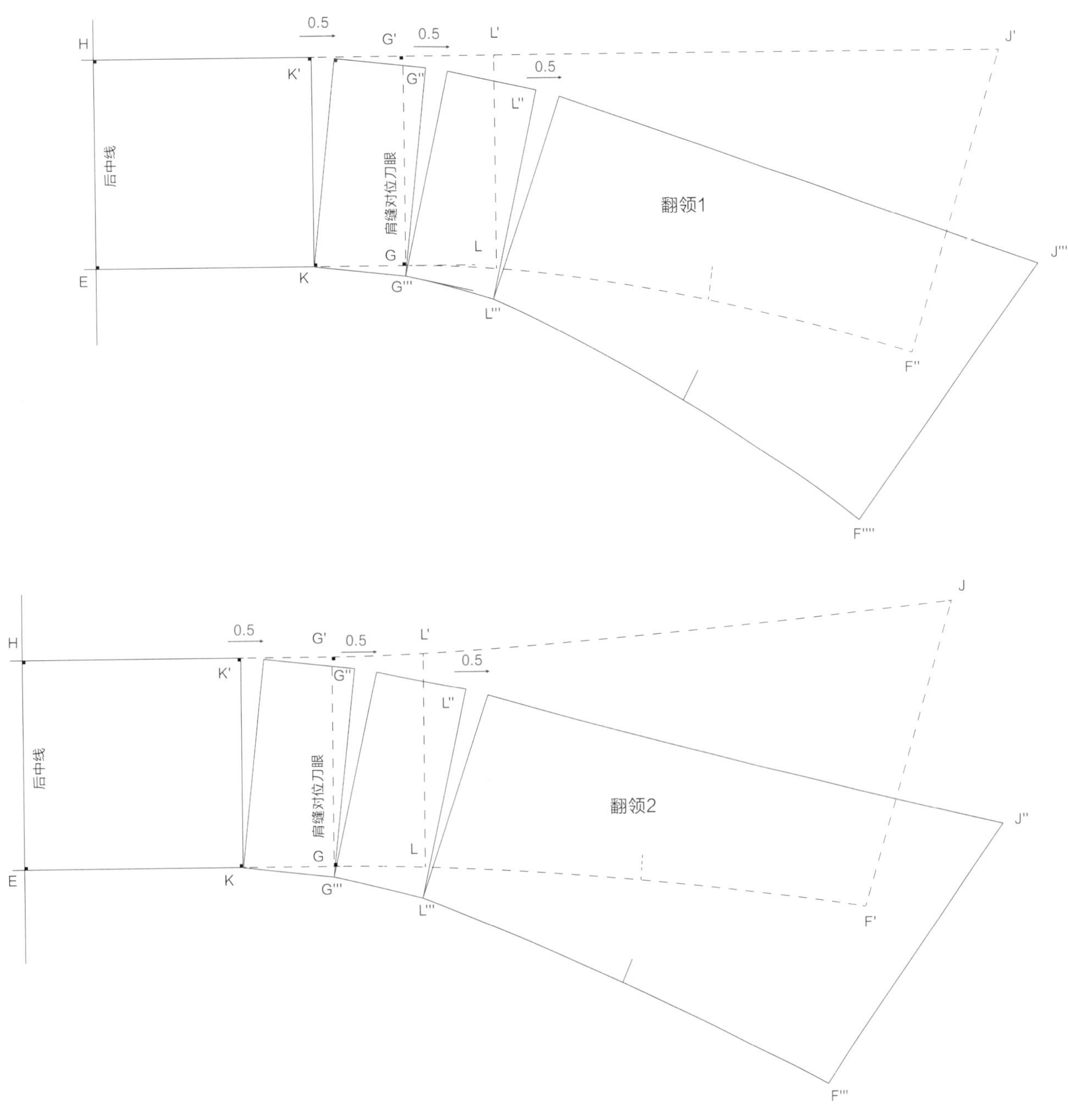

图5

1. 将透明描图纸（图4b）置于基础样板上，以K点为圆心将K'点向右旋转0.5cm（上一步骤中的计算结果）。沿着透明描图纸上的轮廓线在纸样上用锥子标记，直至下一条线（GG'）。G'点移至G''点，G点移至G'''点。

2. 以G'''点为圆心，将G''点向右旋转0.5cm，用锥子标记透明描图纸上的轮廓线直至直线LL'。L'点移至L''点，L点移至L'''点。

3. 以L'''点为圆心，将L''点向右旋转0.5cm，用锥子标记透明图纸上的轮廓线并将其拓描至样板，F'点移至F'''点，F''点移至F''''点。

也可以用裁剪法代替透明法，实现增量添加。

图6

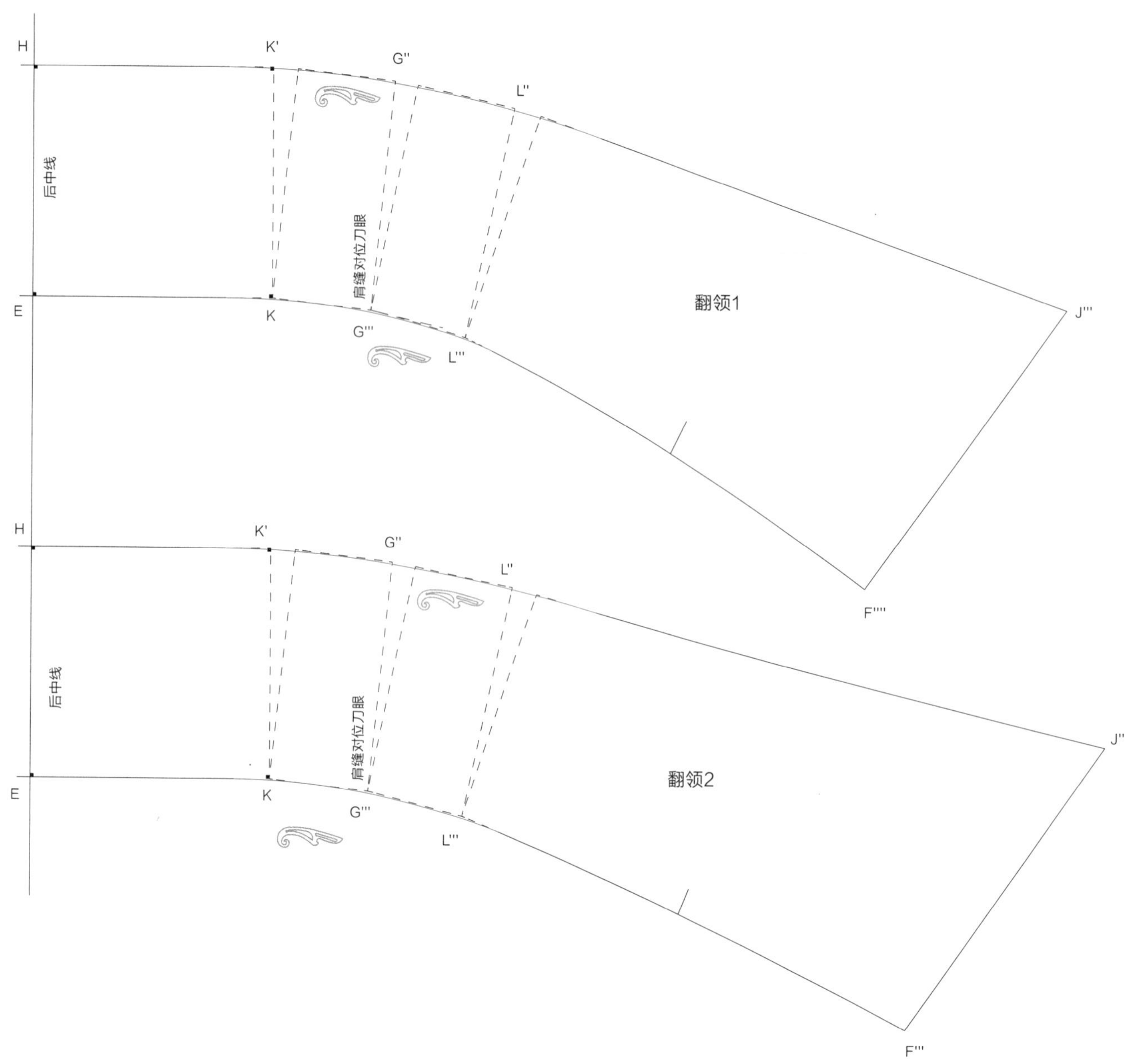

图6

画顺翻领底部曲线上K点、G'''点、L'''点处的转角线条，同时画顺翻领上部L''点与K'点之间的曲线。

重新定位翻领底部的车缝对位刀眼。与领座上部 的刀眼相对应，将刀眼设置在F'''点或者F''''点左侧5cm处的翻领底部曲线上。

图7

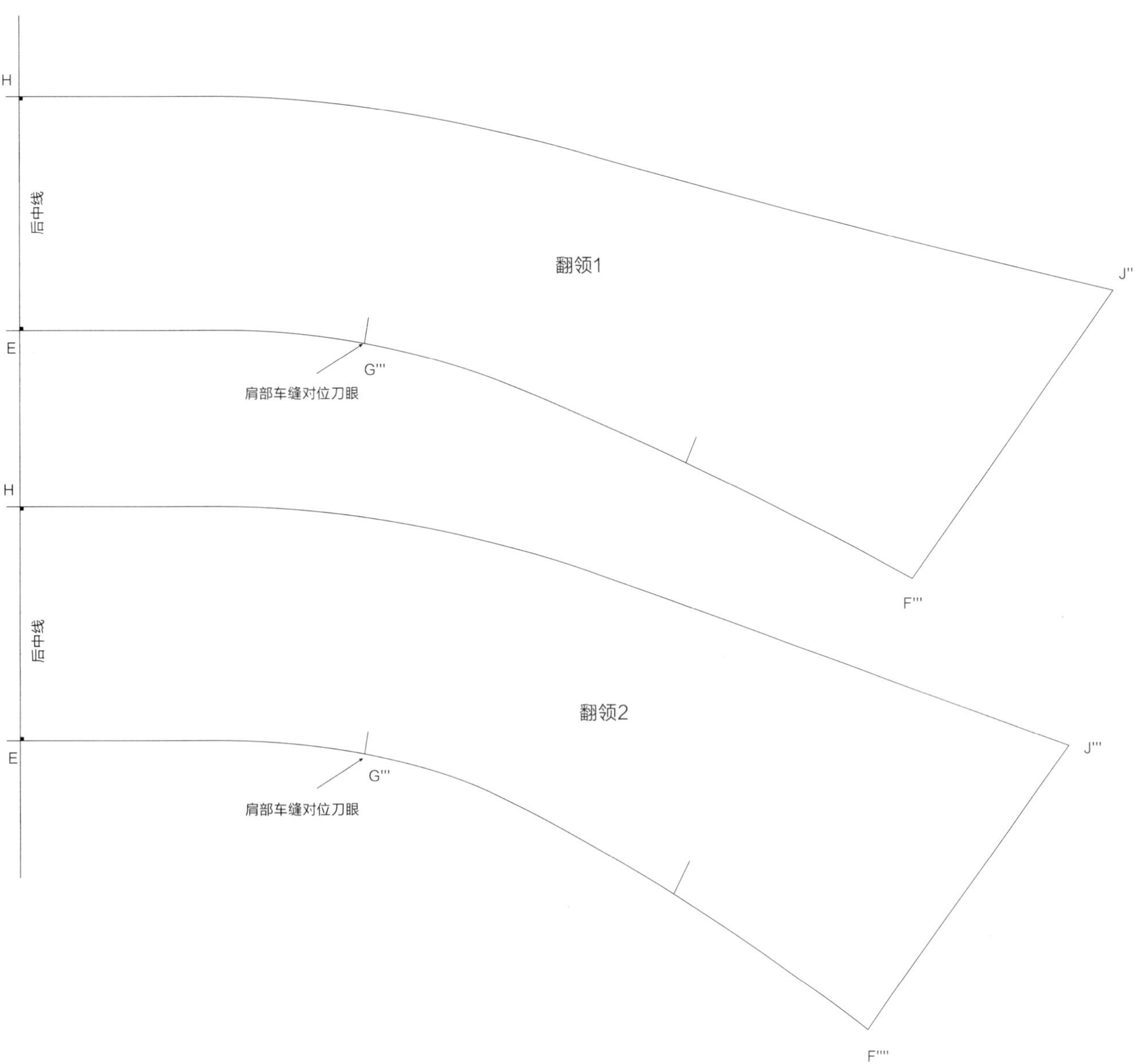

图7

两种带领座的关闭式衬衫领翻领的最终样板。

关闭式衬衫领

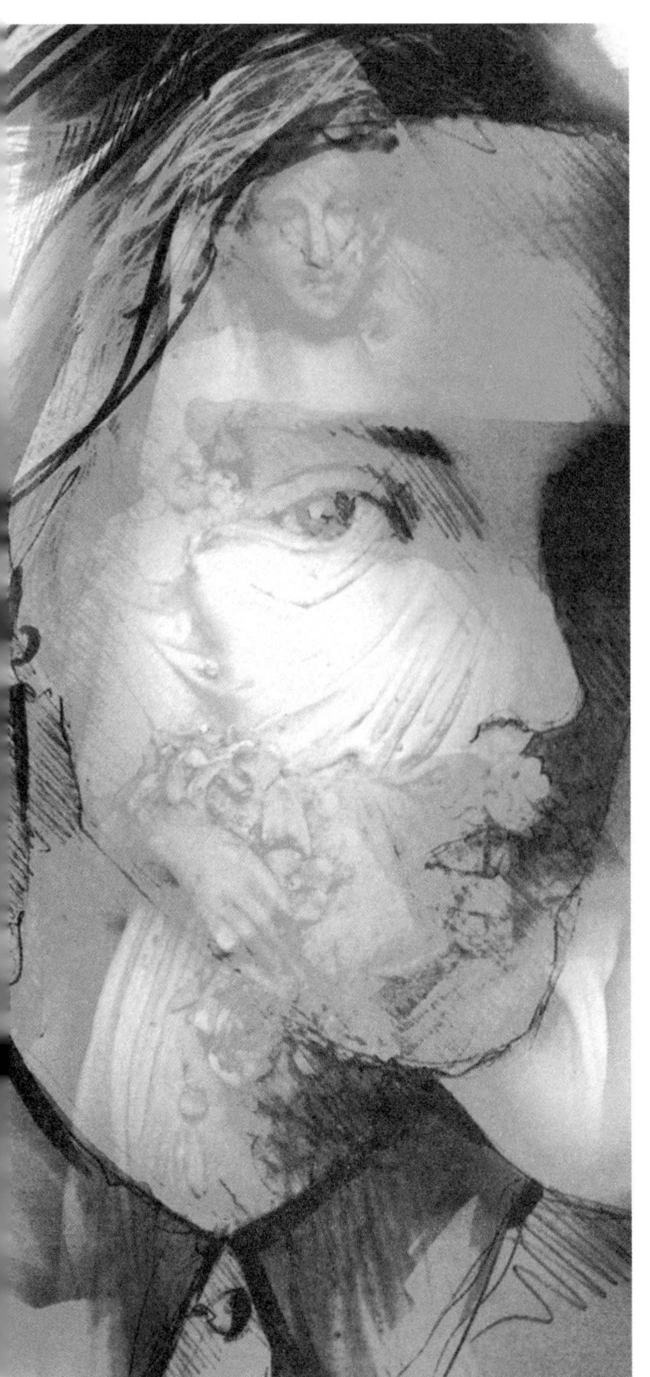

该款衣领由单片构成，其中一部分在领口处立起，相当于领座，另一部分向外翻折覆盖领座，相当于翻领。

制板时，需要确定合适的领高。本例中，领高为7cm。可以将领座高设置为3cm，将翻领高设置为4cm。翻领高必须大于领座高，以确保翻领能覆盖与衣身领口接缝的领座部分。

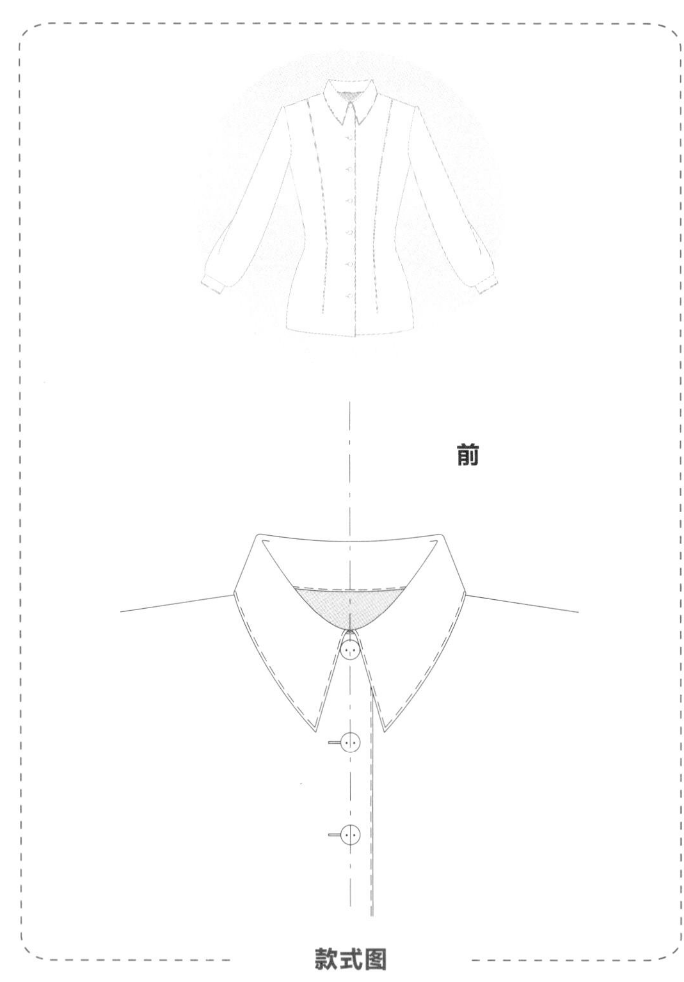

款式图

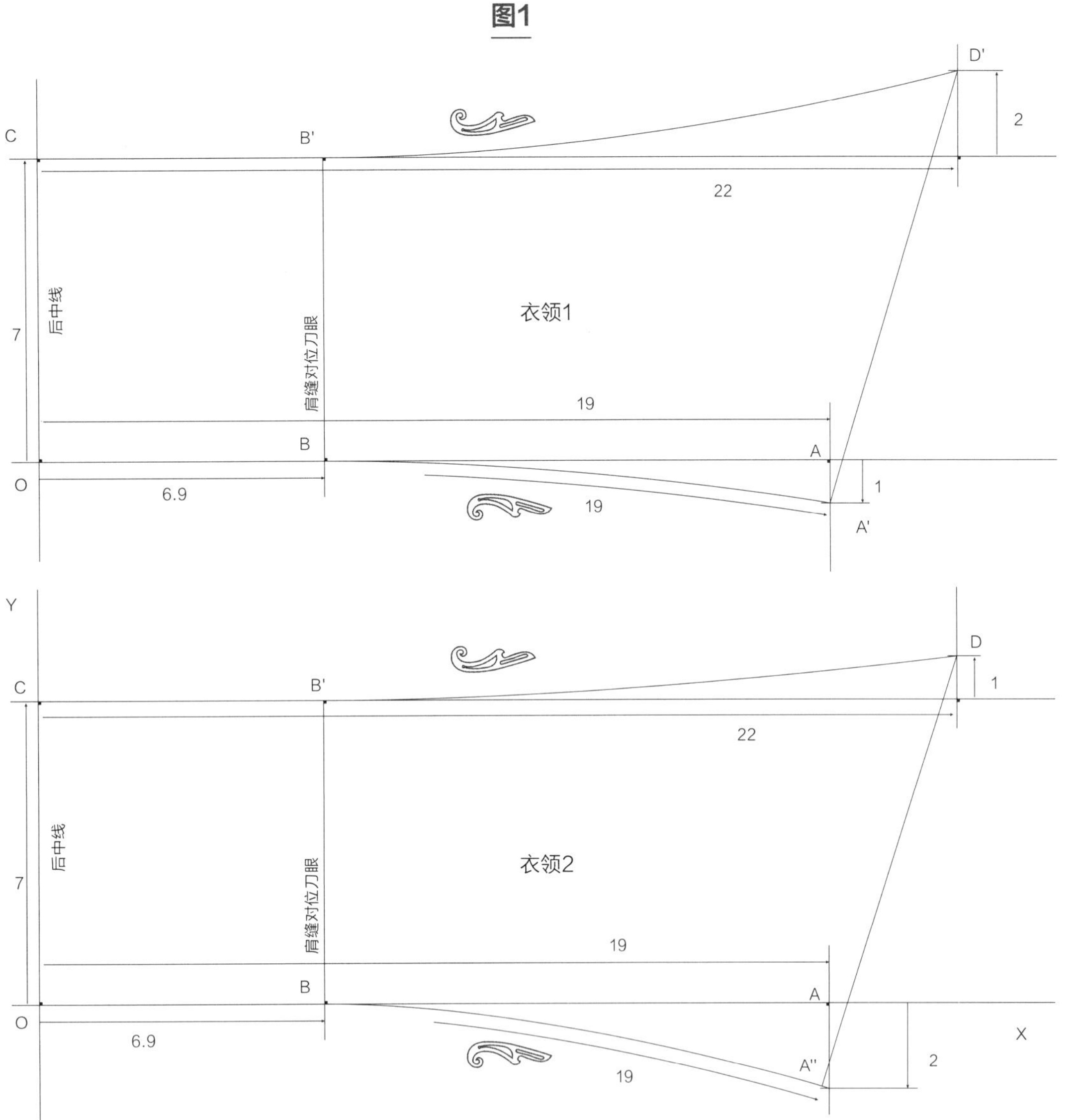

图1

1. 在绘图纸的左下角绘制水平轴线OX、垂直轴线OY。将YO作为后中线。

2. 从O点向右，在水平轴线OX上取常规衬衫领围的1/2长，得到A点，即OA=19cm。

从O点向上，在垂直轴线OY上取常规衬衫后领围的1/3长，得到B点，即OB=6.9cm。

从A点向OX下方作垂线，在垂线上将A点：

- 降低1cm（领座高的1/3，即 3×1/3=1cm），得到A'点（衣领1）
- 降低2cm（领座高的2/3，即 3×2/3=2cm），得到A''点（衣领2）

随着这个数值的上升（2cm），领座将会更贴近颈部。可根据期望的领型选择合适的数值。

3. 借助曲线板，根据所选款型，连接B点与A'点（衣领1）或A''点（衣领2）。确认新的曲线（OA'或OA''）的长度仍然保持不变。如果曲线长度发生变化，需要重新定位A'点或A''点。

在绘制关闭式衬衫领时，衣领底部曲线的形状朝下弯曲。

衣领底部曲线（衣领1的OBA'、衣领2的OBA''）的长度等于1/2领围长。

4. 从O点向上取既定领高7cm，得到C点，即OC=7cm。从后中线的C点向右，绘制一条与后中线垂直的水平线，在这条水平线上取22cm。之后根据所选领型，从该点垂直向上2cm（衣领1）或1cm（衣领2），得到D'点（衣领1）或D点（衣领2）。

由此能够确保两种领型的正确领量。这些数值仅作为制作基本款衣领的参考，可以根据需要加以改动。

从B点向上作垂线，直到与C点处的水平线相交于B'点。

借助曲线板，从B'点连接至衣领1的D'点或者衣领2的D点。

借助直尺连接A'D'或A''D。

5. 由此确定衣领的形状（衣领1的OCB'D'A'B或者衣领2的OCB'DA''B）。

图2

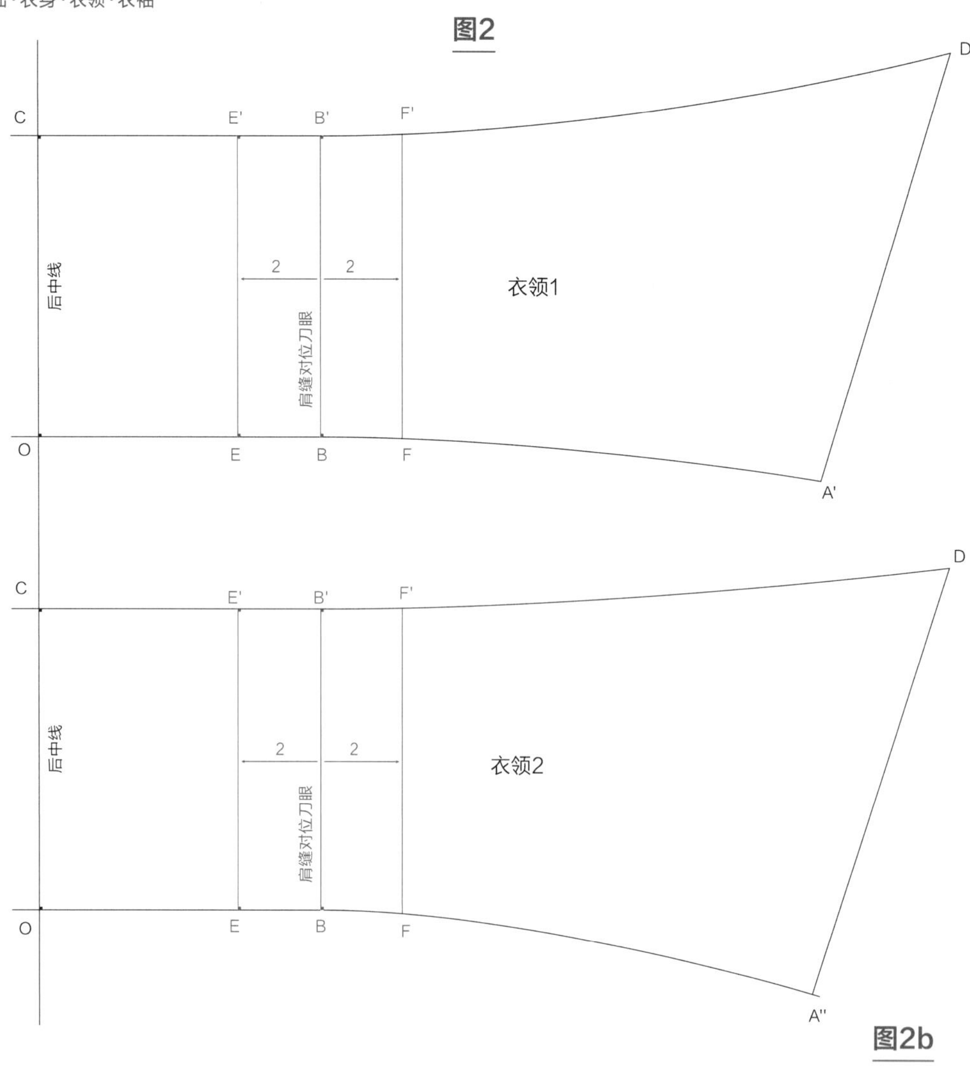

图2b

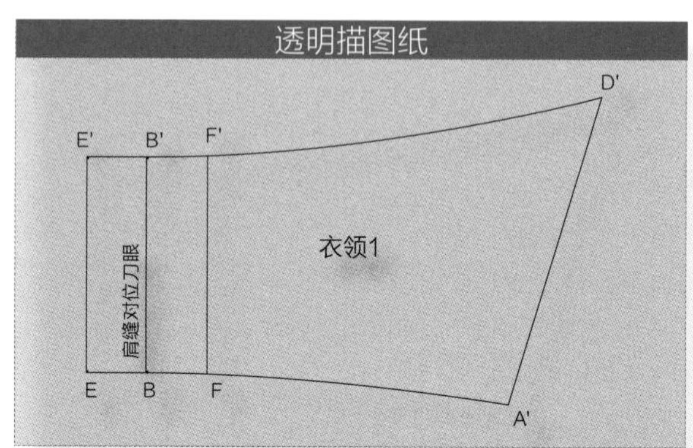

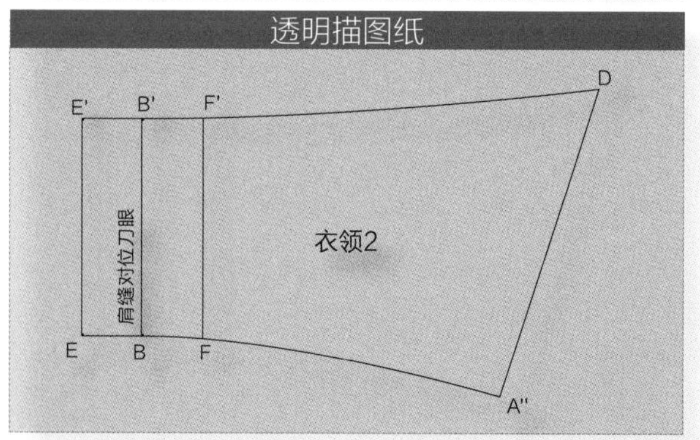

图2

1. 根据目标款式，可以对基础样板进行微调，以免衣领下翻时，领座和翻领之间的翻折线过于紧绷。衣领上部需要加放约1.5cm以使其微微展开，圆顺地围绕在颈部周围。

为了实现这个增量，在距离垂线BB'两侧2cm处绘制平行线EE'和FF'。由于所选领型不同（衣领1降低1cm或者衣领2降低2cm），F点和F'点的位置会稍有区别。

2. 借助透明描图纸（图2b）依次拓描三条平行线（EE'、BB'和FF'）、衣领底部曲线（衣领1的BA'，或者衣领2的BA''）以及衣领上部曲线（衣领1的B'D'，或者衣领2的B'D）。

3. 分三次将1.5cm的增量添加于EE'、BB'和FF'右侧，即1.5/3=0.5cm。

图3

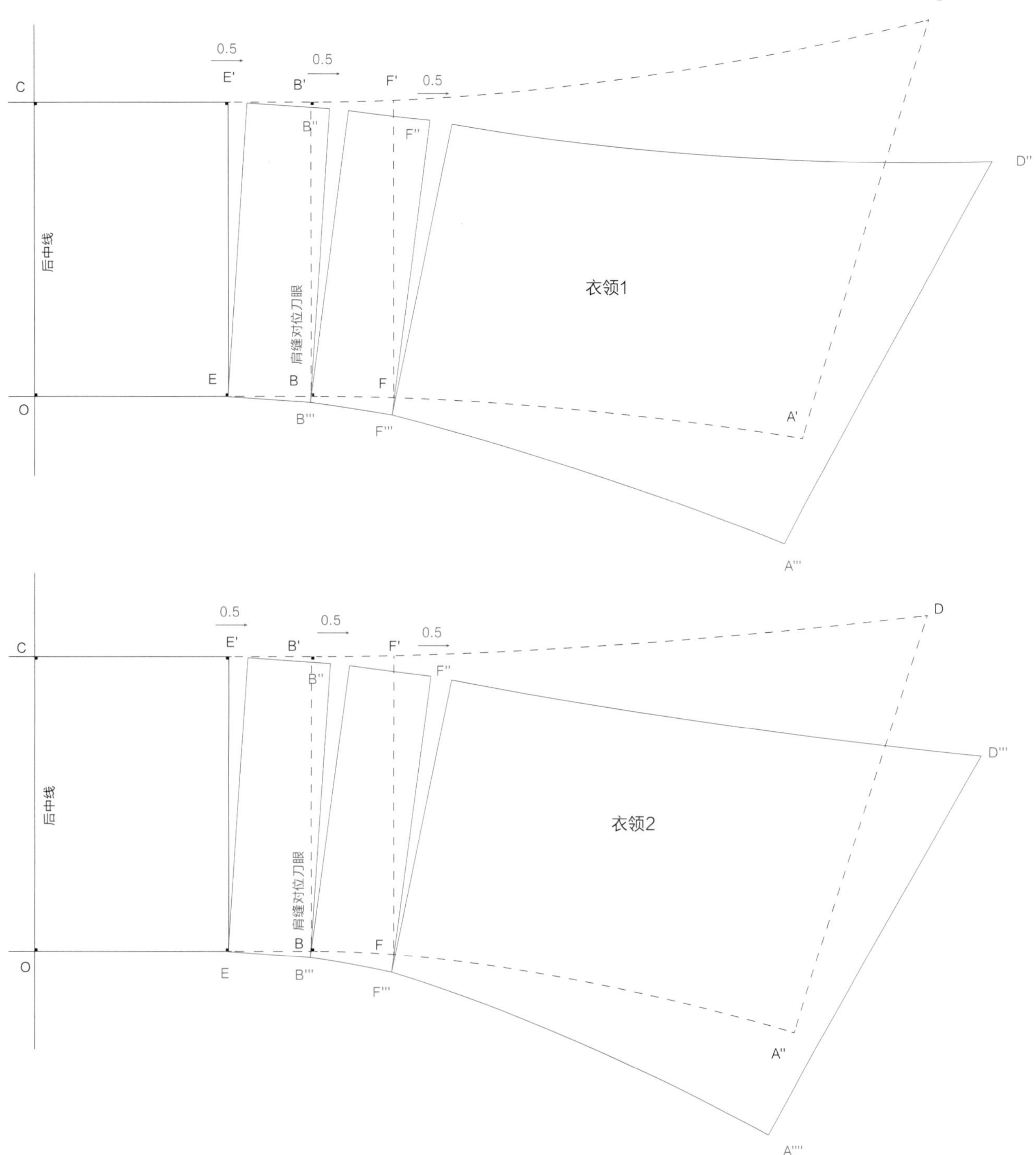

图3

1. 将透明描图纸（图2b）置于基础样板上，以E点为圆心将E'点向右旋转0.5cm。沿着透明描图纸上的轮廓线在纸样上用锥子标记，直至下一条线（BB'）。B'点移至B''点，B点移至B'''点。

2. 以B'''点为圆心将B''点向右旋转0.5cm，用锥子标记透明描图纸上的轮廓线直至直线FF'。F'点移至F''点，F点移至F'''点。

3. 以F'''点为圆心将F''点向右旋转0.5cm，用锥子标记透明描图纸上的轮廓线并将其拓描至样板，D'点移至D''点，D点移至D'''点。领底曲线的A'点移至A'''点，A''点移至A''''点。

也可以用裁剪法代替透明法，实现增量添加。

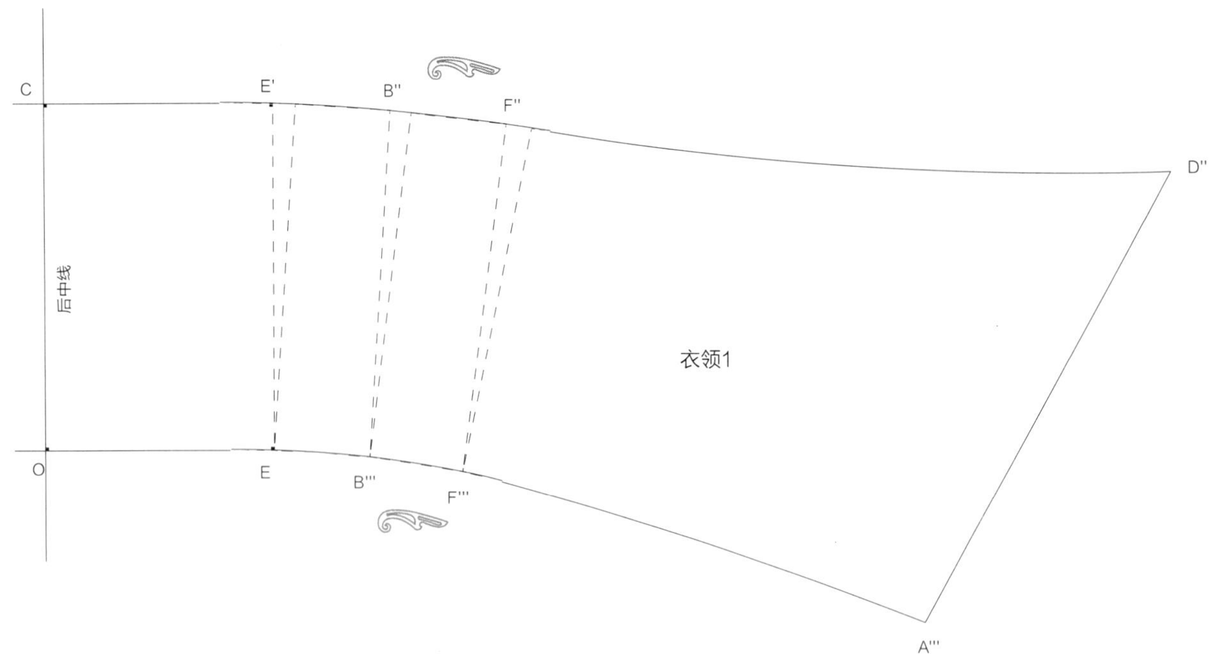

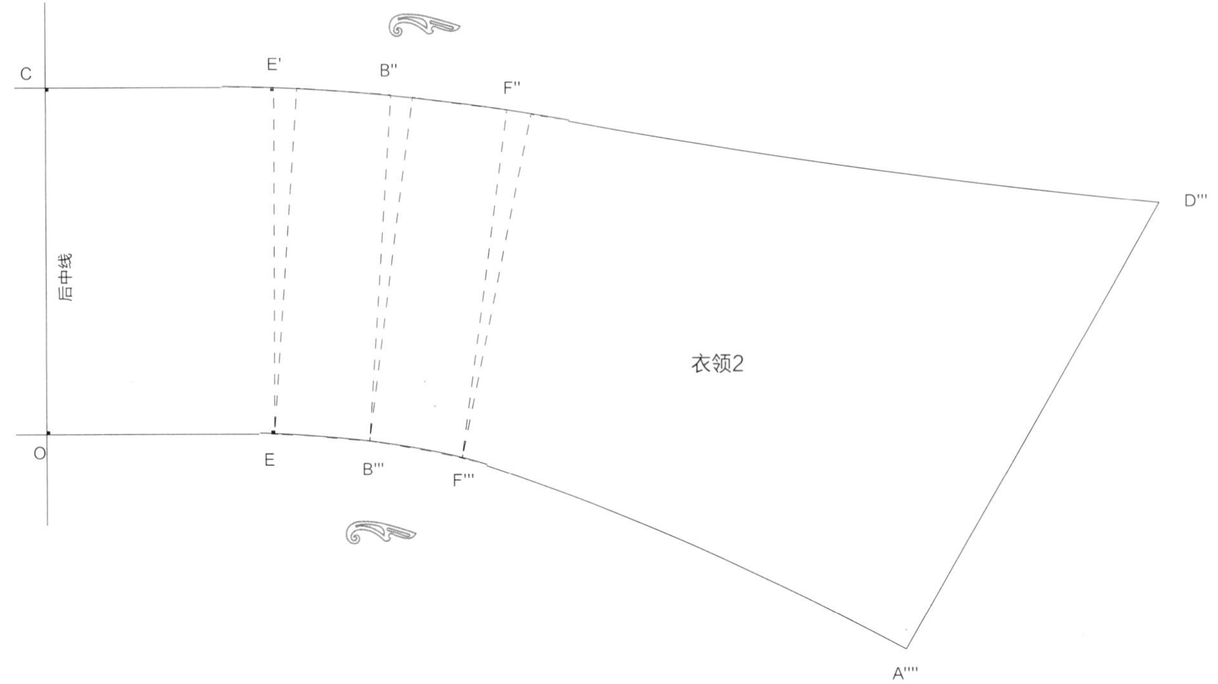

图4

画顺衣领底部曲线上E点、B'''点、F'''点处的转角线条，同时画顺衣领上部F''点与E'点之间的曲线。

图5

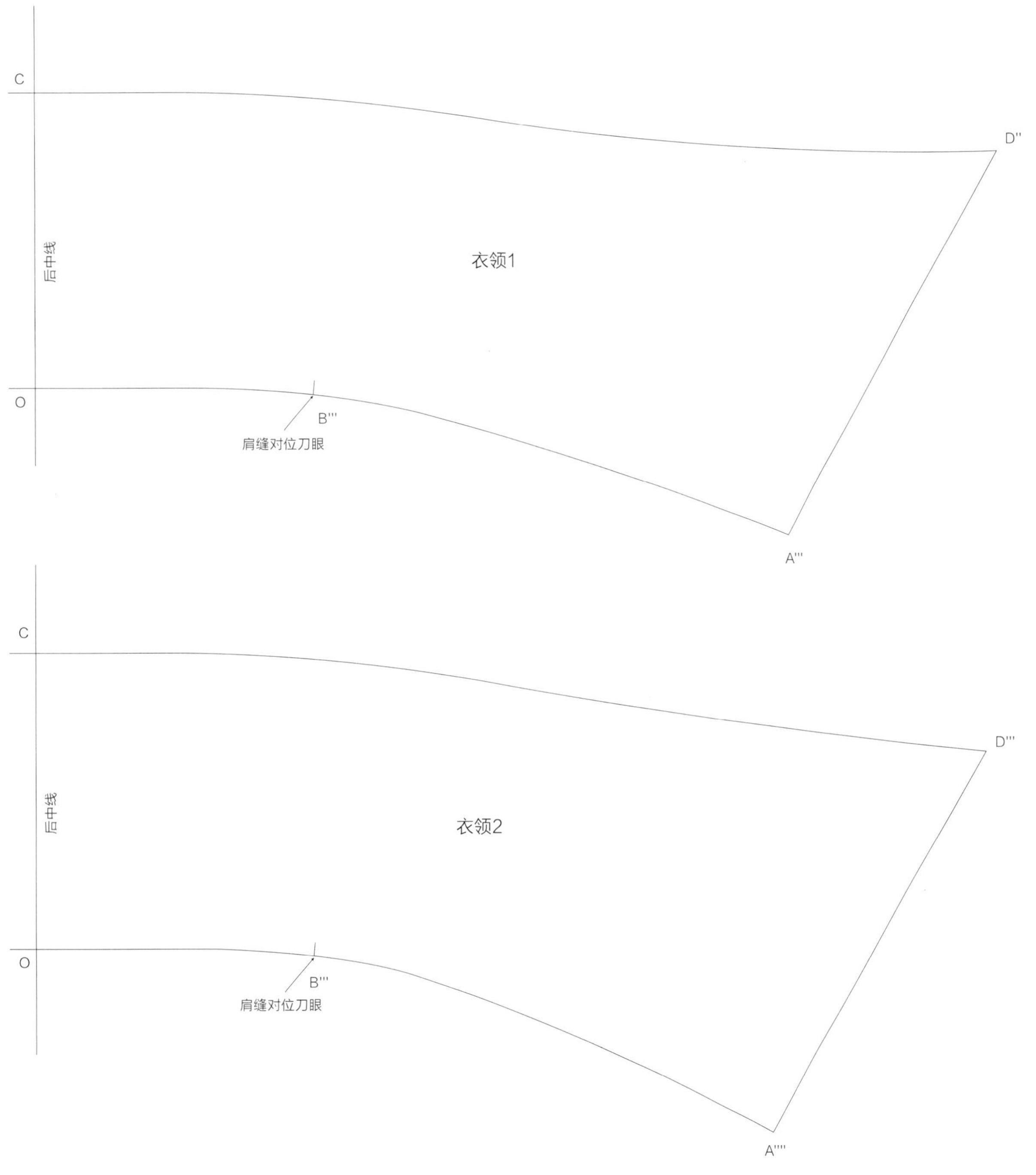

图5

完成两种无领座关闭式衬衫领最终样板的绘制。

开放式衬衫领

该款衣领由单片构成，其中一部分在领口处立起，相当于领座，另一部分向外翻折覆盖领座，相当于翻领。

制板时，需要确定合适的领高。本例中，领高为7cm。可以将领座高设置为3cm，将翻领高设置为4cm。翻领高必须大于领座高，以确保翻领能覆盖与衣身领口接缝的领座部分。

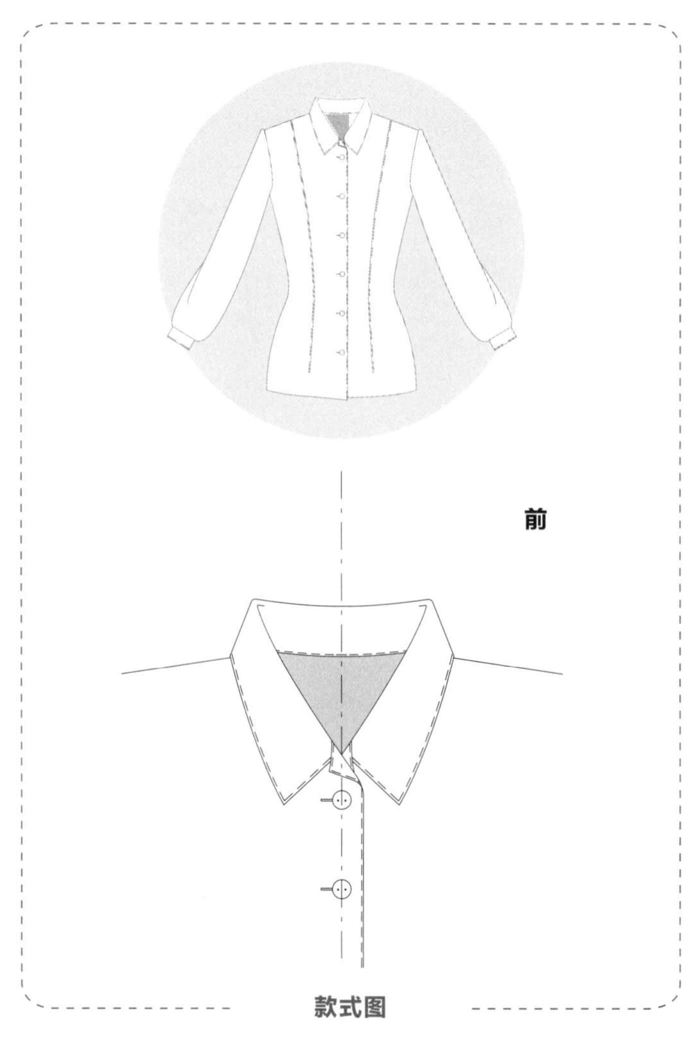

款式图

图1

图1

在绘图纸的左下角绘制水平轴线OX和垂直轴线OY。将YO作为后中线。

图2

1. 从O点向右，在水平轴线OX上取常规衬衫领围的1/2长，得到A点，即OA=19cm。

从O点向上，在垂直轴线OY上取常规衬衫后领围的1/2长，得到B点，即OB=6.9cm。

从A点向OX上方作垂线，在垂线上将A点：

– 抬高1cm（领座高的1/3，即 3×1/3=1cm），得到A'点（衣领1）

– 抬高2cm（领座高的2/3，即 3×2/3=2cm），得到A''点（衣领2）

随着这个数值的上升（2cm），领座将会更贴近颈部。可根据期望的领型选择合适的数值。

2. 借助曲线板，根据所选款型，连接B点与A'点（衣领1）或A''点（衣领2）。确认新的曲线（OA'或OA''）的长度仍然保持不变。如果曲线长度发生变化，需要重新定位A'点或A''点。

在绘制开放式衣领时，衣领底部曲线的形状向上弯曲。

衣领底部曲线（衣领1的OBA'、衣领2的OBA''）等于1/2领围长。

图2

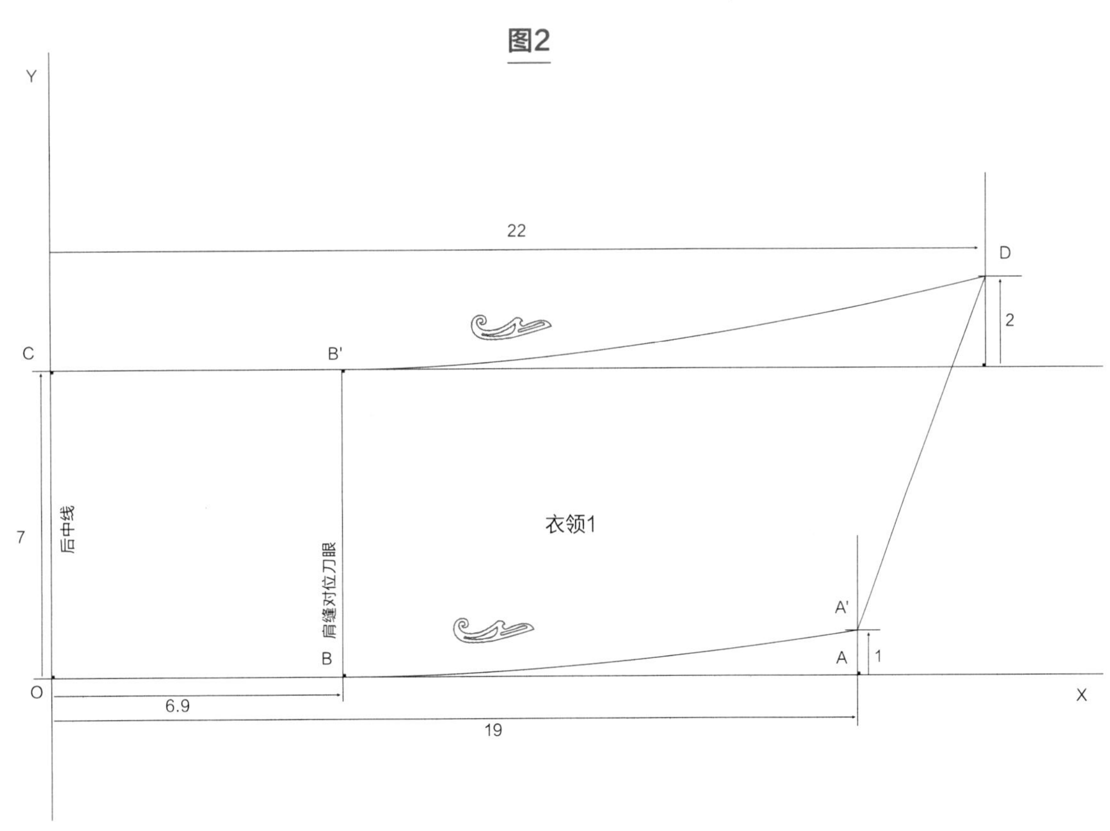

图2b

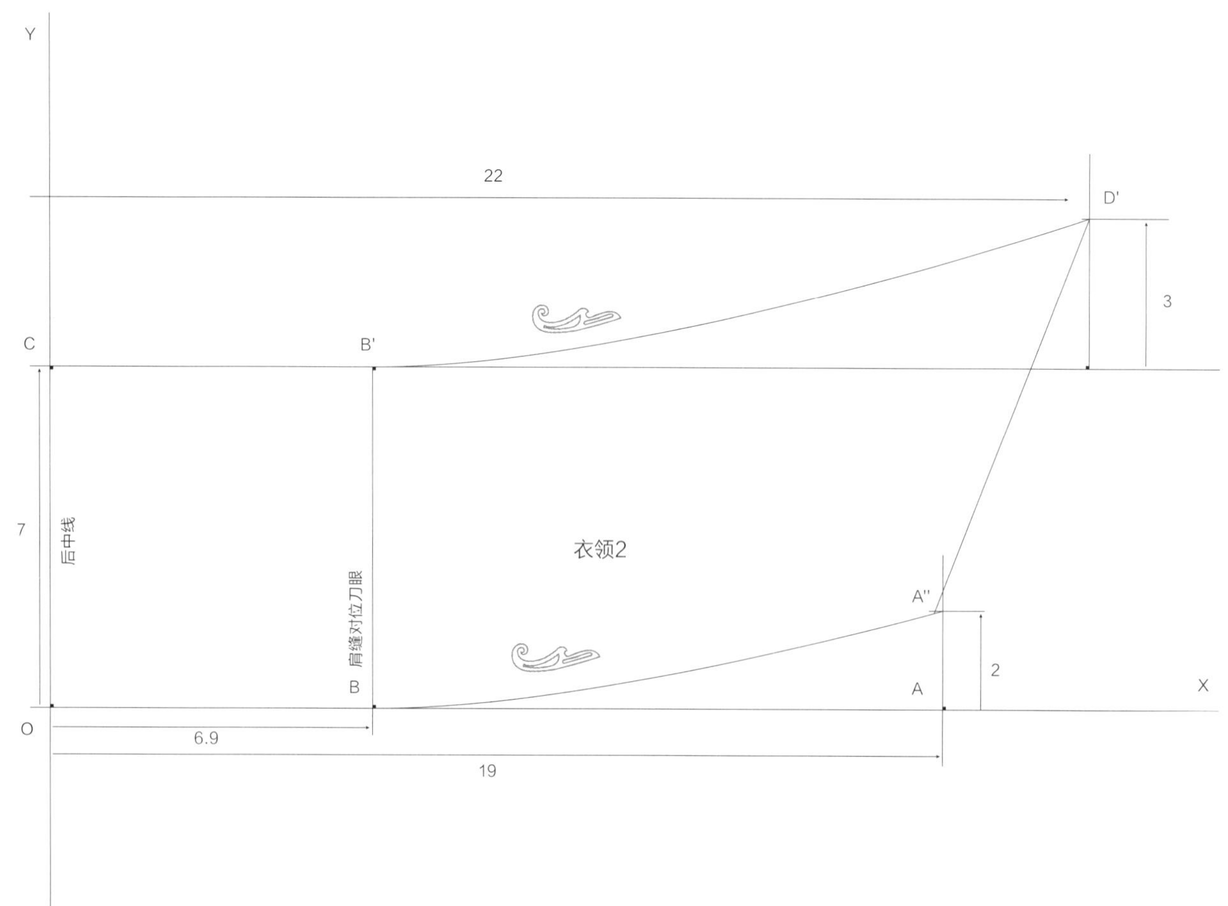

3. 从O点向上取既定领高7cm，得到C点，即OC=7cm。从后中线的C点向右，绘制一条与后中线垂直的水平线，在这条水平线上取22cm。之后根据所选领型，从该点垂直向上2cm（衣领1）或者3cm（衣领2），得到D点（衣领1）或D'点（衣领2）。

由此能够确保两种领型的正确领量。这些数值仅作为制作基本款衣领的参考，可以根据需要加以改动。

从B点向上作垂线，直到与C点处的水平线相交于B'点。

借助曲线板，从B'点连至衣领1的D点或者衣领2的D'点。

借助直尺连接A'D或A''D'。

4. 由此确定衣领的形状（衣领1的OCB'DA'B或者衣领2的OCB'D'A''B）。

图3

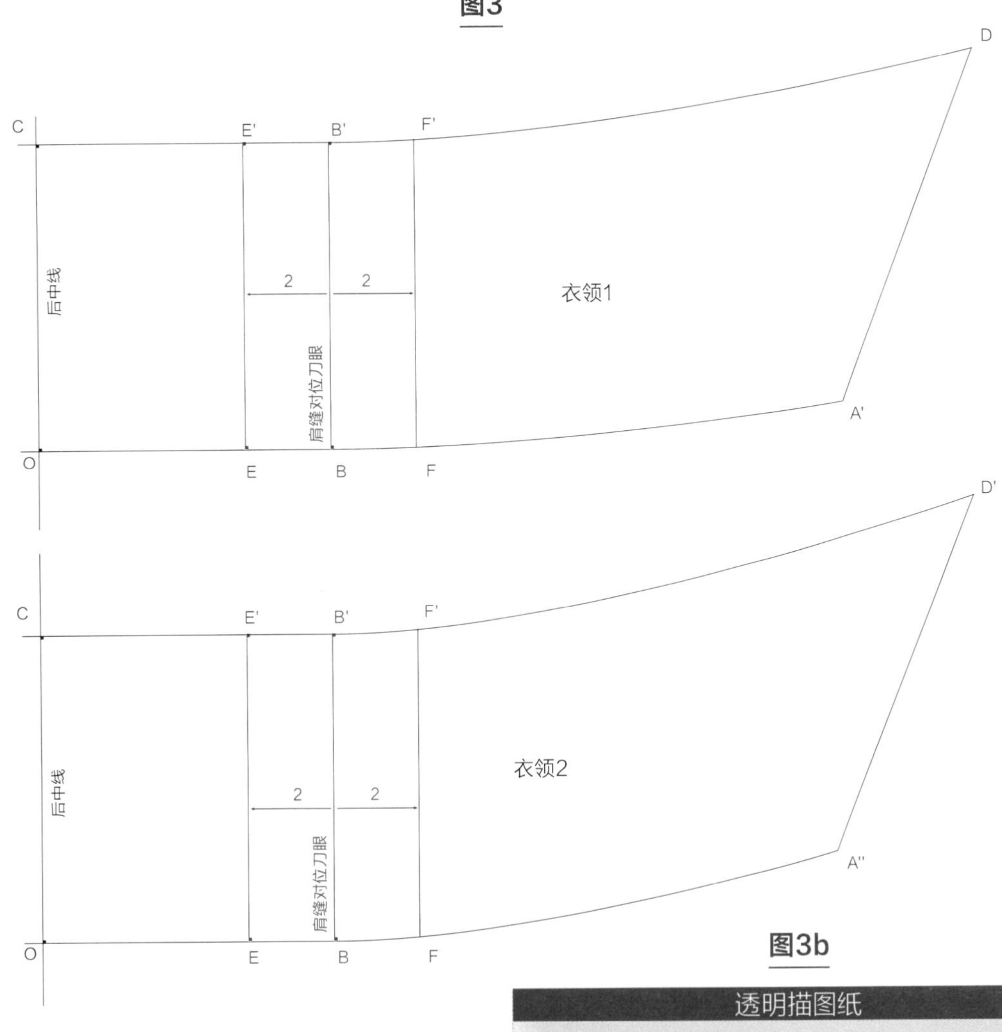

图3b

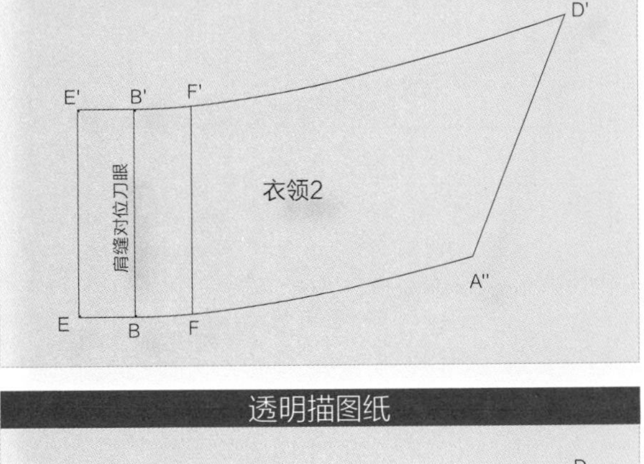

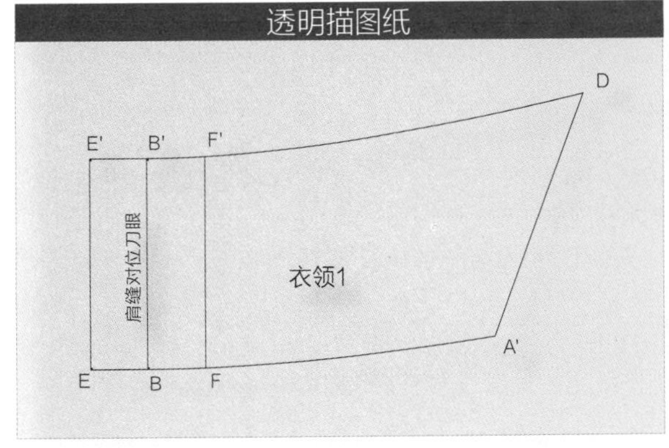

图3

1. 根据目标款式，可以对基础样板进行微调，以免衣领下翻时，领座和翻领之间的翻折线过于紧绷。衣领上部需要加放约1.5cm以使其微微展开，圆顺地围绕在颈部周围。

为了实现这个增量，在距离垂线BB'两侧2cm处绘制平行线EE'和FF'。由于所选领型不同（衣领1抬高1cm或者衣领2抬高2cm），F点和F'点的位置会稍有区别。

2. 借助透明描图纸（图3b）依次拓描三条平行线（EE'、BB'和FF'）、衣领底部曲线（衣领1的BA'，或者衣领2的BA''）以及衣领上部曲线（衣领1的B'D'，或者衣领2的B'D）。

3. 分三次将1.5cm的增量添加于EE'、BB'和FF'右侧，即1.5/3=0.5cm。

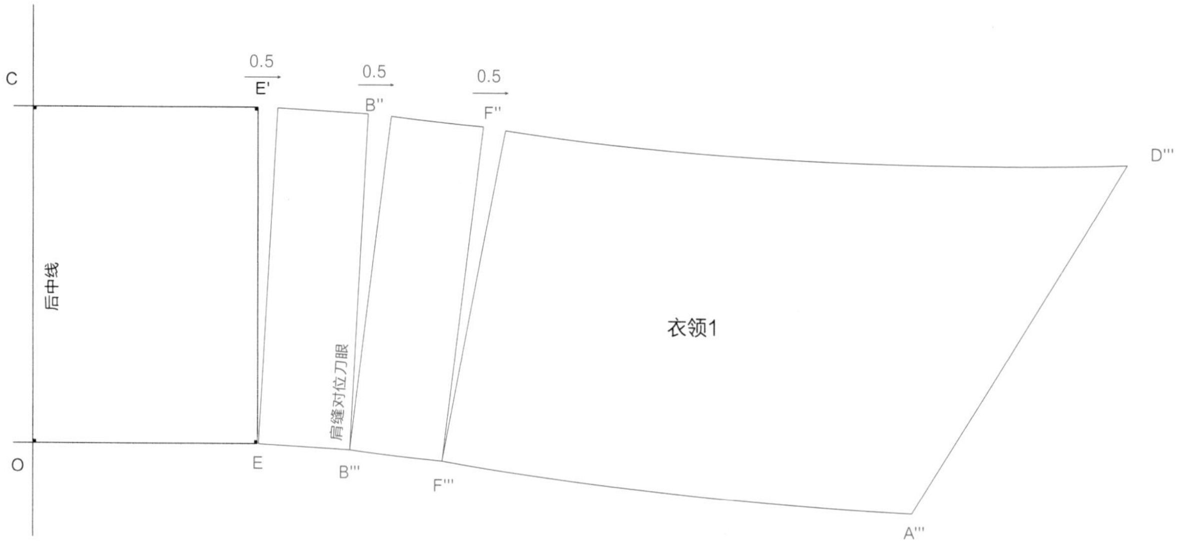

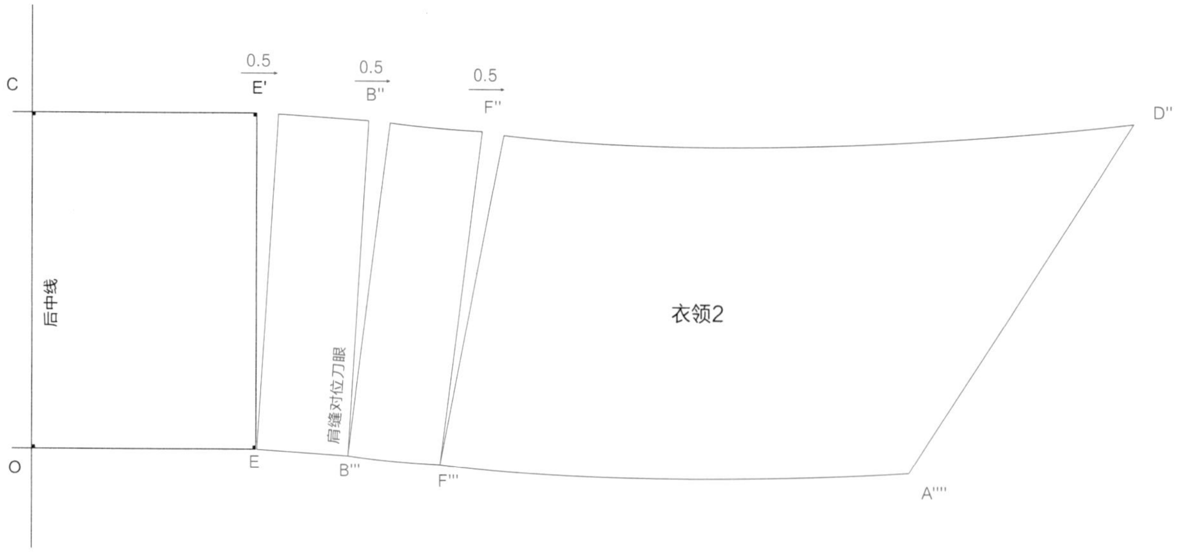

图4

1. 将透明描图纸（图3b）置于基础样板上，以E点为圆心将E'点向右旋转0.5cm。沿着透明描图纸上的轮廓线在纸样上用锥子标记，直至下一条线（BB'）。B'点移至B''点，B点移至B'''点。

2. 以B'''点为圆心，将B''点向右旋转0.5cm，用锥子标记透明描图纸上的轮廓线直至直线FF'。F'点移至F''点，F点移至F'''点。

3. 以F'''点为圆心，将F''点向右旋转0.5cm，用锥子标记透明描图纸上的轮廓线并将其拓描至样板，D点移至D'''点，D'点移至D''点。领底曲线的A'点移至A'''点，A''点移至A''''点。

也可以用裁剪法代替透明法，实现增量添加。

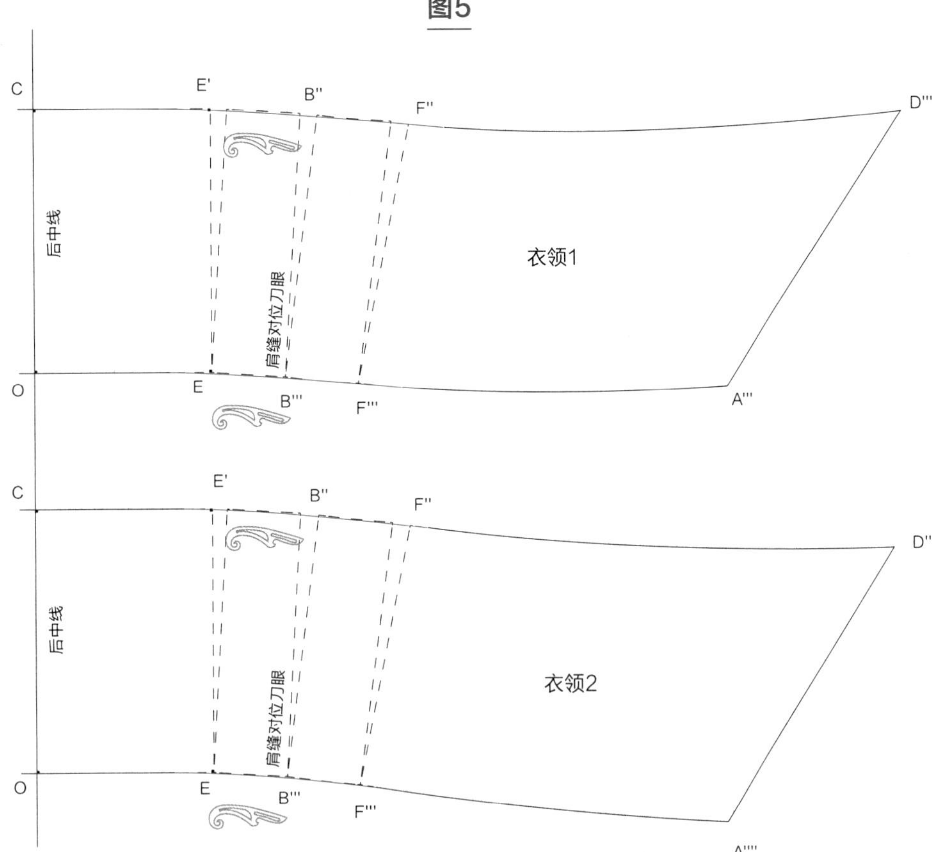

图5

画顺衣领底部曲线上E点、B'''点、F'''点处的转角线条，同时画顺衣领上部F''点与E'点之间的曲线。

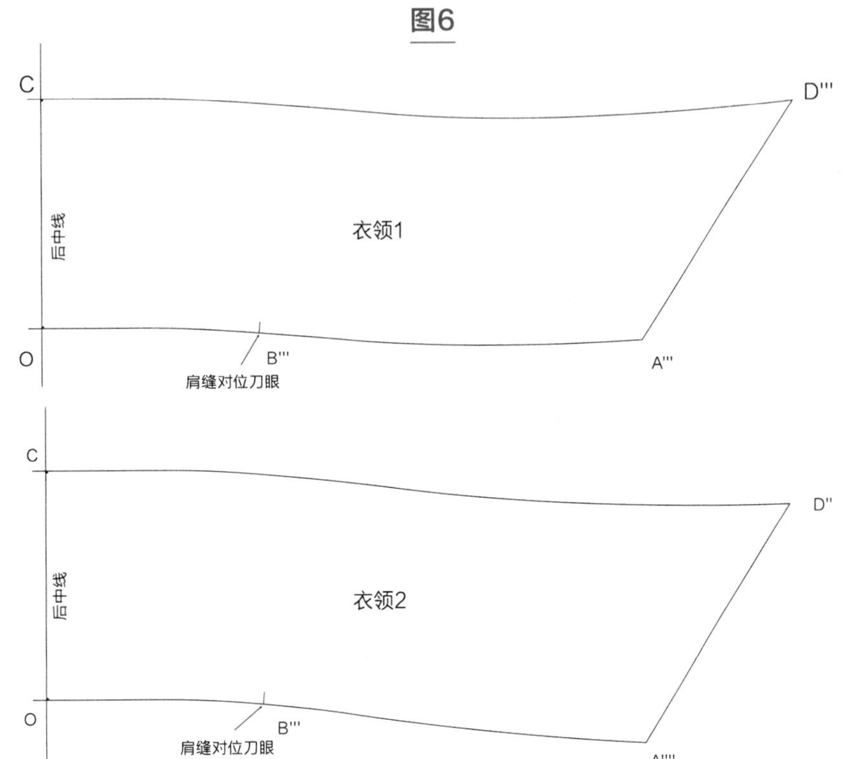

图6

完成两种开放式衬衫领最终样板的绘制。

小圆领、小翻领和披巾领的基础样板

这三款分体式衣领在制板时使用了同一款衬衫的领口部分作为基础样板。当然，也可以根据其他基础样板制作这几款衣领。

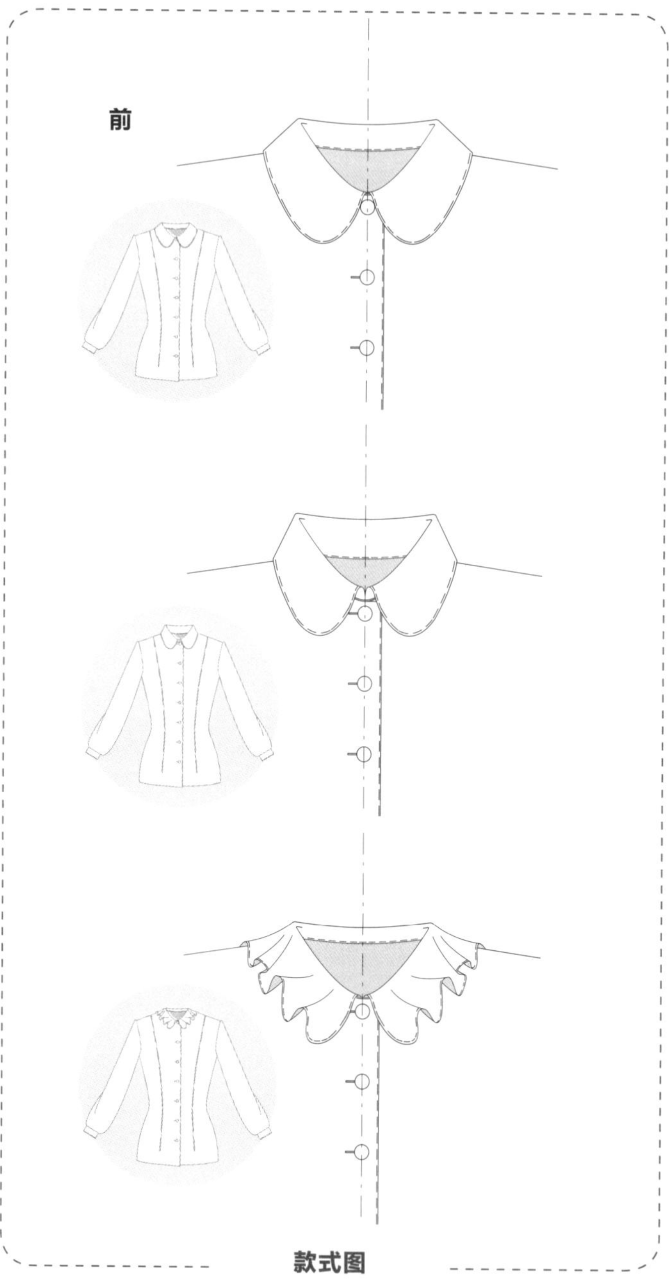

款式图

图1

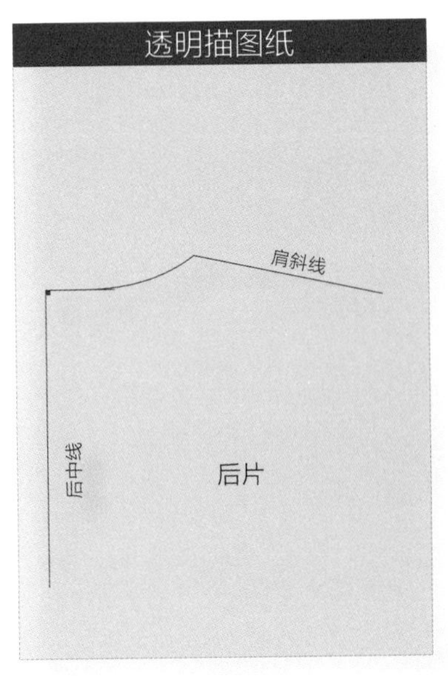

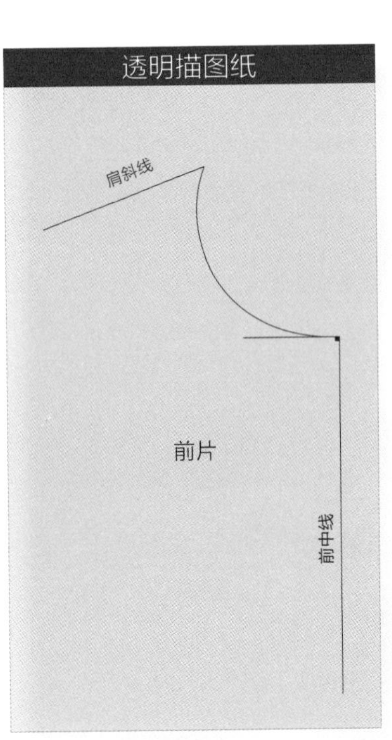

图2

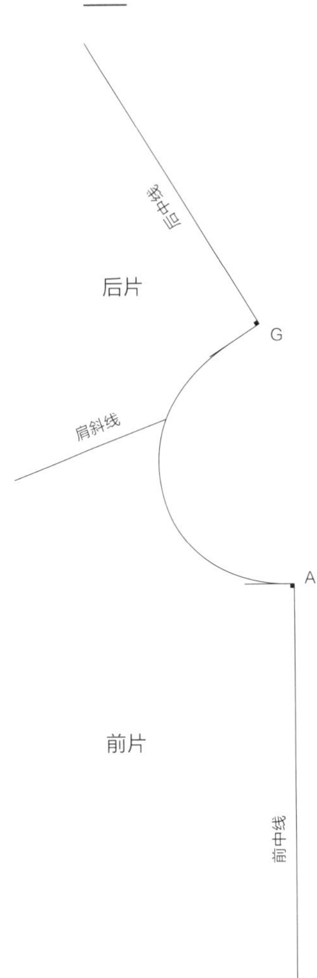

图1

借助透明描图纸拓描衣身基础样板的前领口和后领口部分。

图2

合拢前后片肩斜线，将短上衣基础样板的领口部分拓描至绘图纸上，并标明前中线和后中线。

图3

1. 这几款衣领都将沿后中线对折裁剪。

2. 确定领面宽度。本例中为5cm，需借助曲线板在距离领口5cm处绘制领围线的平行线。为此，每隔大约1cm做一个标记，保证这些标记都垂直于领围曲线。标记的间隔越小，绘制出的平行线形状越接近领围曲线。

3. 在前中线处绘制一段代表衣领基本形状的圆弧以完成该基础样板。

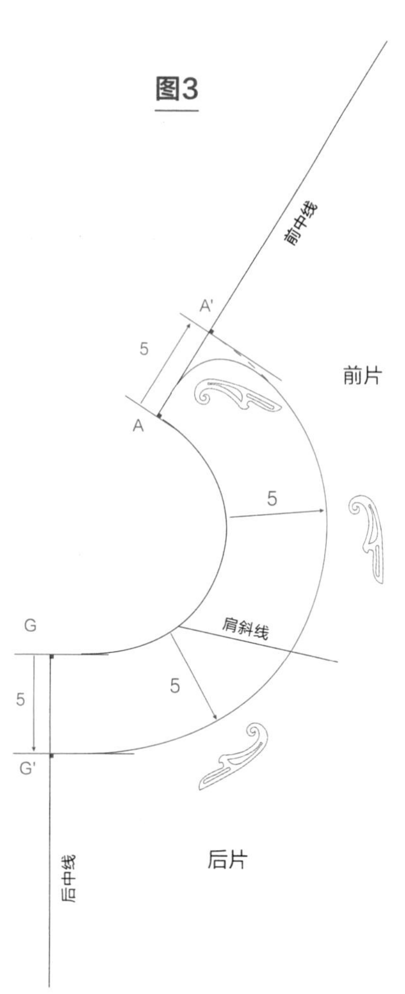

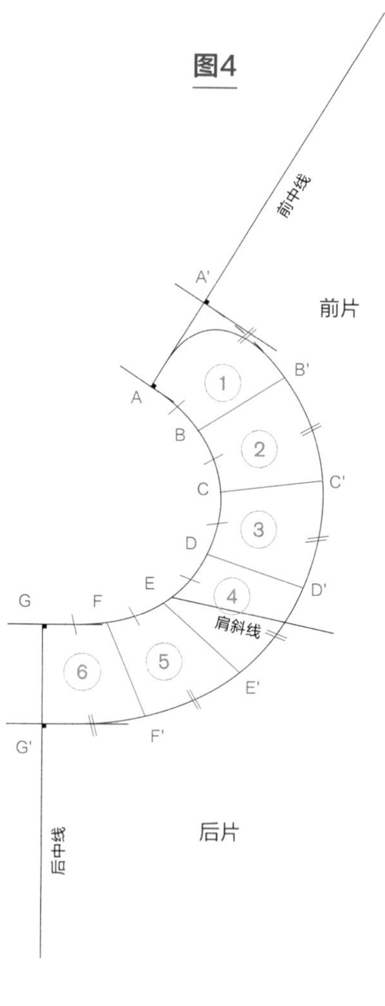

图4

样板绘制完成后，将两条曲线六等分，将衣领分为六个部分，以便于之后其他领型的制板。

六等分领围曲线（AG），得到B点、C点、D点、E点和F点。

六等分衣领外口线（A'G'），得到B'点、C'点、D'点、E'点和F'点。

图5

该基础样板将按不同的方式用于制作三种不同的领型。根据所选领型，需要对基础样板进行相应的修改。

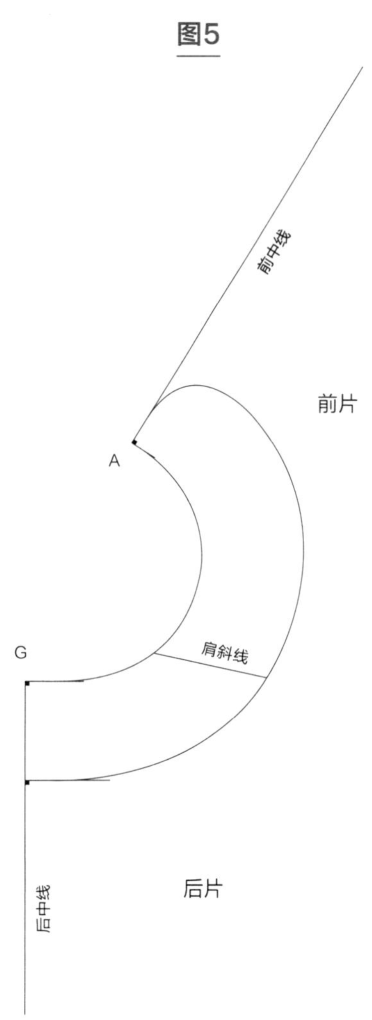

小圆领（彼得·潘领）

该款衣领由单片构成，可以将后中线设置为直丝缕，进行对折裁剪。

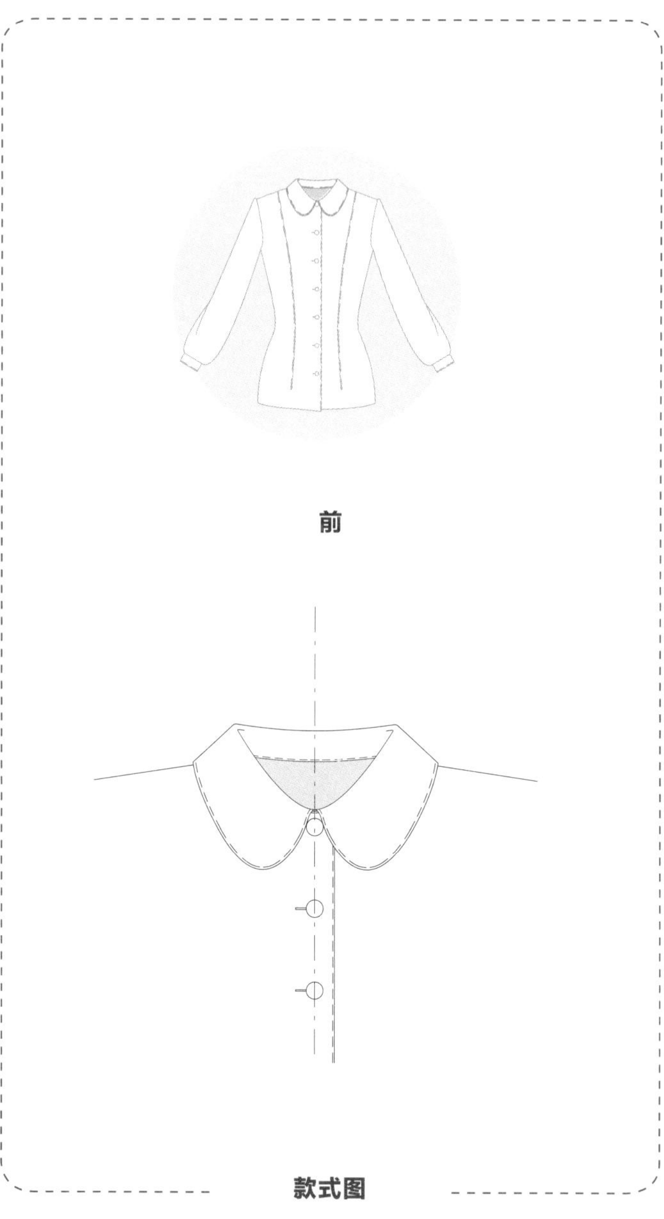

款式图

图1

1. 制作该衣领需准备好基础样板（小圆领、小翻领和披巾领的基础样板）。

用基础样板已经能够制作小圆领，只是穿上身后衣领会显得非常平坦。因此需要稍加调整，使衣领更加有型。

该变动主要体现在后领量。

2. 借助透明描图纸（图1b）拓描基础样板的后领部分（ABCD），如图所示。

图1b

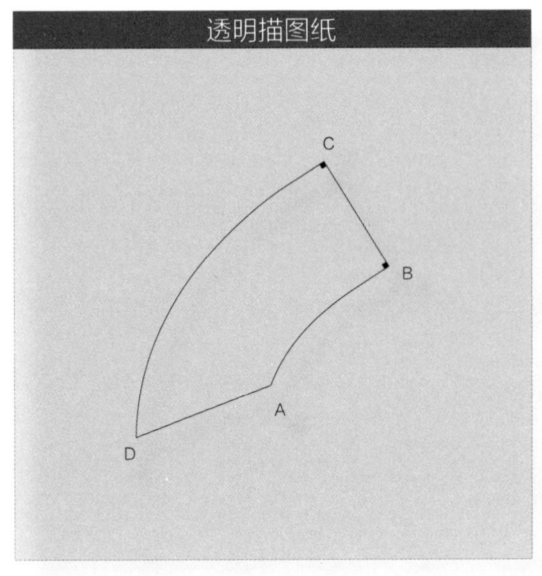

图1

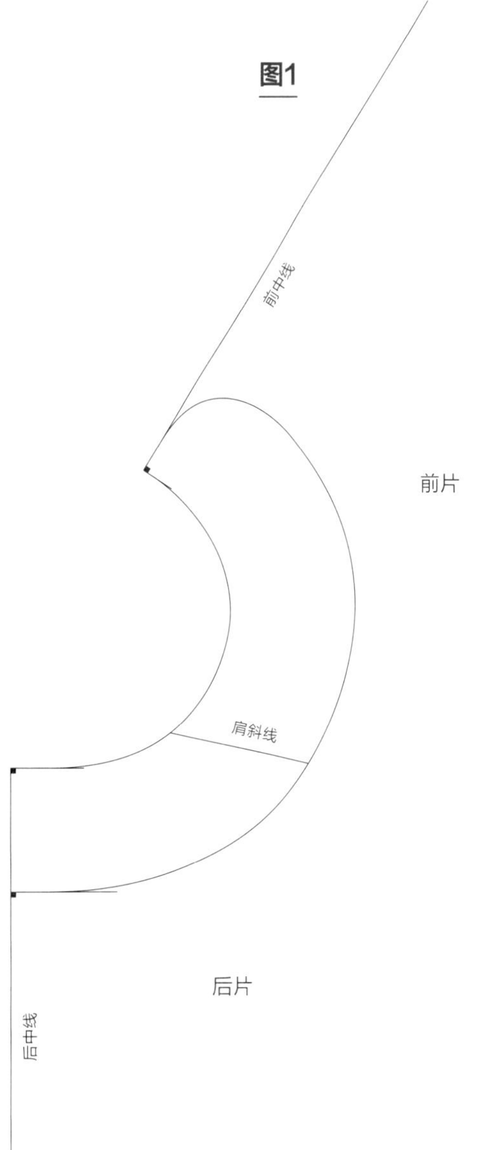

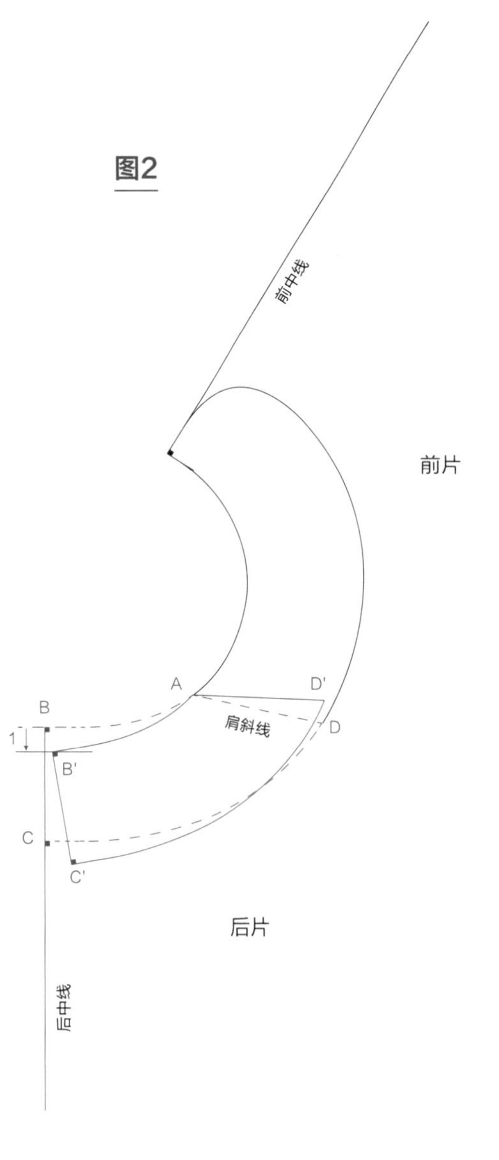

图2

1. 在A点（颈侧点）用锥子固定透明描图纸（图1b），将领口（B点）向下转动大约1cm（注意不可改变领围线的长度）。这个转动值可以根据款式风格要求而有所变化。

找准位置后，用锥子标记AB'C'D'，并将其拓描至样板上。

2. 上一步骤缩短了衣领外口长（缩短量为DD'）。这个缩短量使得衣领立起的位置比原先高，尤其是后领，因此，衣领翻卷后可以形成更好的垂感。本例中，由于衣领外口长度缩短，导致衣领后中线偏离原位，需重新定位。

图3

1. 调整完成后，重新将后中线设置为直丝缕，这样衣领就可以沿后中线对折裁剪，无需拼缝，左右两侧完全对称。

2. 借助曲线板，在A点处重新画顺领围曲线，在D点、D'点处重新画顺衣衣领外口曲线。

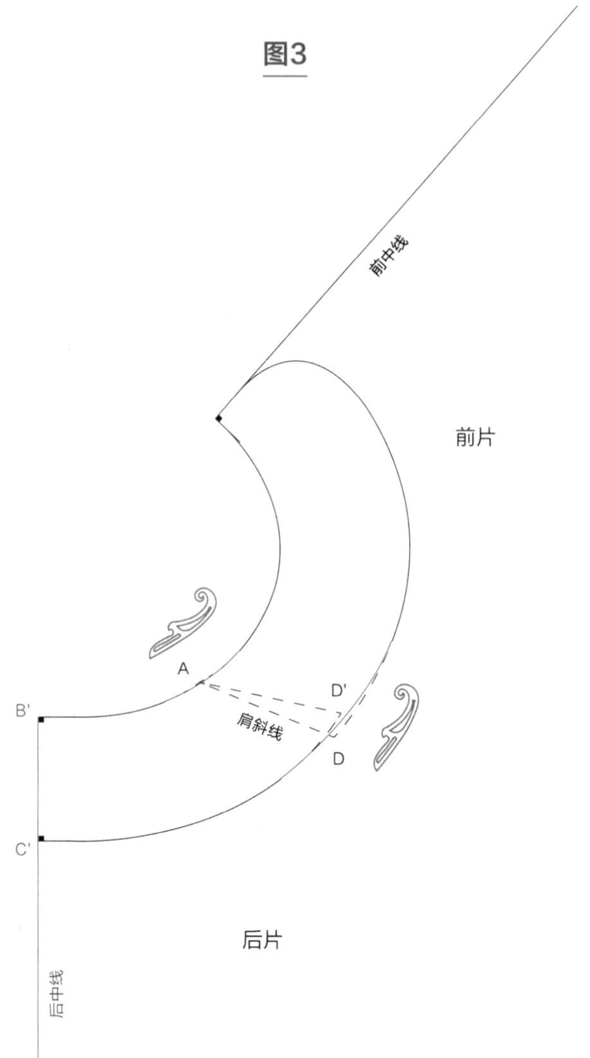

图4

完成这款小圆领（彼得·潘领）最终样板的绘制。

图4

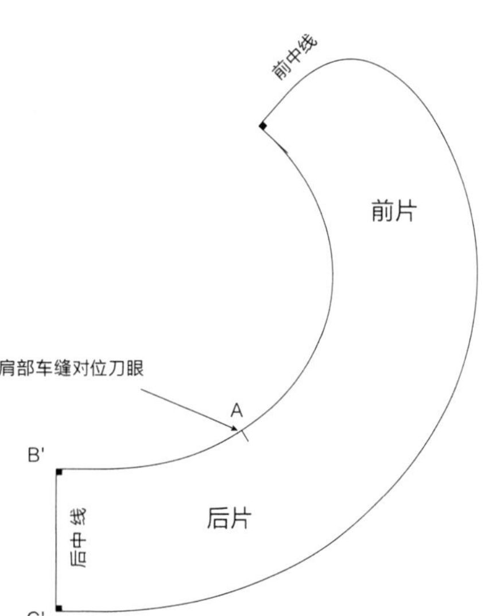

小翻领

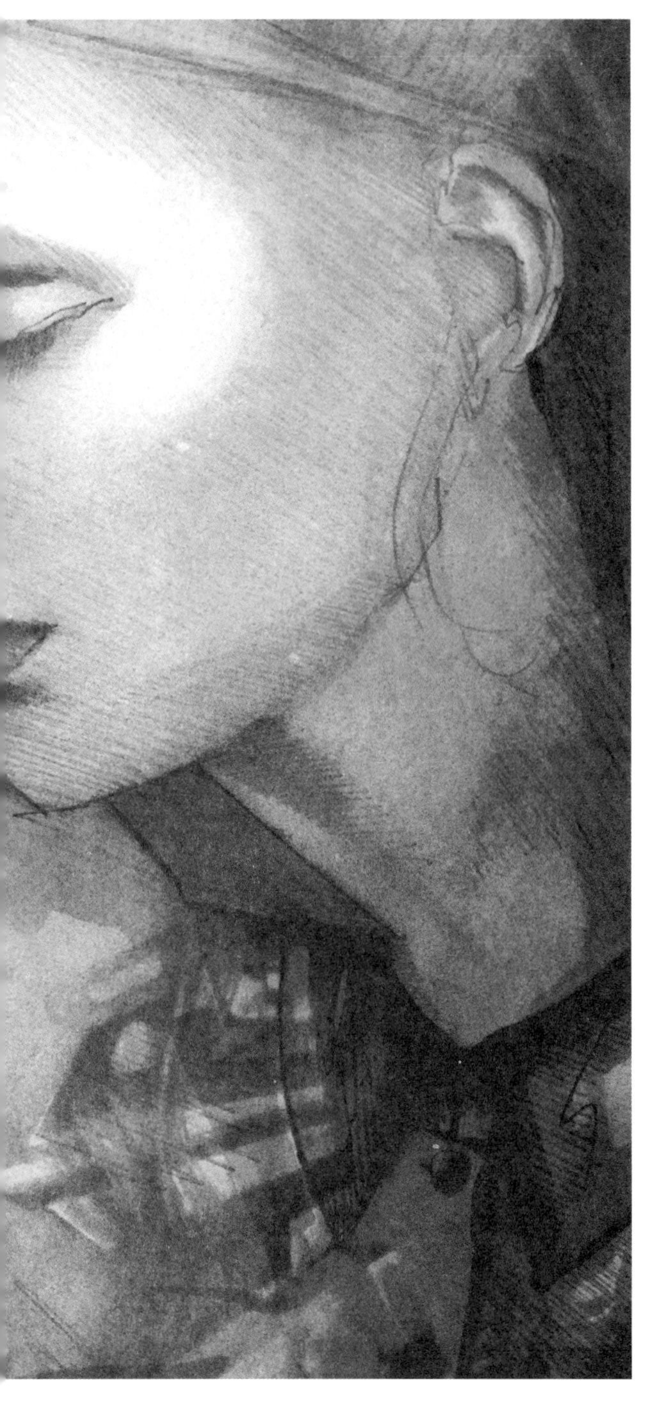

该款衣领由单片构成，可以将后中线设置为直丝绺，进行对折裁剪。

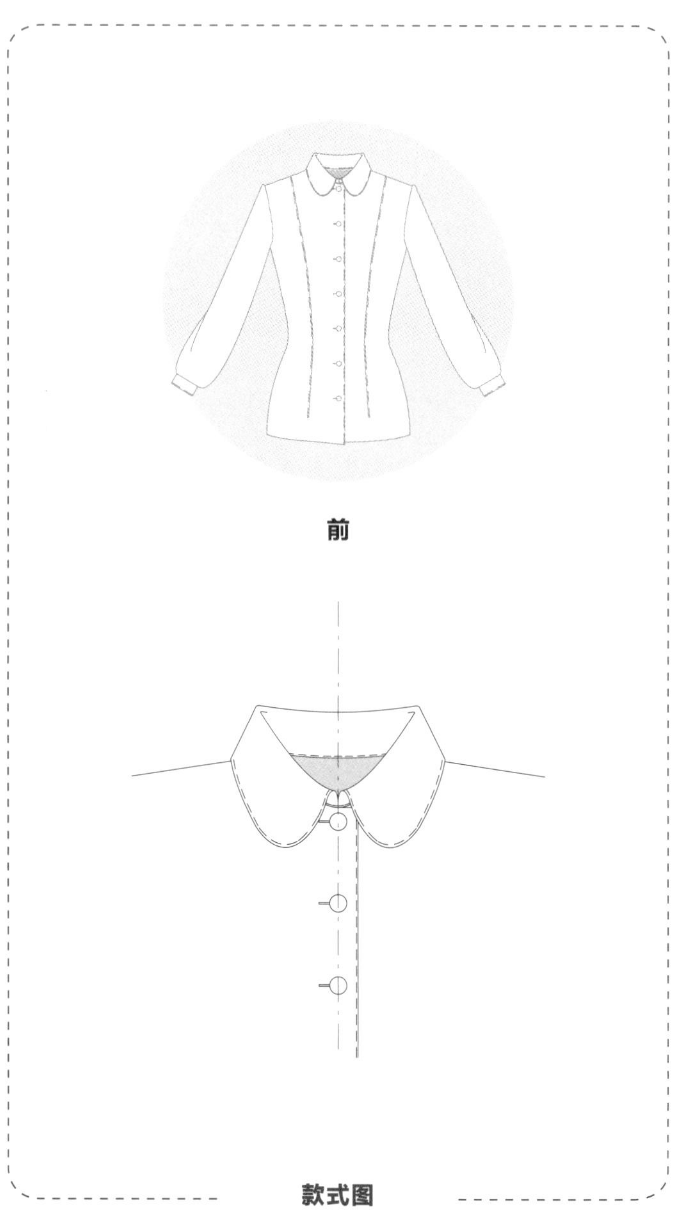

款式图

图1

制作该衣领需准备好基础样板（小圆领、小翻领和披巾领的基础样板）。

该款小翻领制板时，对基础样板的调整与小圆领差不多，需要缩短衣领外口长度，使衣领自然立起。

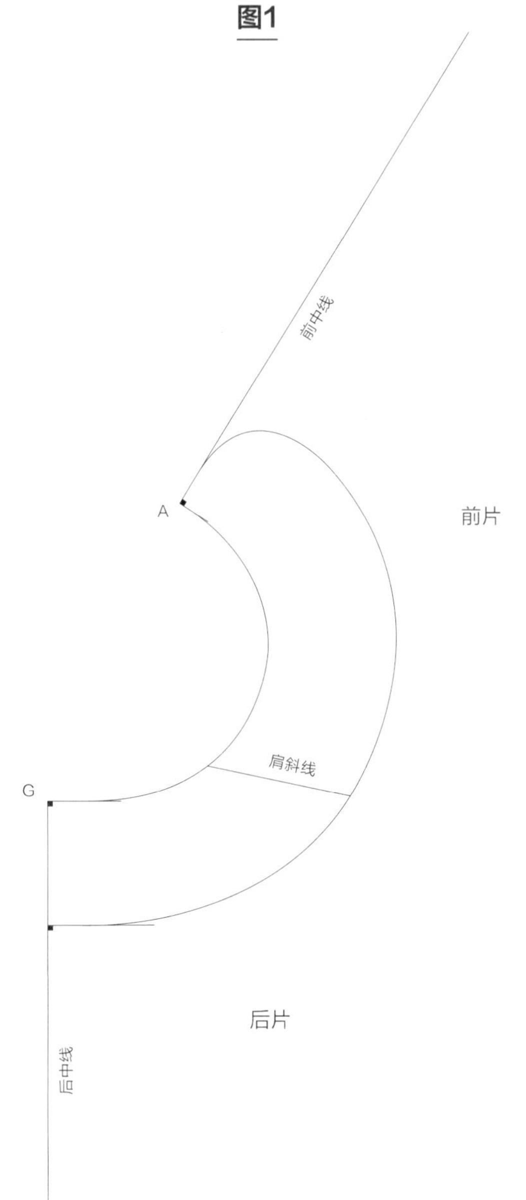

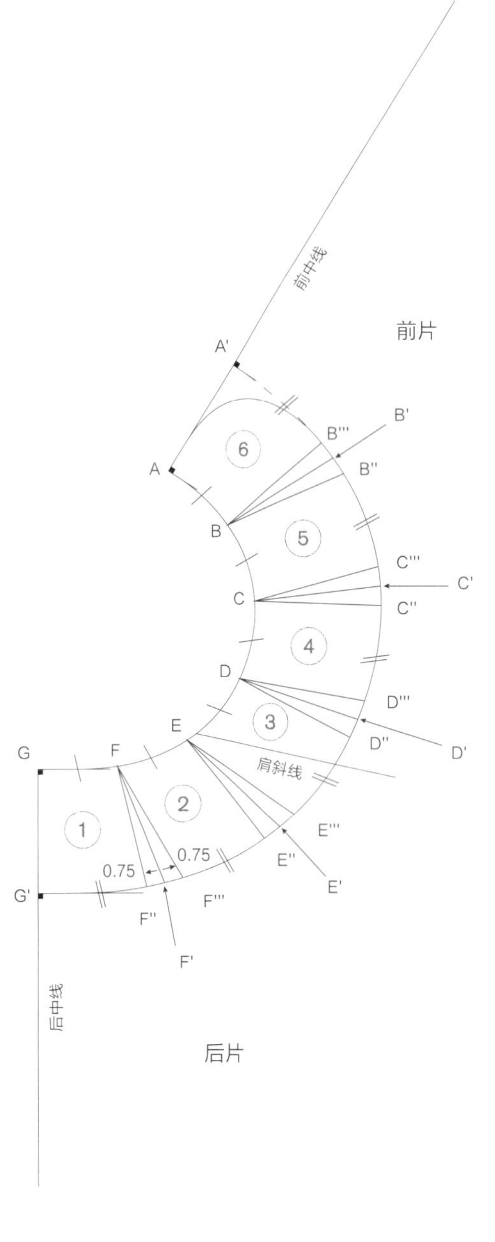

图2

1. 平均分配衣领量。本例中，将领围曲线（AG）和衣领外口曲线（A'G'）六等分。

2. 在每条等分线的两侧0.75cm处分别做标记（B''点、B'''点，C''点、C'''点，D''点、D'''点，E''点、E'''点和F''点、F'''点）。

图3

1. 分别以领围线上的标记点（B点、C点、D点、E点和F点）为圆心，向下旋转每条等分线，直至衣领外口曲线上的标记点与下一个标记点重合，使每段外口线缩短2×0.75cm，即1.5cm。

例如，以F点为圆心，将FF''转至与FF'''重合。

该步骤可以通过透明法或裁剪法来实现。

2. 用锥子标记改动后的每个小片并拓描至绘图纸上。

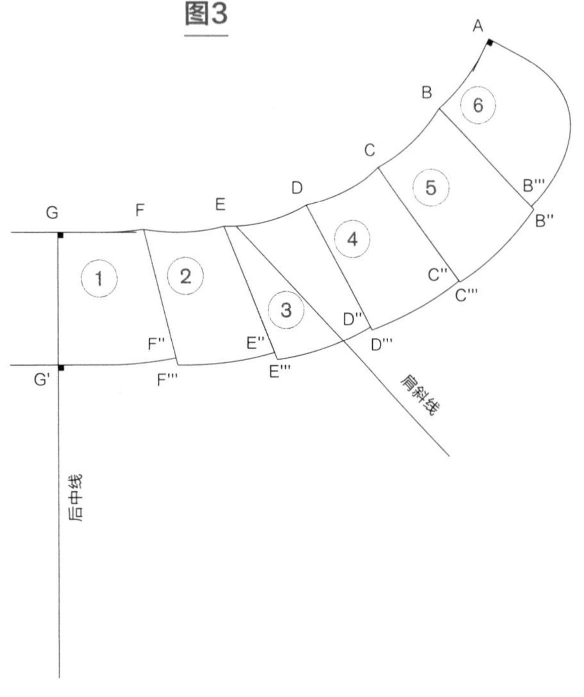

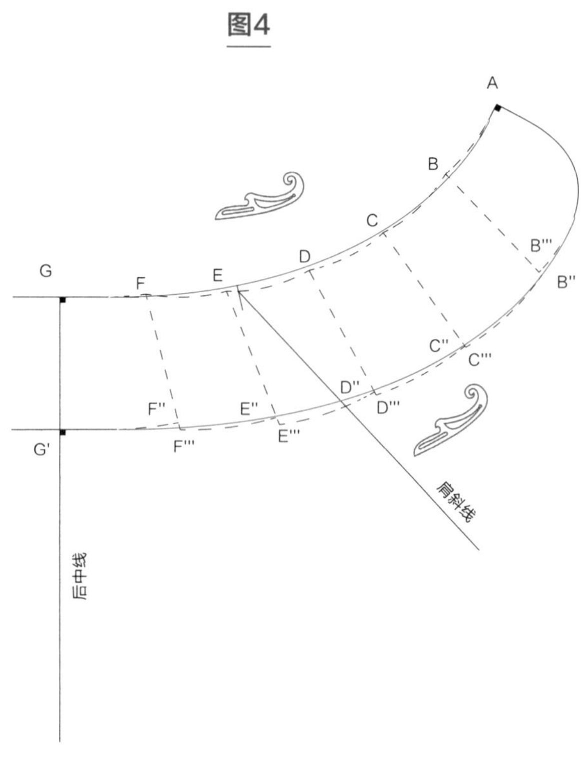

图4

1. 由于旋转所产生的角度和高度差，领围曲线和衣领外口曲线都需要重新绘制。

2. 借助曲线板将线条画顺，使其与原曲线相切。

与基础样板相比，该衣领的形状几乎是直的。可以推断：两条曲线的长度越接近，衣领的形状越直，就越容易在穿上身时翻卷。

图5

完成这款小翻领最终样板的绘制。

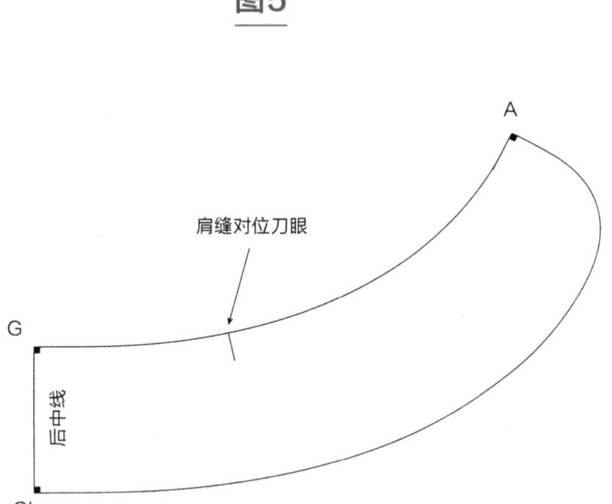

披巾领

该款衣领由两个裁片构成，后中线为直丝缕。根据设计需要，可以在后中线、肩缝等其他隐蔽处或有创意的位置进行缝合。

款式图

图1

制作该衣领需准备好基础样板(小圆领、小翻领和披巾领的基础样板)。

与小翻领相比而言,此款需要增加更多领量。

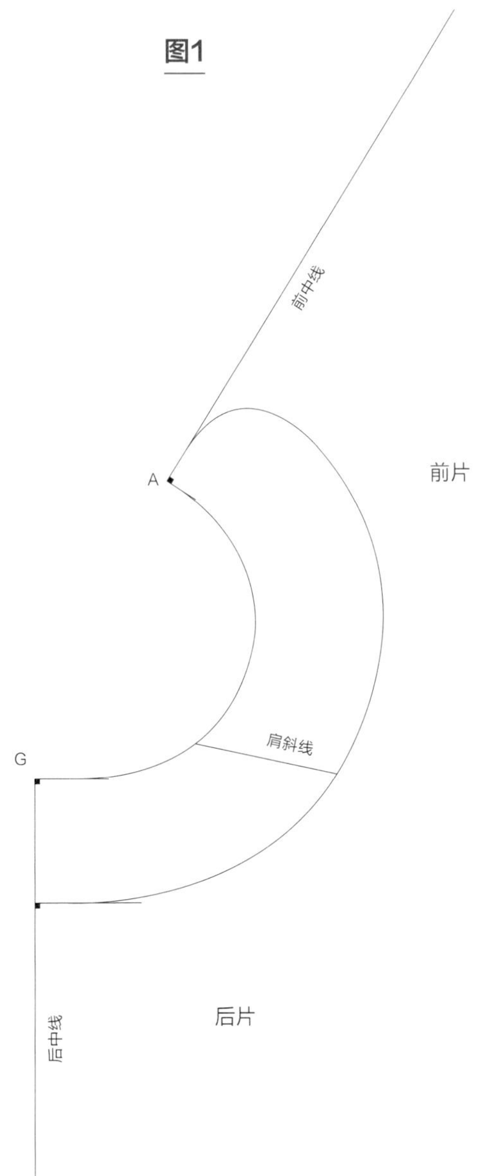

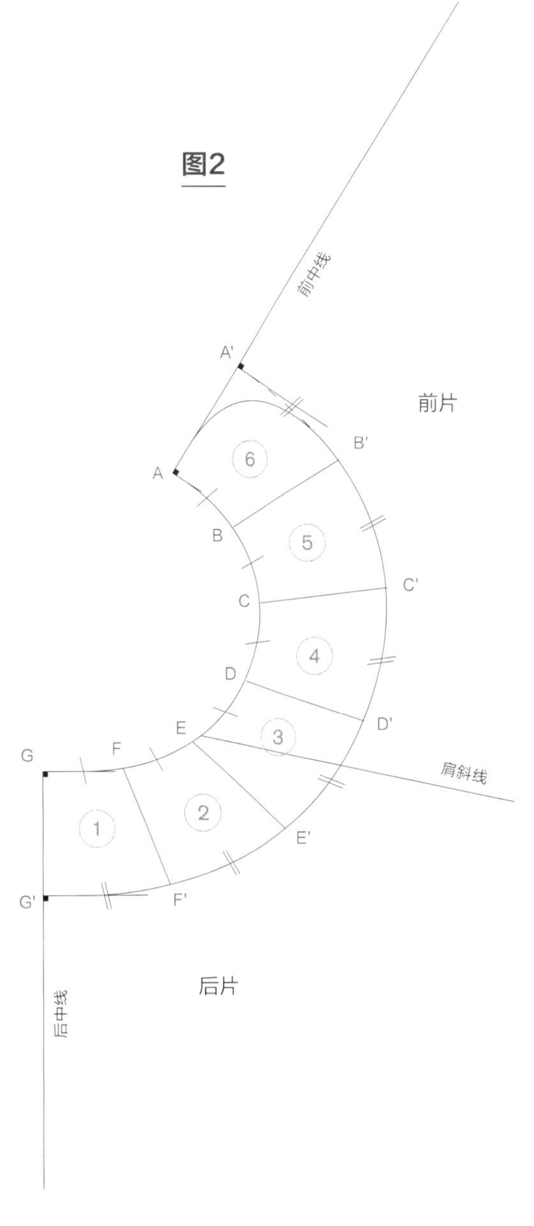

图2

1. 同前例一样,将领围曲线和衣领外口曲线六等分,使整个衣领的量得到平均分配。

2. 确定衣领上需要增加的量,将其均匀地添加在每条等分线(BB'、CC'、DD'、EE'和FF')外侧。本例中,每条线上的增量为2.5cm,即整个衣领的总增量为5×2.5=12.5cm。

注意,不宜添加过大的增量,以免所有等分的小片在连接成一个完整裁片时头尾重叠,这将会给之后面料的裁剪造成不便。如果不在衣领上设置拼缝,增加领量后衣领最多只能形成圆形或漩涡形。

图3

1. 在绘图纸上绘制一条垂直线，以此作为衣领的后中线。

2. 将①号片（GG'F'F）置于后中线上，然后以F点为圆心，向外旋转②号片，设置领外口增量2.5cm，由此得到F''点。用锥子标记②号（FF''E'E）

3. 重复上述步骤，以E点为圆心向外旋转③号片（EE''D'D），设置增量2.5cm，由此得到E''点。

对④号片、⑤号片和⑥号片进行同样的操作。

4. 绘制每个小片，重新画顺因旋转而变形的领围曲线和衣领外口曲线，使其自然圆顺。

图3

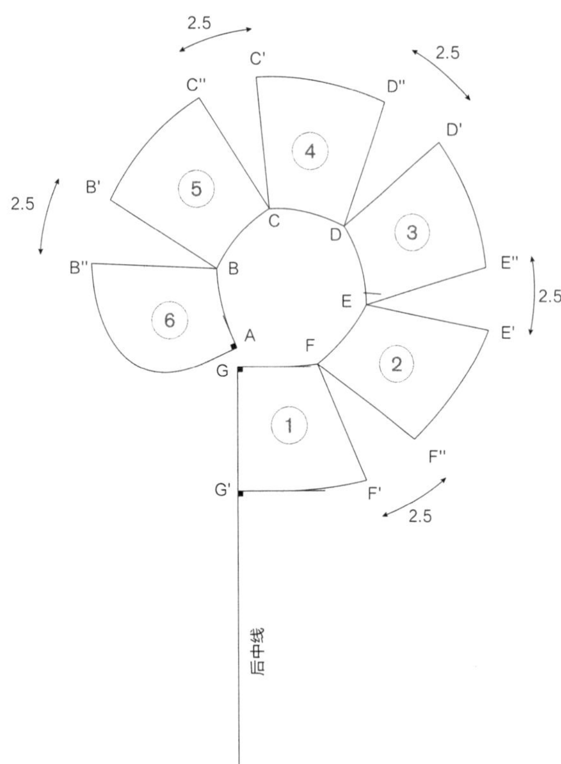

图4

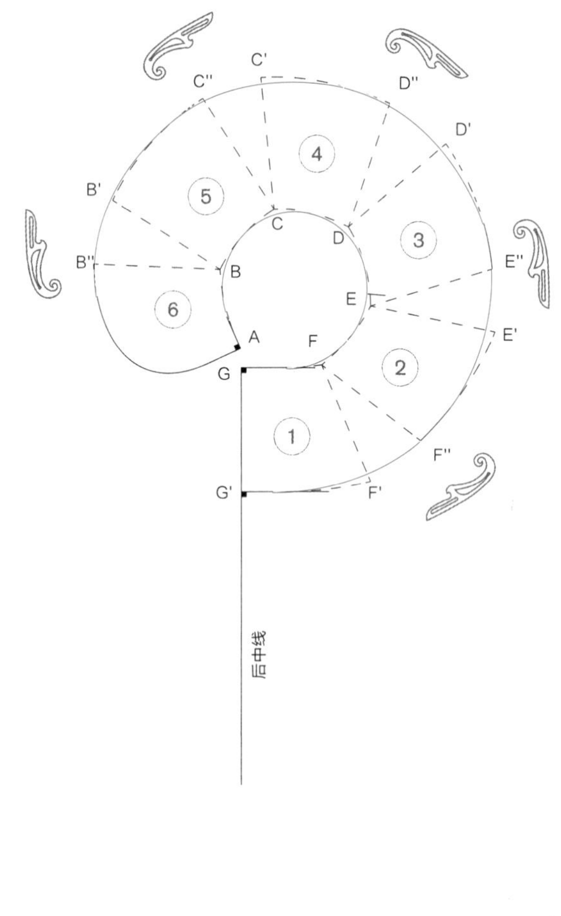

图4

1. 借助曲线板将改动过程中出现的转角线条画顺。

2. 与小翻领相反，本例中的衣领依靠自身产生的卷曲来实现增量。

由于该增量，车缝时衣领会呈现花冠造型。

图5

完成该款披巾领最终样板的绘制。

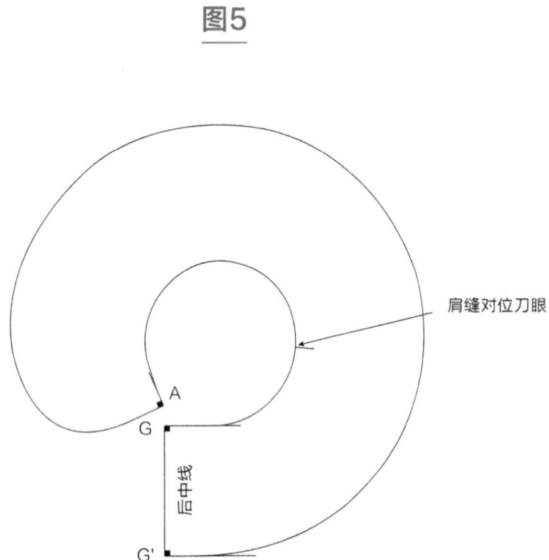

分体式深开口立领

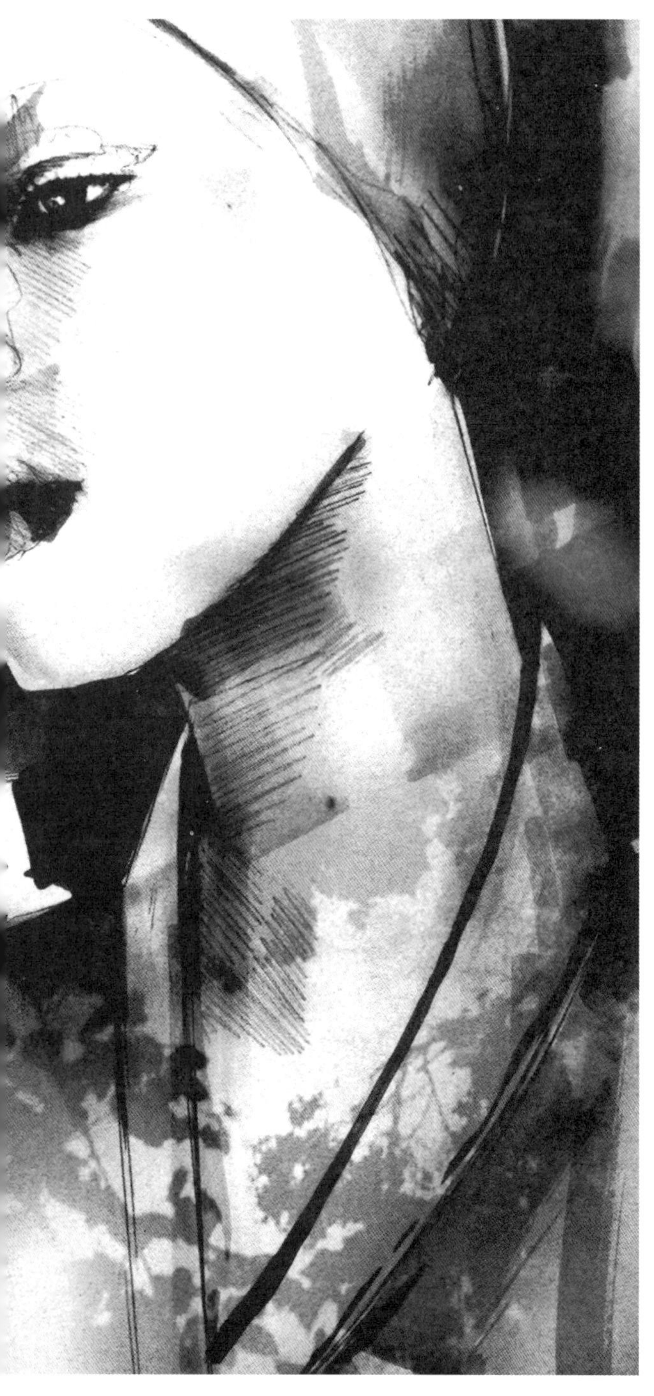

该款衣领的制板有两种方法。一种是分为两个裁片，可以将前中线设置为直丝缕对折裁剪；另一种是以单片构成，可以将后中线设置为直丝缕对折裁剪。采用哪种裁剪方式取决于所选面料。

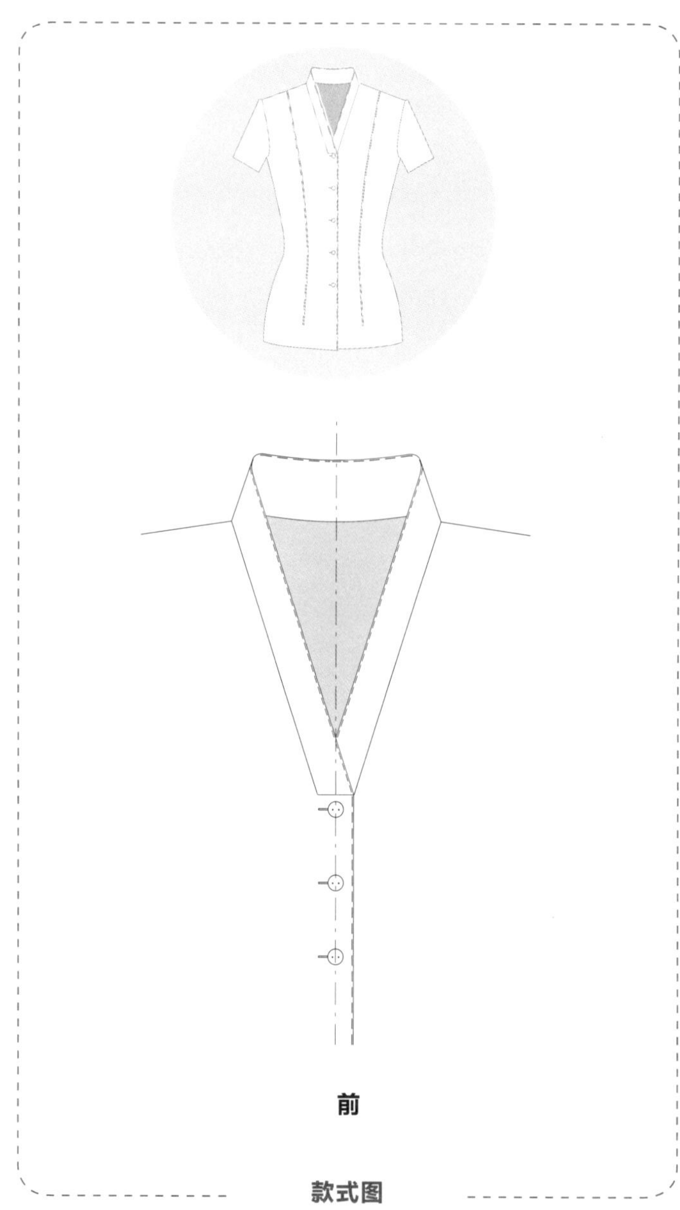

款式图

图1

基于短上衣基础样板的领口部分，制作该款衣领。先拓描基础样板的前片，然后将前后片肩斜线拼拢，再拓描后片。

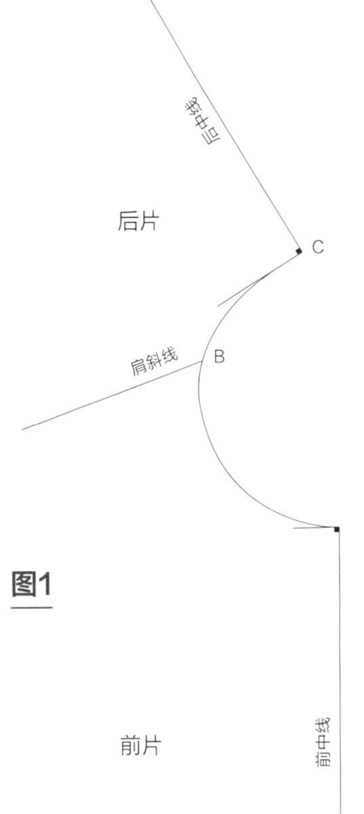

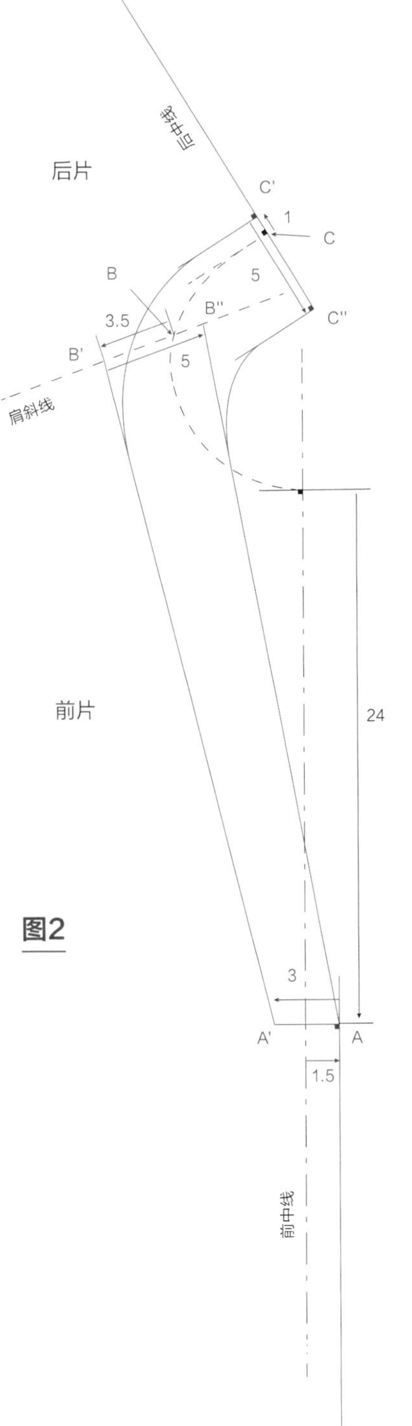

图2

1. 根据款式需求来确定领量。

本例中，从领口沿前中线向下24cm（前领深），再向右延伸1.5cm，得到A点，过A点作前中线的平行线，设置叠门线。

2. 从A点向左，在水平线上设置领子底部的宽度，得到A'点。本例中，AA'=3cm。

从颈侧点（B点）沿肩斜线向下取3.5cm（B'点），再从B'点沿肩斜线向领口内延伸，取5cm的平均长度（B''点），用直线连接A'B'和AB''。

然后绘制与后中线相连的圆弧部分。从后领口底部（C点）沿后中线下降1cm，得到C'点，并在此处绘制直角。

从C'点沿后中线向领口内取5cm（C''点）作为领高，即C'C''=5cm，并在此处绘制直角。

借助曲线板连接C'点处的直角边和直线A'B'。重复同样操作，借助曲线板连接C''点处的直角边和直线AB''。由此得到衣领AA'C'C''。

目前这个纸样还不能用，因为其领面标记线位于领围线内侧。别忘记本例的领口基于短上衣基础样板，因此非常贴近颈部。必须将衣领向外扩展。

图3

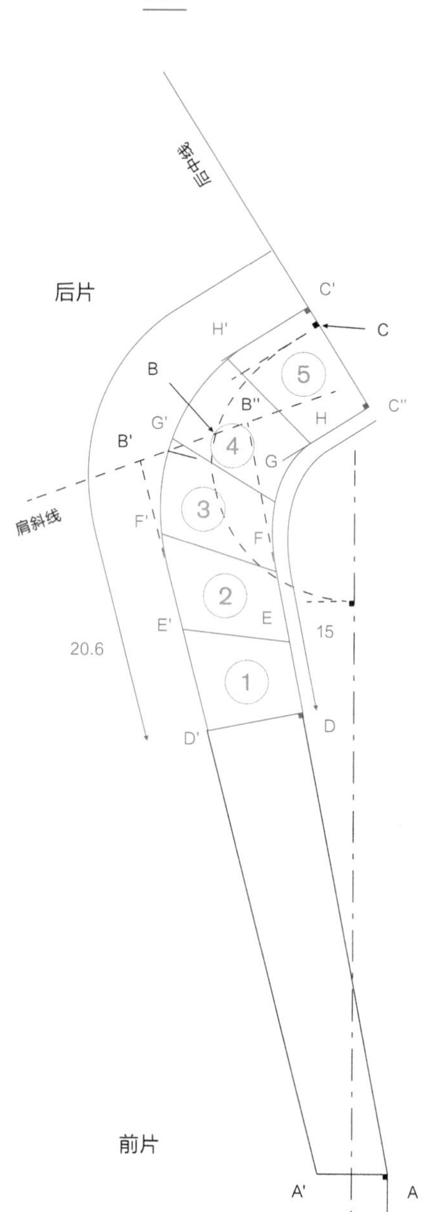

图3b

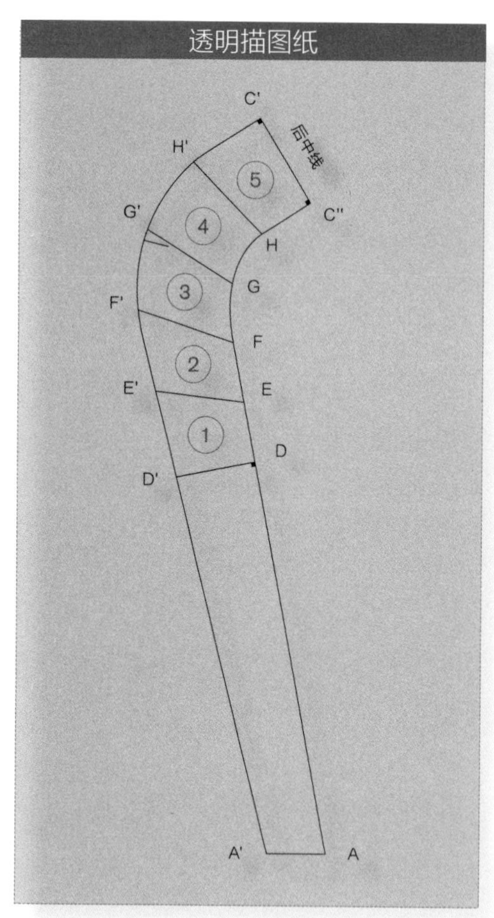

图3

1. 为了扩展领口，需要加长领口曲线AC''。

2. 加长衣领上部，保持底部贴身。从C''点向下，在衣领曲线AC''上量出15cm（D点），并将这个长度五等分，即15/5=3cm，由此得到E点、F点、G点和H点。

3. 从D点向AC''外侧作垂线，与A'C'相交于D'点。测量得到C'点与D'点之间的距离为20.6cm，将这个长度五等分，即20.6/5=4.12cm，由此得到E'点、F'点、G'点和H'点。

用直线连接DD'、EE'、FF'、GG'、HH'，准备添加增量，扩展领口。

4. 借助透明描图纸（图3b）拓描衣领（AC''C'A'）及五条等分线（DD'、EE'、FF'、GG'和HH'）。

图4

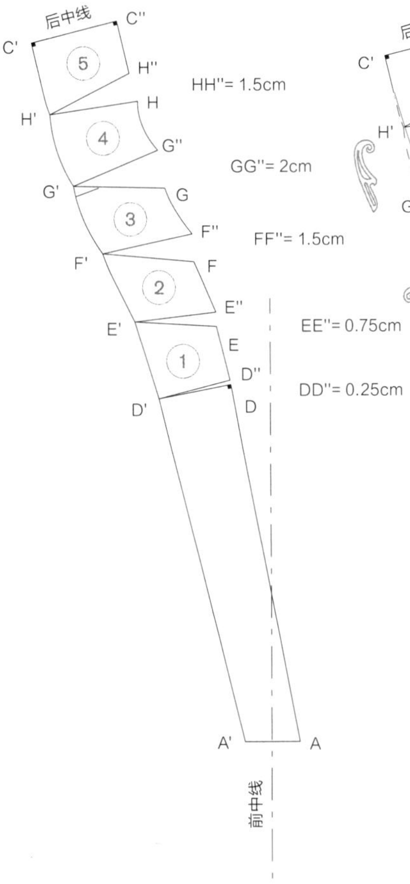

图5

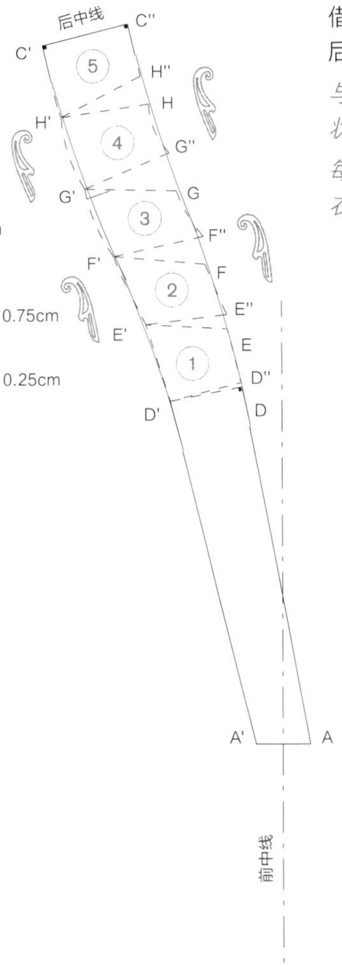

后中线 C'' C' 5 H'' HH''= 1.5cm H H' 4 G'' GG''= 2cm G' 3 G F'' FF''= 1.5cm F' 2 F E'' EE''= 0.75cm E' 1 E D'' DD''= 0.25cm D' D A' A 前中线

图5

借助曲线板画顺因旋转而变形的衣领曲线（A'C'和AC''），与后中线的直角边连接起来，形成完美顺滑的曲线。

与基础样板相比，该衣领的领口曲线（AC''）更长，衣领的形状几乎是直的。

每尝试一种新领型，都需要提前确认领量，以便选择适合于该衣领的制板方式。

图6

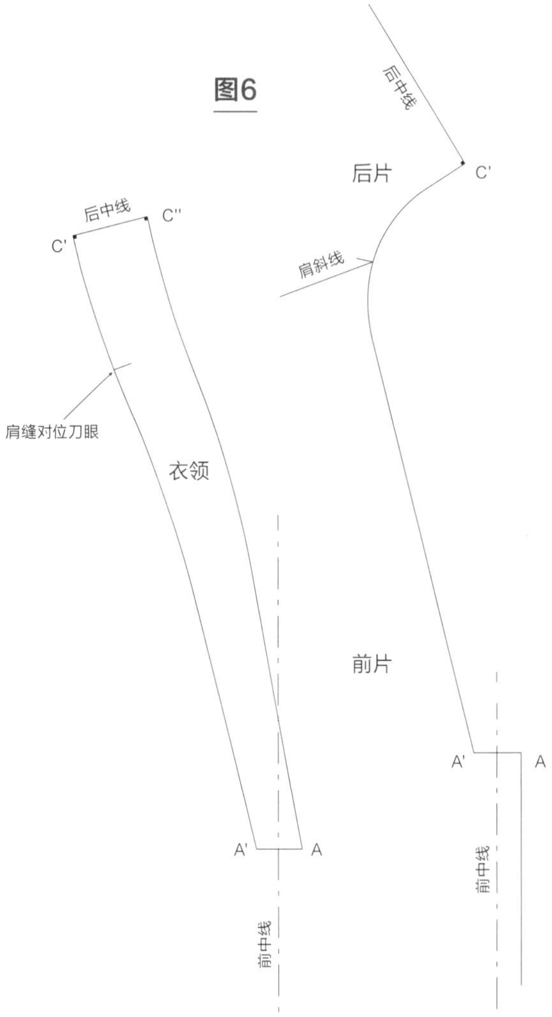

后中线 C'' C' 肩缝对位刀眼 衣领 A' A 前中线 后中线 后片 C' 肩斜线 前片 A' A 前中线

图4

用锥子标记透明描图纸（图3b）上的衣领底部直至DD'部分并将其拓描至绘图纸上。

以D'点为圆心，旋转①号片0.25cm（D点移至D"点），用锥子标记并将其拓描至绘图纸上。

以E'点为圆心，旋转②号片0.75cm（E点移至E"点），用锥子标记并将其拓描至绘图纸上。

以F'点为圆心，旋转③号片1.5cm（F点移至F"点），用锥子标记并将其拓描至绘图纸上。

以G'点为圆心，旋转④号片2cm（G点移至G"点），用锥子标记并将其拓描至绘图纸上。

以H'点为圆心，旋转⑤号片1.5cm（H点移至H"点），用锥子标记并将其拓描至绘图纸上。

也可以用裁剪法代替透明法，实现该操作。

图6

完成分体式深开口立领的衣领和衣身领围线最终样板的绘制。

喇叭形立领

制板时，需要确定与这款衣领缝合的衣身领围长度。

本例中，取常规衬衫领围（38cm）的1/2长，即38/2＝19cm。该衣领左右对称，因而不需要制作整个衣领。

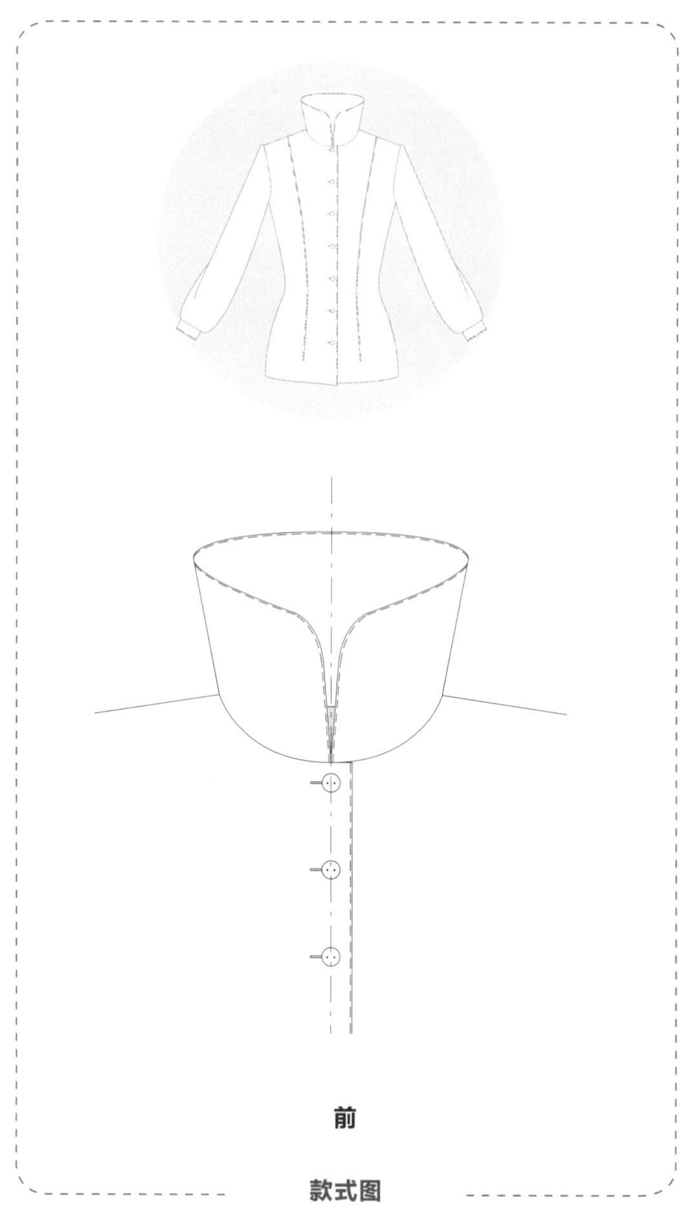

款式图

图1

1. 在绘图纸上绘制水平轴线AC和垂直轴线AB。AB代表后中线。

从A点向上，在后中线上取1/5领围长，即38/5=7.6cm，得到D点，以此确定衣领底部的位置。该高度可根据衣领的开合程度进行调整。*要使衣领在颈部较宽松的话，取值比例应定为1/10~1/8而不是1/5。*

从D点向水平轴AC作一条直线，长度为1/2领围长减去0.5cm，即19－0.5=18.5cm，由此得到前中线上的E点。*之所以要减去0.5cm，是因为代表衣领底部的曲线肯定比这条直线长。*

图1

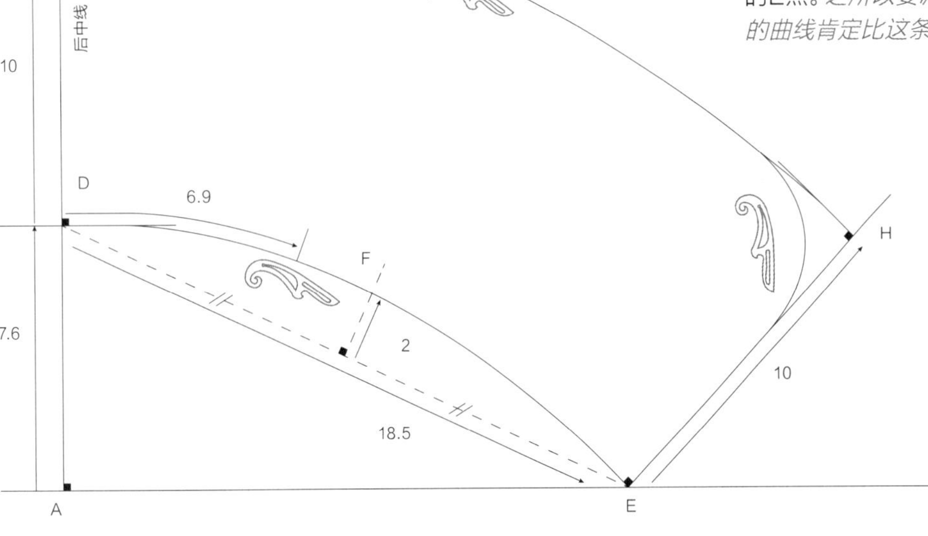

2. 从DE连线的中点垂直向上取2cm，得到F点。借助曲线板绘制衣领底部曲线DFE，使其与D点处的直角边相切。曲线完成后，检查其长度是否为19cm，即1/2衬衫领围长度。*如有误差，在后中线处调整衣领底部（D点）的位置。*

3. 根据设计需求确定领高。本例中，领高=10cm。从D点向上，在后中线取10cm，得到G点。从E点向曲线DE上方作垂线，在垂线上取既定领高，得到H点，即EH=10cm，以此代表衣领的前缘。从H点向EH左侧作垂线，借助曲线板绘制曲线连接G点和H点，使其与G点处的直角边相切。在距离D点（衣领底部）6.9cm处的曲线上设置肩缝对位刀眼*（该数值应与衣身上的刀眼尺寸相匹配）*。

图2

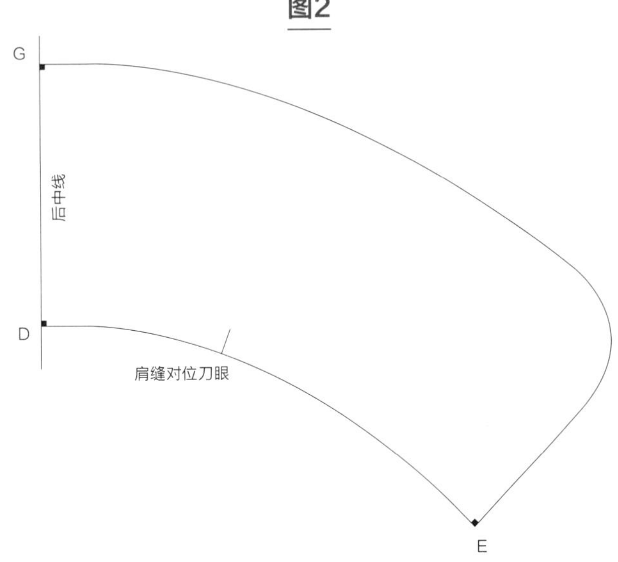

图2

完成喇叭形立领最终样板的绘制。

环状褶领

环状褶领的一部分领面立起；一部分领面打开，平摊在肩上。

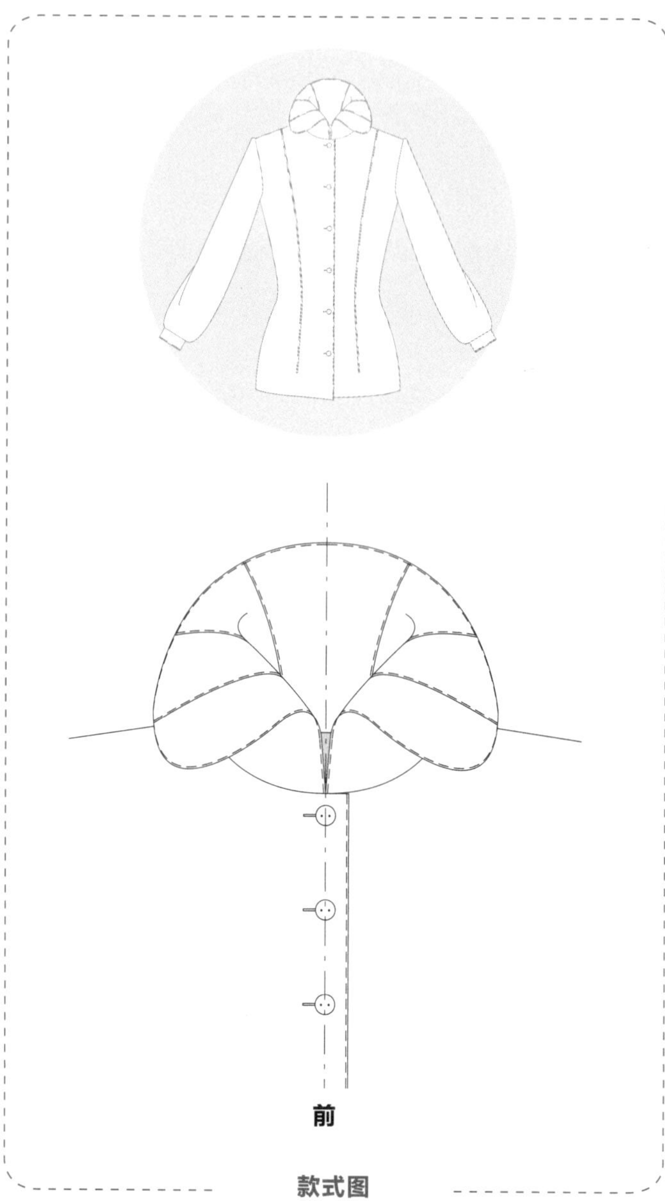

款式图

图1

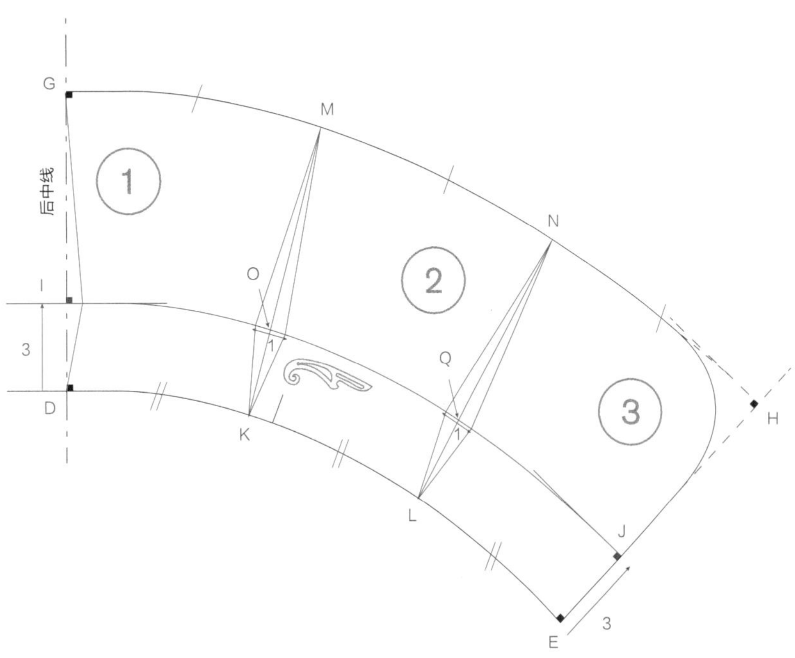

图1

1. 在绘图纸上绘制喇叭形立领样板（DEHG），以此为环状褶领的基础样板。

2. 确认该衣领立起的高度。本例中，从D点和E点向上，分别在衣领边缘取3cm，得到I点和J点。根据设计需求，后中线和前领边缘的取值可以有所不同。

借助曲线板绘制曲线IJ，使其与I点和J点处的直角边相切。

3. 根据该衣领的造型，需要添加省道，将其分为三片。

将领底曲线DE三等分，每段曲线的长度为19/3=6.33cm，由此得到K点和L点。

在衣领外口曲线GH上保持同样的操作步骤。GH=26.4cm，每段曲线的长度为26.4/3=8.8cm，由此得到M点和N点。

4. 用直线连接KM和LN，这两条直线与曲线分别相交于O点和Q点。

在O点和Q点两侧设置省量。本例中，每个省量为1cm。分别绘制省道。

5. 在后中线处也可以添加省道。由于该衣领左右对称，只需要在I点右侧设置0.5cm的省量，即可在后中线上形成1cm的省道。

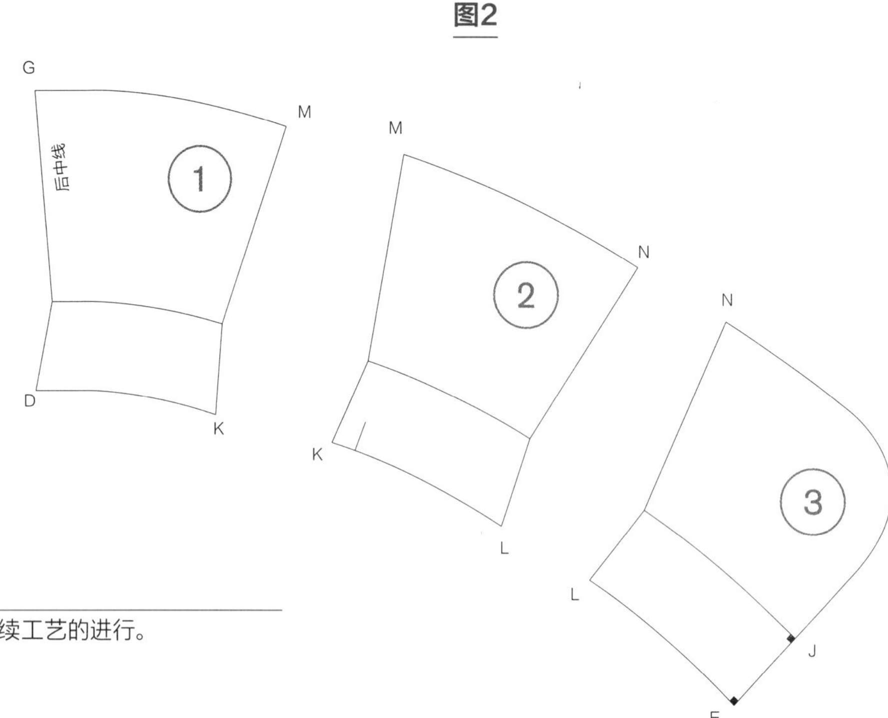

图2

将三个裁片分开标明序号以便后续工艺的进行。

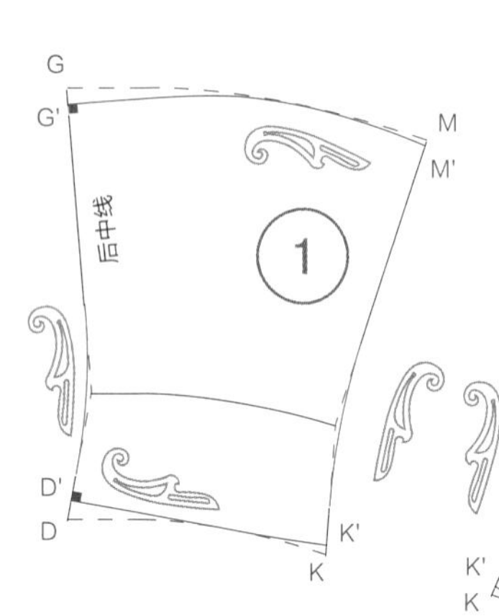

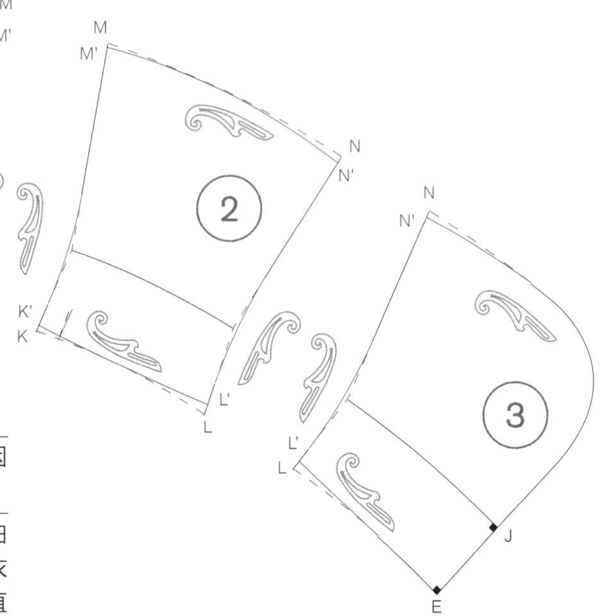

图3

1. 分开三个裁片之后，需要检查领底曲线和衣领外口曲线，因为设置省道会使这两条曲线稍有变化。

2. 借助透明描图纸（图3b）连接三个裁片以便调整领底曲线。借助另一张透明描图纸（图3c）连接三个裁片以便调整衣领外口曲线。在两张透明描图纸上画顺曲线，后中线应垂直于曲线。

绘制完成之后，用锥子标记曲线并将其拓描至绘图纸上，由此得到D'点、K'点、L'点、G'点、M'点和N'点。

3. 借助曲线板画顺三个裁片的分割线和后中线处的转角线条。

图3b

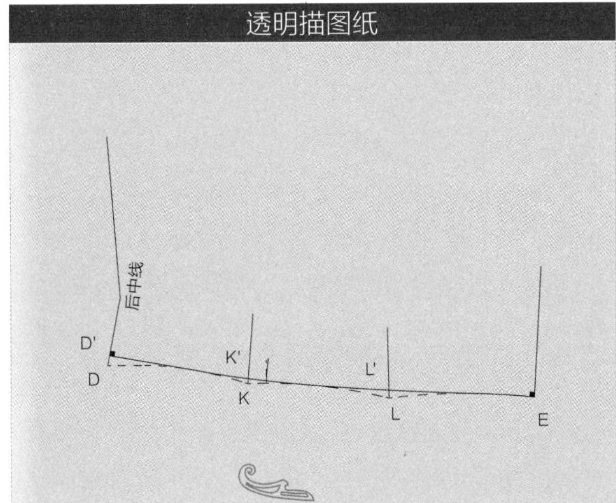

图3c

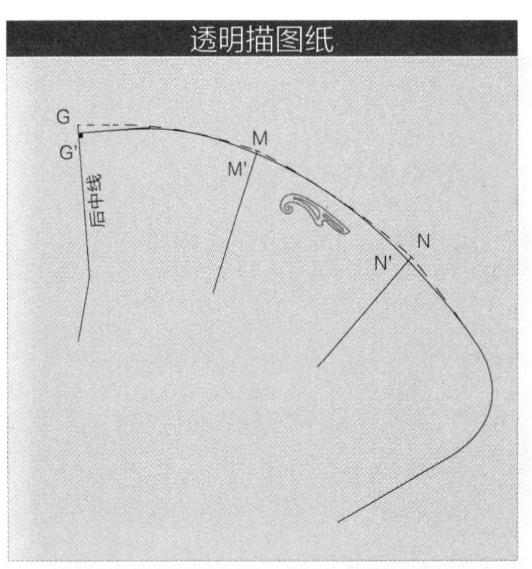

图4

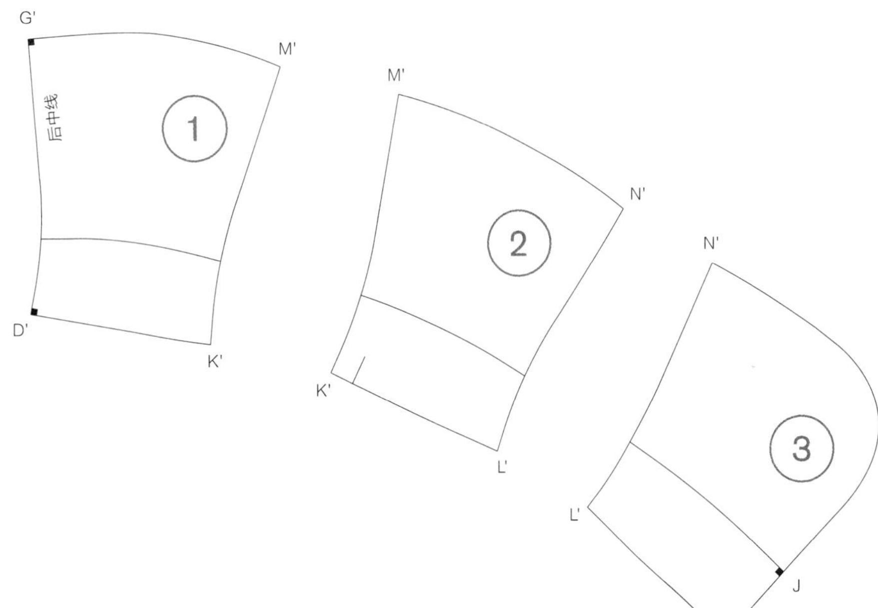

图4

完成环状褶领最终样板的绘制，每一半衣领由三个裁片构成。

连衣小高领

该衣领属于连体式衣领，由衣身基础样板的前后片领围部分延伸而成。

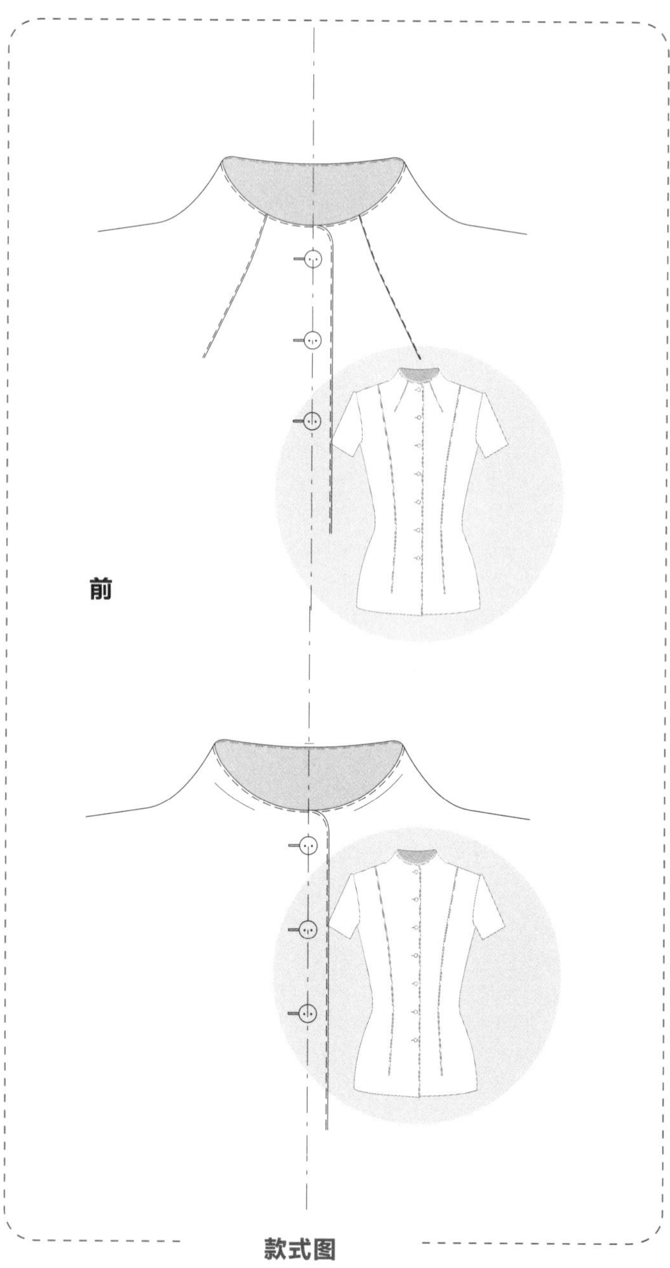

款式图

图1

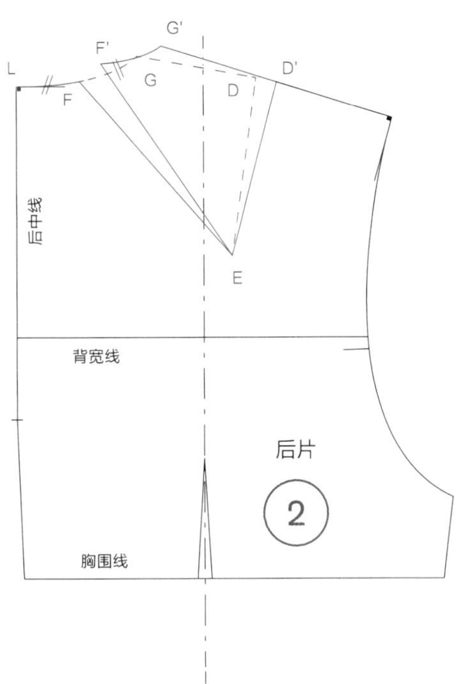

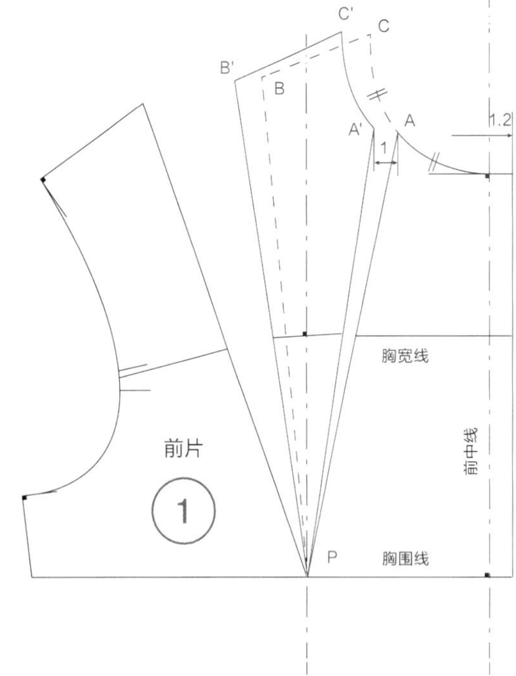

图1b

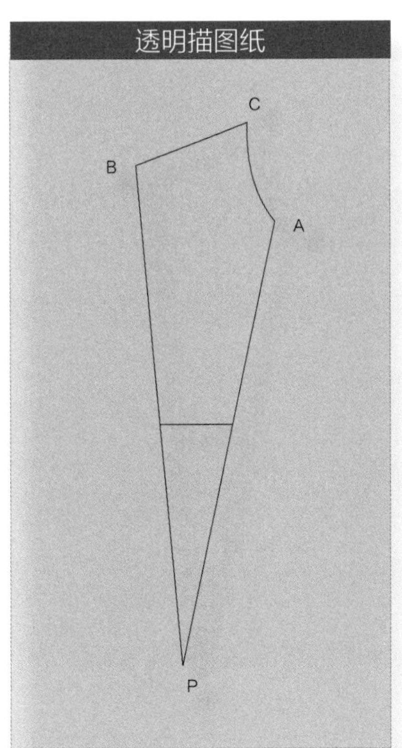

图1c

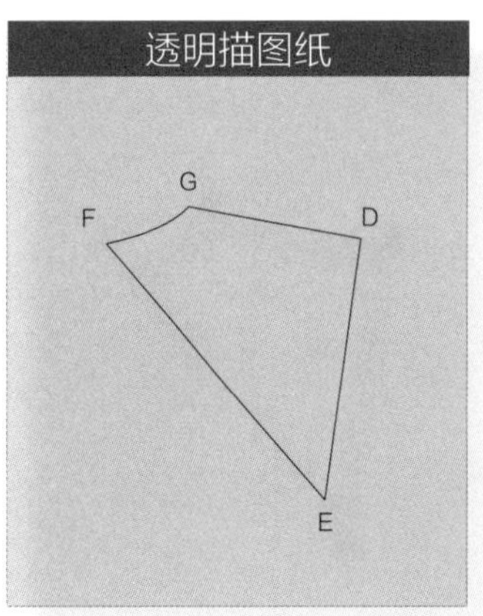

图1

1. 绘制短上衣基础样板的前片。在领口中点（A点）设置一个小的省道，将部分肩省量转移至此处。

借助透明描图纸（图1b）拓描APBC，以P点为圆心作逆时针旋转，形成1cm（AA'）的领口省道，由此得到A'PB'C'。*该操作可使衣领柔软舒适，以免衣领底部过于紧绷。*

直径1.2cm的纽扣需要1.2cm宽的叠门量。在前中线右侧1.2cm处，由上至下绘制前中线的平行线，设置叠门线。

2. 绘制短上衣基础样板的后片，将肩胛省道移至领口中点（D点）处。借助透明描图纸（图1c）拓描基础样板DEFG，以E点为圆心旋转闭合省道，得到D'EF'G'。

无省道衣领的制板

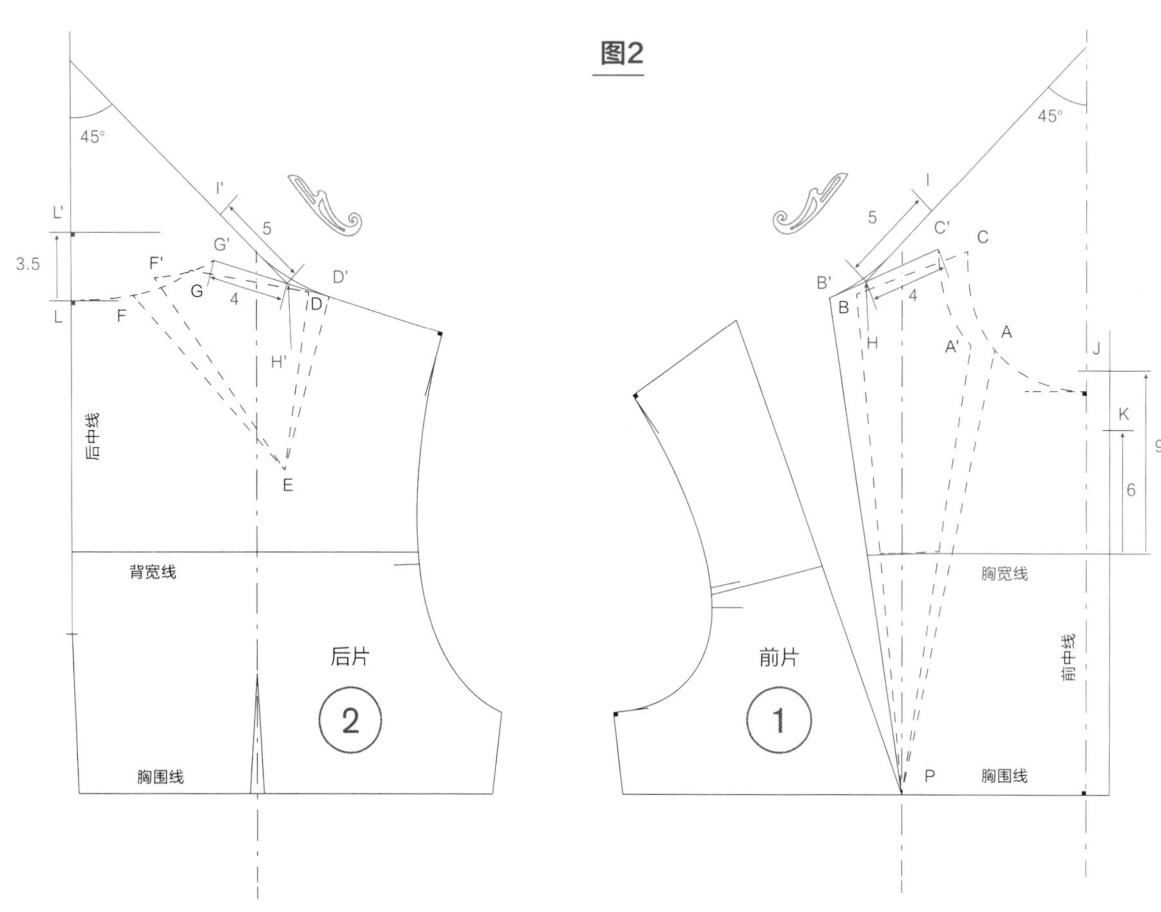

图2

接下来确定领量

1. 前片：

从颈侧点C'点向下，在肩斜线上取4cm标记为H点，即C'H=4cm。从H点向右上方作一条与前中线成45°的直线，沿这条线向上，在距离H点5cm处标记I点。该角度和取值可以根据风格和流行等因素有所变化。

要绘制衣领还需要设置其他标记点。沿前中线，从胸宽线向上9cm标记J点，然后沿叠门线（衣服的边缘），同样从胸宽线向上6cm标记K点。

2. 后片：

同前片一样，从颈侧点G'点向下，在肩斜线取4cm标记为H'点，即G'H'=4cm。从H'点向左上方作一条与后中线成45°角的直线，沿这条线向上，在距离H'点5cm处标记I'点。

沿后中线，从后领底部L点向上3.5cm标记L'点，即后领高LL'=3.5cm，在L'点作直角以便稍后绘制衣领顶部曲线。

借助曲线板画顺前片H点和后片H'点处形成的转角线条。

图3

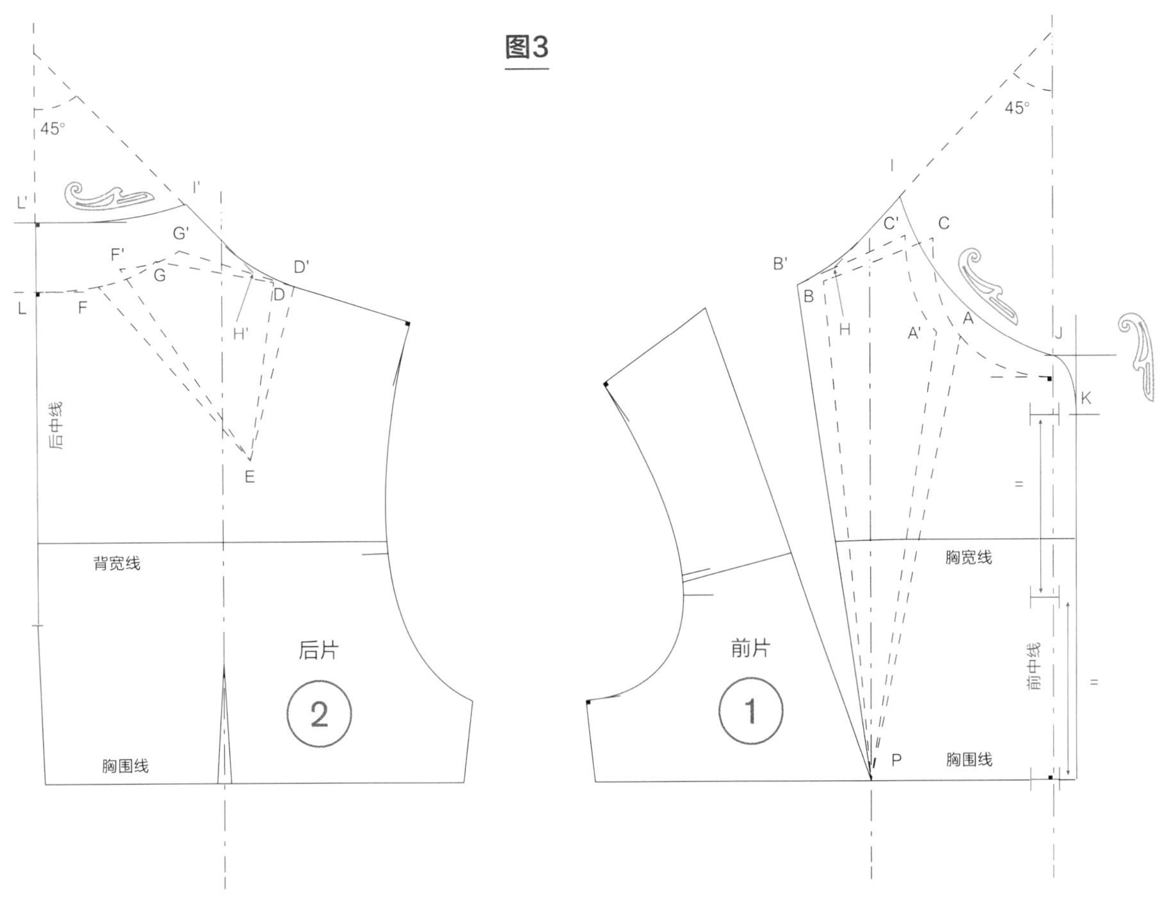

图3b

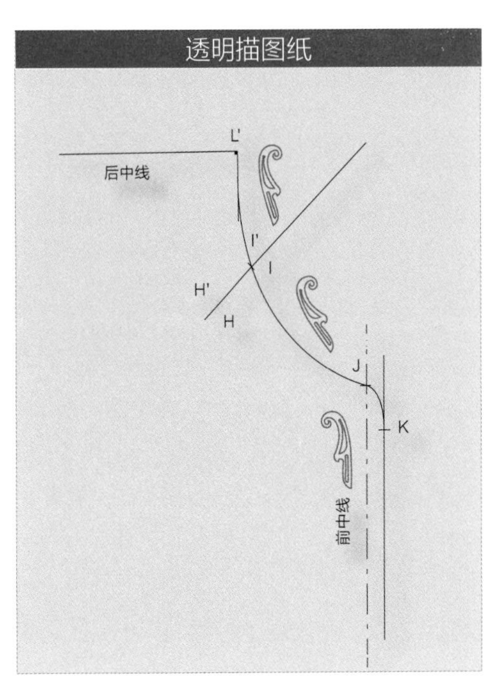

图3

1. 借助透明描图纸（图3b）拓描前片叠门线直至K点、前中线J点以及肩斜线HI。

旋转透明描图纸，使前片肩斜线HI与后片肩斜线H'I'重合，继续拓描后中线L'点、L'点处直角边以及后中线。

借助曲线板绘制衣领顶部曲线，曲线板方向如图所示。

用锥子标记并将这两段曲线分别拓描至前片和后片样板上（图3b）。

2. 关于扣眼，第一个水平扣眼仍然设置在胸围线上，最高的扣眼设置在叠门线上的K点。将这两个扣眼之间的距离除以需要添加的纽扣数量，即可确定扣眼的间距。

由此形成一款在领围处略有余量，且未紧贴颈部的小高领。

图4

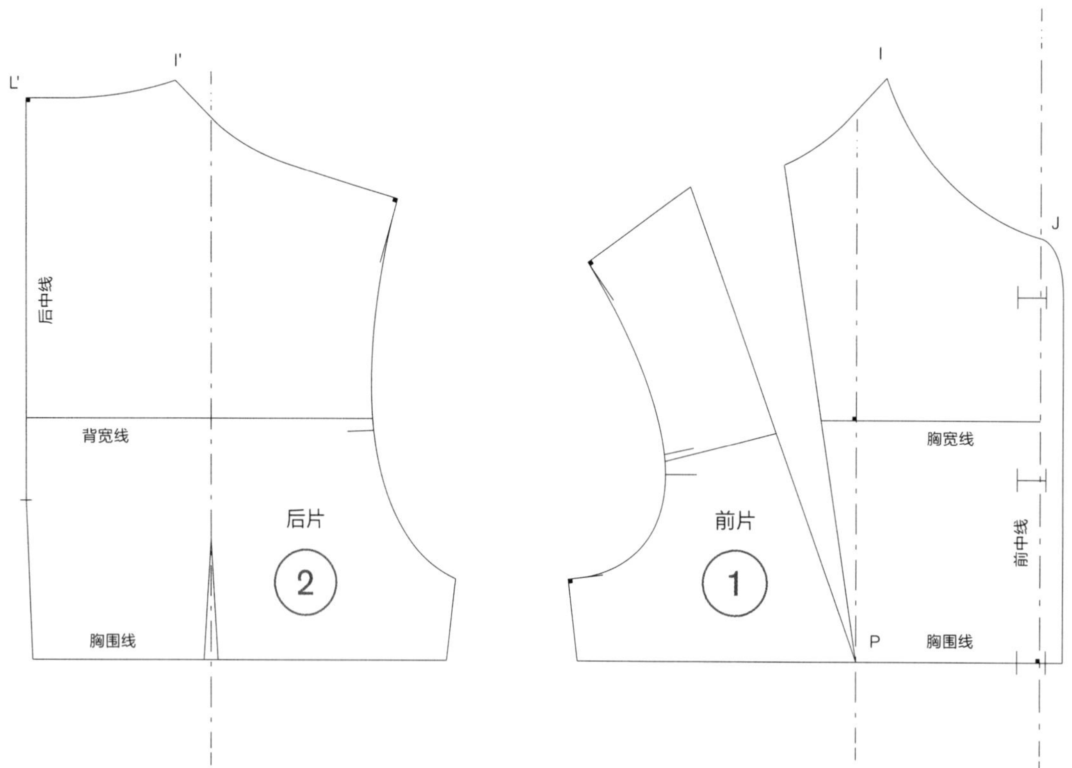

图4

完成该款无省道连衣小高领最终样板的绘制。

带省道衣领的制板

图5

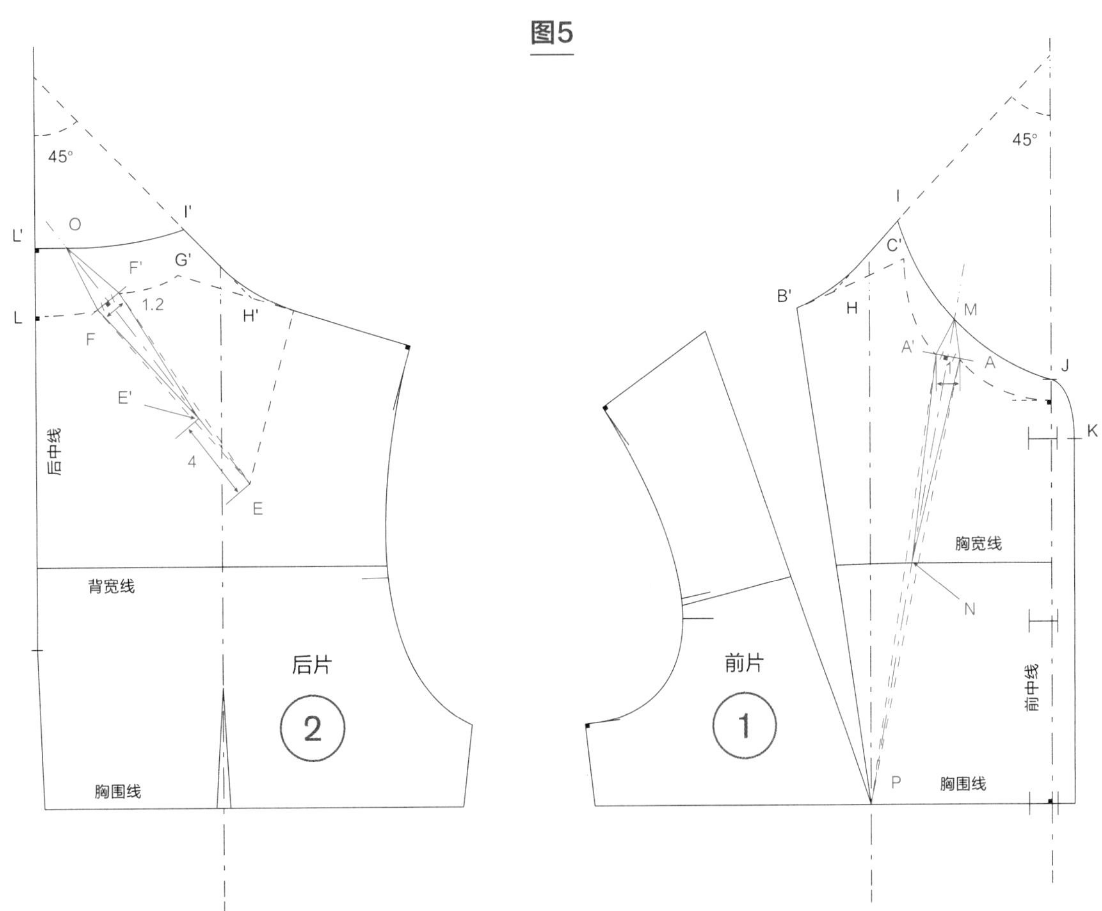

图5

如果希望衣领更加贴合颈部，需要在前后片添加几个小省道。绘制无省道衣领（图3）并根据设计需求改动样板。

1. 前领省的省量与之前转移至前领口中点处的省量（AA'）相同。作该省道（角APA'）的角平分线，并将其向上延伸至衣领顶部（M点）。

将省道底部抬高至胸宽线（N点）位置，借助直尺绘制省道（NA'MA）。该省道位置仅供参考，可以根据风格和流行等因素加以调整。

2. 后领省的省量与之前转移至后领口中点处的肩胛省量（FF'）相同。作该省道（角FEF'）的角平分线，并将其向上延伸至衣领顶部（O点）。

将省道底部抬高至E点上方4cm处（E'点），借助直尺绘制省道（E'FOF'）。该省道位置同样也可以根据所选款型而有所改动。

图6

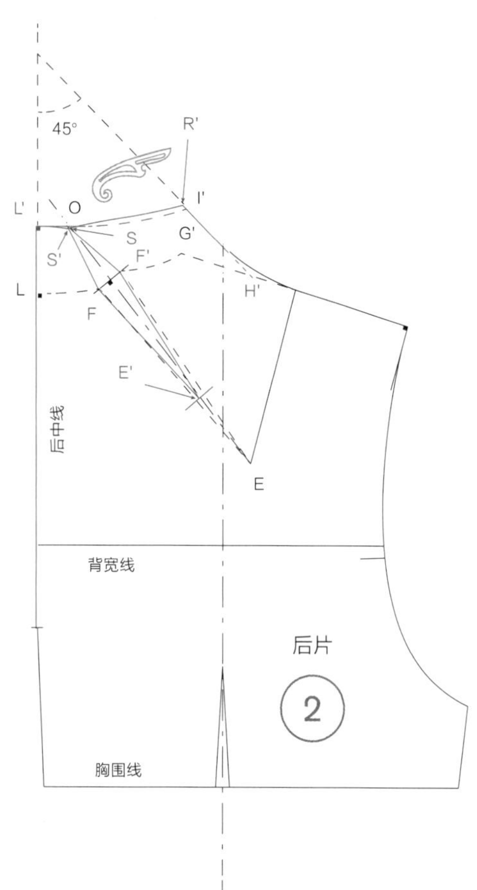

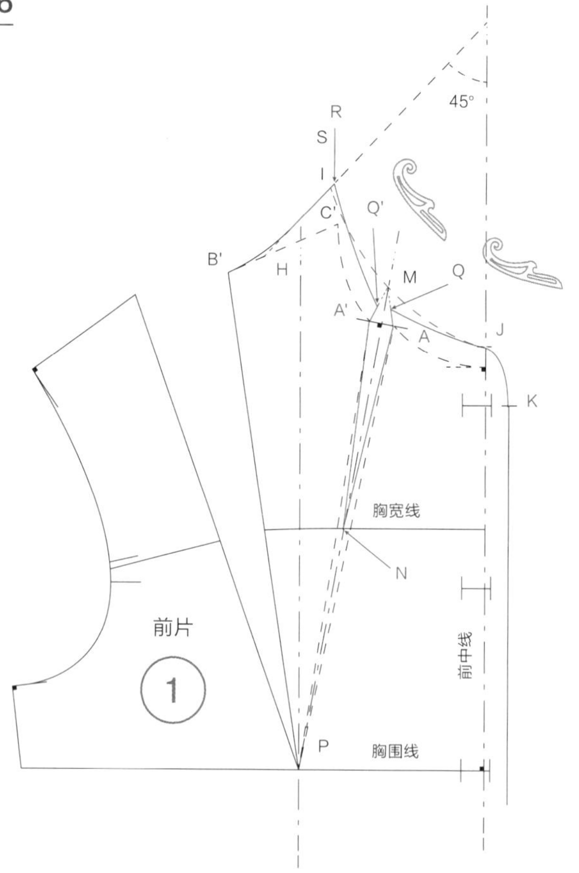

图6b

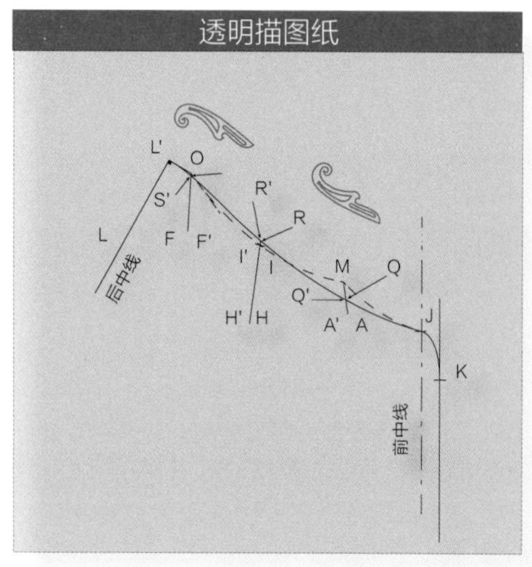

图6

1. 借助透明描图纸（图6b）拓描前片（KJMA），以M点为圆心旋转第一省边，使其与第二省边重合，然后继续拓描前片（MA'IH）。移动透明描图纸，使前片肩斜线（IH）与后片肩斜线（H'I'）重合，继续拓描后片（H'I'OF'）。以O点为圆心旋转第二省边，使其与第一省边重合，并将后片（FOL'L）拓描完整。
2. 在后中线顶部作一个直角，在透明描图纸上画顺衣领顶部曲线。这条新的曲线使前片衣领顶点（I点）和后片衣领顶点（I'点）稍向外移，得到R点和R'点。在前片省道闭合处得到Q点和Q'点，在后片省道闭合处得到S点和S'点。
3. 打开前片省道，用锥子标记两段衣领曲线并将其拓描至绘图纸上。然后移至后片，打开省道，用锥子标记并拓描两段曲线。

图7

1. 在绘图纸上重新绘制衣领顶部曲线。
2. 画顺前片A点、A'点和后片F点、F'点处所形成的转角线条（图7b）。
3. 完成该款带省道连衣小高领最终样板的绘制（图7c）。

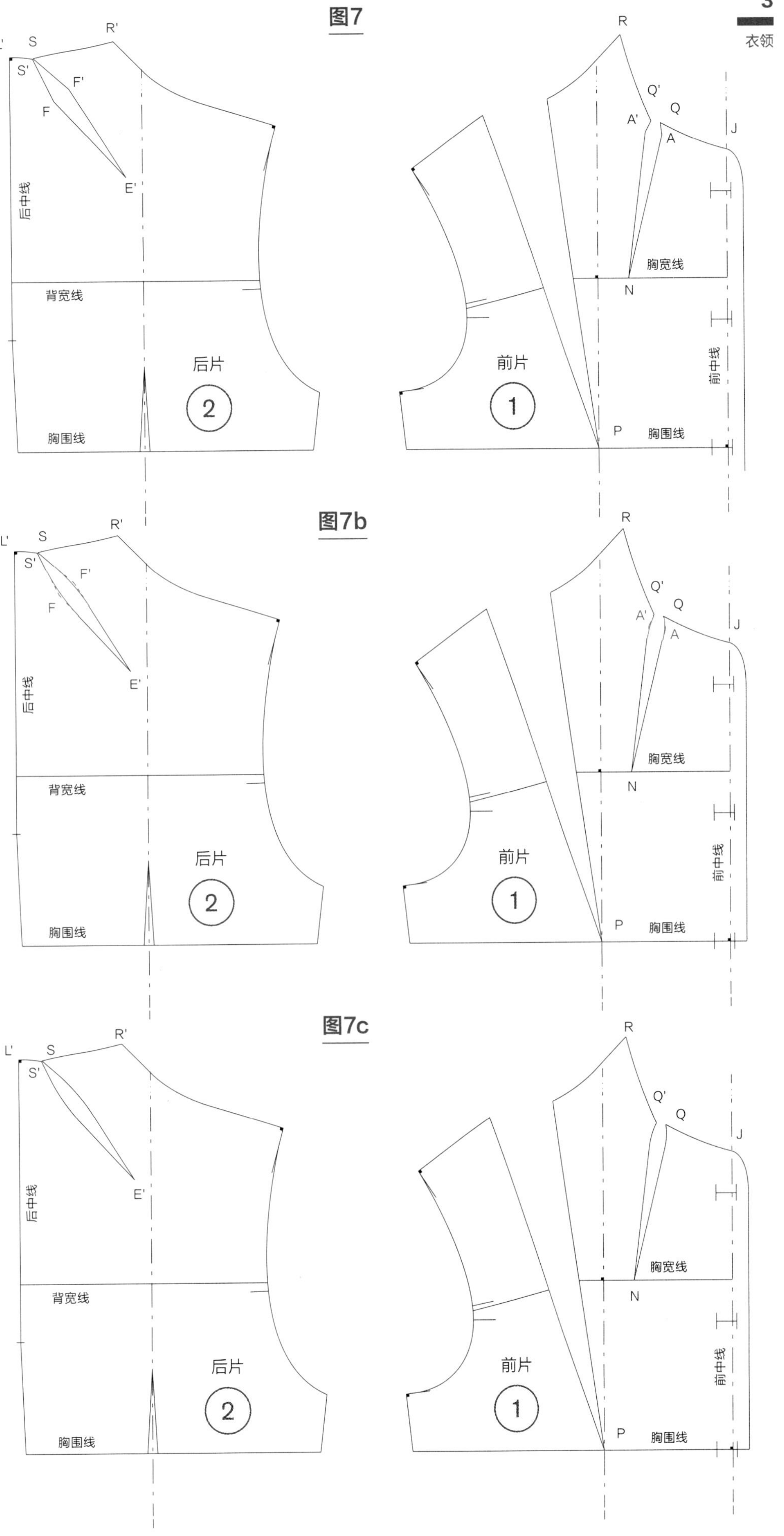
图7
L'
S
R'
S'
F'
F
E'
后中线
背宽线
后片
2
胸围线
R
Q'
Q
A'
A
J
胸宽线
N
前片
1
前中线
P
胸围线
图7b
L'
S
R'
S'
F'
F
E'
后中线
背宽线
后片
2
胸围线
R
Q'
Q
A'
A
J
胸宽线
N
前片
1
前中线
P
胸围线
图7c
L'
S
R'
S'
E'
后中线
背宽线
后片
2
胸围线
R
Q'
Q
J
胸宽线
N
前片
1
前中线
P
胸围线

垂领

对于垂领来说，增加的领量以及制板的变化都发生在前片，后片领围线保持不变。前片完成后，即可与后片衣身拼缝。由于后片衣身没有变化，前领不会下降得太低，增加的领量会在前片形成垂荡效果。该款垂领基于短上衣基础样板进行制板。

有几种不同的制板方法可以调节衣领的垂荡量。如果想要衣领垂荡量较多且垂度很低，可以采用第一种方法，从腰围线处着手制板。如果想要衣领垂荡量少且领口不太深，可以采用第二种方法，从前中线上合适的位置着手制板。

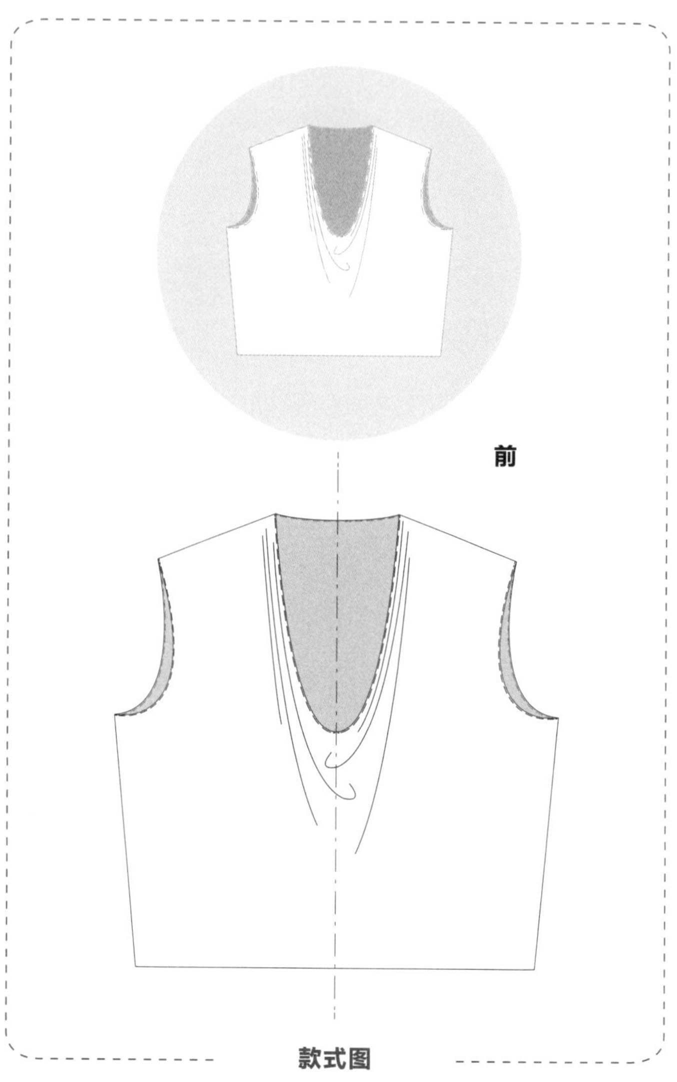

款式图

图1

绘制短上衣基础样板的前片，闭合肩省，将省量转移至腰省。

图1

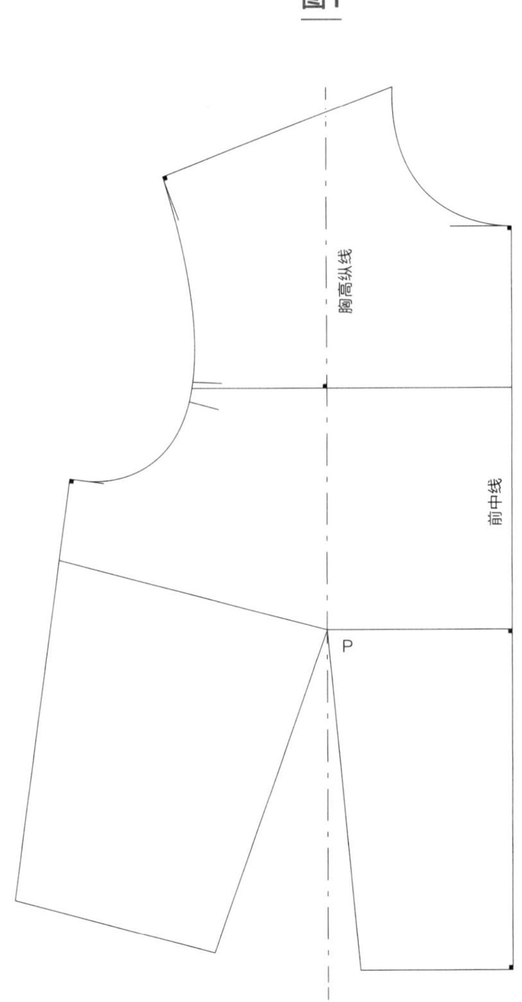

图2

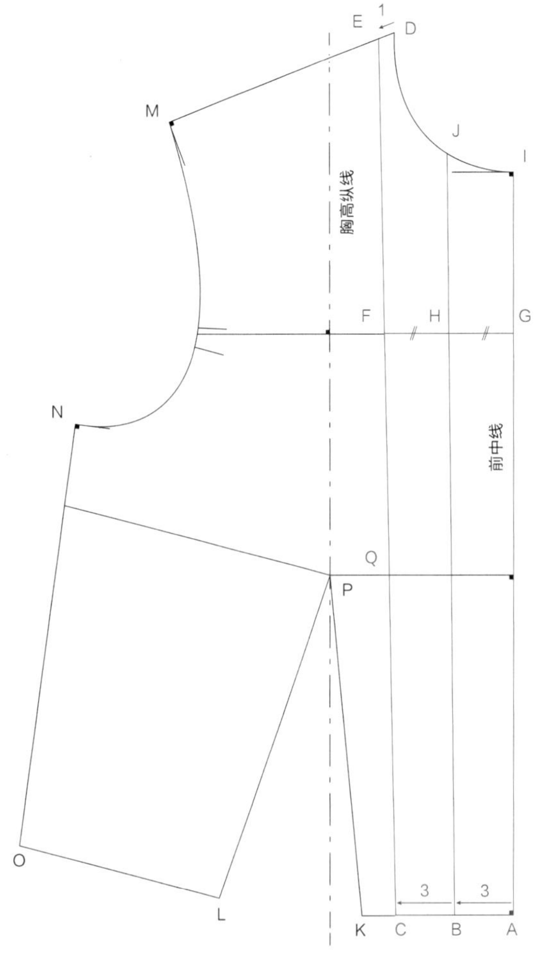

图2

第一种制板方法（旋转法）

这款衣领的垂度很低，需从腰围线处着手制板。

1. 在短上衣基础样板上添加结构线，以便展开领口增加领量。

从A点向左，在腰围线上连取两次3cm，分别得到B点和C点。从颈侧点（D点）向下，在肩斜线上取值以便展开领口，本例取1cm（E点），即DE=1cm，用直线连接C点和E点。

接着，取FG的中点（H点），用直线连接B点和H点，直至与领口相交（J点）。

2. 设置每条线之间的开口长度，以确定领量。本例每个开口的长度为9cm。

3. 借助透明描图纸（图2b）拓描完整的前片基础样板，稍后将通过旋转法进行转换。

第一种制板方法
（旋转法）

图3

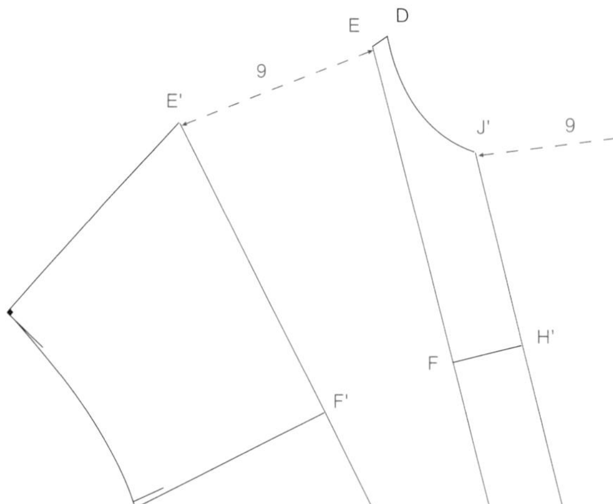

图2b

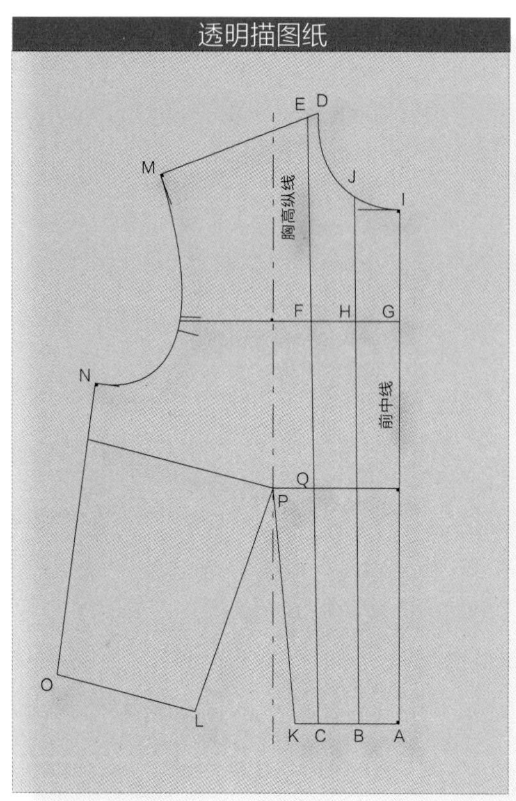

图3

1. 另取一张绘图纸，在其右侧绘制一条垂直线，设置为前中线。

2. 借助透明描图纸（图2b）在绘图纸上拓描第一部分（ABHJIG），然后以B点为圆心，旋转第二部分（J点）直至开口达到之前确定的长度（J'点），即JJ'=9cm。

3. 在绘图纸上拓描第二部分（BCFEDJ'H'）。

以C点为圆心，旋转第三部分（E点）直至EE'=9cm，然后拓描剩下的部分（CKPLONME'F'Q）。

图4

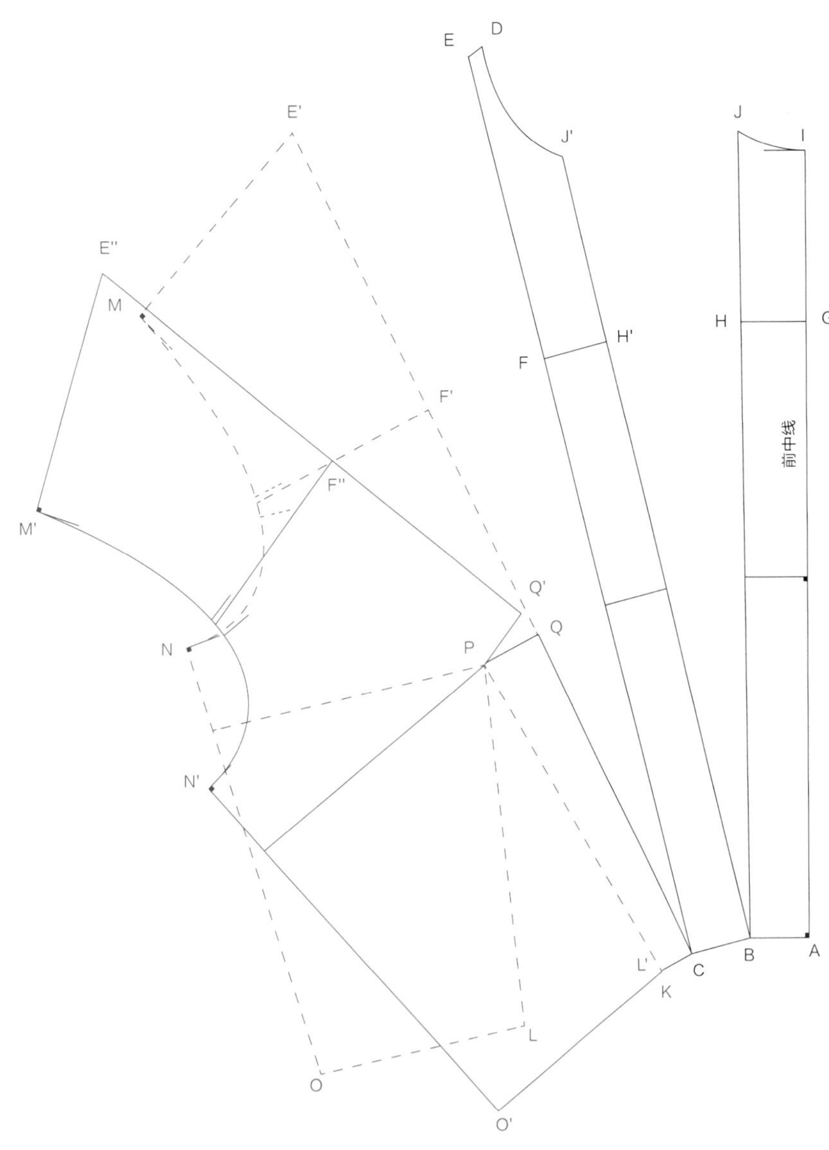

图4b

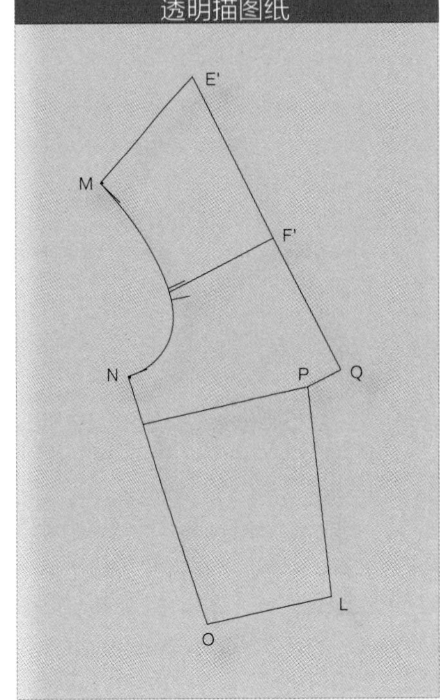

图4

1. 借助透明描图纸（图4b）拓描样板（QPLONME'F'），然后以P点为圆心，旋转透明描图纸以闭合腰省（KPL），进一步增加领子的垂荡量。

2. 腰省的省量由此转移至胸围线处的省道（QPQ'）之间，这个小省道将消失在垂领的垂荡量中。由此得到新的样板Q'E''M'N'O'L'PQ。

图5

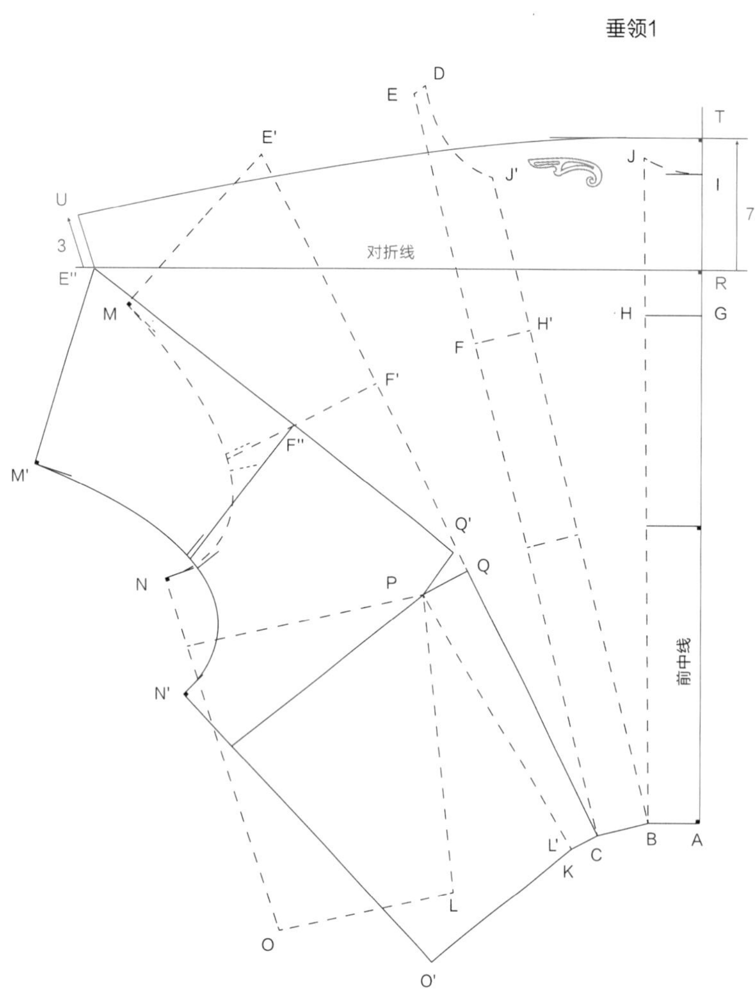

图5b

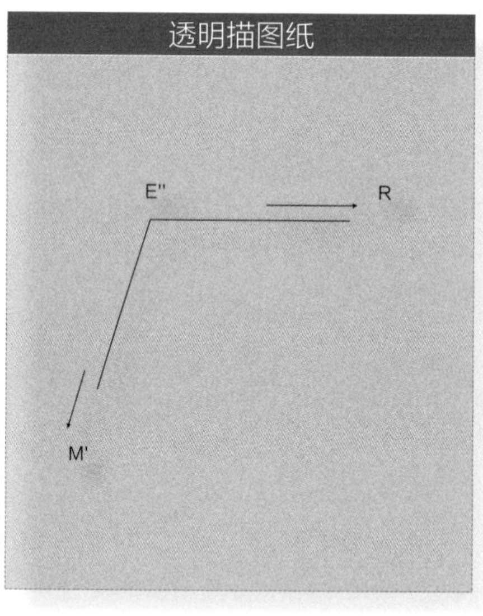

图5

接下来完成领口的制作

1. 最简单的方法是以前中线的垂线作为领口线并添加连体贴边，缝制时沿领口线将贴边对折即可，无需设置拼缝。

过E''点作前中线的垂线，垂足为R点，由此得到垂领1。

如果领口线高于水平线（形成一条向上拱起的曲线），则需要制作分体贴边。

2. 完成样板的转换后，可以测量E''点和R点之间的距离，观察垂领的深度。本例中，E''R=36cm，衣服完成后，垂领底部（上身效果）位于腰围线上方大约7cm处。

3. 绘制连体贴边。从R点沿前中线向上取7.5cm，得到T点，即RT=7.5cm，然后在该点作直角。

在肩部，借助透明描图纸（图5b）拓描角RE''M'。翻转透明描图纸，使E''R仍保持原位，将边线（E''M'）拓描至E''R的另一侧。从E''点向上，在这条线上取3cm（U点），借助曲线板连接U点和T点。

图6

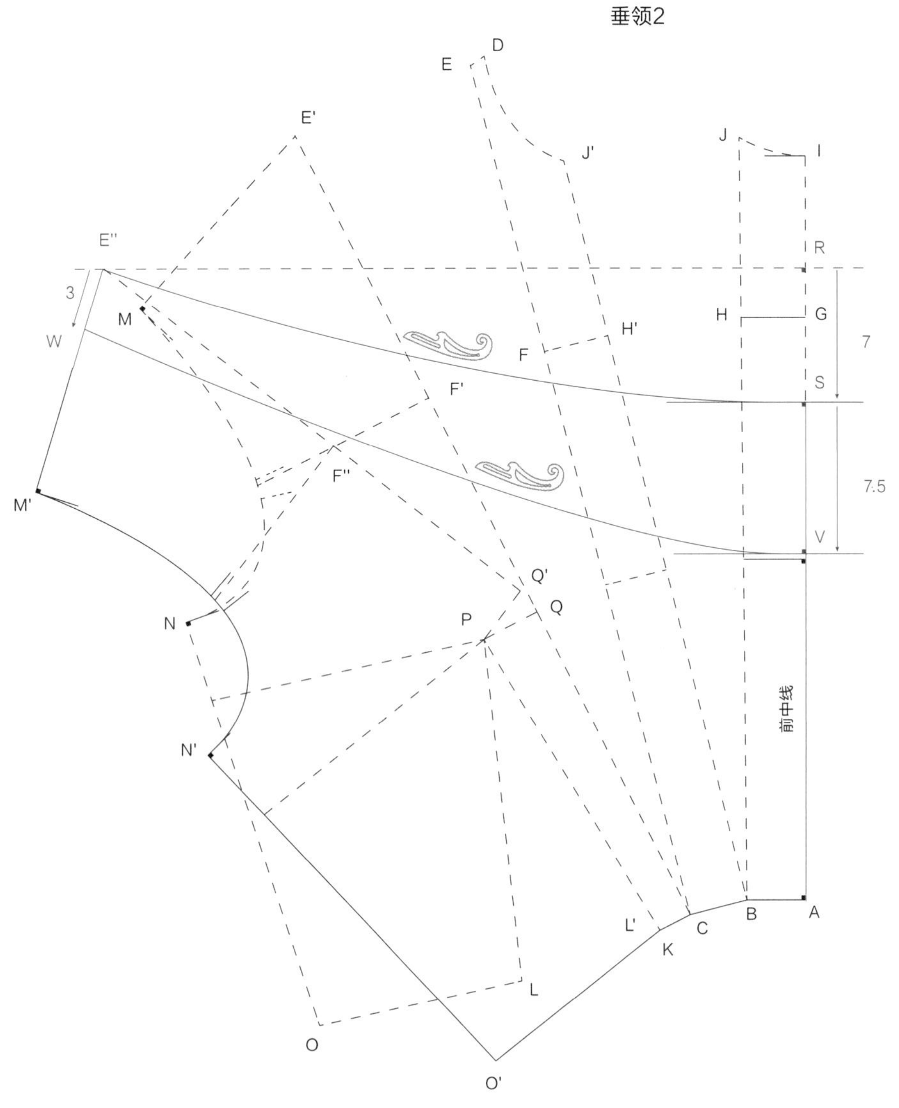

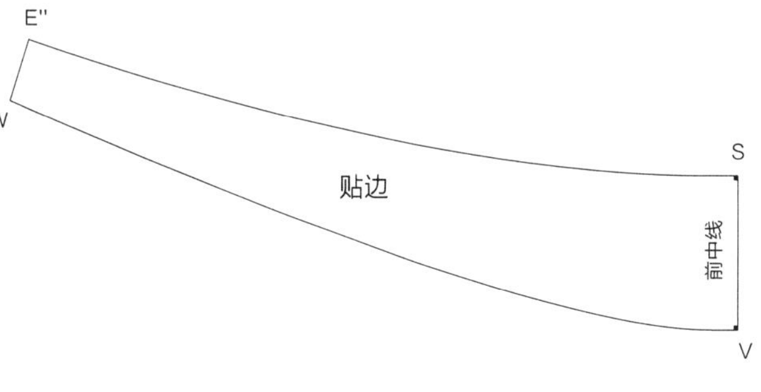

图6b

图6

如果觉得领量太大，可以将领口线降低，形成向下弯曲的弧线，并添加分体贴边。

1. 本例中，从R点向下，在前中线上取7cm（S点），即RS=7cm，并在S点处作直角。

借助曲线板连接E''点和S点处的直角边，该曲线代表领口线（垂领2）。

2. 绘制分体贴边。在前中线上，从S点向下取7.5cm（V点），即SV=7.5cm，并在该点作直角。在肩部，从E''点沿肩斜线（E''M'）向下取3cm（W点），即E''W=3cm。借助曲线板连接W点和V点，在V点处保持直角。

垂领2的分体贴边（SE''WV）如图所示（图6b）。

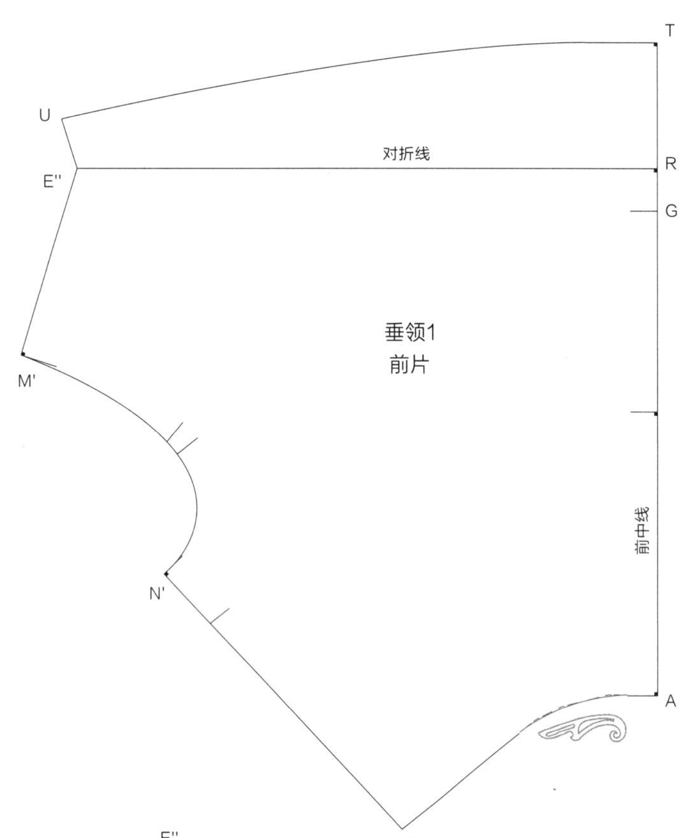

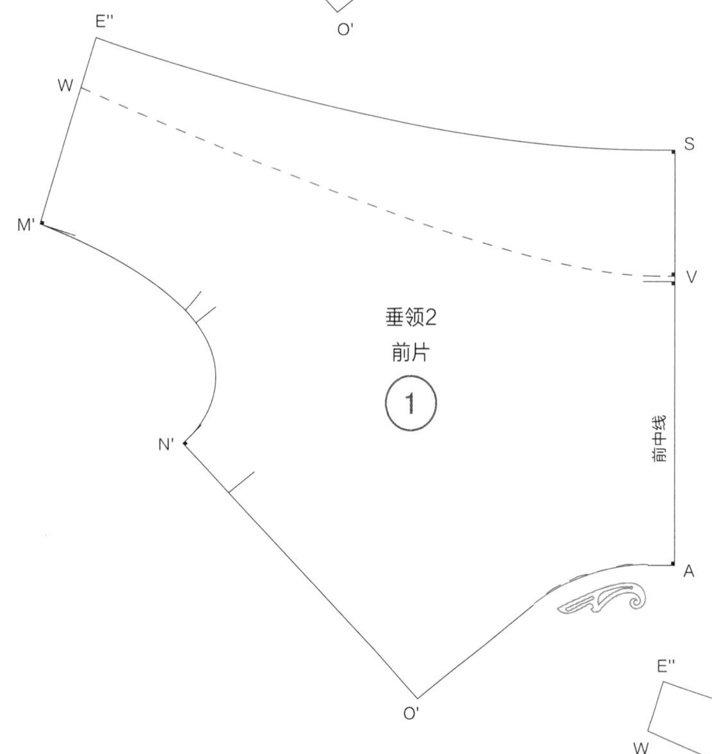

E''
W
S
垂领2 贴边
2
前中线
V

图7

1. 借助曲线板，画顺两款垂领在前片腰线处形成的转角线条。

由此完成这两款垂领最终样板的绘制。

垂领1的用料和垂荡量比较多。

垂领2垂荡量较少，领口遮挡较多。

2. 不要忘记绘制垂领2的分体贴边。

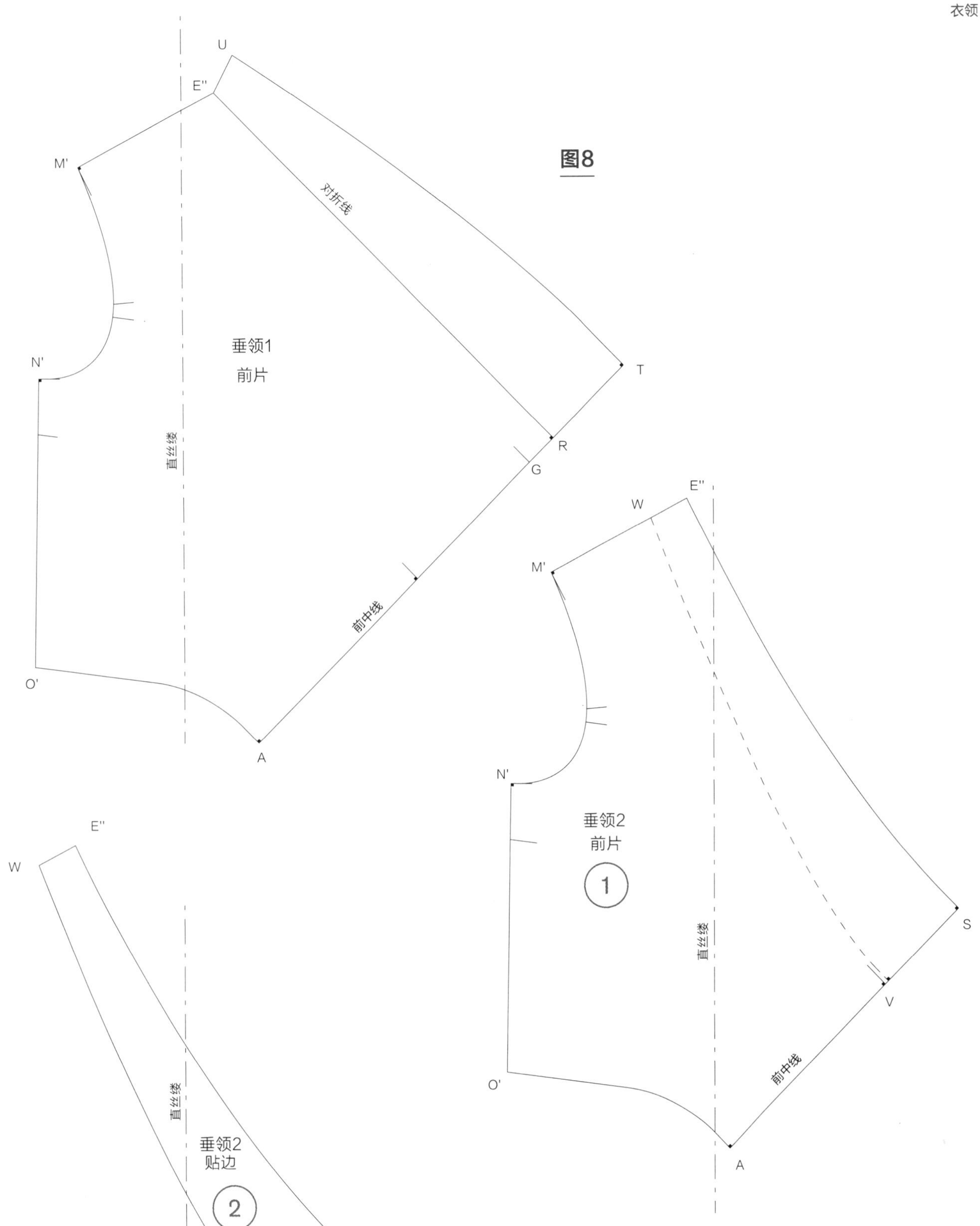

图8

1. 为了使垂领有更好的垂感，面料可以沿45° 斜裁。面料经过斜裁后曲线更美、更有动感。当然，斜裁也会带来更大的损耗，增加制作衣服所需的面料用量。

2. 在这种情况下，垂领2的分体贴边也需要斜裁。

第二种制板方法
（裁剪法）

图9

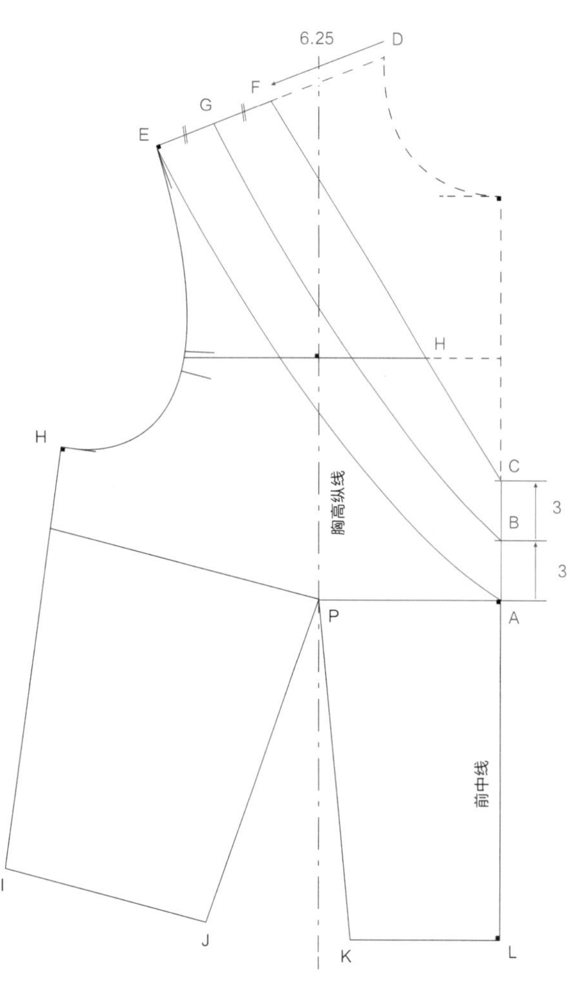

图10

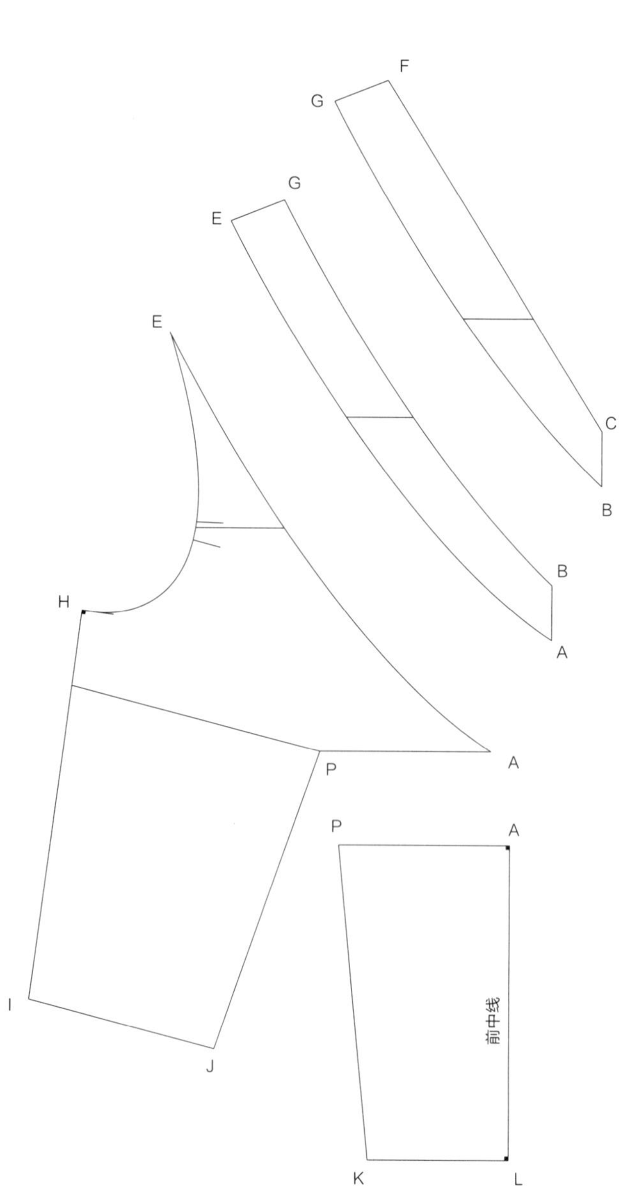

图9

第二种制板方法（裁剪法）

这款衣领的垂荡效果不太明显，因为领口不太深。

1. 在短上衣基础样板上添加结构线，以便剪开领口增加垂荡量。

从A点向下，在前中线上连取两次3cm，分别得到B点和C点，即AB＝BC＝3cm。从颈侧点（D点）向下，在肩斜线上取所需数值以便扩大领口，本例中，取小肩宽的1/2长，得到F点，即DF＝12.5/2＝6.25cm。用直线连接C点和F点。

2. 在肩斜线上，取EF的中点（G点），然后用曲线连接BG和AE。

图10

将整个短上衣基础样板裁剪下来，剪开AP、AE和BG。

将剪开后的样板在G点、E点相连，以使转换过程更易操作。

图11

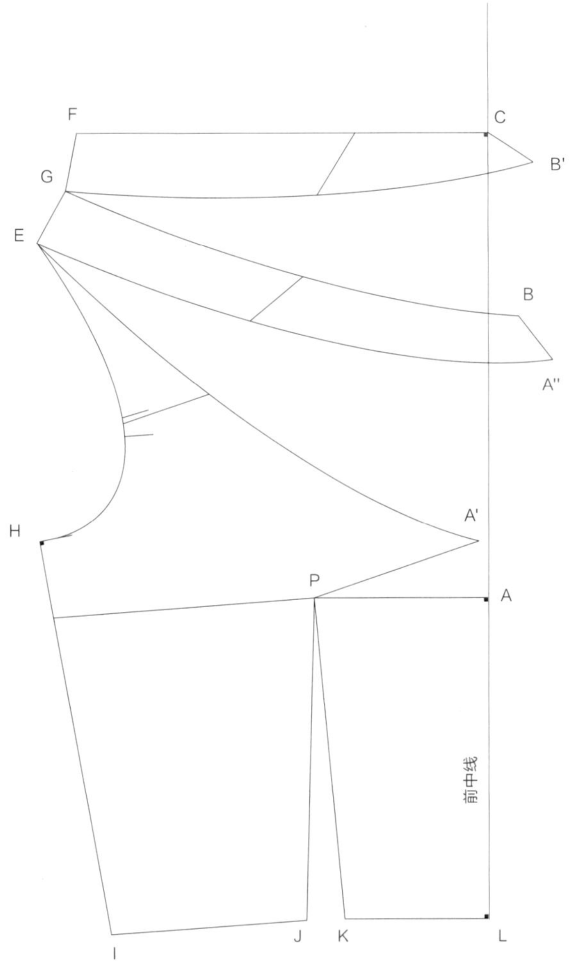

图12

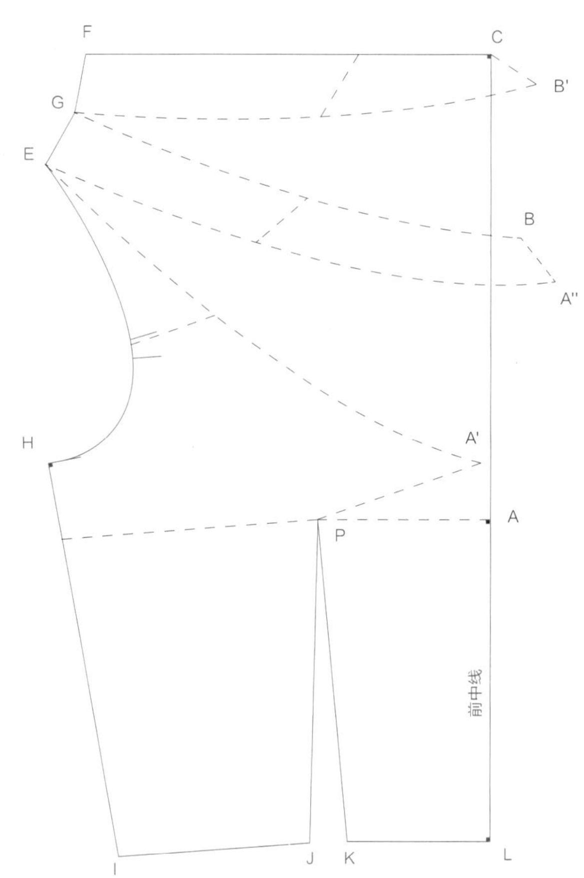

图11

1. 另取一张绘图纸，在其右侧绘制一条垂直线，设置为前中线，在绘图纸上方向前中线左侧作垂线。

2. 将样板的领口线（CF）置于该垂线上，同时使样板的前中线（AL）与绘图纸上的前中线重合。

在两条前中线重合的过程中，省道（JPK）会自动闭合，从而在胸围线位置形成另一个省道（APA'）。

3. 将两片样板（CFGB'和EGBA''）放平，这两片的长度都超出了前中线（即绘图纸上设置的前中线），这不要紧，只需去掉前中线右侧的超出部分就好。

图12

1. 在绘图纸上将样板绘制完整。

2. 完成样板的转换后，可以测量F点和C点之间的距离，观察垂领的深度。本例中，FC=21cm，衣服完成后，垂领底部位于胸围线上方大约6cm处。

图13

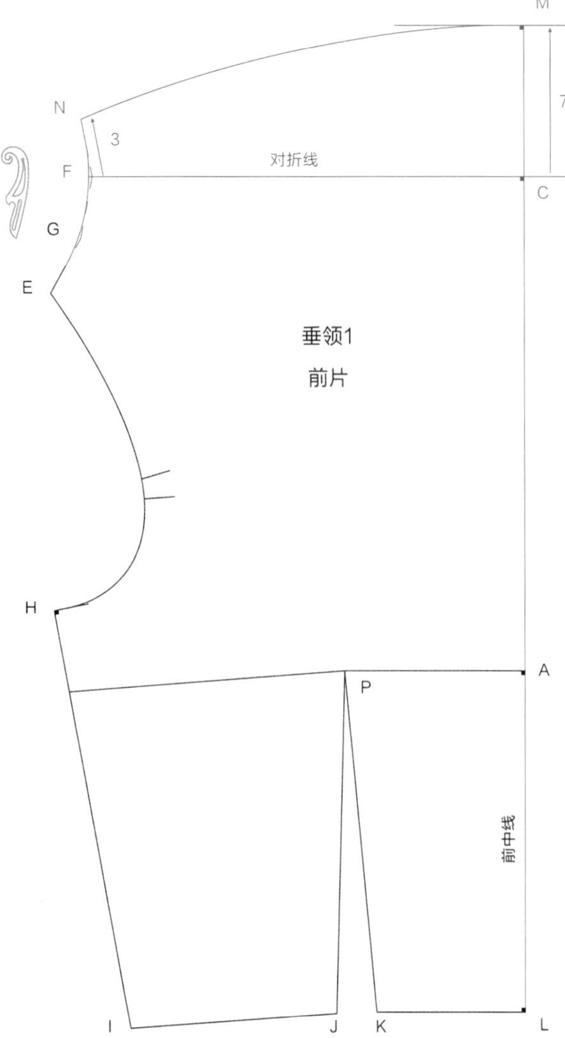

图13b

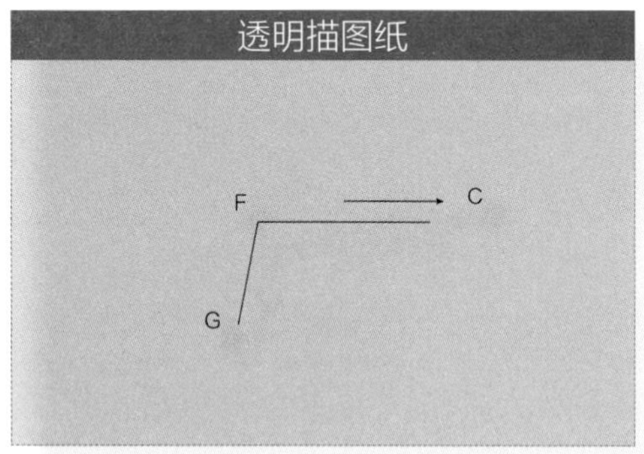

图13

1. 绘制连体贴边。从C点沿前中线向上取7.5cm（M点），然后在该点作直角。

在肩部，借助透明描图纸（图13b）拓描角GFC。翻转透明描图纸，使FC仍保持原位，将边线（FG）拓描至FC的另一侧。从F点向上，在这条线上取3cm（N点），借助曲线板连接N点和M点。

2. 借助曲线板，画顺肩部形成的转角线条。

图14

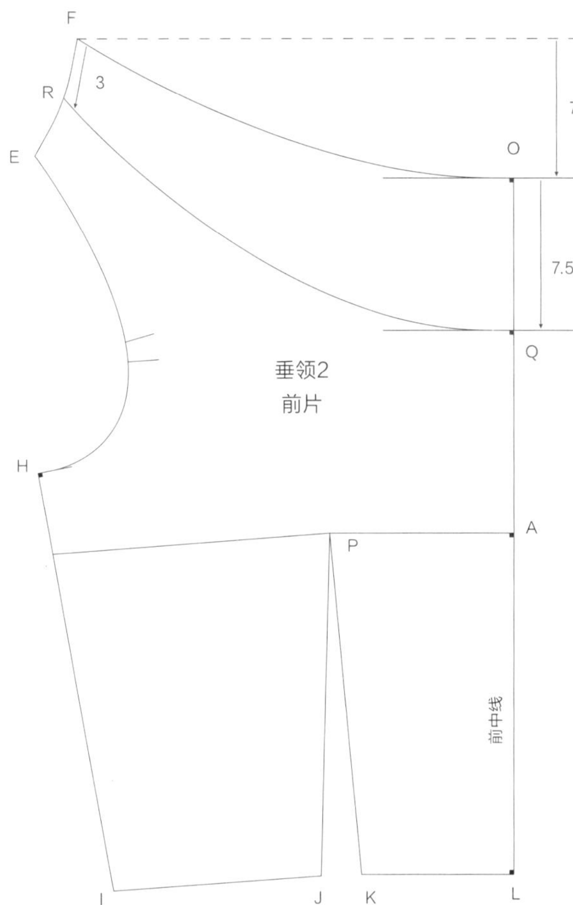

图14b

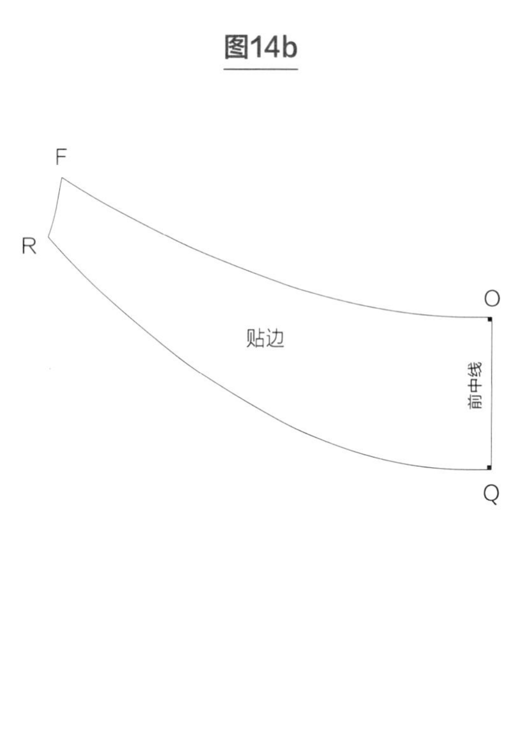

图14

如果觉得领子的垂荡量太大，可以将领口弧线降低，形成向下弯曲的弧线，并添加分体贴边。

1. 从过F点的水平线向下取7cm，在前中线上得到O点，并作直角。借助曲线板连接F点和O点处的直角边。

2. 绘制分体贴边。在前中线上，从O点向下取7.5cm（Q点），即OQ=7.5cm，并在该点作直角。在肩部，从F点沿肩斜线（FE）向下取3cm（R点），即FR=3cm。借助曲线板连接Q和R点，在Q点处保持直角。

垂领2的分体贴边（OFRQ）如图所示（图14b）。

图15

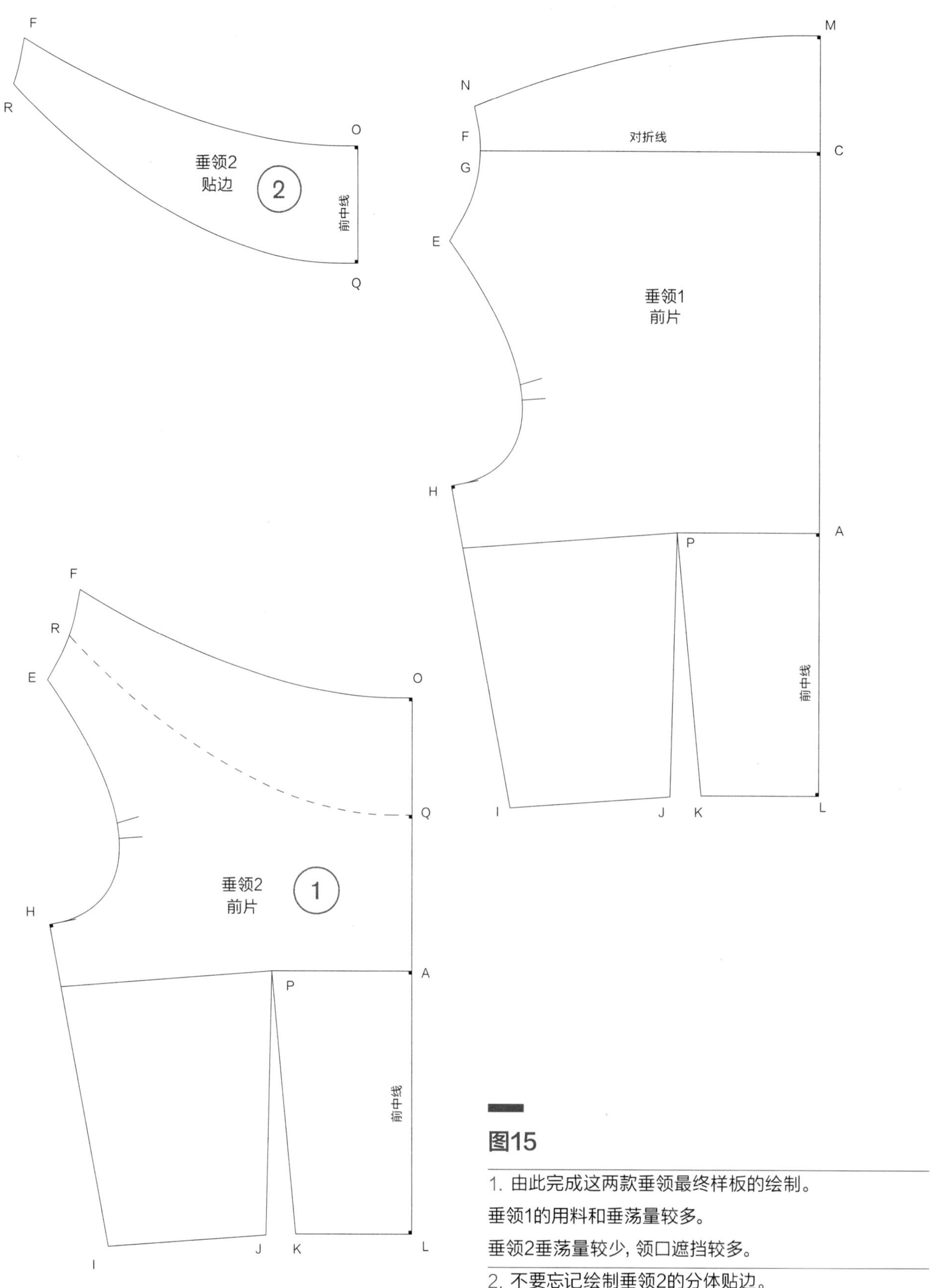

图15

1. 由此完成这两款垂领最终样板的绘制。

垂领1的用料和垂荡量较多。

垂领2垂荡量较少，领口遮挡较多。

2. 不要忘记绘制垂领2的分体贴边。

图16

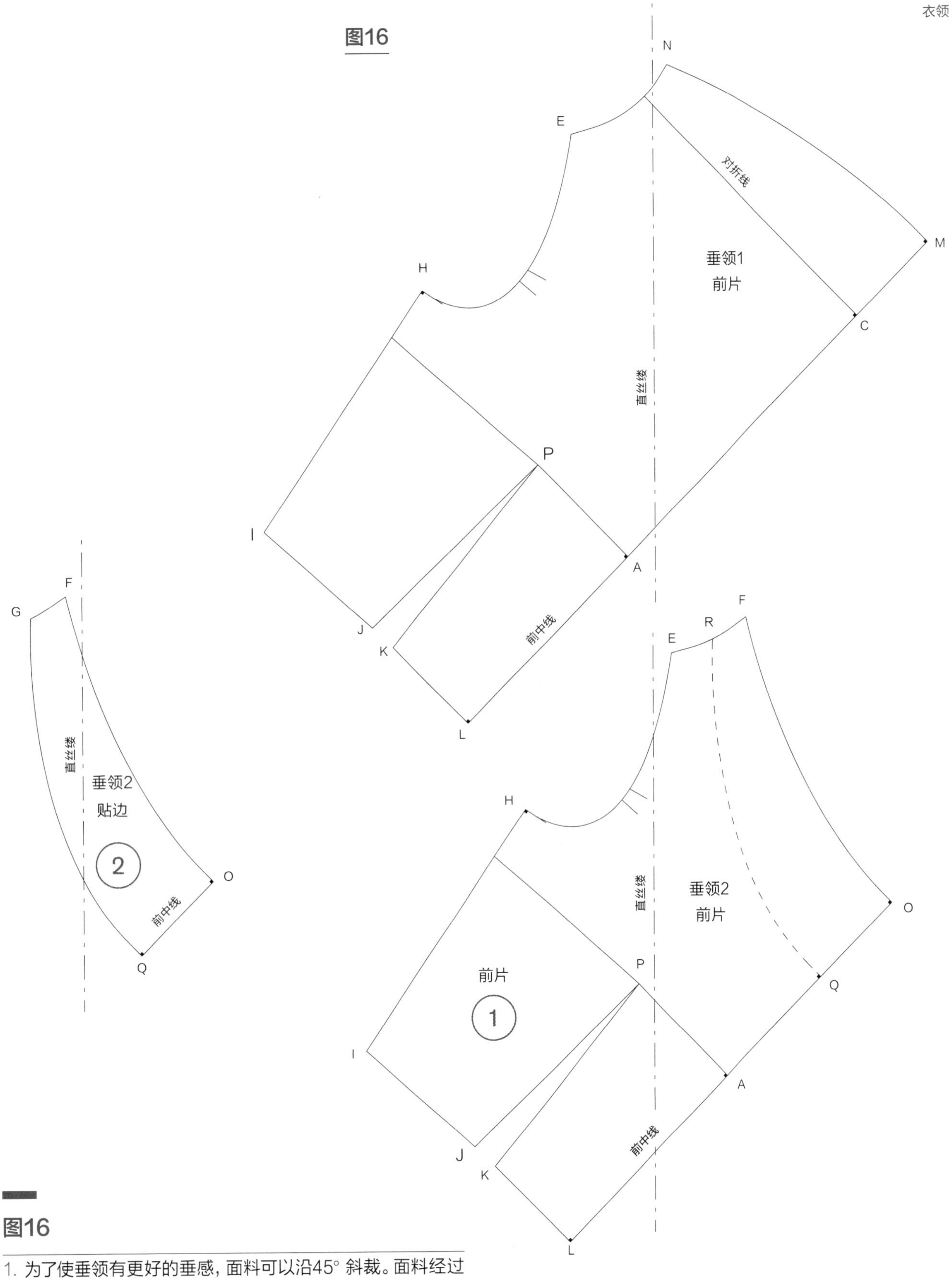

图16

1. 为了使垂领有更好的垂感，面料可以沿45°斜裁。面料经过斜裁后曲线更美、更有动感。当然，斜裁也会带来更大的损耗，增加制作衣服所需的面料用量。

2. 在这种情况下，垂领2的分体贴边也需要斜裁。

4

衣袖

短袖基础样板

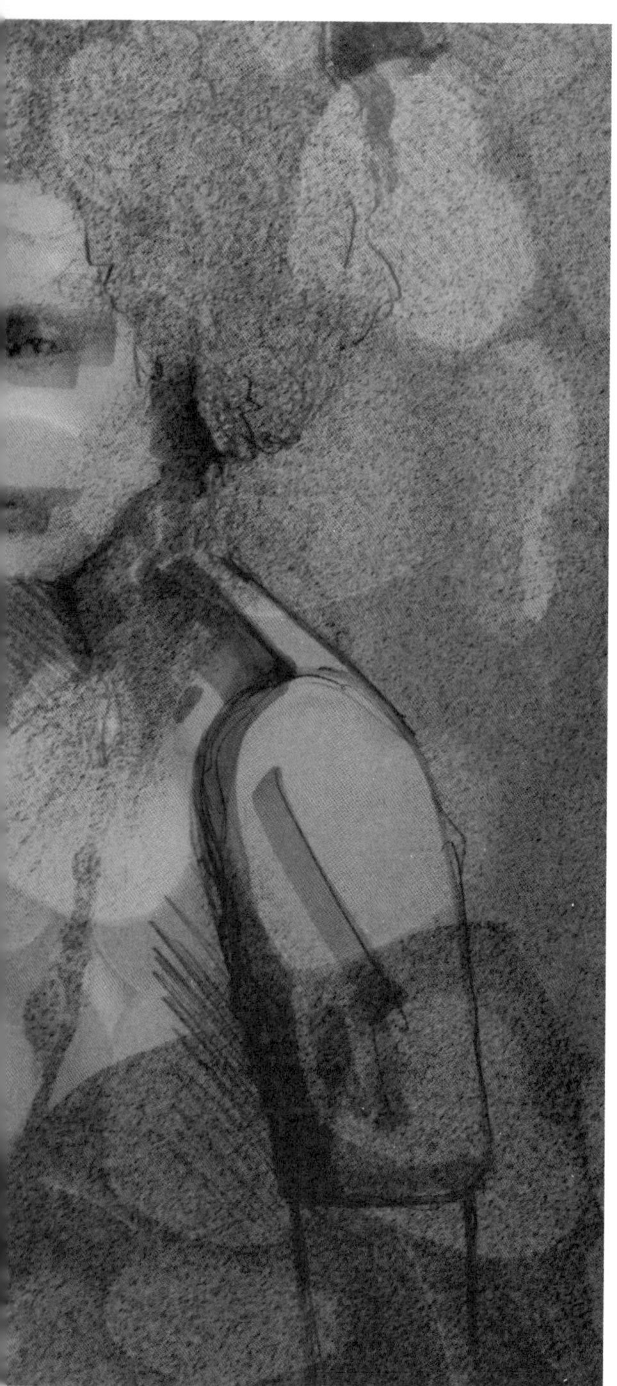

绘制短袖基础样板时，应在短上衣基础样板的袖窿位置添加2~4cm的吃势量。

这款衣袖的袖宽和袖山高度需要根据短上衣基础样板的袖窿尺寸来确定。

款式图

图1

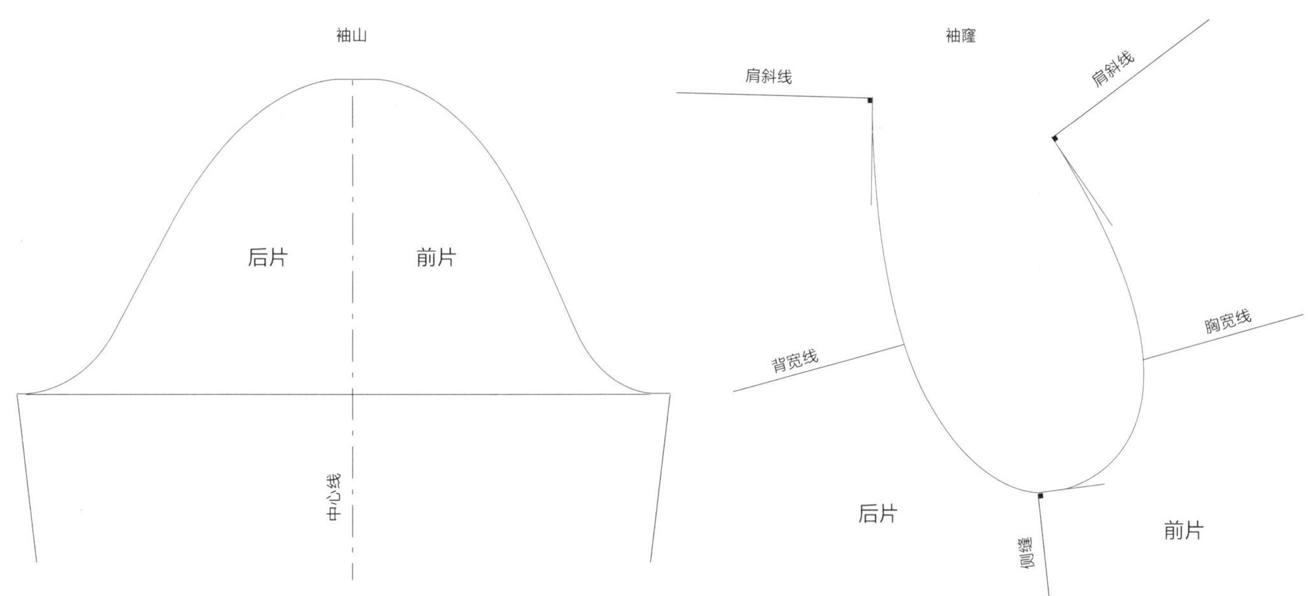

图1

在开始袖子的制板前，需要区分袖山和袖窿。在衣片上，衣身和衣袖的拼缝称为袖窿线。在袖片上，衣身和衣袖的拼缝称为袖山线。

图2

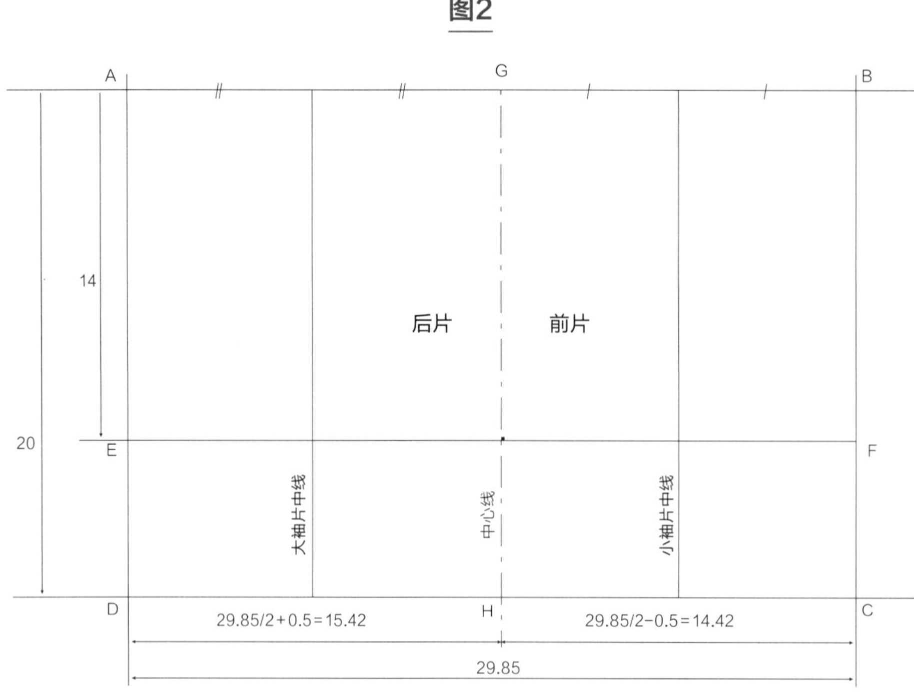

图2

1. 根据袖窿总长确定长方形基础框架（ABCD）的宽度（AB）：

袖窿总长=AkZ+T'Y=20.4+19.4=39.8cm

AB=袖宽=3/4袖窿总长=39.8×3/4=29.85cm

根据袖宽和臂围（规格尺码表中的臂围为27cm），可以计算出袖子的吃势量为29.85−27=2.85cm。

2. 本例中，长方形基础框架（ABCD）的长度（AD）即袖长为20cm，是短袖的常规尺寸。

3. 确定袖山高。借助透明描图纸拓描短上衣基础样板的袖窿（图2b），用直线连接前后片的外肩点Ak点和T'点，取连线的中点，与袖窿底部Y点（Z点）连接起来，测量这段距离，即袖窿深为16.8cm。袖山高=袖窿深×5/6=16.8×5/6=14cm。

4. 在A点下方14cm处绘制一条水平线EF。

5. 取1/2袖宽（29.85/2=14.92cm），在袖片上调整前后片尺寸。即

- 后片：14.92+0.5=15.42cm
- 前片：14.92−0.5=14.42cm

设置中心线GH。

手臂的三头肌需要更多的活动空间，因此后片的宽度较大。

6. 分别将后片AG及前片GB等分，即

- 后片：15.42/2=7.71cm
- 前片：14.42/2=7.21cm

图2b

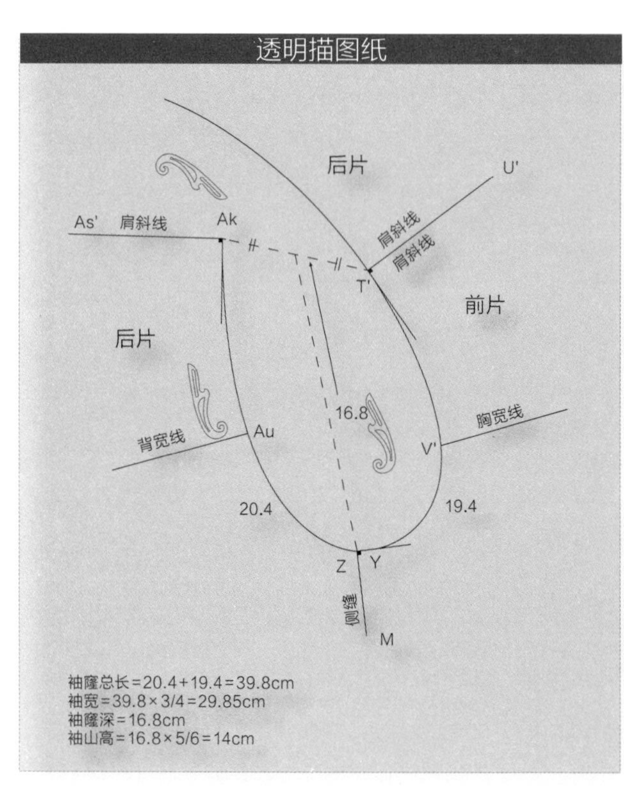

图3

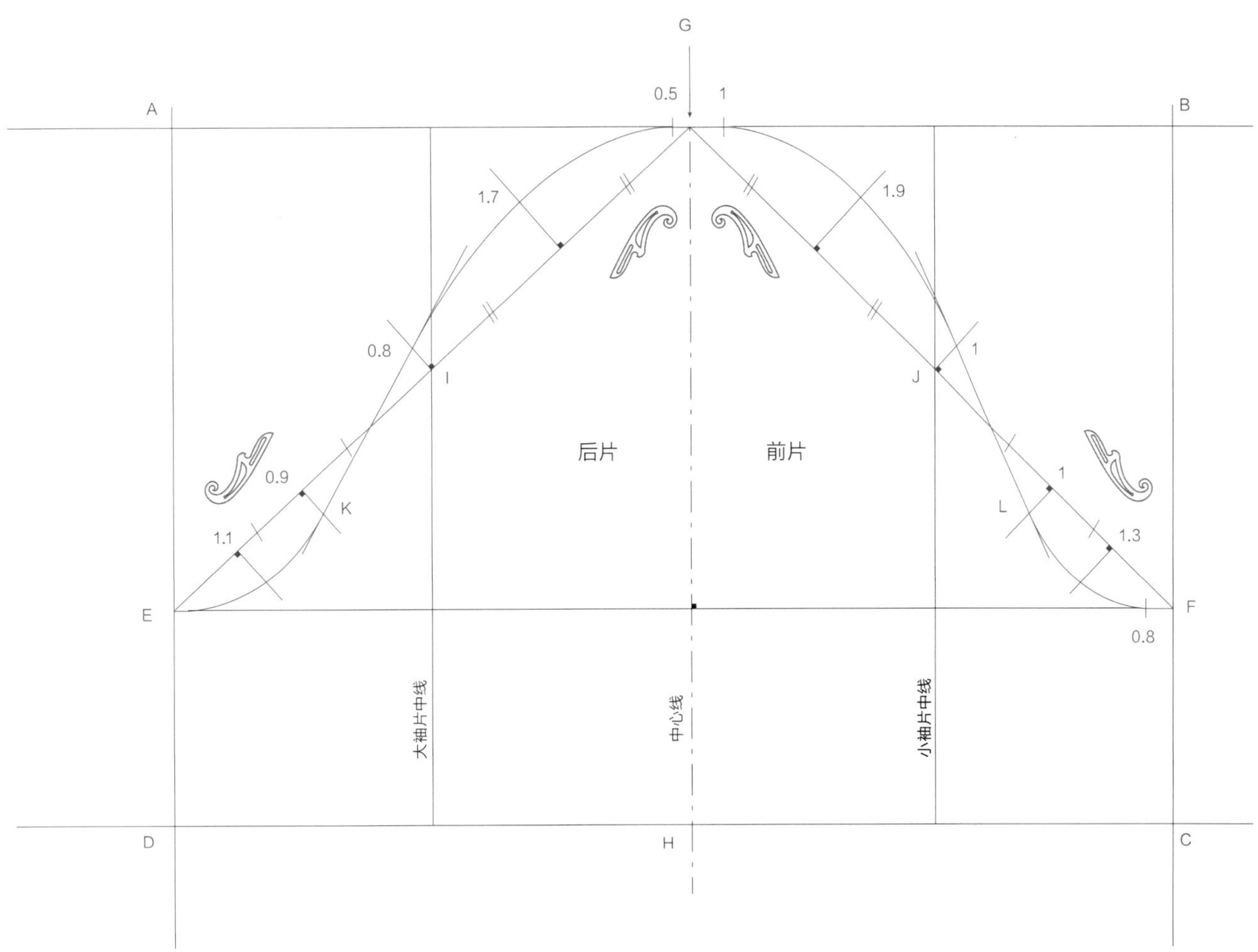

图3

1. 绘制袖山线需要先定义袖山对角线GE和GF。分别在对角线与大袖片中线、小袖片中线的相交处标记I点、J点，并从这两点向对角线上方作垂线。在后片的垂线上，自I点取0.8cm做标记；在前片的垂线上，自J点取1cm做标记。

2. 分别将IG和JG等分，并在其中点位置向上作垂线。在后片垂线上取1.7cm做标记，在前片垂线上取1.9cm做标记。

分别将IE和JF等分，并在其中点位置向下作垂线。在后片垂线上取0.9cm，标记为K点，在前片垂线上取1cm，标记为L点。

分别将KE和LF等分，并在其中点位置向下作垂线。分别标记后片垂线1.1cm处、前片垂线1.3cm处。

3. 在G点两侧延伸出一小段水平线（后片0.5cm，前片1cm），然后在袖山深线EF上，自前片的F点向内收0.8cm。

前片F点处保持这一小段水平线很重要，因为前袖窿需要适当张开以方便手臂活动。后片不需要保持这段水平线，因为无需满足身体的活动量。

4. 绘制两条直线，使其分别经过后片0.8cm、0.9cm处的标记点及前片的两个1cm处的标记点。

5. 借助曲线板绘制袖山曲线，使其经过各个标记点，并与之前绘制的两条直线相切。如图所示，根据线条形状来变换曲线板方向。

图4

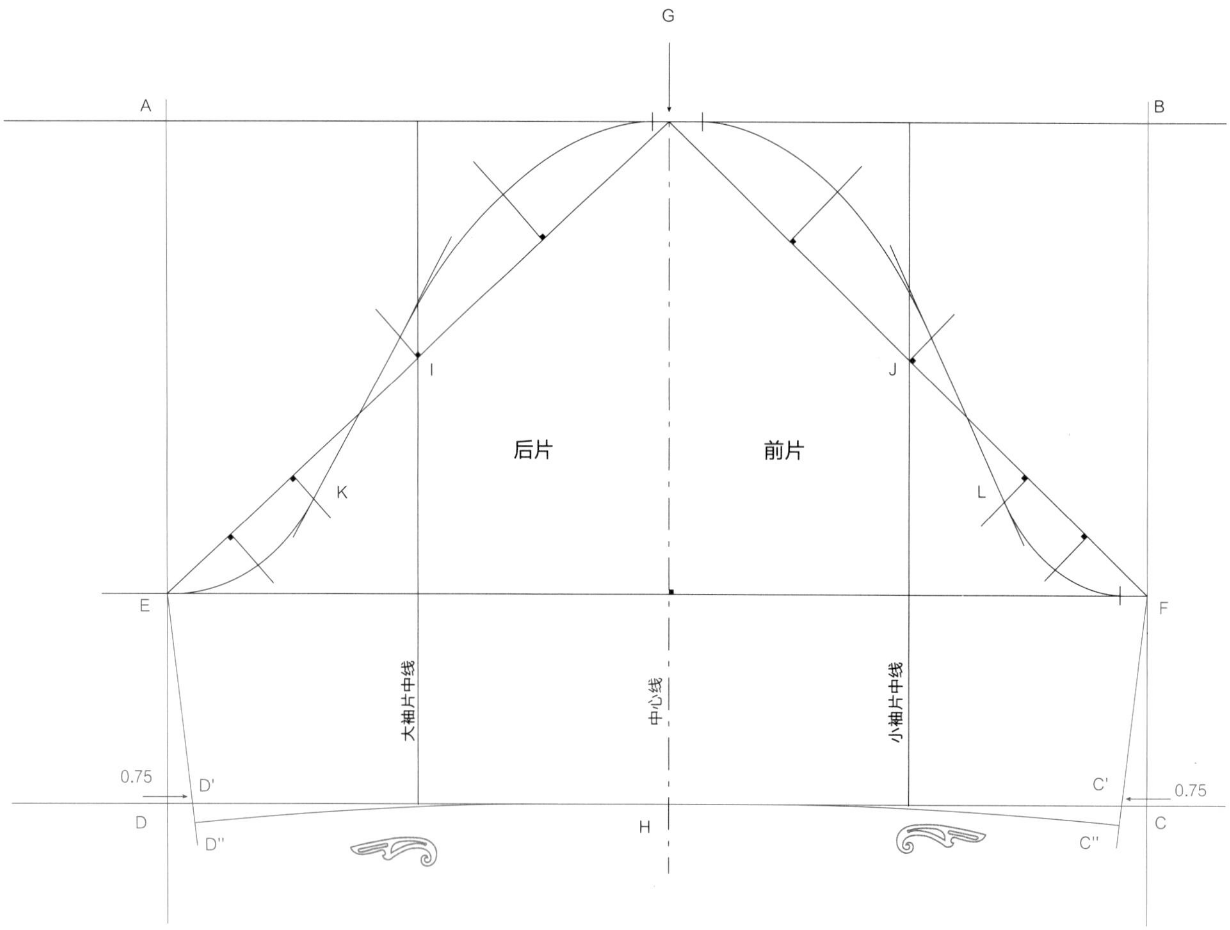

图4b

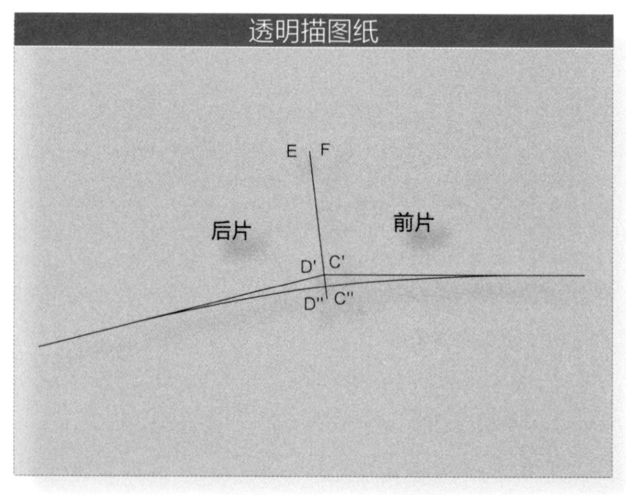

图4

可以根据设计需要略微收一下袖口，比如自C点和D点各向内收0.75cm。

袖口线的处理方式有两种：

1. 曲线式：用直线分别连接E点和D'点、F点和C'点。借助透明描图纸（图4b）拓描后片部分（ED'H），并将其侧缝（ED'）与前片侧缝（FC'）重合，继续拓描前片部分（FC'H）。然后，借助曲线板将侧缝处的转角线条画顺，得到C''点和D''点，再将袖口曲线拓描至样板上（图4c）。

2. 直线式：借助曲线板分别连接E点和D'点、F点和C'点，使曲线与C'点、D'点处的垂直线相切。这种方式可使袖口保持水平线，更方便袖口以折边完成收口（图4d）。

图4c

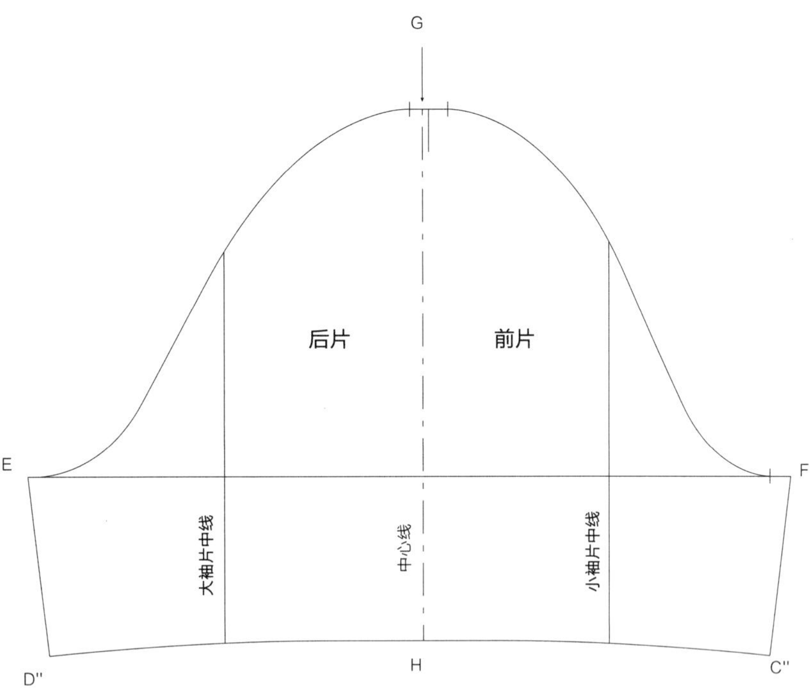

图4d

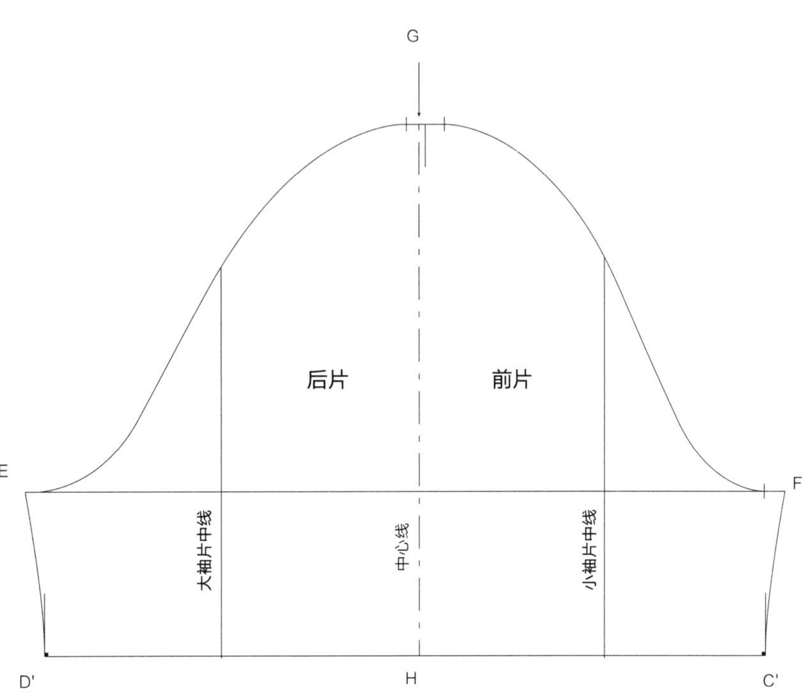

图5

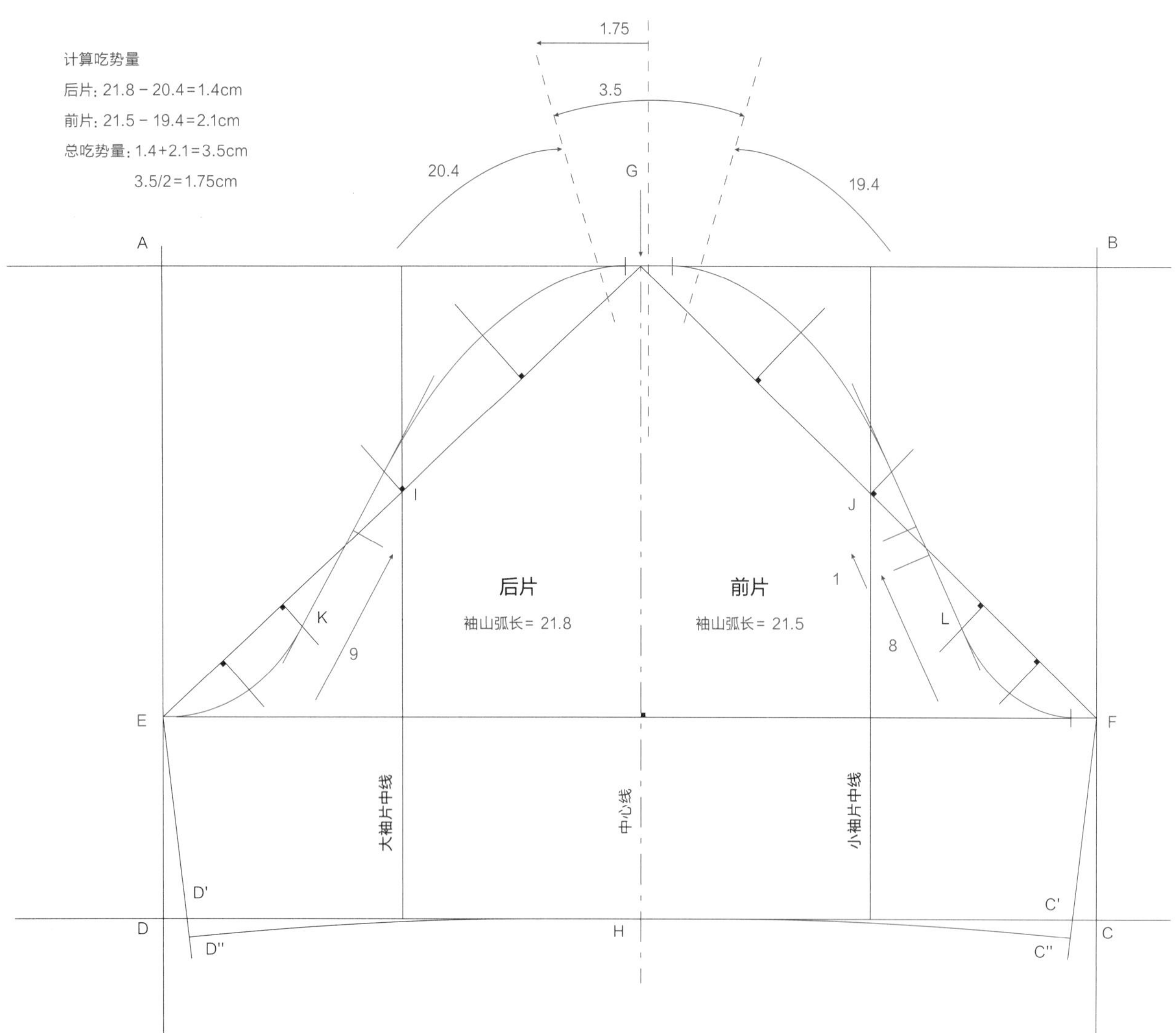

图5

设置车缝对位刀眼

1. 参照短上衣基础样板袖窿的刀眼位置，在前片袖山弧线上，自F点向上8cm，设置一个刀眼；然后再向上1cm，设置第二个刀眼。

在后片袖山弧线上，自E点向上9cm，设置一个刀眼。

2. 为了在袖片上确定与短上衣基础样板肩缝对应的刀眼位置，在袖山弧线上取袖窿弧长，即前片自F点向上19.4cm，后片自E点向上20.4cm。

分别测量前后袖山弧长，以便确定吃势量。前袖山弧长FG=21.5cm，后袖山弧长EG=21.8cm。

3. 计算前后片袖山和袖窿弧长之间的差值，即

－前片：21.5－19.4=2.1cm

－后片：21.8－20.4=1.4cm

总差值为1.4+2.1=3.5cm。

4. 将这个数值等分，以平衡前后片袖山的吃势量，即3.5/2=1.75cm，确定与短上衣肩缝对应的刀眼位置。

这个3.5cm对应了需要缩缝的袖山吃势量，可以使袖子与短上衣拼接得更准确。

袖山吃势量的平均值在2~4cm之间。根据普通成衣和高级时装的设计需求，具体数值会有所不同。

5. 对于普通成衣来说，为了避免在生产过程中增加熨烫工艺，吃势量应减至最小。

如果吃势量太大，可以将0.5cm移至袖山下半部分（刀眼下方），这样可以减少上半部分的吃势量，从而与基础样板对应：

将衣袖上的车缝对位刀眼向上移动0.5cm，增加下半部分的吃势量，即

- 后片：9+0.5=9.5cm
- 前片：8+0.5=8.5cm，在其上方1cm处标记第二个刀眼。

也可以将前后袖窿弧线的长度增加0.5cm，从而减少衣袖上的吃势量：

- 后片：20.4+0.5=20.9cm
- 前片：19.4+0.5=19.9cm

重新计算袖山和袖窿弧长之间的差值，即

- 后片：21.8−20.9=0.9cm
- 前片：21.5−19.9=1.6cm

总差值为：0.9+1.6=2.5cm，比原来少了1cm。

袖山弧长不变。

为了减少吃势量，也可以减少袖山高。比如说，在计算袖山高时，取5/6的袖窿深度减去0.5cm。本例中，即

16.8×5/6−0.5=13.5cm

吃势量将从3.5cm降到2.5cm以下。

6. 对于高级时装来说，保留一定的吃势量非常重要，这样能使袖山造型更饱满。通过熨烫，可以归拢吃势量。

还需要考虑到所使用的材料特性，有些面料的熨烫效果较好。比如，若使用皮革或者精纺羊毛面料，需要设置2cm左右的袖山吃势量。然而，对于粗花呢之类结构疏松的织物，袖山吃势量则需要增加到4cm左右。

图6

为了使衣身与衣袖的拼接效果更好，建议袖窿和袖山弧线在靠近袖窿底部几厘米范围内保持基本相似的形状。

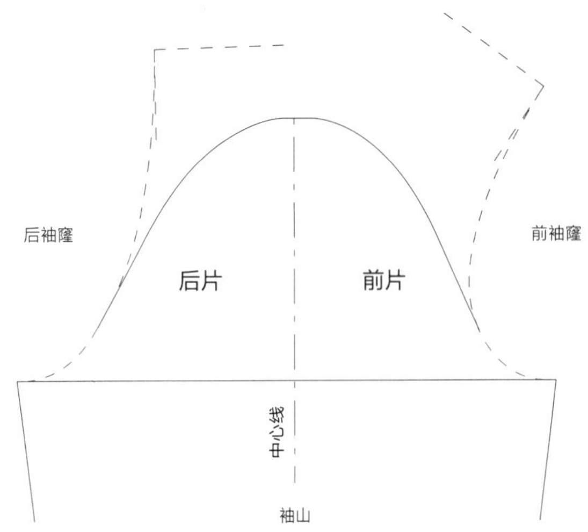

短袖基础样板的转换

根据短袖基础样板，可以转换出三种款式：

- 泡泡袖（上下部增加的放量一致）
- 灯笼袖（在上部增加放量）
- 喇叭袖（在下部增加放量）

可通过两种方法实现样板的转换：

第一种，透明法（旋转法）。套用基础样板进行转换，通过旋转得到新的样式。这种方法比较复杂，需要对转换过程的逻辑关系有一定的理解力。

第二种，裁剪法。这种方法需要复制基础样板以便进行转换，更容易操作。将想要转换的部分裁剪出来，根据设计需求制作新的样板取而代之。转换过程非常直观，比起第一种方法，需要思考的地方也较少。

第一种方法比较难以理解，但是由于可以借助基础样板进行即时转换，因此更快捷，更节省时间。建议有经验者采用这种方法。

而第二种方法需要先复制基础样板并将其裁剪出来，在完成转换后再次进行复制，或将其重新黏合起来。

在开始转换之前，需准备好基础样板，并预先设置好如何分解样板进行处理。对于衣袖而言，这个步骤比较简单，因为样板上本来就有三条线：大袖片中线、袖中线和小袖片中线，可以将整个衣袖分为四个部分（图1中的①、②、③、④）。

一般来说，在增加衣袖宽度的同时，也应增加其高度，使转换过程保持平衡，这样也能为衣袖的隆起创造更多体积。

为衣袖隆起而增加的尺寸受到服装款式的影响。在转换过程中，需注意尽量遵循逻辑关系，保持平衡。

对于本例中三种款式的衣袖，根据常规尺寸，预计在每条分割线处加放3cm。由此可知，袖山部分总计将增大9cm（3×3=9cm）。

泡泡袖

图1

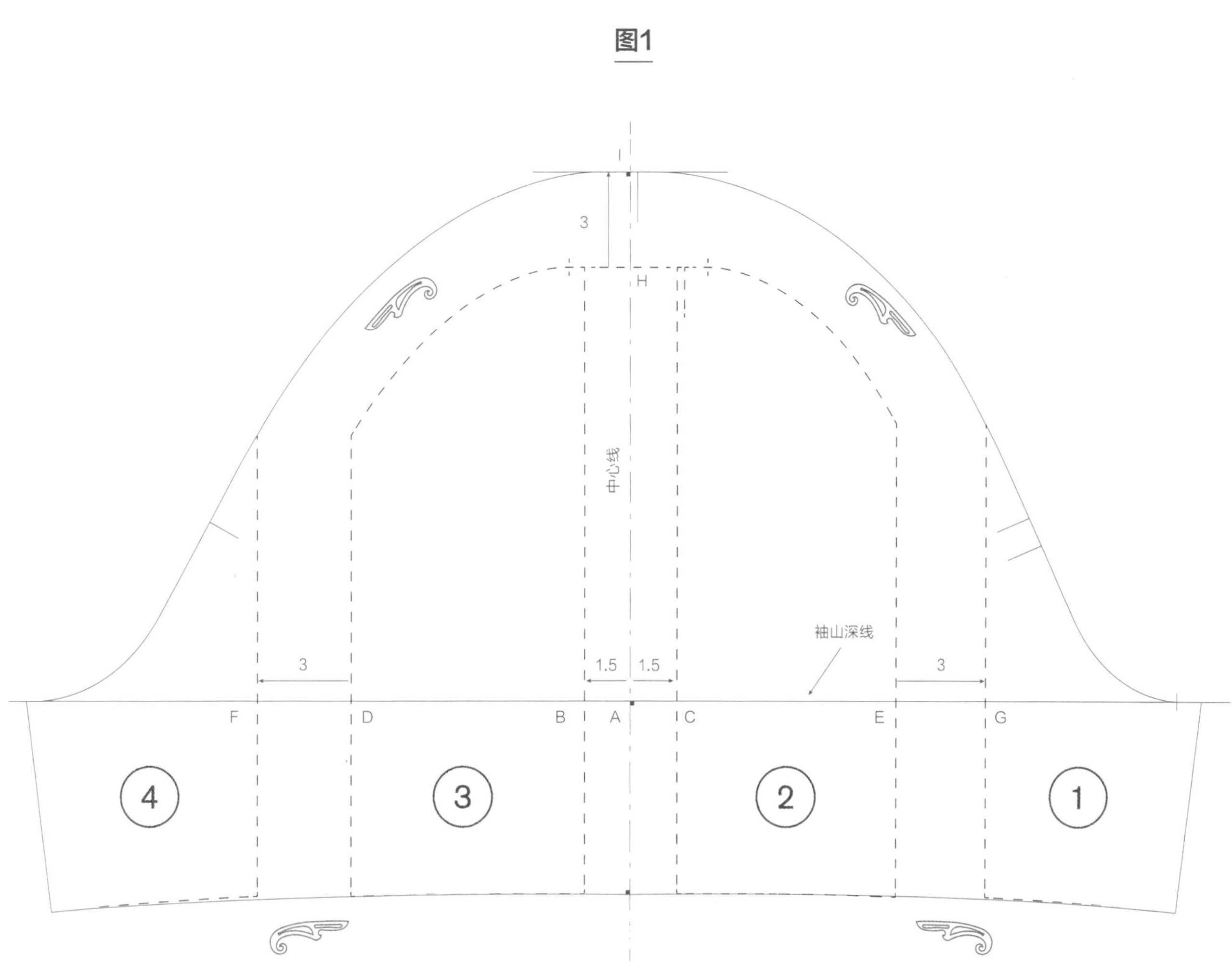

图1

在衣袖上部和下部平行添加放量

1. 在绘图纸上绘制水平线与垂直线。水平线对应袖山深线，垂直线代表中心线，两线相交于A点。

根据设计需求预留加放量，并将其平均分配在中心线两侧的袖山深线上，即3/2=1.5cm，由此得到B点和C点。

2. 分别在B点和C点处拓描③号片和②号片，注意与中心线保持平行，由此得到D点和E点。

分别自D点和E点向外加放3cm，得到F点和G点。

分别在F点和G点处拓描④号片和①号片，同样与中心线保持平行。

3. 增加袖山高。本例中，将其上抬3cm。

自中心线H点向上3cm，标记为I点。

在I点处绘制一条水平线，借助曲线板重新绘制袖山弧线，使其与①号片和④号片连接起来，画顺袖山弧线。

4. 不要忘记重新设置肩缝对位刀眼。

灯笼袖

图2

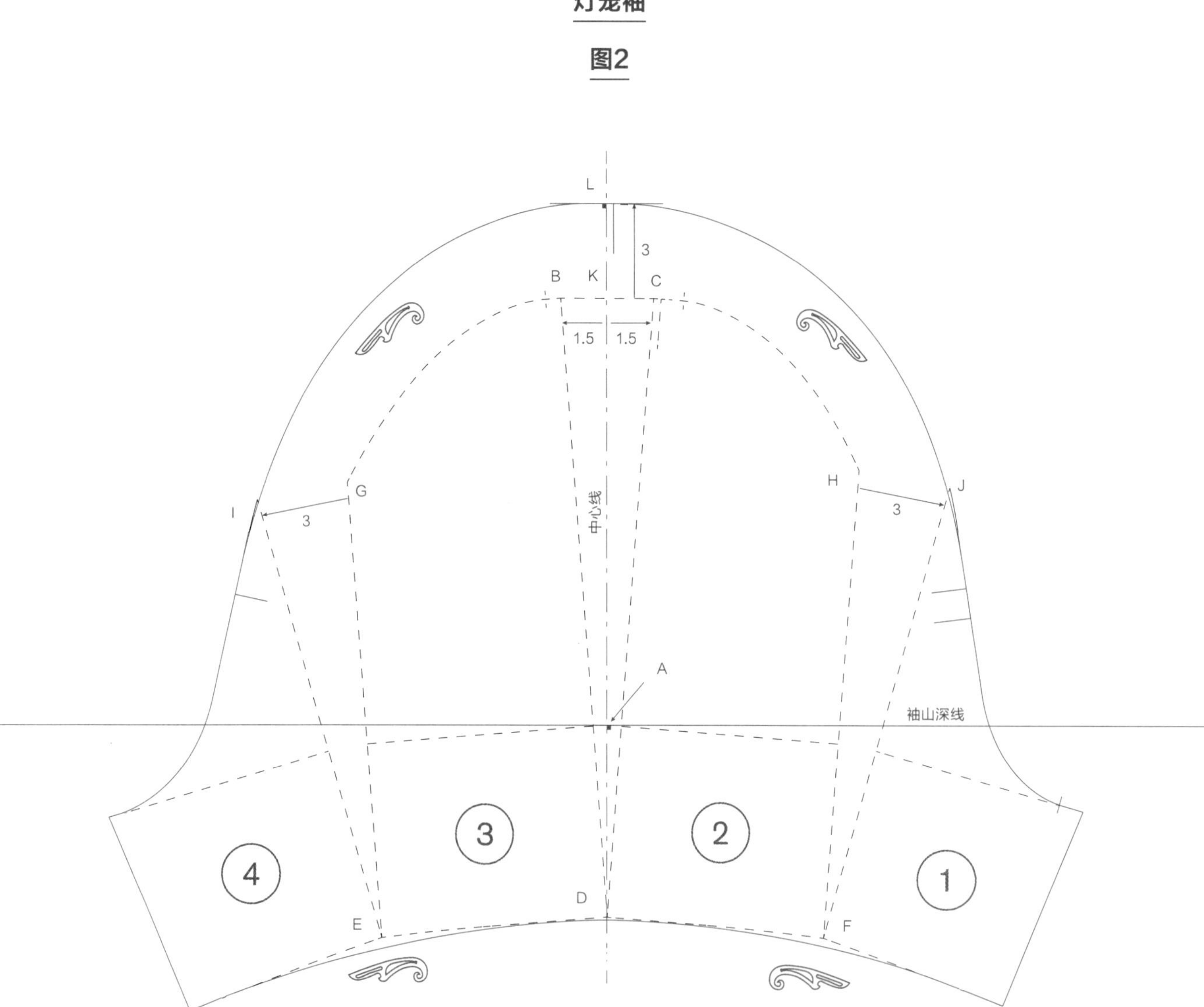

图2

在衣袖上部添加放量

1. 在绘图纸上绘制水平线与垂直线。水平线对应袖山深线，垂直线代表中心线，两线相交于A点。

根据设计需求预留加放量，并将其平均分配在中心线两侧的袖山弧线上，即3/2＝1.5cm，由此得到B点和C点。

2. 沿着中心线设置②号片和③号片，以D点为圆心分别向两边旋转至B点和C点，如图所示。拓描这两片旋转后的新轮廓。

标记G点和H点。自这两点分别向外加放3cm，得到I点和J点。

分别沿着FH和EG设置①号片和④号片，分别以F点和E点为圆心向两边旋转至J点和I点。拓描这两片旋转后的新轮廓。

3. 增加袖山高。本例中，将其上抬3cm。

自中心线K点向上3cm，标记为L点。

在L点处绘制一条水平线，借助曲线板重新绘制袖山弧线，使其与①号片和④号片连接起来，画顺袖山弧线。

如图所示，袖山弧线并没有经过①号片和④号片上的J点和I点，但这没关系，确保袖山弧线的顺滑才是最重要的。

4. 不要忘记重新设置肩缝对位刀眼。

也可以将四个裁片（①号片、②号片、③号片、④号片）的下半部分分开，这样可以扩大衣袖下半部分的体积。

蝴蝶袖

图3

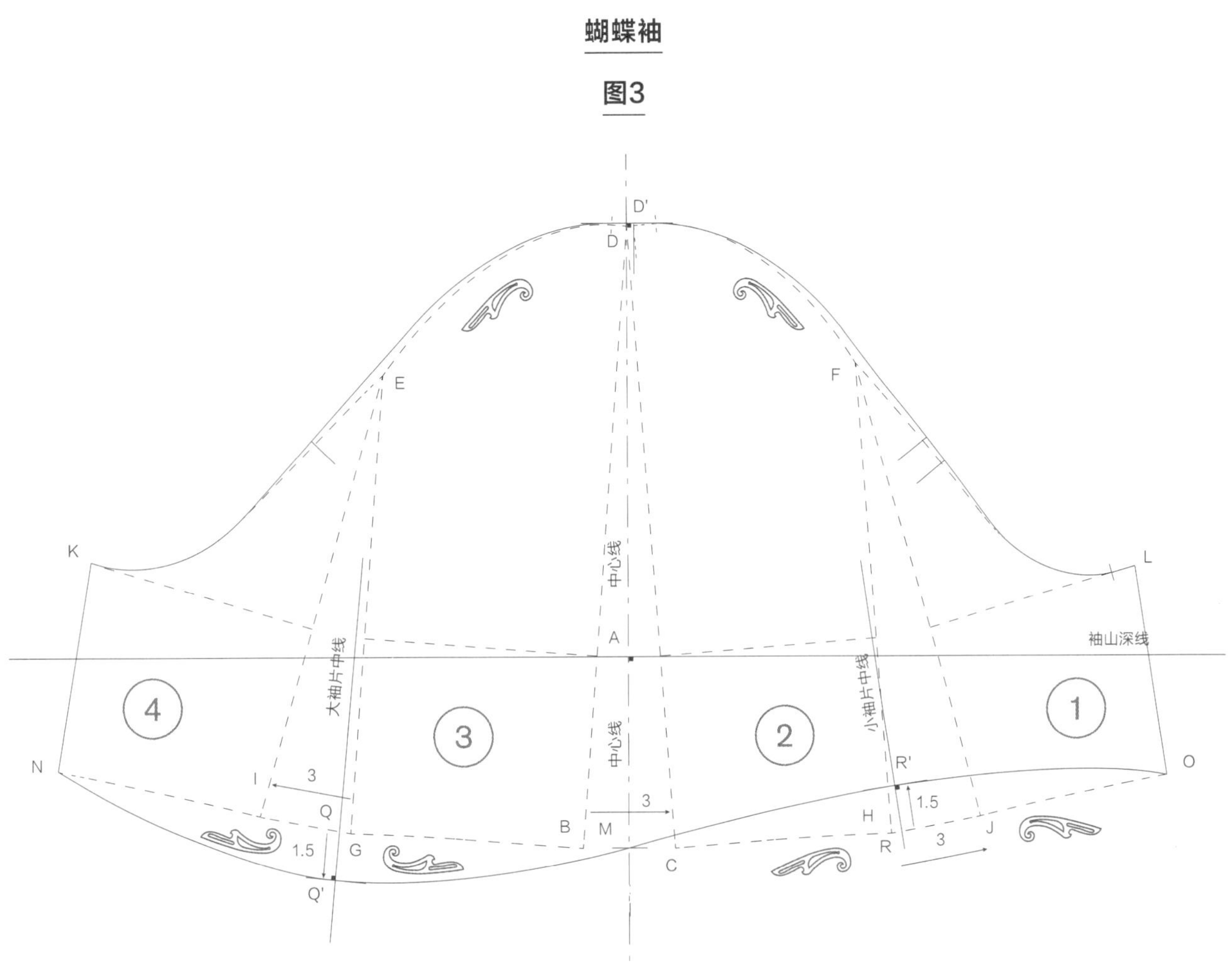

图3

在衣袖下部添加放量

1. 在绘图纸上绘制水平线与垂直线。水平线对应袖山深线，垂直线代表中心线，两线相交于A点。

根据设计需求预留加放量，并将其平均分配在中心线两侧的袖口线上，即3/2=1.5cm，由此得到B点和C点。

2. 沿着中心线设置②号片和③号片，分别以D点为圆心向两边旋转至B点和C点，如图所示。拓描这两片旋转后的新轮廓。

标记G点和H点。自这两点分别向外加放3cm，得到I点和J点。

分别沿着FH和EG设置①号片和④号片，分别以F点和E点为圆心向两边旋转至J点和I点。拓描这两片旋转后的新轮廓。

3. 添加放量后，最好适当延长大袖片中线，并相应缩短小袖片中线，以便稍后绘制袖口线。

因此，需要取前后片袖宽的1/2，重新绘制大小袖片中线。

– 后片：分别将AK和MN等分，确定大袖片中线的位置。

– 前片：分别将AL和MO等分，确定小袖片中线的位置。

4. 本例中，大袖片中线延长1.5cm，小袖片中线缩短1.5cm。

在大袖片中线上，自Q点向下1.5cm处标记为Q'点，并在此处作垂线。在小袖片中线上，自R点向上1.5cm处标记为R'点，并在此处作垂线。

5. 借助曲线板，将袖口线绘制成S形曲线。

自N点绘制曲线，与Q'点处垂线相切，翻转曲线板，连接至袖中线上的M点。向下翻转曲线板，曲线连接R'点并与该处垂线相切，再次翻转曲线板，连接至O点。

6. 借助透明描图纸（图3b）检查侧缝位置袖口线的拼接情况。

在透明描图纸上拓描LOR'，将前侧缝（LO）与后侧缝（NK）重合，然后拓描KNQ'。

如有必要，可以对两条曲线（R'O和NQ'）的连接处进行调整。用锥子标记，并将调整后的曲线拓描至样板上。

7. 绘制袖山弧线。

在比D点略高些的位置（D'点）绘制一小段水平线，使其与旋转后的②号片和③号片高度相同。

借助曲线板画顺袖山弧线，将其与①号片和④号片的下半部分弧线连接起来。

8. 不要忘记重新设置肩缝对位刀眼。

也可以将四个裁片（①号片、②号片、③号片、④号片）的上半部分展开，这样可以扩大衣袖的上半部分。

在这种情况下，需要在袖子上半部分设置褶裥或抽褶。

图3b

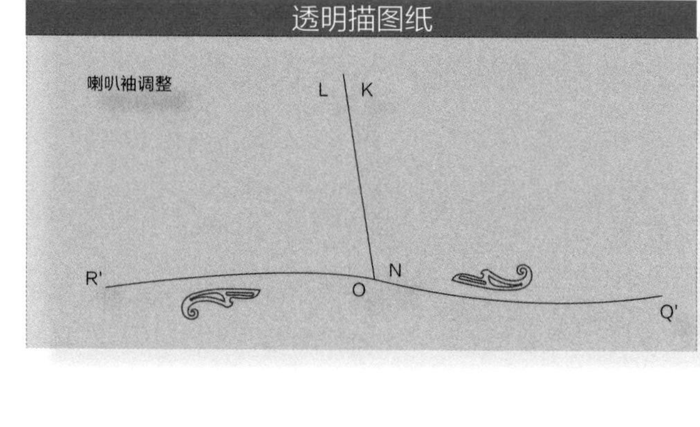

图4

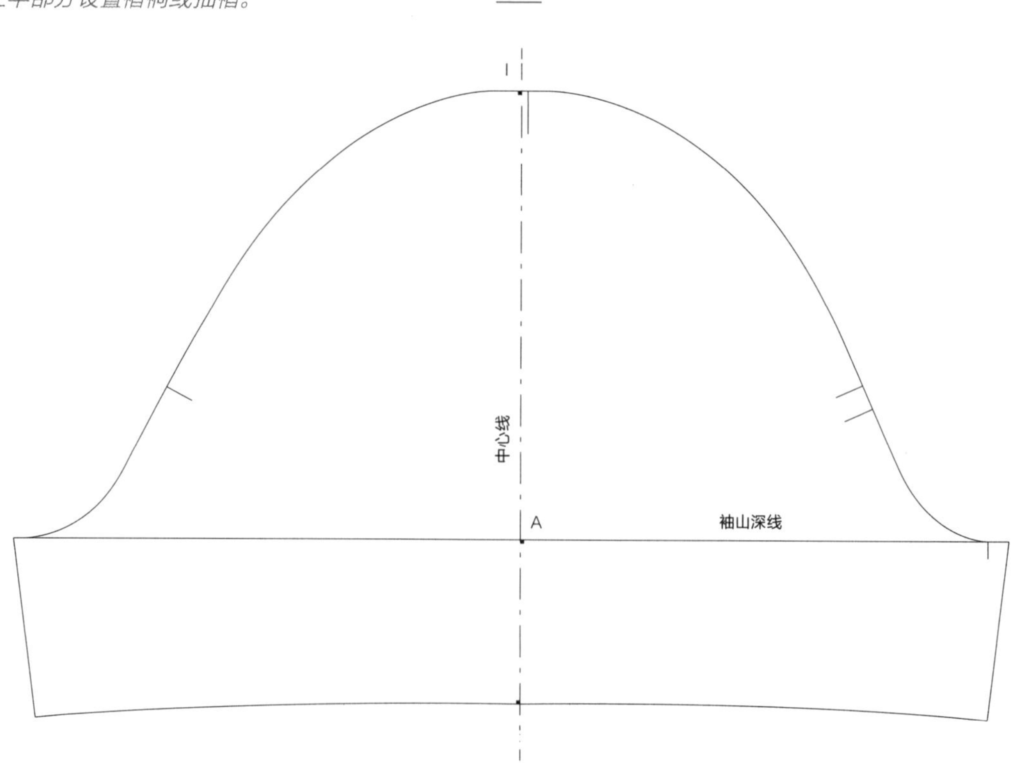

图4、图5、图6

完成最终样板的绘制。

泡泡袖（图4）

灯笼袖（图5）

蝴蝶袖（图6）

图5

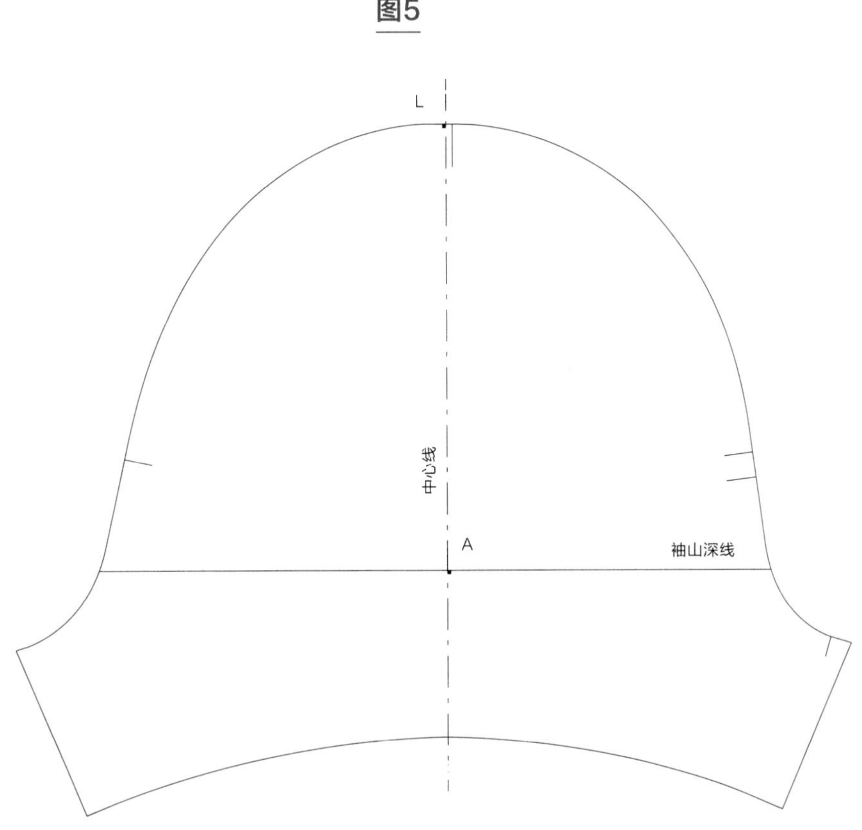

图6

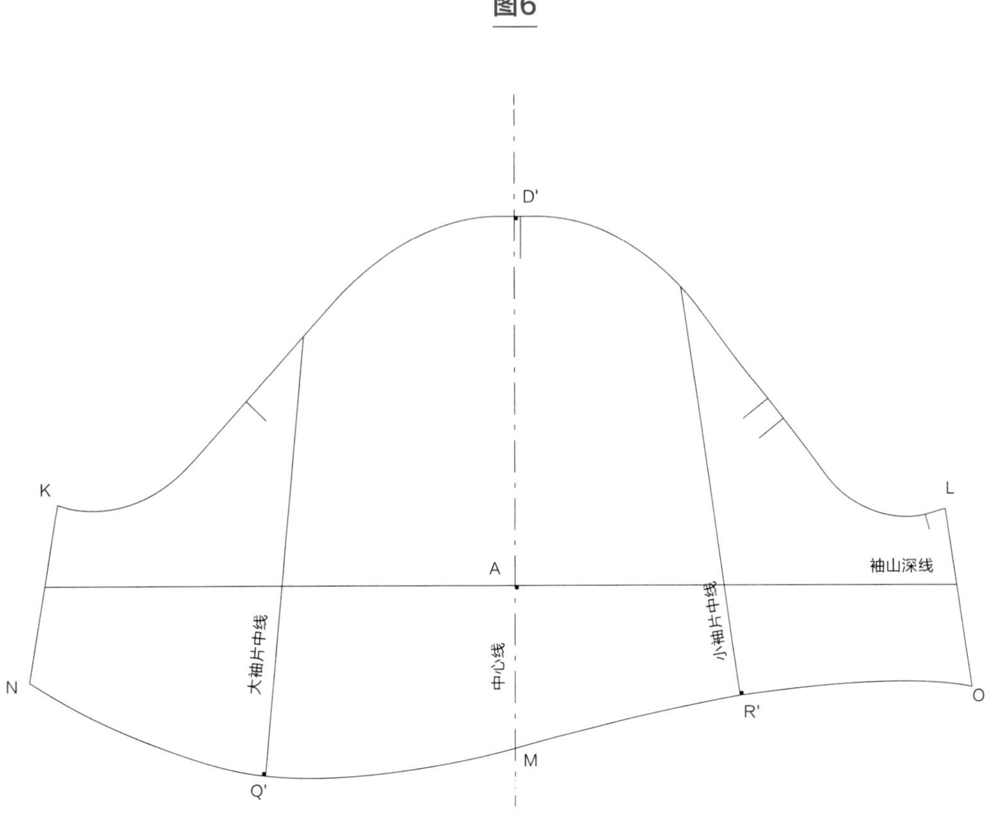

合体袖

这款衣袖的袖型偏窄，十分合体。

为了更好地贴合手臂，最初以45° 方向制板，衣袖可以沿斜丝缕方向进行裁剪，因此无需太多宽松量。

制板时，可以套用短袖基础样板的袖山部分。

款式图

斜丝缕合体袖制板

图1

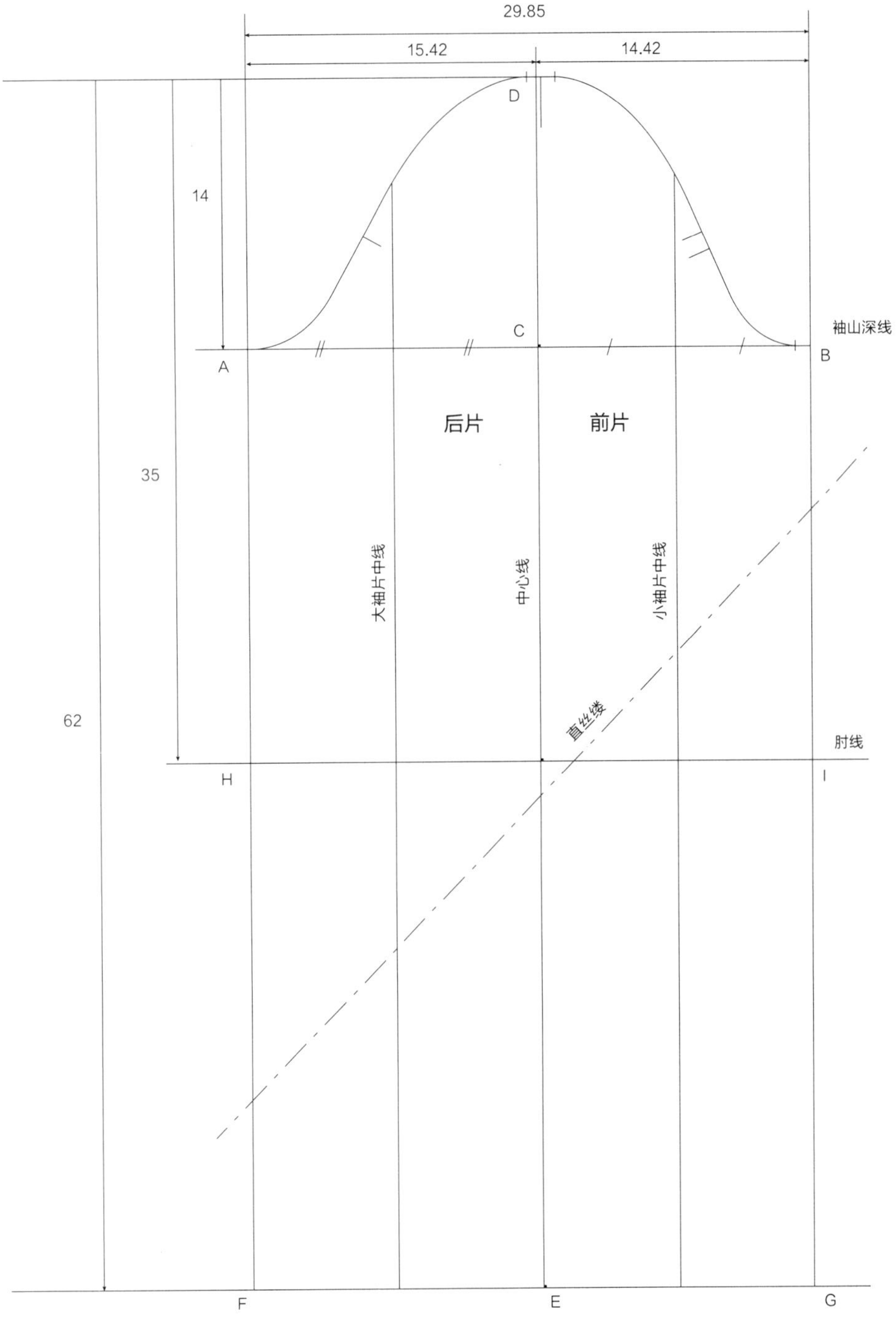

图1

1. 绘制短袖基础样板的袖山弧线（袖山深线AB以上部分）。

将基础样板的中心线延伸至袖山深线以下，在这条中心线的45°方向设置直丝缕。

2. 自袖山顶端（D点）向下，在中心线上取袖长，得到E点。本例中，袖长为62cm，即DE=62cm。

在E点两侧各取1/2袖宽（AB=29.85cm）并调整前后片尺寸，后片为1/2袖宽+0.5cm=15.42cm，前片为1/2袖宽−0.5cm=14.42cm，得到F点、G点。用直线分别连接A点和F点、B点和G点。

3. 自D点向下，在中心线上取肘高，设置肘线。本例中，肘高为35cm。在此绘制水平线，分别与垂直线AF、BG相交于H点、I点。

由于这款衣袖的肘部微微弯曲，因此制板时需要设置肘线。

4. 将大袖片中线及小袖片中线延伸至衣袖底边。

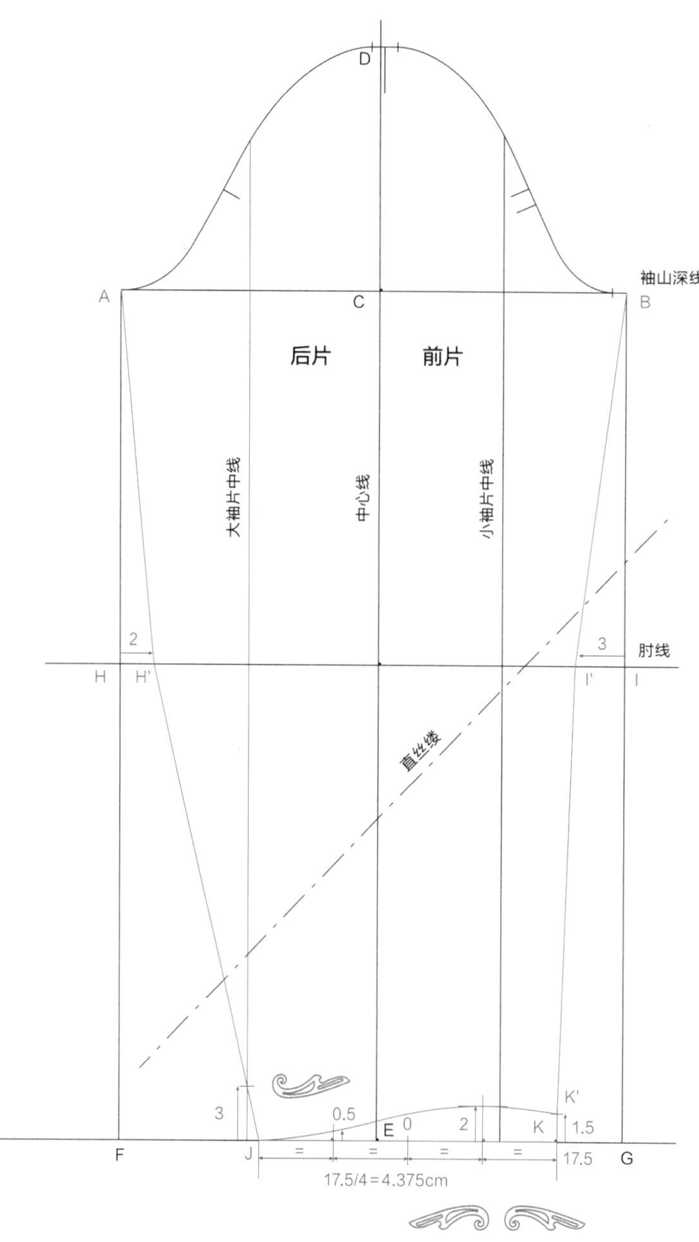

图2

1. 在肘线上，自H点向内收2cm，得到H'点，自I点向内收3cm，得到I'点。

在大袖片中线上，在距离底边FG向上3cm处做标记。

用直线连接A点、H'点及3cm处的标记点，并向下延伸至底边（J点），这条线代表衣袖的外弧线（尚未完成）。

2. 自J点取手腕围+放松量，得到K点。本例中，JK=16+1.5=17.5cm。

自K点垂直向上1.5cm，标记为K'点。

用直线连接K'点、I'点及B点，这条线代表衣袖的内弧线（尚未完成）。

3. 绘制袖口线。将之前的17.5cm（JK）四等分，然后自等分点向上方作垂线：从左至右，这三条垂线的高度依次为0.5cm、0、2cm。

在2cm处绘制一小段水平线，借助曲线板连接至K'点，然后翻转曲线板，在左侧也绘制同样的曲线，使其经过0.5cm处直至J点，完成袖口曲线的绘制。

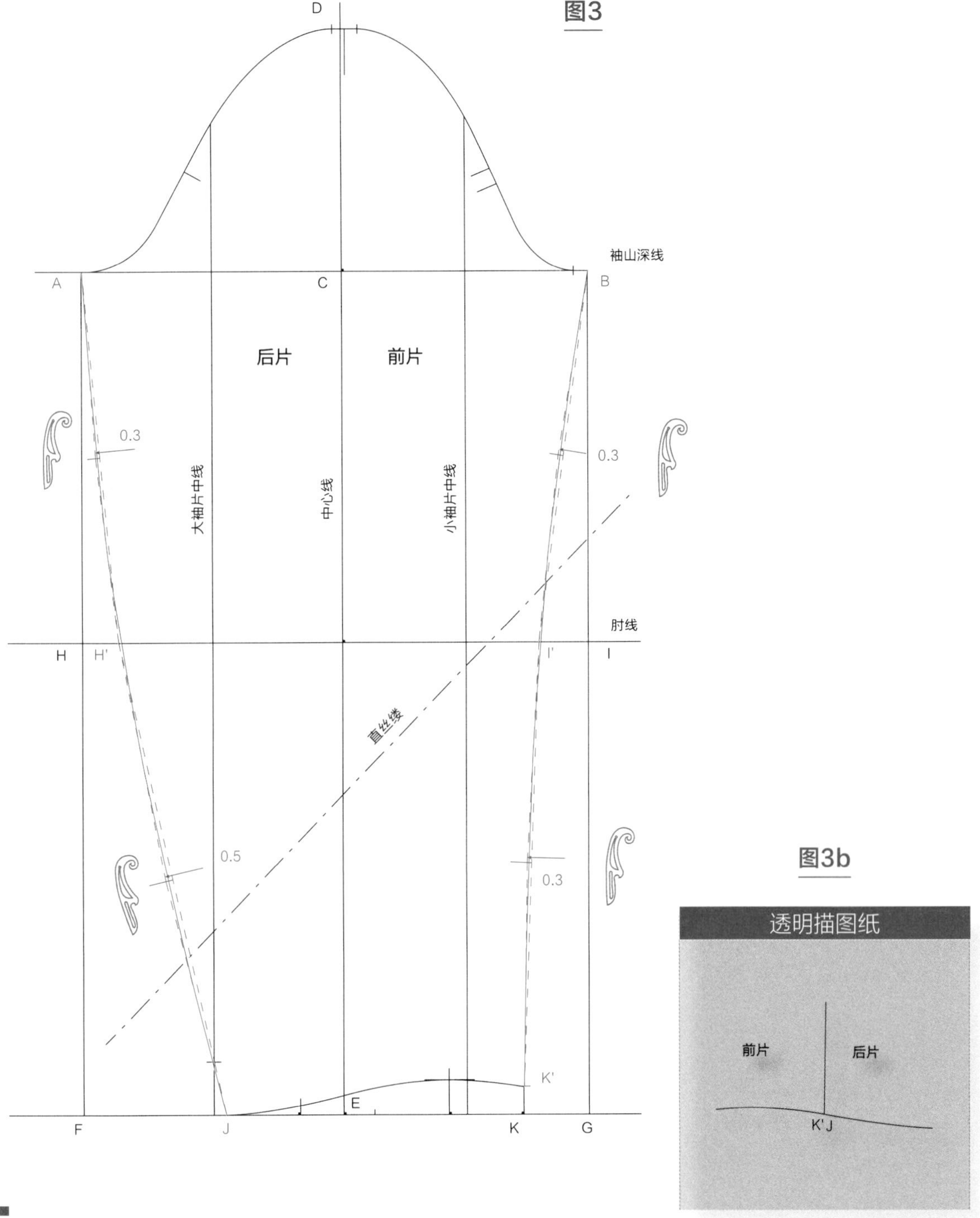

图3

1. 借助尺寸较长的云尺绘制衣袖的内外弧线，可以使衣袖产生自然弧度。

2. 如果没有云尺，可以借助曲线板来绘制。

为此，分别取以下线段中点并作垂线：AH'、H'J、BI'和I'K'。

分别在BI'和I'K'内侧的垂线上取0.3cm，在AH'外侧的垂线上取0.3cm，H'J外侧的垂线上取0.5cm。

先用直尺分段连接各个标记点，然后用曲线板将肘线处产生的转角线条画顺。

3. 借助透明描图纸（图3b）调整袖口曲线，使线条顺滑均匀。用锥子将调整后的袖口曲线拓描至样板上。

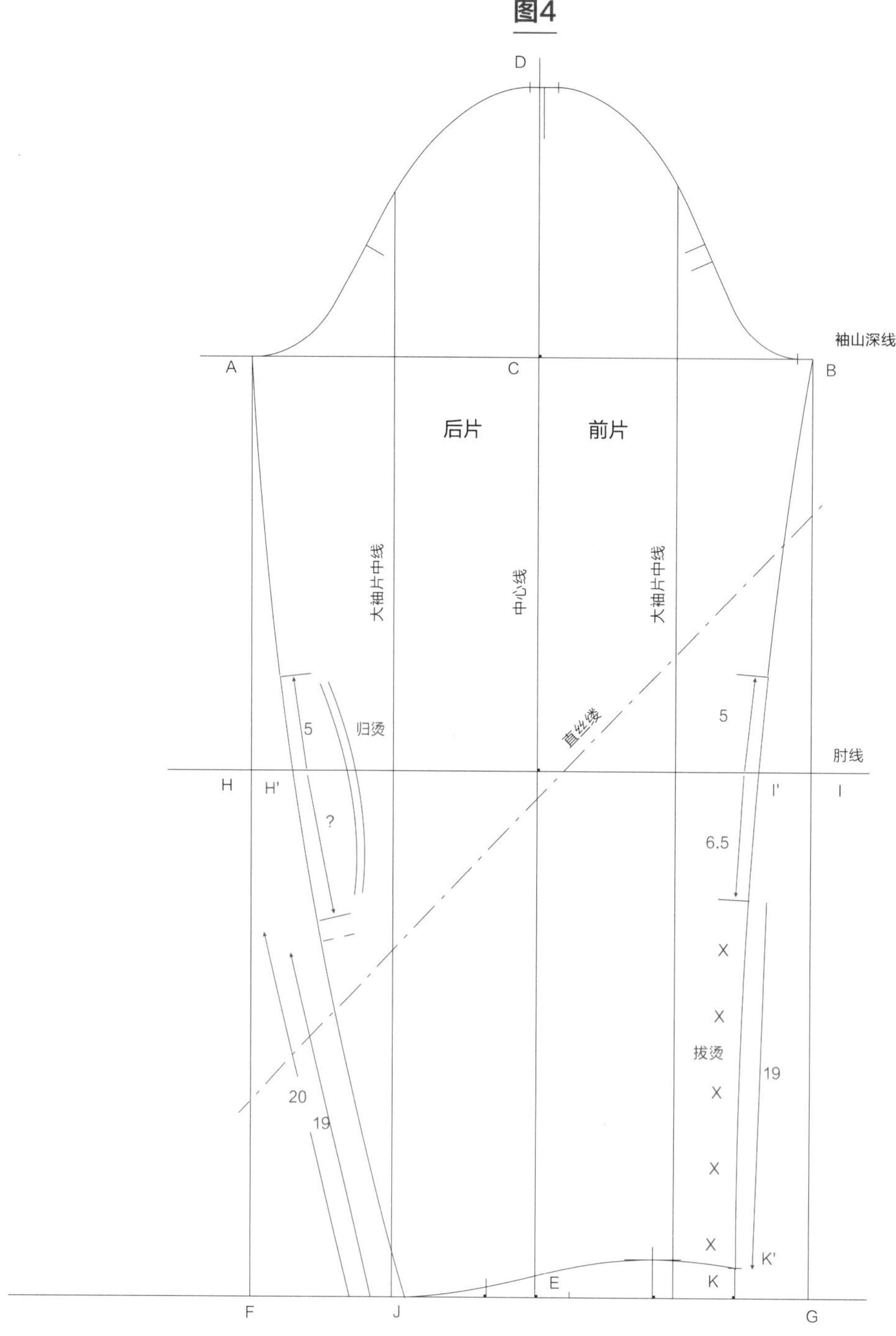

图4

1. 在车缝时，衣袖的外弧线和内弧线将会缝合。目前两条弧线的长度不一，因此还需要进行调整。

在肘线上方5cm处，分别在内外弧线上设置车缝对位刀眼。

2. 在肘线下方6.5cm处，在内弧线上设置刀眼。本例中，6.5cm处的刀眼至K'点的距离为19cm。

自J点向上，在外弧线上取同样长度，并增加1cm吃势量，即19+1=20cm，在此处设置刀眼。

3. 缝合衣袖前，应在外弧线的两个刀眼之间车缝两道缩缝线并抽缩吃势量，以便进行归烫处理。

在前袖内弧线上6.5cm处的刀眼及K'点之间，需要通过熨烫将其拔长至与后袖外弧线（自J点向上20cm至肘线下方的刀眼处）同等长度。完成这一步骤后即可缝合衣袖，塑造出完美贴合手臂的曲线造型。

4. 这款合体袖偏窄，袖底缝上需预留一个开口，以便让手掌轻松通过。收口时，通常采用扣襻加包布扣的扣合方式。

图5

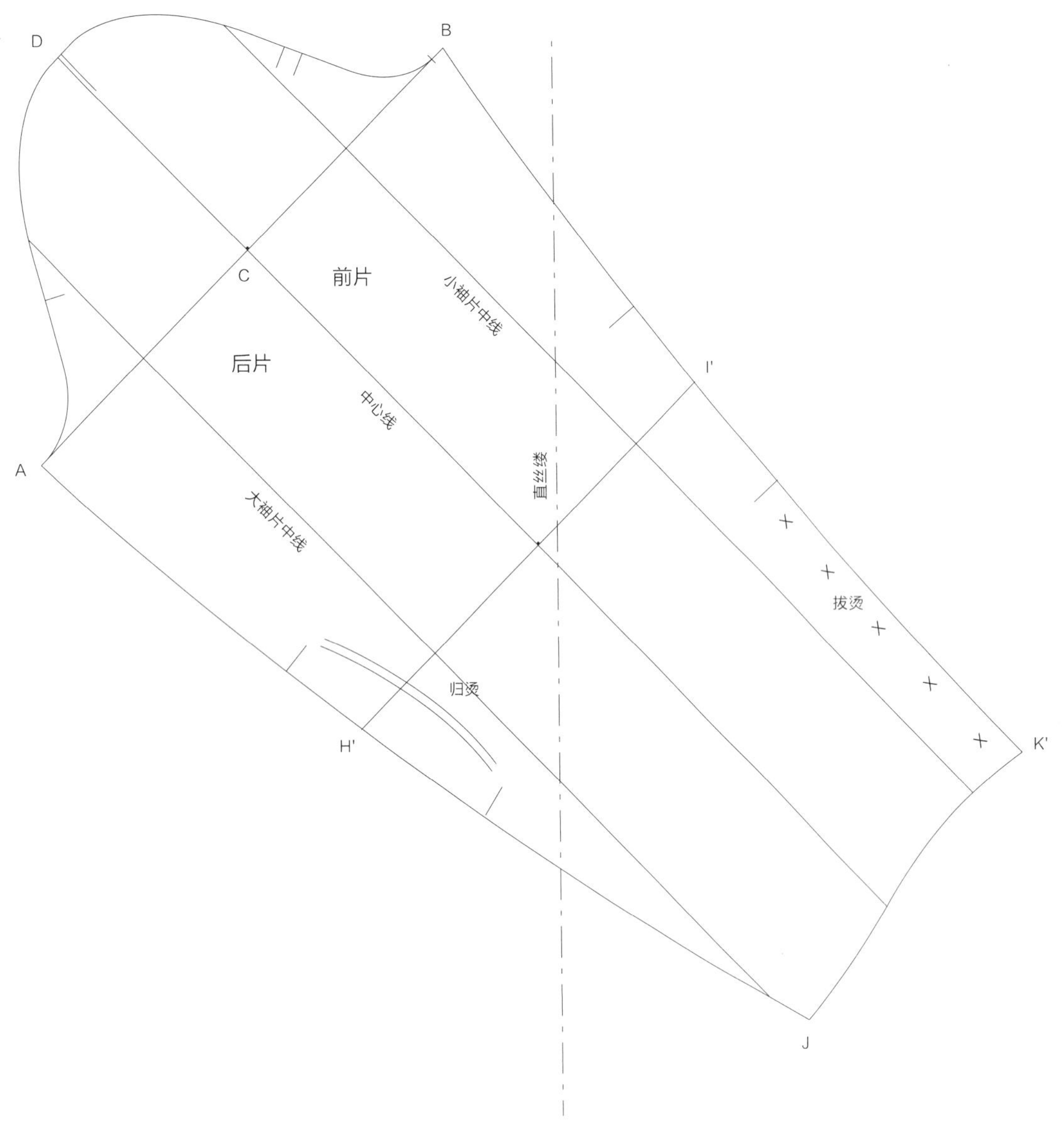

图5

完成按斜丝缕方向裁剪合体袖最终样板的绘制。

直丝缕合体袖制板

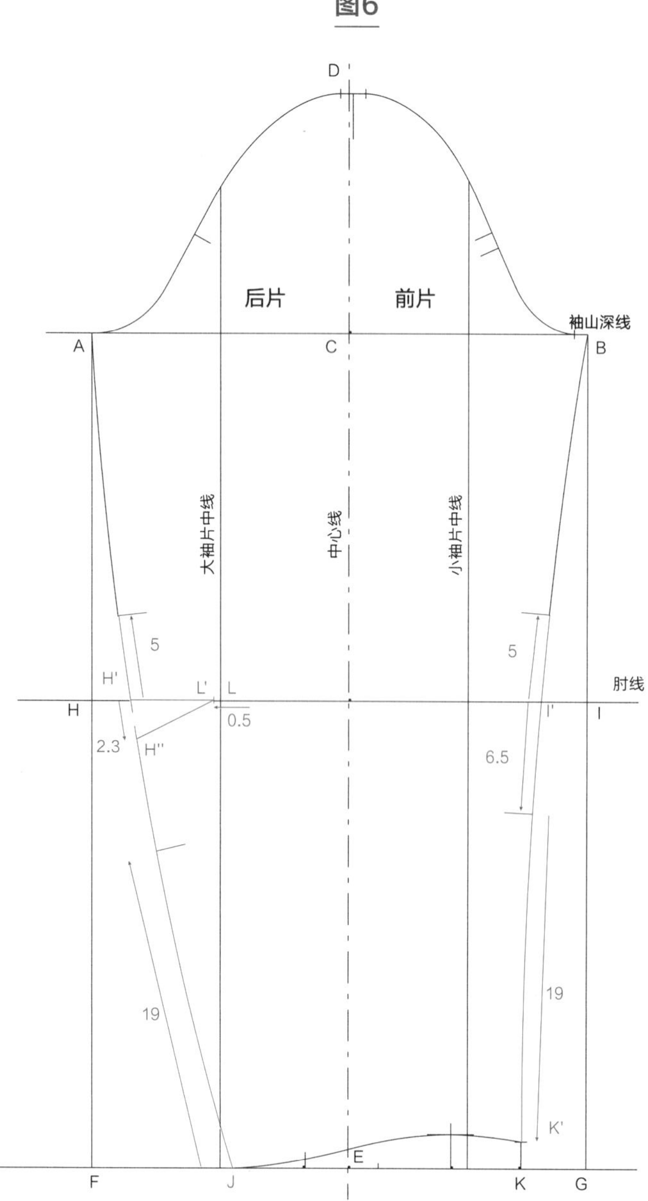

图6

1. 这款合体袖也可以按直丝缕方向裁剪。斜裁合体袖可能更加贴合手臂线条，但小袖片中线部位牢度不够。

2. 整个设计制板的过程同之前完全一样，只需取消熨烫归拔工艺。因此，车缝对位刀眼的设置有所不同。

3. 绘制斜裁合体袖的样板（图4）。

在肘线上方，仍旧自外弧线H'点及内弧线I'点向上5cm，设置车缝对位刀眼。

在肘线下方，自内弧线I'点向下6.5cm，设置刀眼，测量6.5cm处的刀眼至K'点间的距离为19cm。

自J点向上，在外弧线上取同样长度（不必添加斜裁袖所需的1cm吃势量），在此处设置刀眼。

4. 比较外弧线及内弧线上两个刀眼之间的距离：

– 内弧线：5+6.5=11.5cm

– 外弧线：5+8.8=13.8cm

内外弧线上两个刀眼之间的距离差为：

13.8–11.5=2.3cm。

5. 为了消除这个距离差，可以在肘线处设置肘省，也可以采用制褶或其他方式。

6. 肘省必须短且不显眼。为此，省道需在大袖片中线（L点）前终止，本例中，省尖位于距离L点0.5cm处（L'点）。然后在外弧线上，自H'点向下2.3cm处标记为H''点。

用直线连接L'点和H''点，完成省道（H'L'H''）的设置。

如果有需要，这个省道也可以略微弯一点。

图7

调整外弧线，将闭合省道后所产生的转角线条画顺。

1. 先借助透明描图纸（图7b）拓描AH'L'，然后以L'点为圆心旋转省边（H'L'）闭合省道，使其与另一条省边（L'H''）重叠，最后拓描外弧线至J点。

2. 借助曲线板画顺曲线，在省道闭合处得到M点和M'点。用锥子将调整后的外弧线拓描至样板上。

3. 在拼缝处预留一个开口，可以让手掌轻松通过袖口。

图7

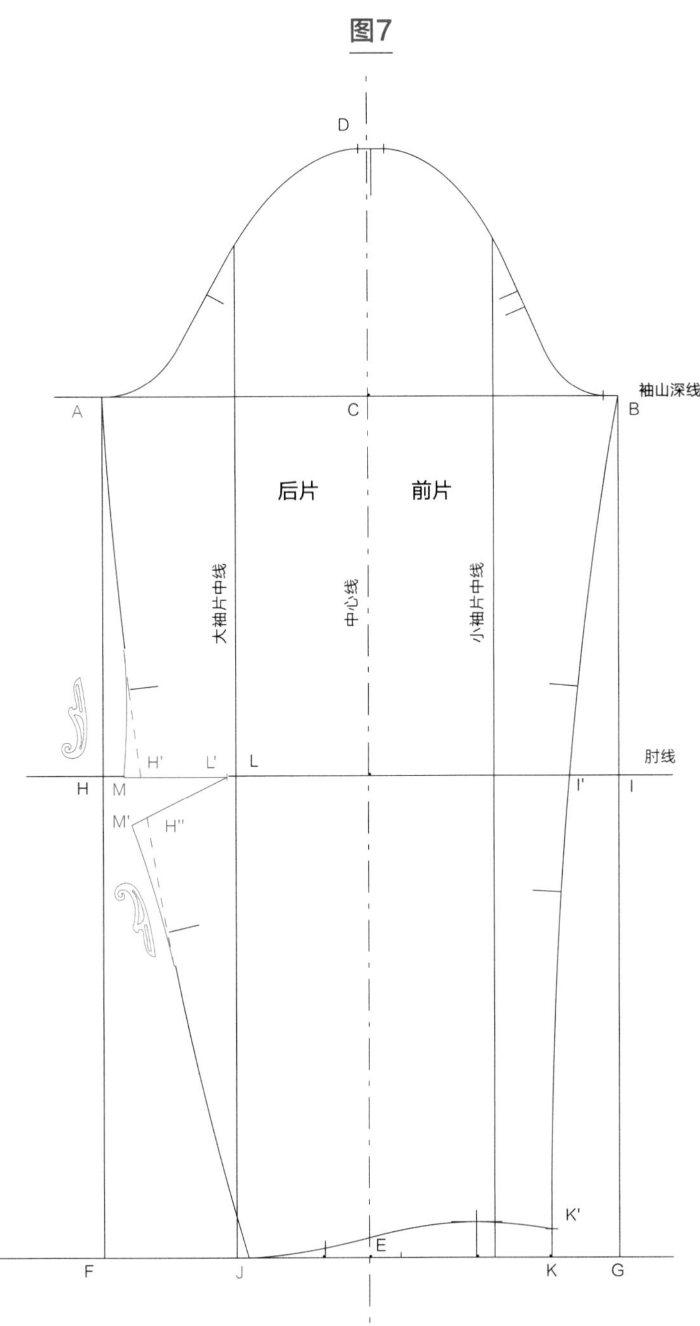

图7b

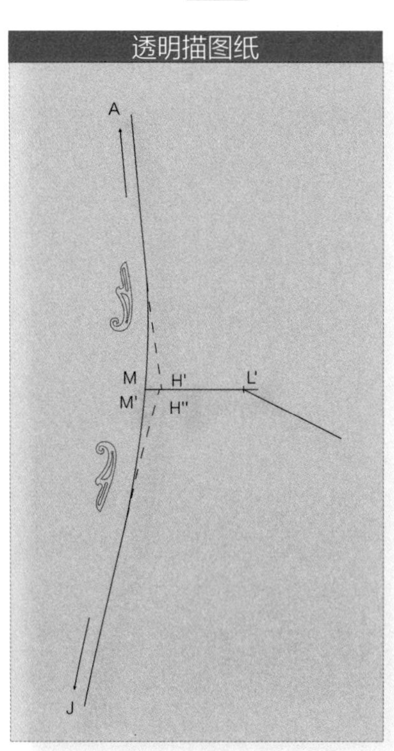

图8

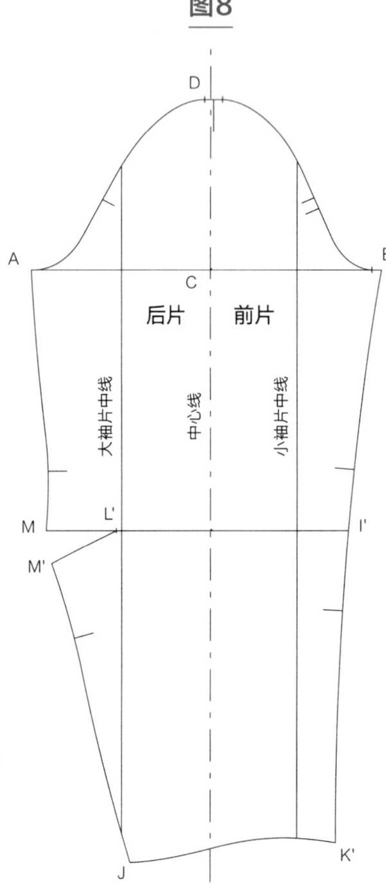

图8

完成按直丝缕方向裁剪的合体袖最终样板的绘制。

羊腿袖

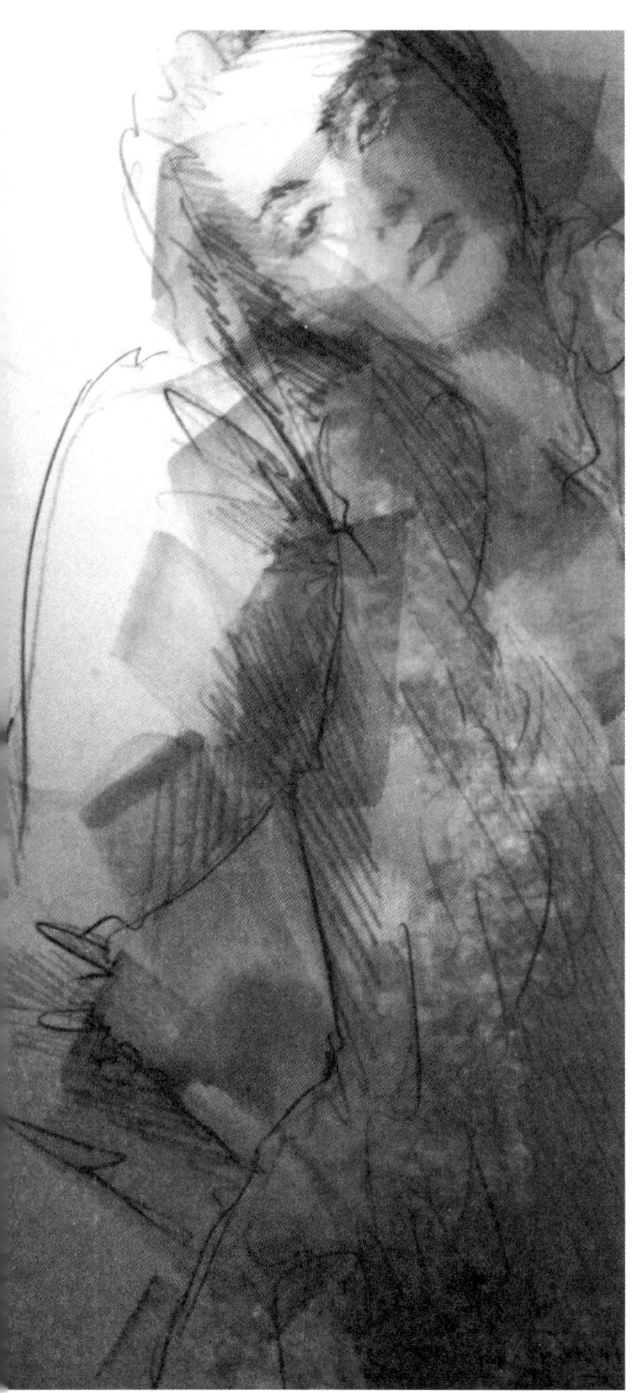

羊腿袖的成品外观仿佛一条“羊腿”，上松下紧，即袖子下半部分比较紧，而上半部分通常由褶裥或抽褶形成，体量比较大。

羊腿袖由一整片面料制成，这是它的另一特色。和合体袖一样，用斜裁的方式制作，羊腿袖的外观效果会更理想。

这款袖子的制板基于合体袖，袖型微弯并紧密贴合手臂。

款式图

图1

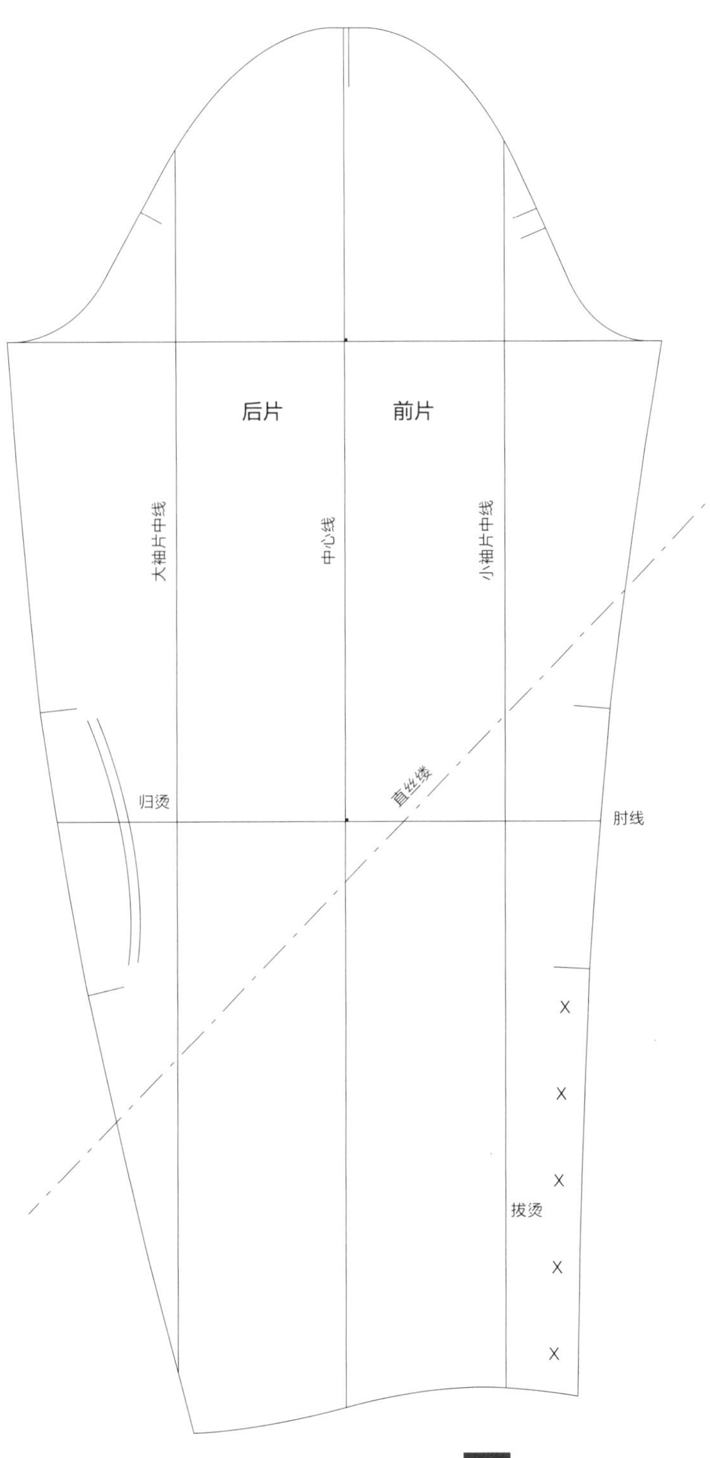

图1

1. 拓描合体袖样板，仔细地绘制所有的内部线条（大袖片中线、小袖片中线、肘线等）。

2. 为了方便操作，拓描时可以将样板置于垂直方向。

图2

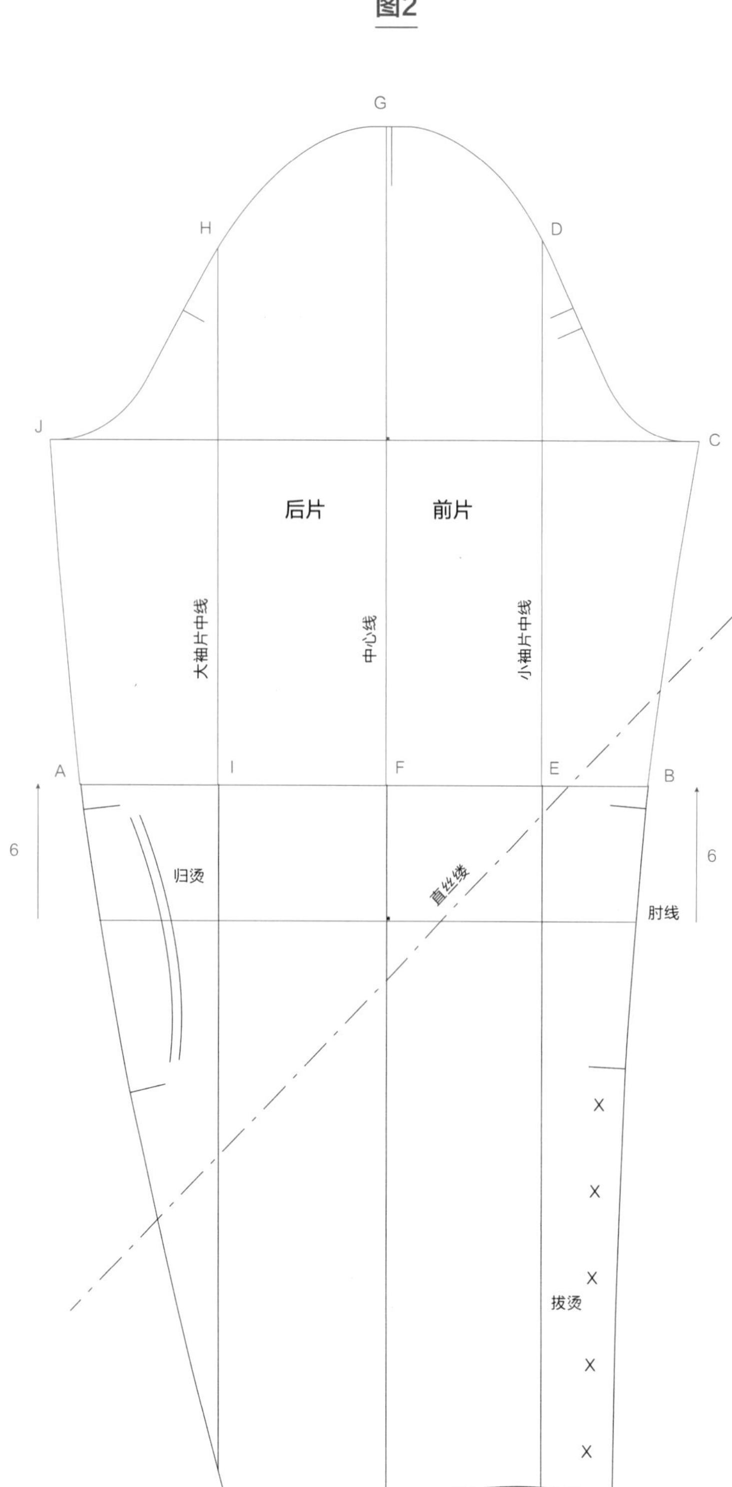

图2

1. 根据设计需求确定袖子上、下部位分界线的位置，通常将其设置于肘线和袖山深线之间。

本例分界线位于肘线上方6cm处。在此处绘制肘线的平行线（AB）。

图2b

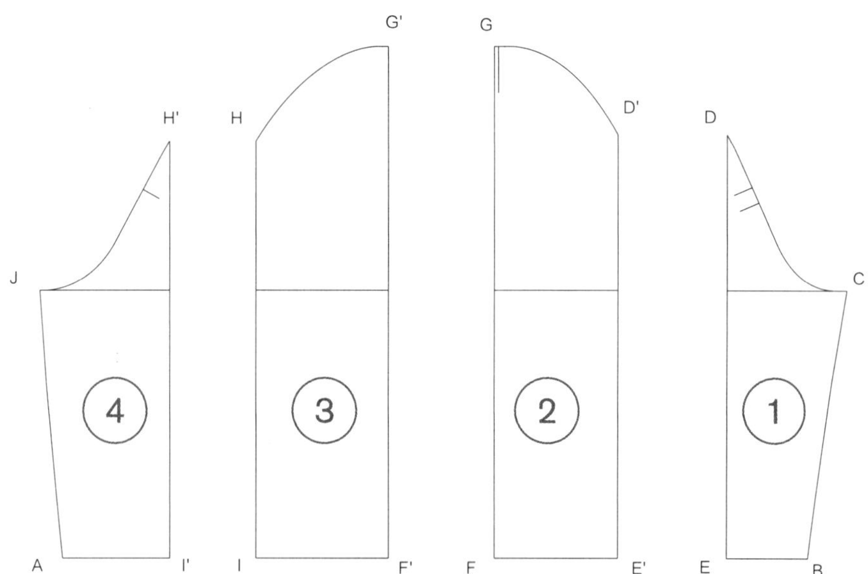

2. 将AB上方的部分分成四片，以构建“羊腿”上半部分：BCDE、E'D'FG、F'G'HI、H'I'AJ（图2b）。

将其裁开，并分别置于样板的相应位置。

在加放“羊腿”部分之前，先根据设计需求确定加放量。本例中，最宽处的总宽度为43cm。

注意：在衣袖的制板过程中，需调整前后片尺寸，后片总是比前片大1cm。

为了绘制这款衣袖，将宽度等分并调整前后片尺寸，即

- 后片：43/2+0.5=21.5+0.5=22cm
- 前片：43/2−0.5=21.5−0.5=21cm

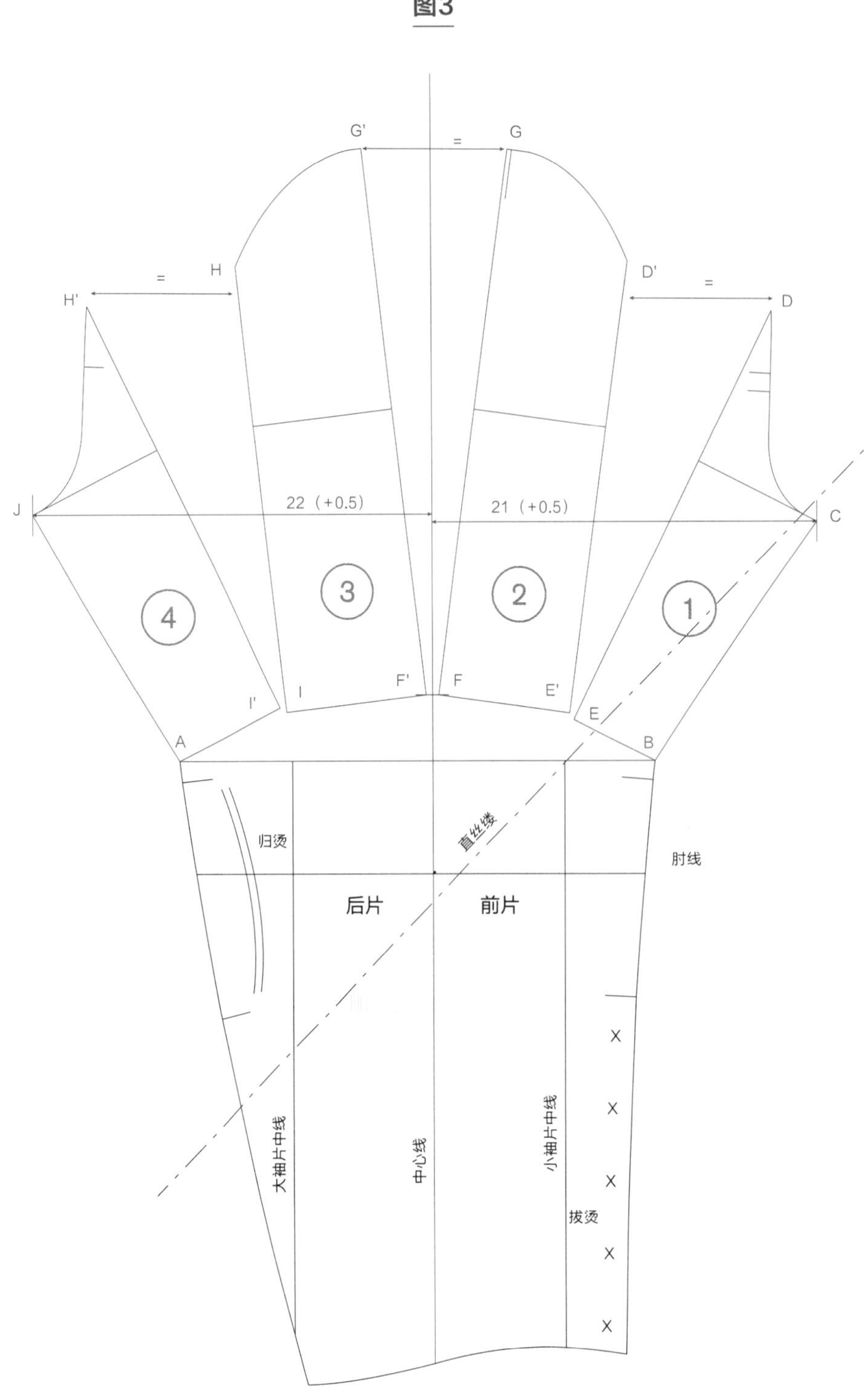

图3

1. 设置①号片（BCDE）及④号片（H'I'AJ），固定A点和B点位置，以保持衣袖内外弧线的长度不变。

2. 核对后片J点至袖中线的距离（22cm），以及前片C点至袖中线的距离（21cm），前后片尺寸均可上浮0.5cm。

确认距离正确后，重新绘制样板或直接将①号片和④号片用胶带贴在绘图纸上。

3. 均匀地设置②号片（D'E'FG）和③号片（F'G'HI），保持D点和D'点、G点和G'点、H点和H'点的水平间距相等。

在A点和B点之间，相邻的裁片之间可能会出现少量间隙，这不要紧，关键是使裁片的底边保持拱形。

设置好之后，重新绘制样板或直接将②号片和③号片用胶带贴在绘图纸上。

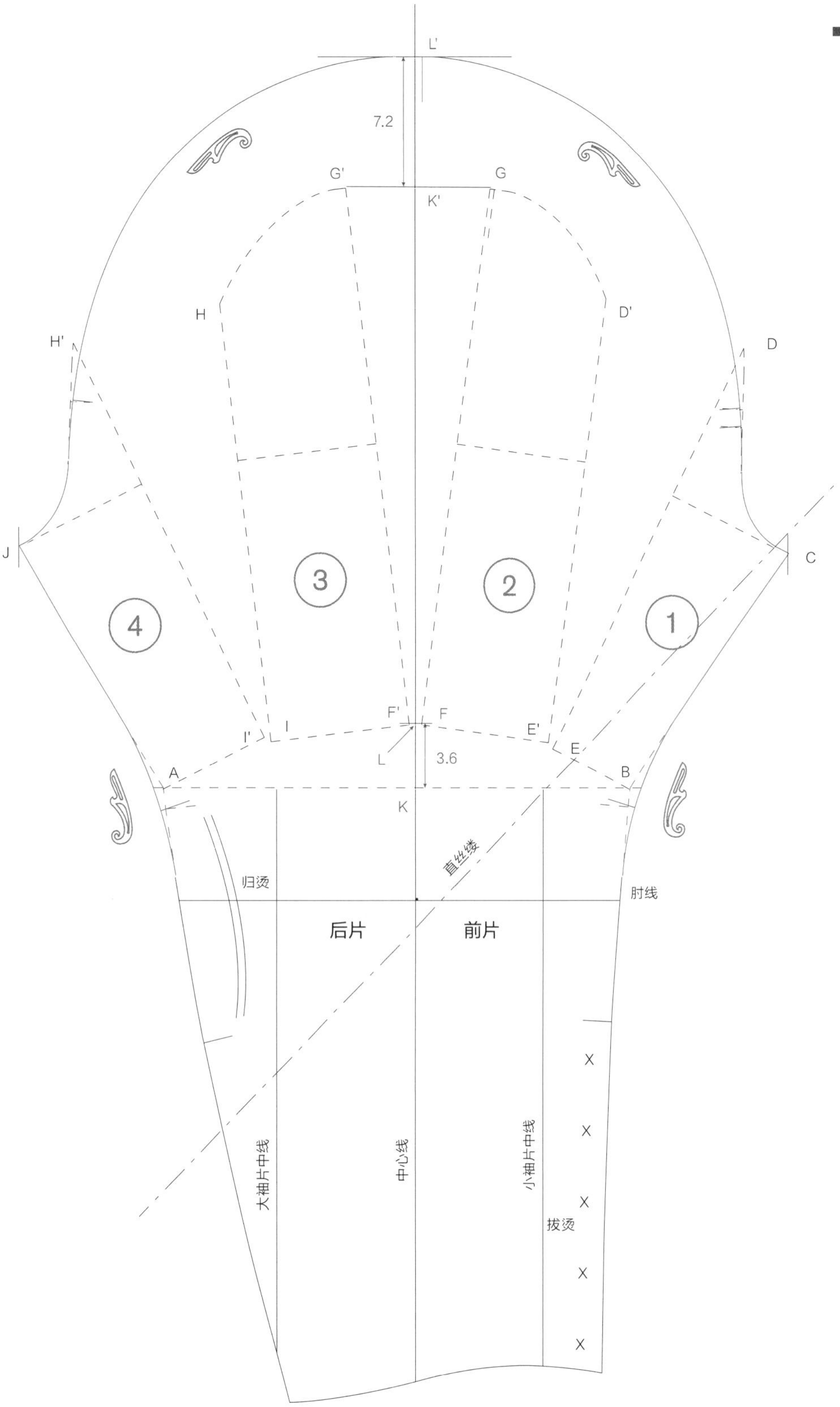

图4

图4

1. 增加衣袖宽度之后，还需增加袖山高，以使两者比例协调。

2. 计算袖山高的平均变化值。先在绘图纸上测量KL的长度，再根据袖子的样式，乘以2或乘以3（理论数值）。

本例中，KL=3.6cm，取其2倍值，即K'L'=3.6×2=7.2cm。

借助曲线板画顺新的袖山弧线，并与①号片和④号片上半部分的底部曲线相切。新的袖山应绘制成椭圆形状。

3. 借助曲线板画顺A点和B点处的转角线条。

4. 不要忘记在样板上设置车缝对位刀眼。

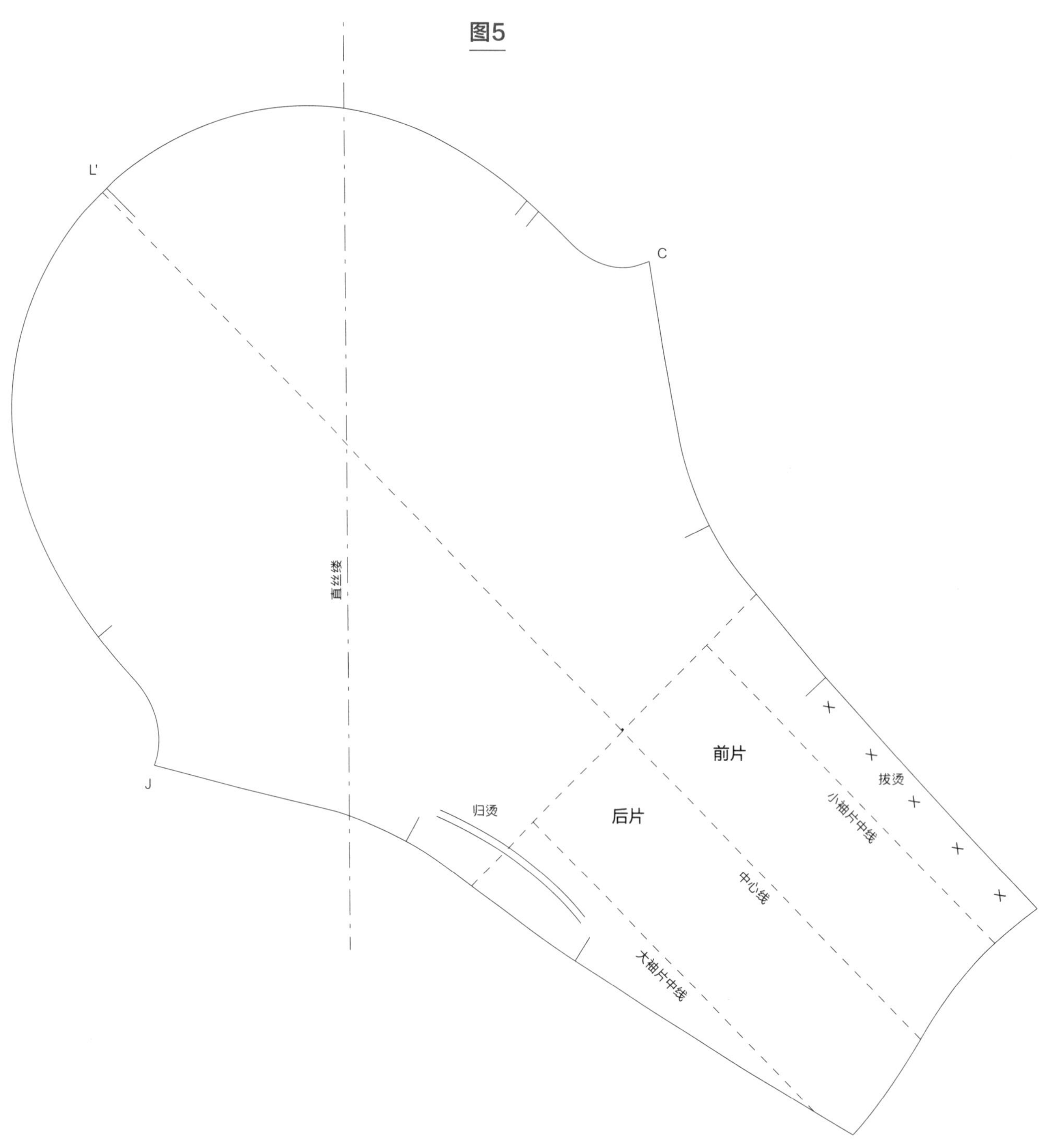

图5

完成斜裁的羊腿袖最终样板的绘制。

图6

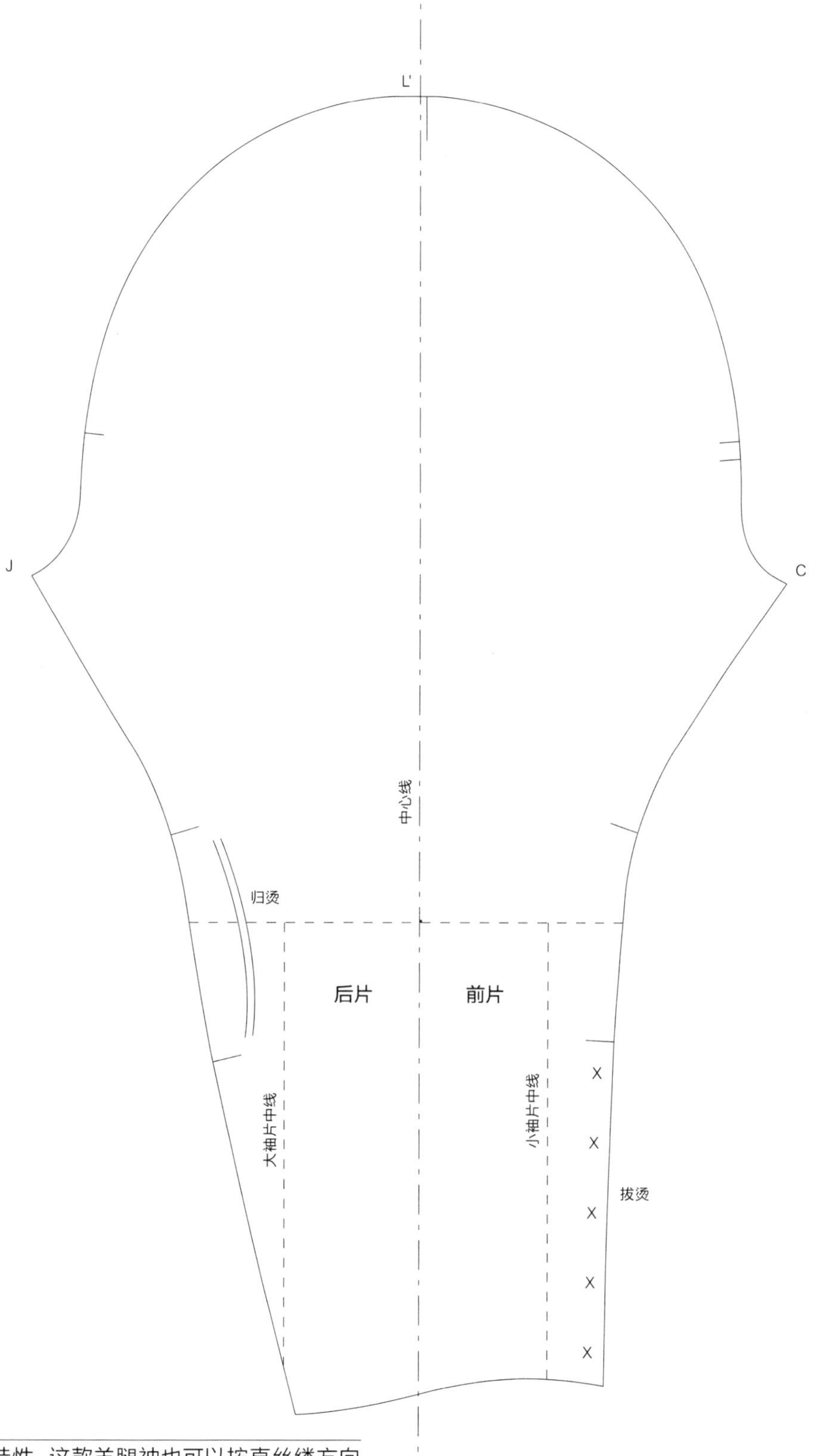

图6

根据设计需求和面料特性，这款羊腿袖也可以按直丝缕方向裁剪。

小袖片中线处的面料必须经过拔烫处理，因此需选用合适的面料，或者改用添加肘省的合体袖样板来制作这款羊腿袖。

经典衬衫袖

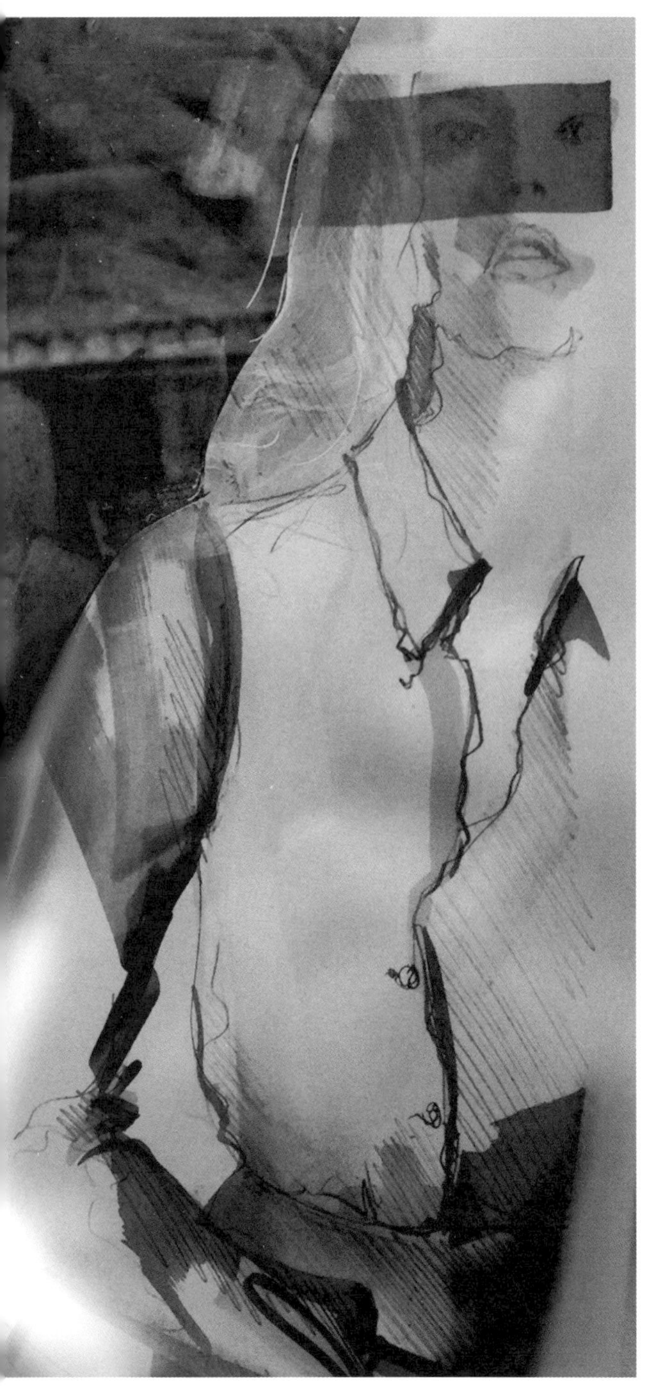

同短袖基础样板一样，这款衣袖也属于装袖类别，但其体量更大。这款衬衫袖为长袖，袖口处带有袖衩和袖克夫。

根据衬衫衣身袖窿尺寸来计算这款衣袖的尺寸并绘制样板，即

- 前后袖窿总长：20.5+21.8=42.3cm
- 袖窿深：18cm

款式图

图1

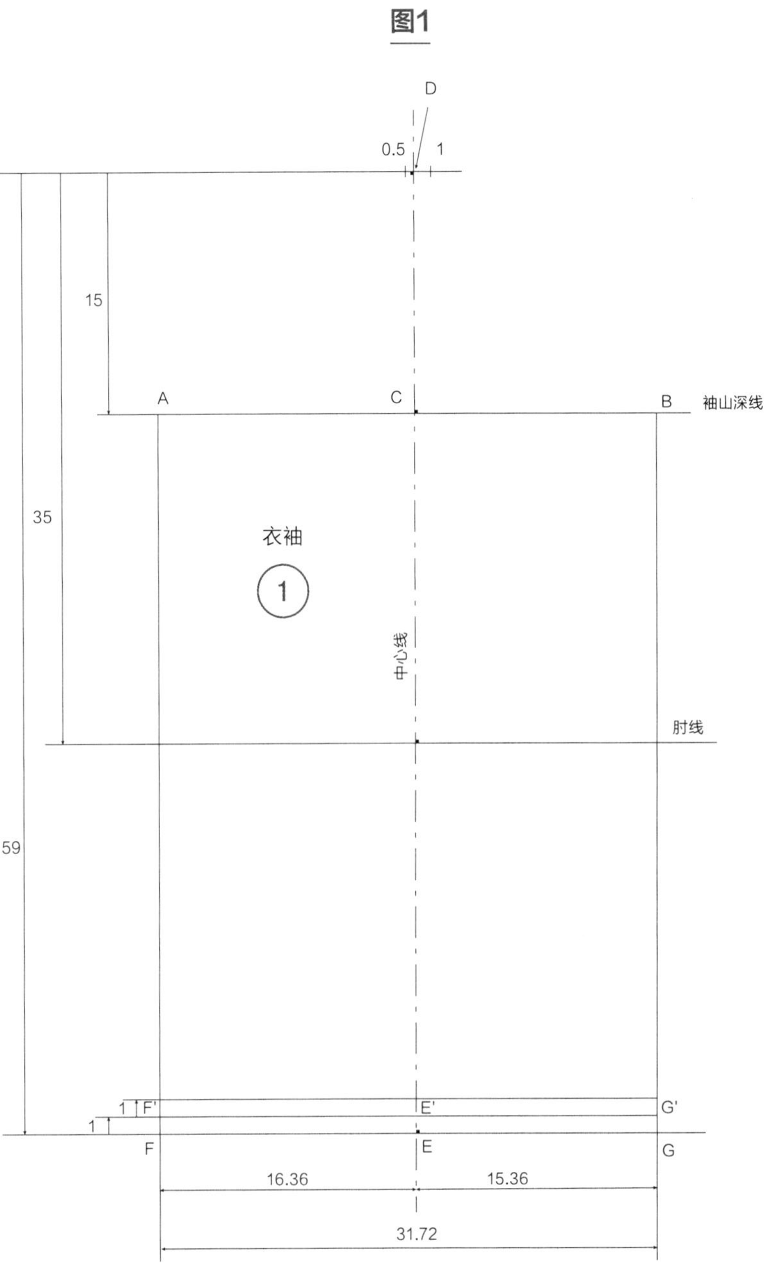

图1

1. 在绘图纸上绘制水平线和垂直线，分别对应袖山深线和中心线。

2. 确定袖宽（AB）。

取3/4袖窿长，即42.3×3/4=31.72cm。

将其等分，即31.72/2=15.86cm。

调整前后片比例，使后片尺寸略大些，即

- 后片宽：AC=15.86+0.5=16.36cm
- 前片宽：CB=15.86-0.5=15.36cm

自C点向袖中线的两侧取值，在袖山深线上设置袖宽，得到A点和B点。

3. 确定袖山深度（CD）。取5/6袖窿深，即18×5/6=15cm。

自袖山深线（C点）沿中心线向上取15cm，得到D点。在D点两侧绘制一小段水平线：后片长0.5cm、前片长1cm。

4. 确定袖长。用臂长减去袖克夫的高度（本例为5cm），再加上2cm放松量（需在小袖片中线上减去同样长度）作为大袖片中线长度，即62-5+2=59cm。

自D点沿中心线向下59cm标记E点，在此处绘制水平线。自A点和B点向下绘制垂直线至袖口水平线，得到F点和G点。

5. 自FG向上依次绘制两条间隔1cm的水平线，这2cm即之前在设置袖长时预留的放松量。自D点向下35cm处设置水平线，即肘线。肘线位置可根据不同体型进行调整。

图2

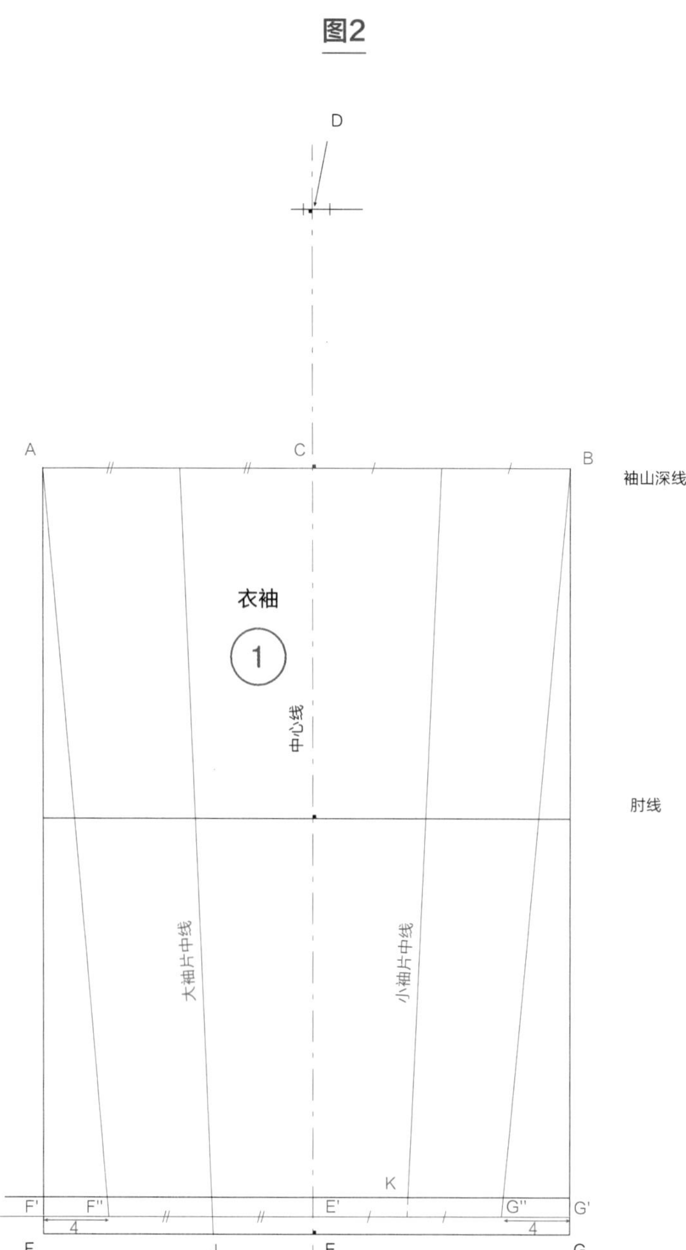

图2

1. 在F点和G点上方1cm处标记F'点和G'点，自这两点向内略收，以减小袖口宽度。本例中，两边各收4cm，得到F''点和G''点。用直线分别连接F''点和A点、G''点和B点。

2. 确定大、小袖片中线。

中心线和水平线F'G'相交于E'点。取F''E'和AC的中点、E'G''和CB的中点，分别用直线连接起来。

小袖片中线的起点为袖口（FG）上方2cm处水平线上的K点。

大袖片中线的起点为袖口（FG）水平线上的J点。

图3

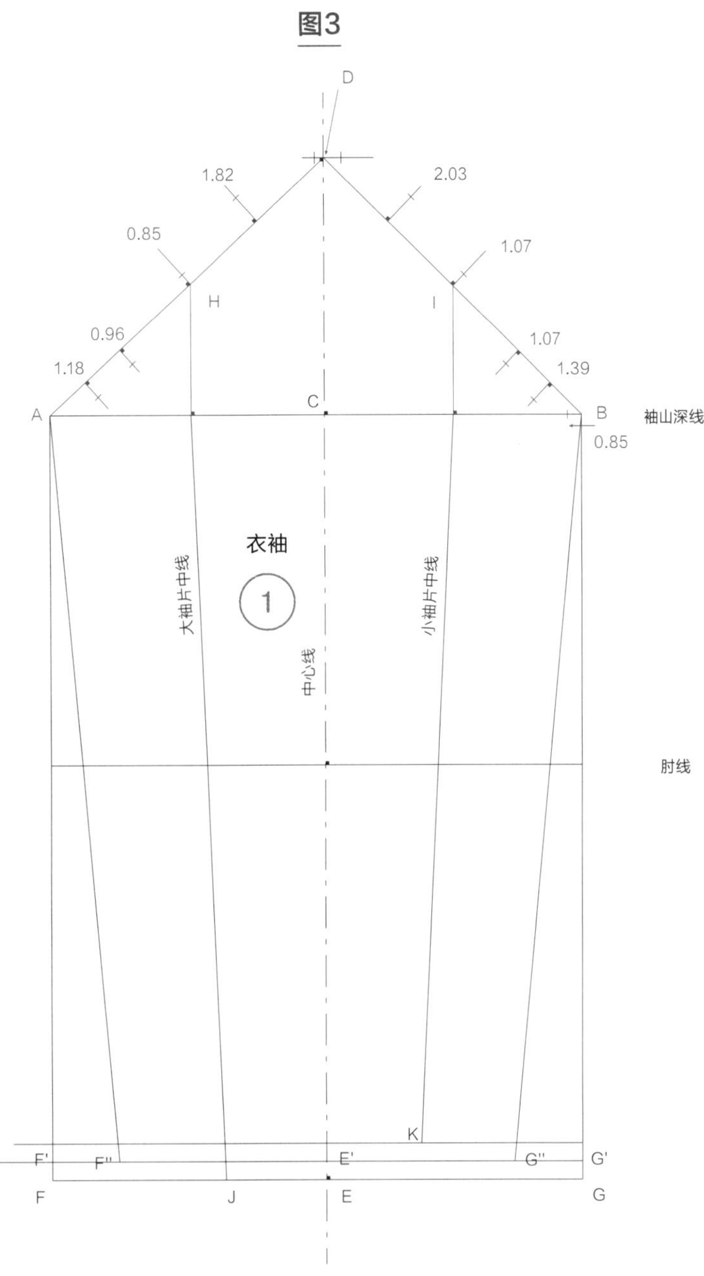

图3

1. 设置袖山弧线时，需要根据这款衣袖与短袖基础样板袖山深度之间的比例计算垂线上的数值。

2. 用直线连接A点和D点、D点和B点。在袖山深线上方，向上垂直延伸大袖片中线，与AD相交于H点；向上垂直延伸小袖片中线，与BD相交于I点。自H点和I点，分别向AD和DB上方作垂线。

本例袖山深度（15cm）与短袖基础样板的袖山深度（14cm）之间的比例为15/14=1.07，将短袖基础样板袖山弧线上每条垂线的长度乘以系数1.07，计算出本例袖山弧线上的垂线长度。

在H点和I点垂线上，取以下数值：

- H点，0.8×1.07=0.85cm
- I点，1×1.07=1.07cm

3. 分别将HD和DI等分，并取其中点向上作垂线。在后片垂线上取1.82cm，在前片垂线上取2.03cm（基础长度乘以1.07，即1.7×1.07=1.82cm，1.9×1.07=2.03cm）。

分别将AH和IB等分，并取其中点向下作垂线。在后片垂线上取0.96cm，在前片垂线上取1.07cm（基础长度乘以1.07，即0.9×1.07=0.96cm，1×1.07=1.07cm）。

还需将后片A点和0.96cm垂线的间距等分，并向下作垂线，在垂线上取1.18cm（1.1×1.07=1.18cm）。

将前片B点和1.07cm垂线的间距等分，并向下作垂线，在垂线上取1.39cm（1.3×1.07=1.39cm）。

在前片的袖山深线上，自B点向内收0.85cm（0.8×1.07=0.85cm）。

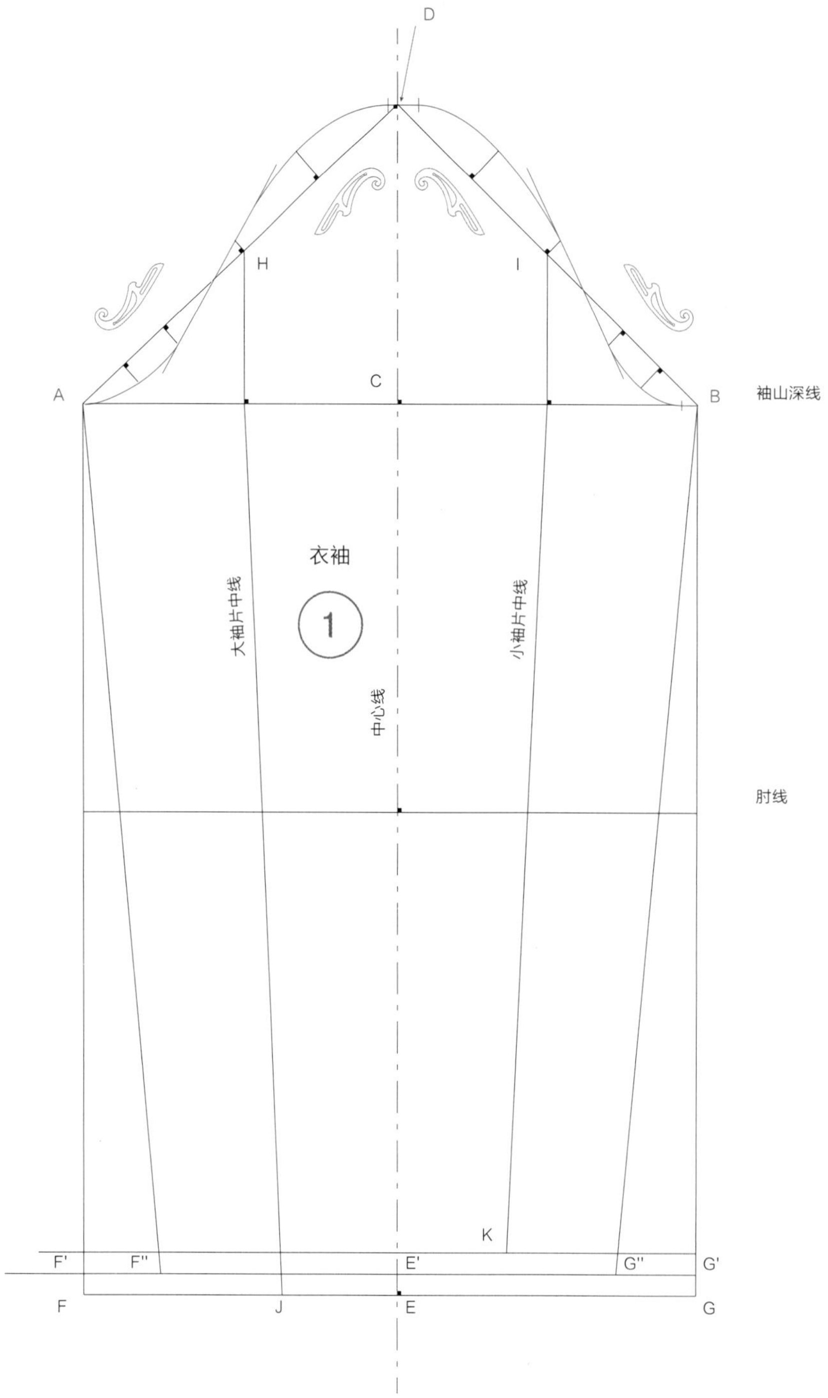

图4

1. 用直线连接前片两个1.07cm处的点，并使直线自两端向外延伸出去。以同样方式连接后片0.85cm处的点和0.96cm处的点。

2. 借助曲线板绘制前后片袖山弧线，使其经过各个标记点，并与之前绘制的两条直线相切。如图所示，根据线条形状来变换曲线板方向。

图5

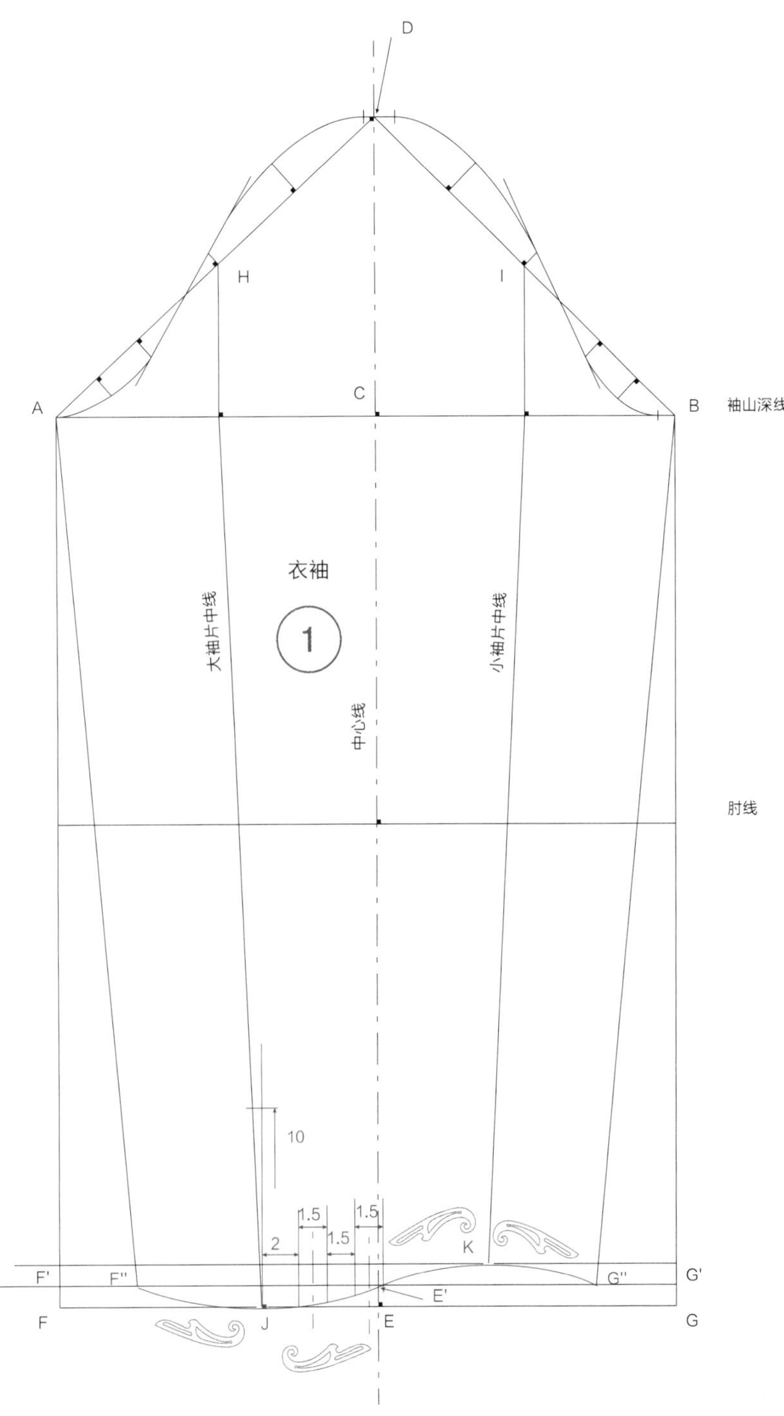

图5

1. 在F''点和G''点之间绘制袖口曲线，使其经过J点、E'点和K点。如图所示，根据线条形状来变换曲线板方向。

自J点垂直向上，在10cm处设置袖衩。

2. 计算袖口围和袖克夫宽度之间的差值，可以推算出袖口褶裥量。

测量袖口曲线的长度，即袖口围为24cm。

3. 本例中，手腕围为16cm，需要添加2cm的放松量及叠门量1.5cm×2（叠门宽等于纽扣直径，即1.5cm），即袖克夫宽度为16+2+1.5×2=21cm。

24−21=3cm，需要设置两个1.5cm（3/2=1.5cm）的褶裥。

自J点向前片方向（向右）2cm，在曲线上处设置一个1.5cm的褶，在间隔1.5cm处设置第二个1.5cm的褶。如图所示，褶裥需平行于中心线。

图6

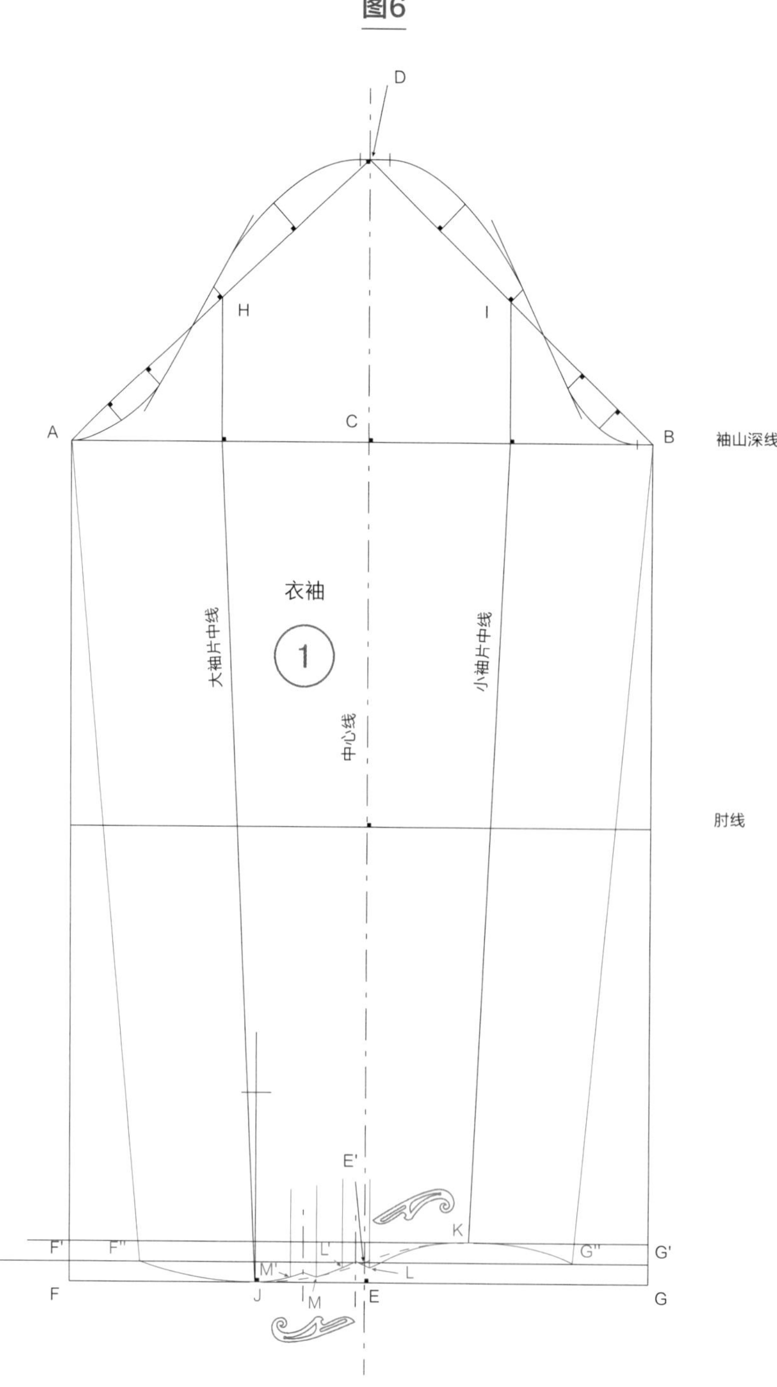

图6

1. 设置好褶裥后，需调整袖口曲线。借助透明描图纸（图6b）自K点拓描袖口曲线至第一个褶裥，闭合第一褶裥并继续拓描曲线至第二个褶裥，闭合第二褶裥并继续拓描曲线至J点。

2. 借助曲线板画顺袖口曲线，由此得到第一褶裥的L点和L'点，及第二褶裥的M点和M'点。

用锥子标记，并将各段曲线（KL、L'M、M'J）拓描至样板上，使褶裥相互对应的两个点（L点和L'点、M点和M'点）保持在同一水平线上。

借助透明描图纸（图6c）对齐袖底缝（F''A和G''B）。前片和后片对齐后，检查袖口曲线是否平滑圆顺。本例中的曲线很平顺，所以无需调整。

图6b

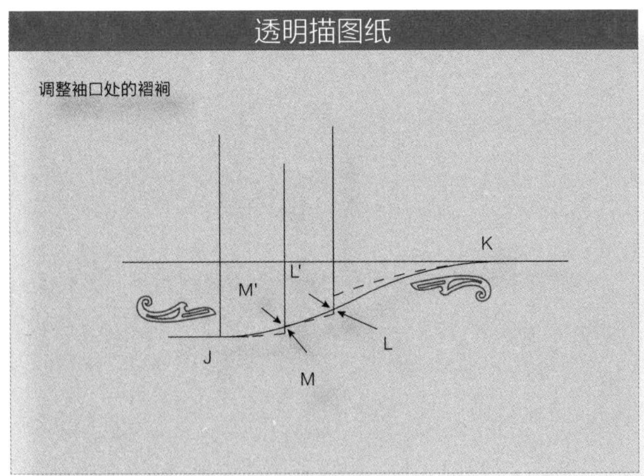

图6c

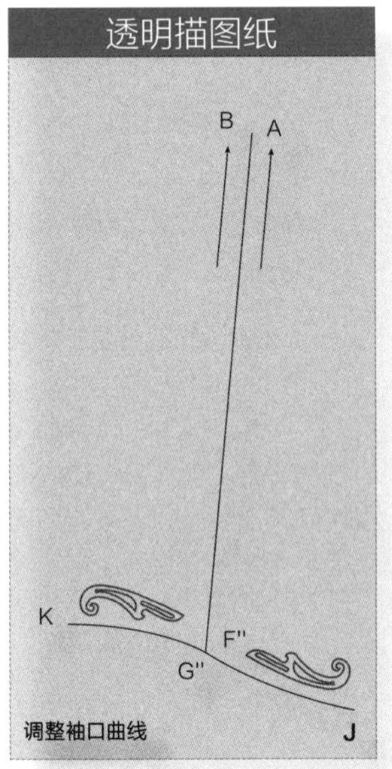

图6d

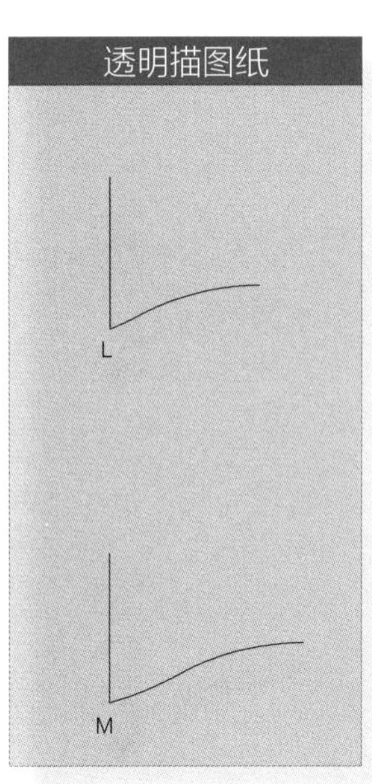

3. 定位褶尖。

第一褶裥，取其中线并借助透明描图纸（图6d）拓描L点处的转角曲线，然后将其置于L'点上，用锥子标记转角曲线并拓描至样板上，绘制中线左侧的褶裥曲线。翻转透明描图纸，将L点置于褶裥中线处，用锥子标记转角曲线并拓描至样板上，绘制中线右侧的褶裥曲线。

第二褶裥，取其中线并借助透明描图纸（图6d）拓描M点处的转角曲线。然后将其置于M'点上，用锥子标记转角曲线并将其拓描至样板上，绘制中线左侧的褶裥曲线。翻转透明描图纸，将M点置于褶裥中线处，用锥子标记转角曲线并拓描至样板上，绘制中线右侧的褶裥曲线。

图7

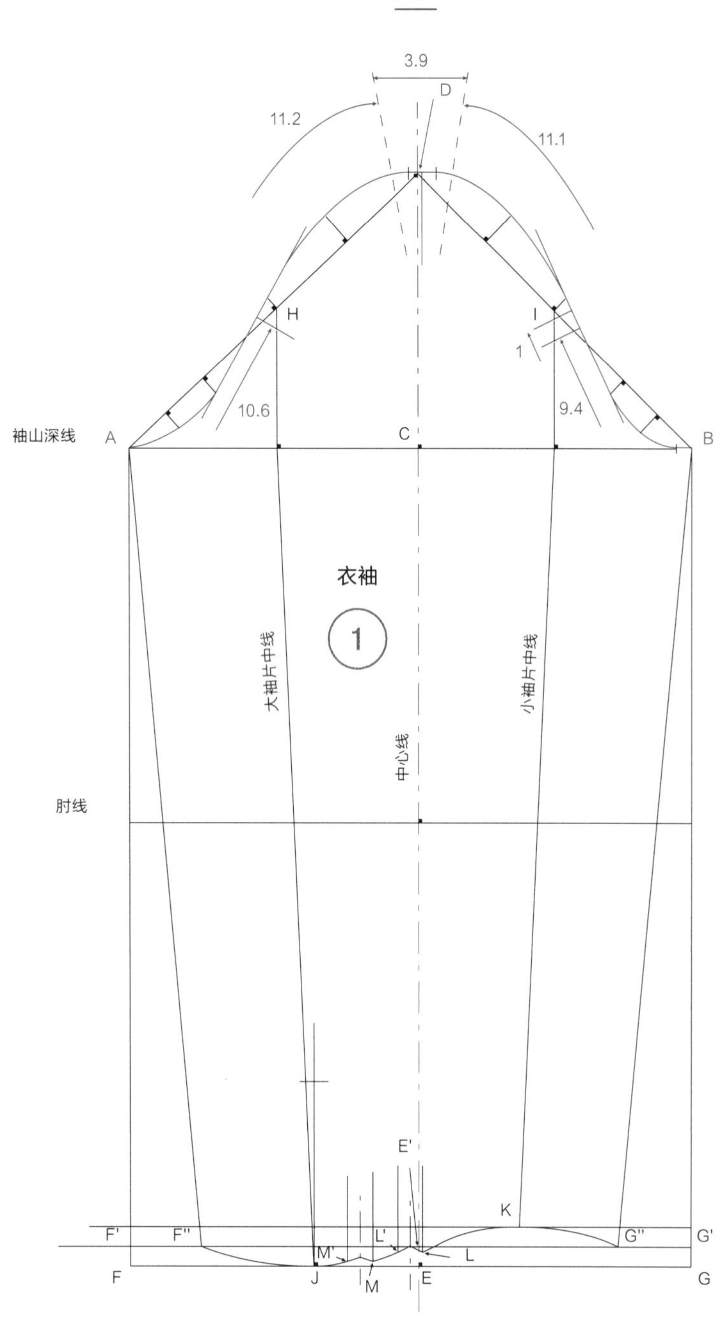

经典衬衫衣身袖窿尺寸

图7b

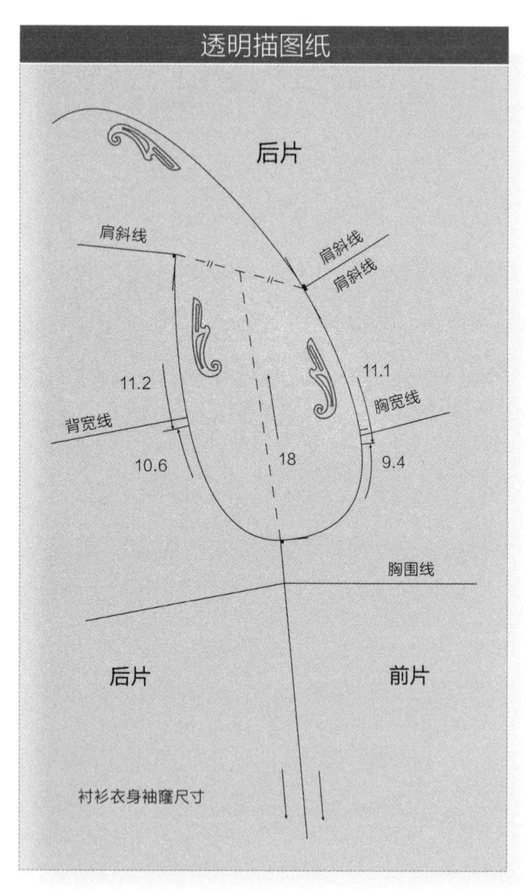

图7

1. 参照衬衫衣身袖窿尺寸（图7b）在袖山弧线上设置刀眼：

– 前片：自B点向上9.4cm，在袖山弧线上设置一个刀眼，然后再向上1cm，设置另一个刀眼。自9.4cm处的刀眼向上11.1cm做标记，对应衣身前片袖窿顶端位置。

– 后片：自A点向上10.6cm，在袖山弧线上设置刀眼，然后自这个刀眼向上11.2cm做标记，对应衣身后片袖窿顶端位置。

2. 在11.1cm标记点与11.2cm标记点之间的这段距离就是袖山弧长与袖窿弧长之间的差值：

– 总袖山长：22.9+23.3=46.2cm

– 总袖窿长：20.5+21.8=42.3cm

46.2−42.3=3.9cm，即袖山吃势量为3.9cm。

为了平衡前后片的吃势量，将其等分，即3.9/2=1.95cm，设置刀眼。这个刀眼位置与肩缝对应，且略偏向前片。

肩缝对位刀眼通常位于衣袖中心线右侧1cm内。

图8

袖克夫的设计

1. 之前预留的袖克夫高度（完成后）为5cm，袖克夫宽度为16+2+1.5×2=21cm。

2. 袖克夫完成后的高度为5cm，制板时应乘以2。绘制一个高2×5cm、宽21cm的长方形。

在袖克夫的两侧，自边线向内1.5cm处分别绘制两条垂直线，代表叠门位置。

将纽扣置于右侧，扣眼设置在左侧。本例中，纽扣和扣眼位于袖克夫宽度方向，上下居中。

图9

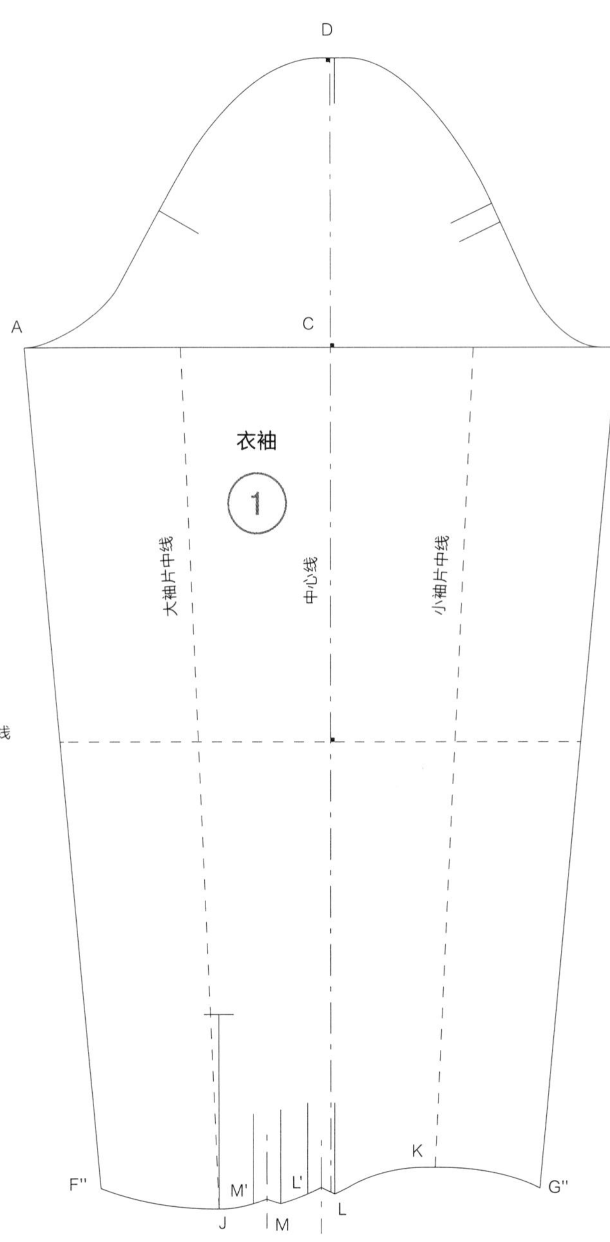

图8

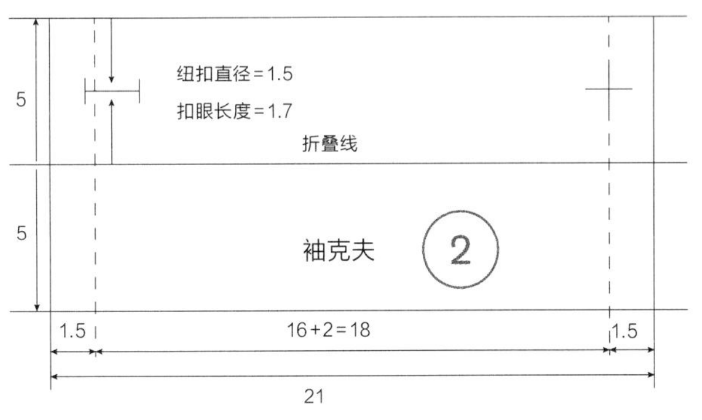

图9

完成带袖克夫的经典衬衫袖最终样板的绘制。

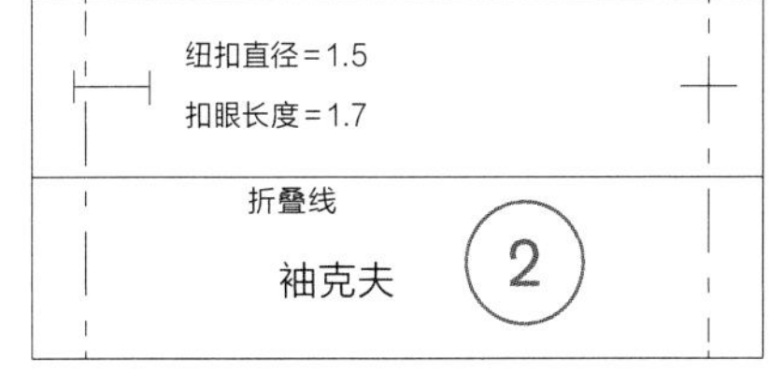

合体袖克夫

由于人体手臂上下粗细不一，如果袖克夫较长，其上下两端需设计成不同宽度，才能使造型合体。

袖克夫的长度确定后，在绘制相应的衣袖样板时，应从袖长中减去袖克夫的长度。

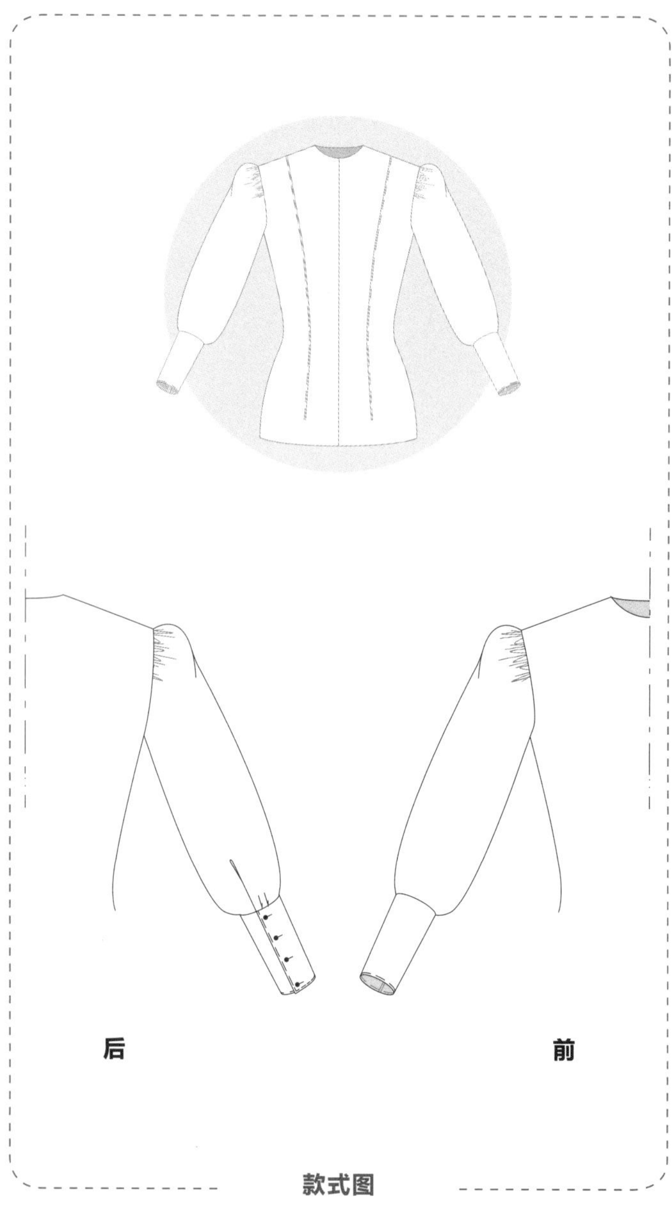

款式图

图1

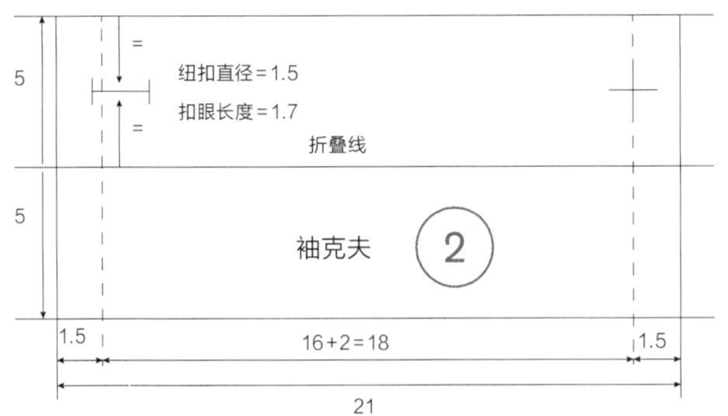

图2

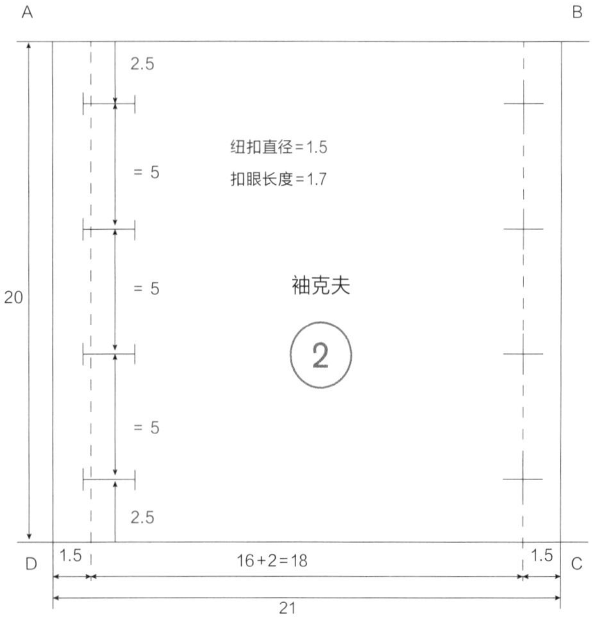

A
B
2.5
纽扣直径=1.5
扣眼长度=1.7
= 5
= 5
20
袖克夫
2
= 5
2.5
D
1.5
16+2=18
1.5
C
21

图1

1. 绘制经典衬衫袖的袖克夫样板。

2. 这款袖克夫除了长度发生变化外，其他参数均采用经典衬衫袖的基本尺寸。

本例中，袖克夫长度=20cm。

图2

1. 绘制长方形ABCD，宽度为21cm，长度为20cm。*21cm代表了手腕围+放松量+叠门量，即16+2+3=21cm。*

叠门量应平均分布在袖克夫的两侧，即1.5×2=3cm。

2. 在叠门线上设置纽扣和扣眼。本例中，从距离袖克夫底边2.5cm处开始设置4个纽扣位，间距为5cm。*纽扣直径=1.5cm，扣眼长度=1.7cm。*

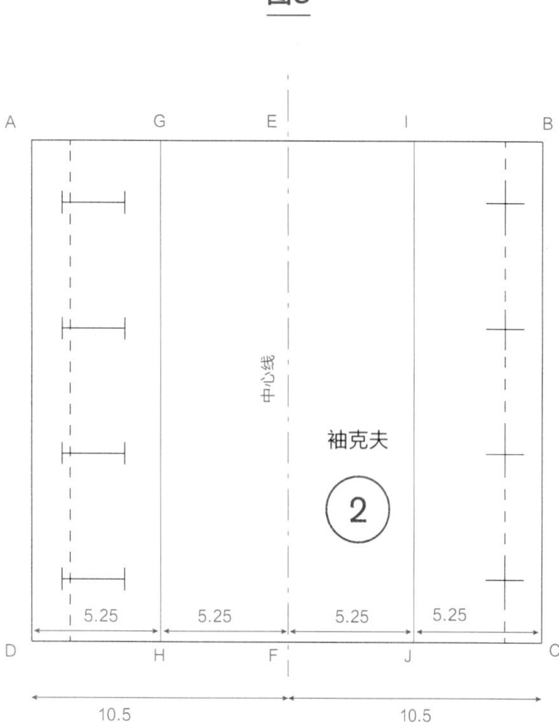

图3

调整袖克夫上端之前，需设置结构线，以便展开袖克夫。为此，将AB等分，即21/2=10.5cm，设置袖克夫中心线EF。再将中心线左右两个部分等分，即10.5/2=5.25cm，得到GH和IJ。

图4

1. 在绘图纸中间设置一条中心线。然后用透明法或裁剪法进行调整，扩展袖克夫上端。

2. 展开量取决于袖克夫上端的手臂围度。本例中，此处臂围为23cm，在此数值上添加2cm的放松量和3cm的叠门量，即袖克夫上端宽度=23+2+3=28cm。

   袖克夫上端与下端宽度的差值为23−16=7cm。将其三等分，即7/3=2.33cm，求得每条结构线的展开量。

3. 将2.33cm等分（2.33/2=1.165cm），并设置在中心线的两边。

4. 将两个裁片（GEFH和EIJF）置于中心线两侧1.165cm处，确保这两片在中心线下端的F点重合在一起。

5. 自H点和J点，向外继续设置另两个裁片（AGHD和IBCJ），使其上端分别距离G点和I点2.33cm。

6. 借助曲线板在袖克夫上端和下端绘制曲线，使其分别经过AG、GE、EI、IB和DH、HF、FJ、JC的中点。

7. 测量A点和B点之间的距离，这个距离应为28cm，即袖克夫上端的手臂围度+放松量+叠门量。

8. 完成合体袖克夫的最终样板。

图4

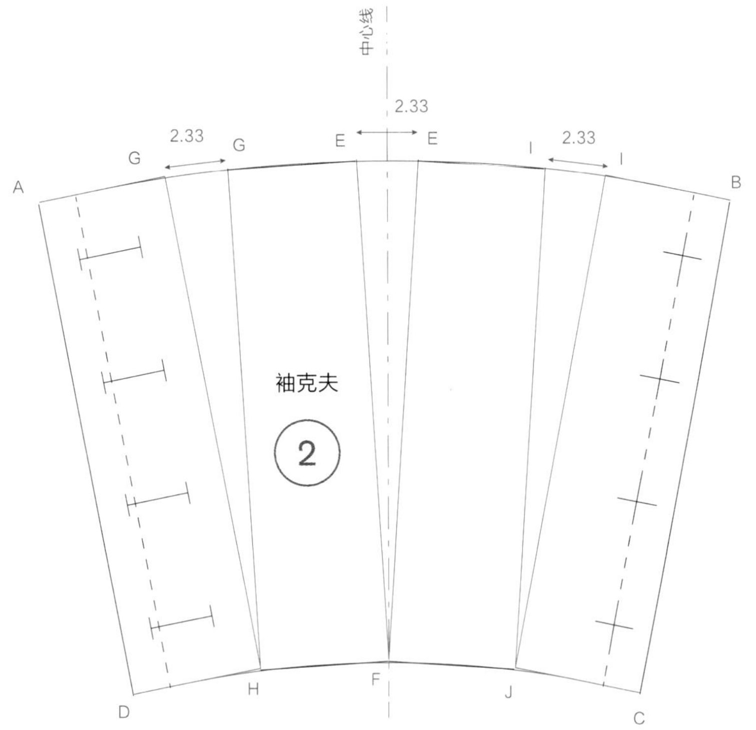

图5

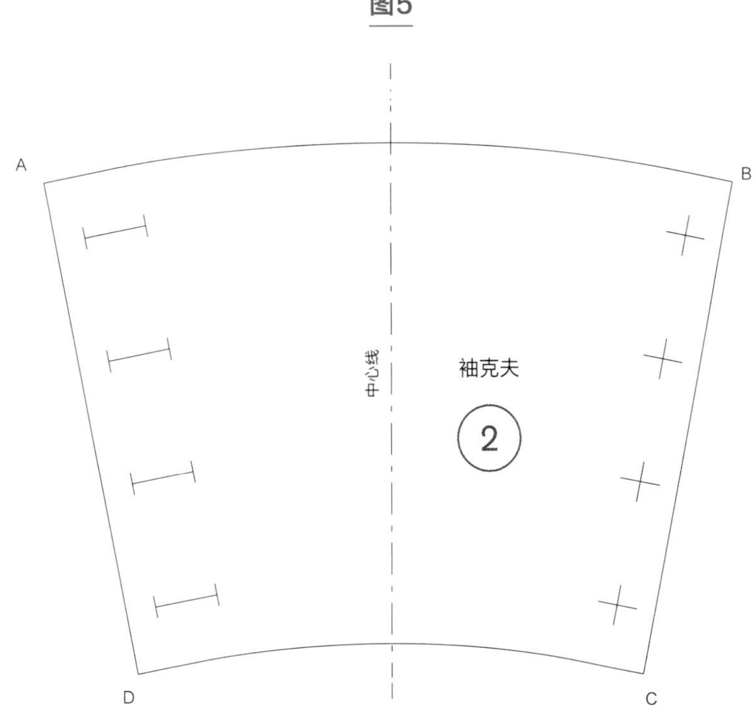

图5

完成合体袖克夫最终样板的绘制。

直筒袖

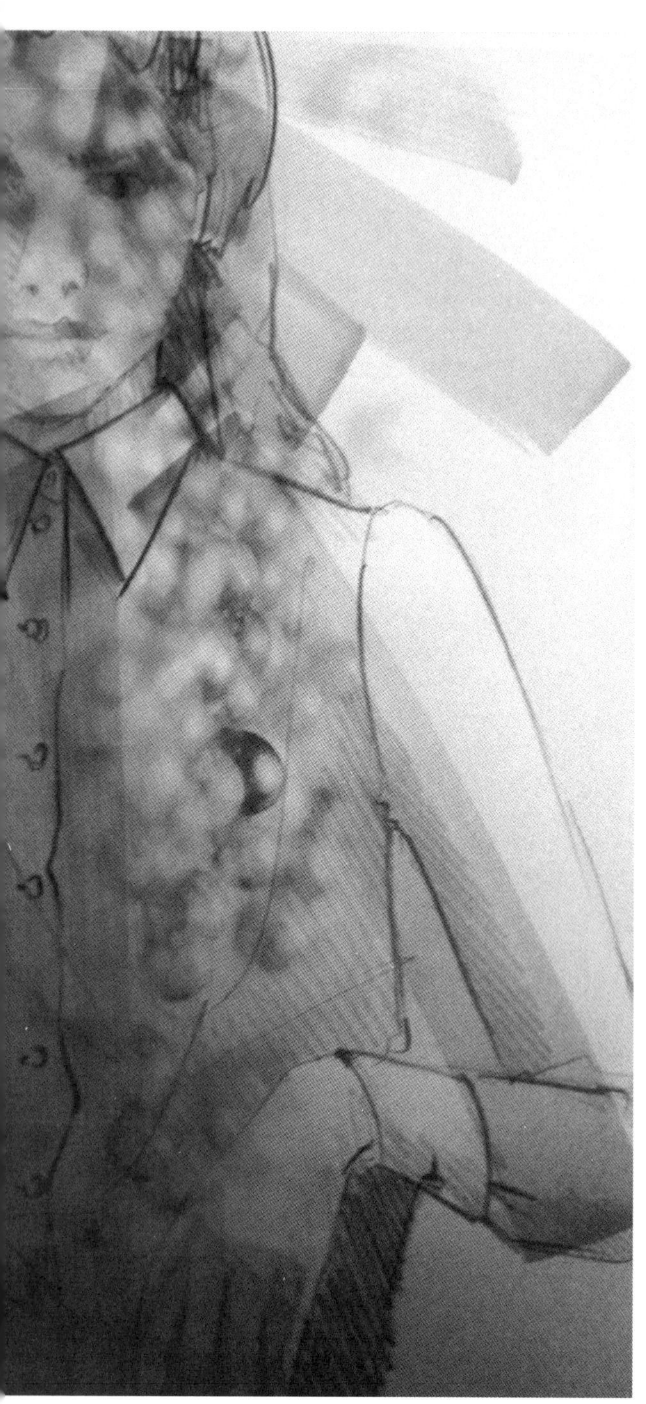

为了简化袖子与袖克夫的拼接，也可以将经典衬衫袖的袖口线设计成直线。

这款直筒袖没有宽松效果，因此不需要添加放松量，也不需要增加袖长。

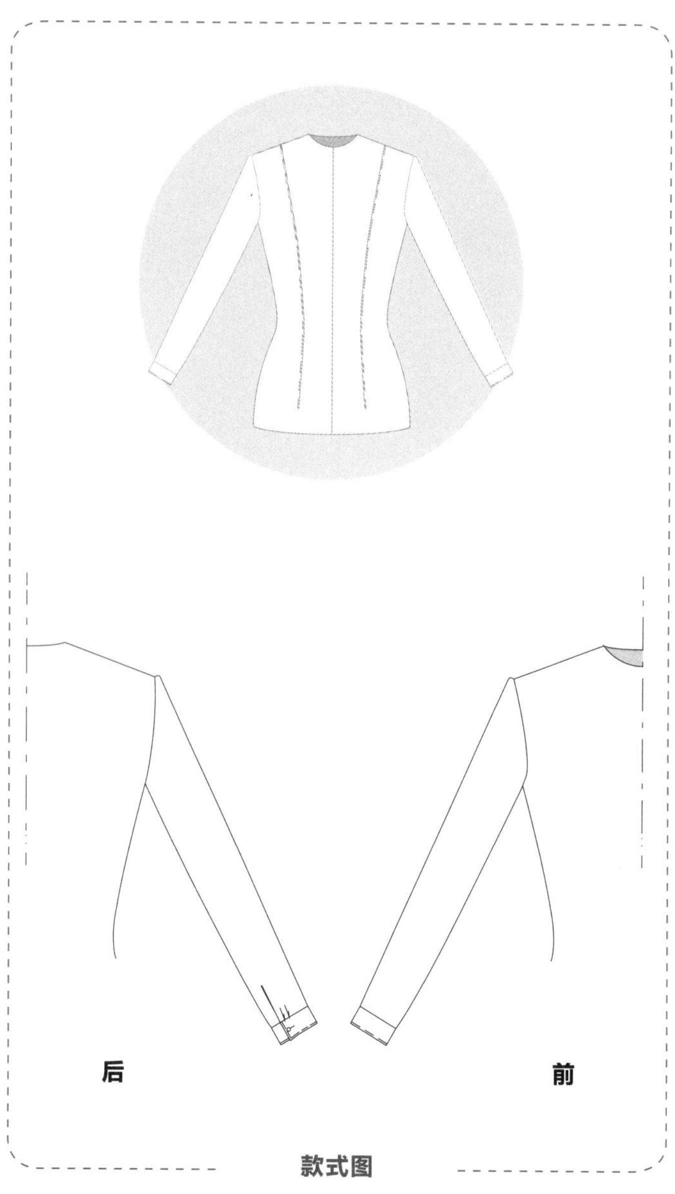

款式图

图1

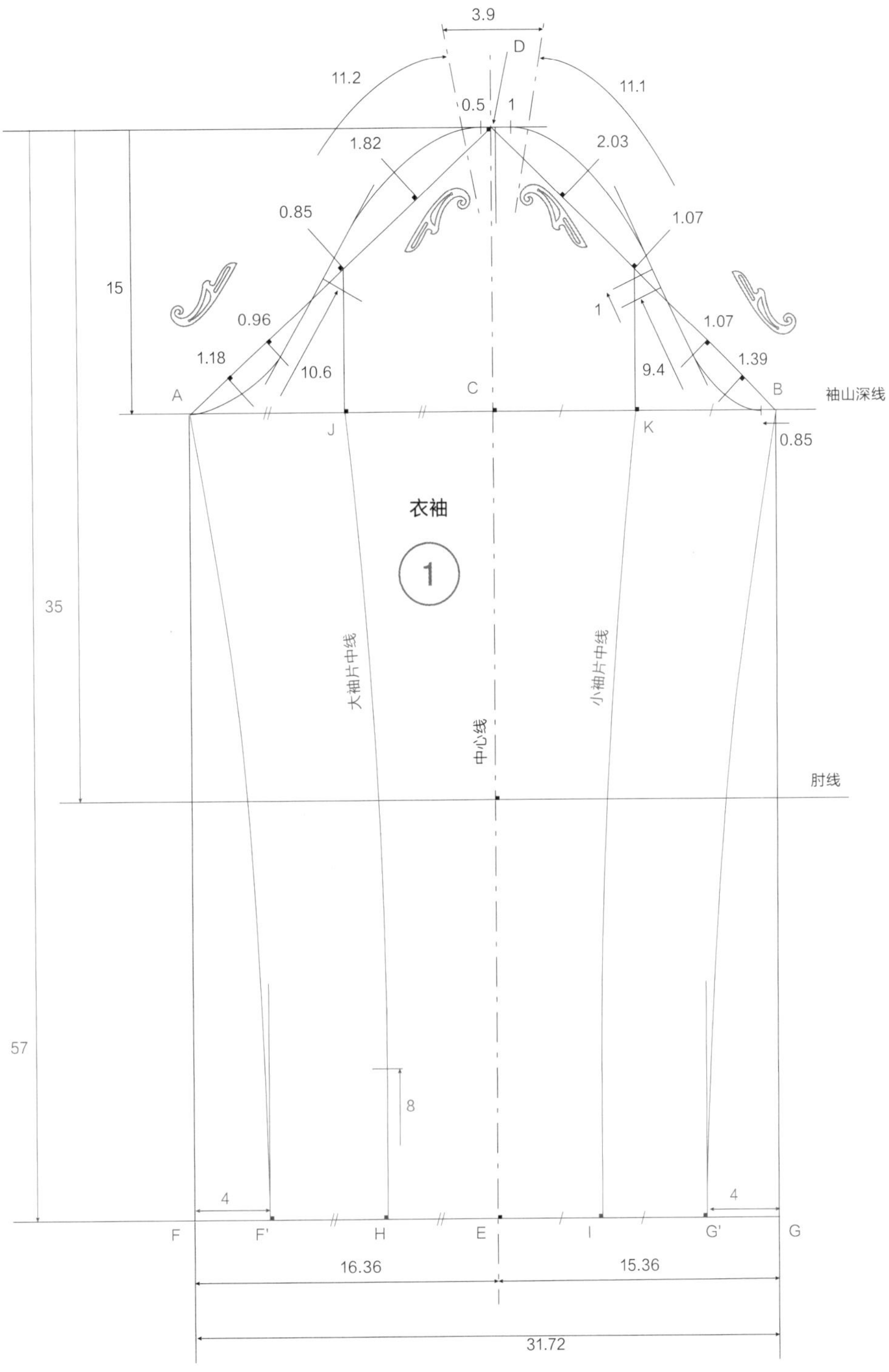

3.9 D 11.2 11.1 0.5 1 1.82 2.03 0.85 1.07 15 0.96 1 1.07 1.18 10.6 9.4 1.39 A C B 袖山深线 J K 0.85

衣袖

1

35 大袖片中线 中心线 小袖片中线 肘线

57 8

4 4 F F' H E I G' G

16.36 15.36

31.72

图1

1. 绘制带袖克夫的经典衬衫袖基础样板的袖山部分（AB和CD）。

2. 重新计算袖长。去除经典衬衫袖制板时在肘部预留的放松量，只需取臂长减去袖克夫高度即可，即62－5＝57cm。自D点，在中心线上设置直筒袖的袖长57cm，得到E点，并在此绘制袖口水平线。自A点和B点向下绘制垂直线至袖口水平线，得到F点和G点。自F点和G点，根据袖口宽度向内收。本例中，两边各收4cm，得到F'点和G'点。在F'点和G'点处向上作垂线，借助曲线板连接F'点和A点、G'点和B点。

3. 确定大、小袖片中线。分别取F'E、EG'、AC和CB的中点H点、I点、J点和K点，先从H点和I点向上作垂线，再借助曲线板分别与J点和K点相连接。

4. 自H点垂直向上8cm，在大袖片中线上设置袖衩。

图2

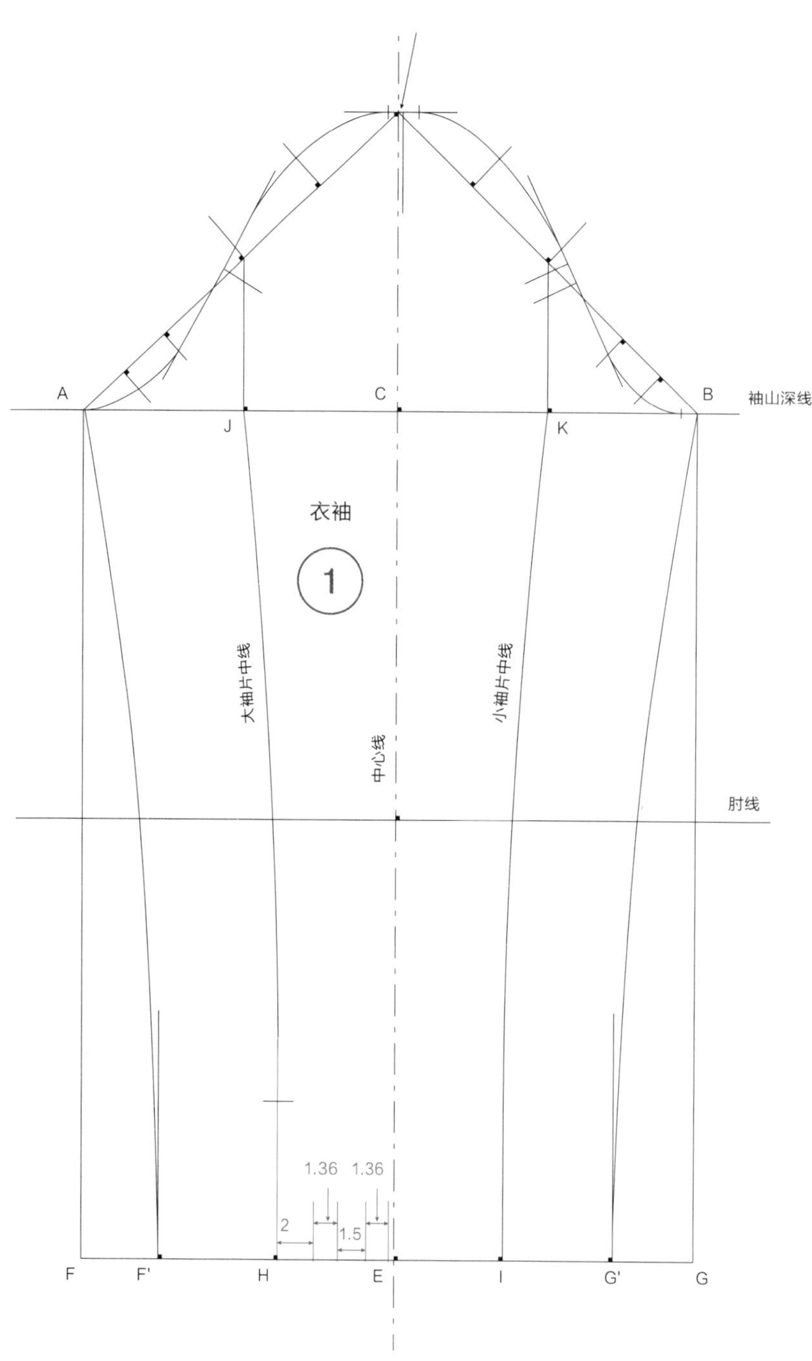

图2

1. 计算袖口宽度和袖克夫宽度之间的差值，可以推算出袖口褶裥量。

2. 本例中，手腕围为16cm，需要添加2cm的放松量及叠门量1.5cm×2（1/2叠门量等于纽扣直径，即1.5cm），即袖克夫宽度为16+2+1.5×2=21cm。

袖口宽为31.72－（4+4）=23.72cm。

23.72－21=2.72cm，需要设置两个1.36cm（2.72/2=1.36cm）的褶裥。

3. 自H点向前片方向（向右）2cm，设置一个1.36cm的褶裥，在间隔1.5cm处设置第二个1.36cm的褶裥。如图所示，褶裥必须平行于中心线。

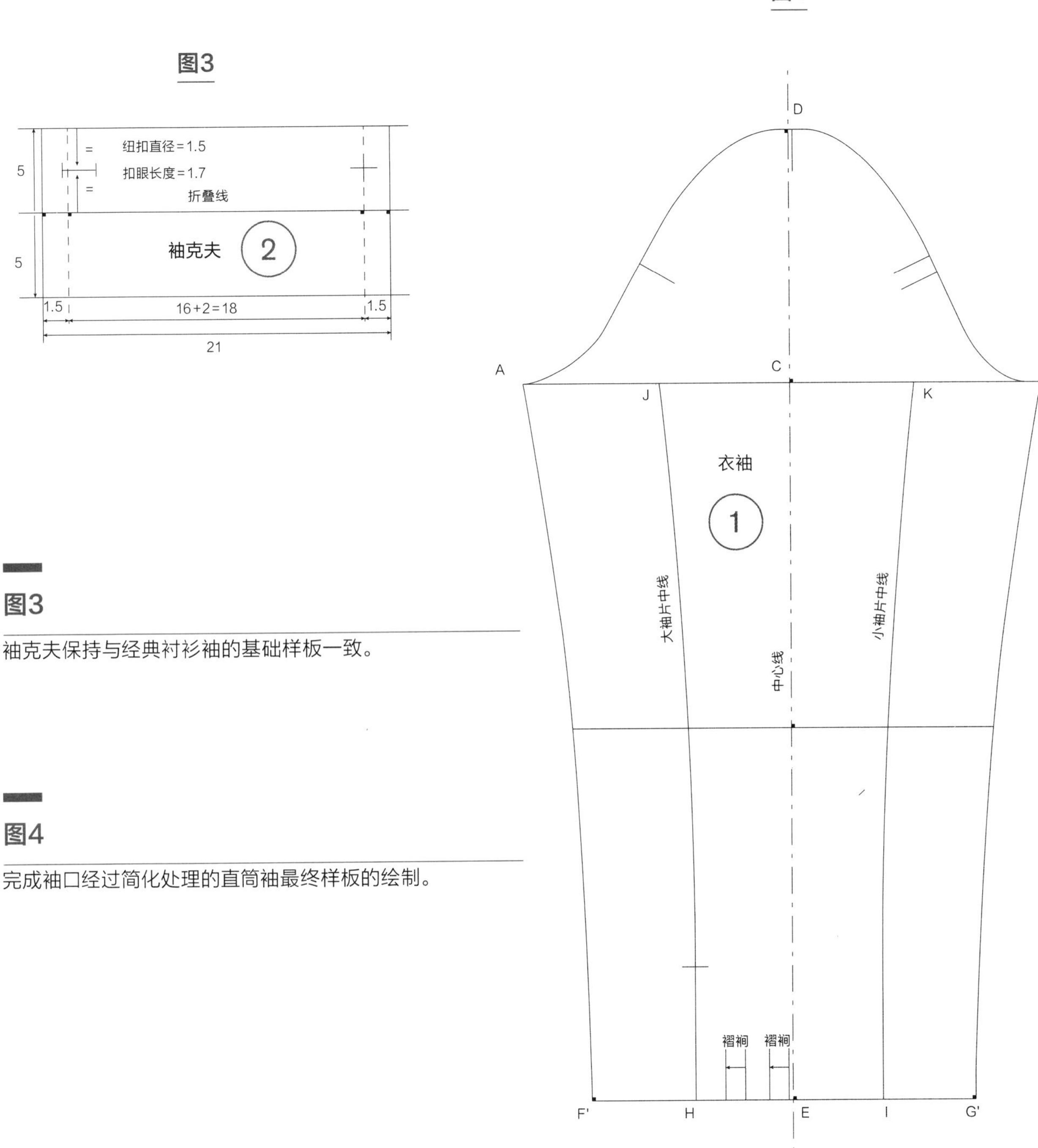

图3

袖克夫保持与经典衬衫袖的基础样板一致。

图4

完成袖口经过简化处理的直筒袖最终样板的绘制。

纽扣直径=1.5
扣眼长度=1.7
折叠线
袖克夫 2

落肩袖

这款落肩袖套用短袖基础样板，由两个裁片组成，已借助袖子的开缝去掉了其中一部分袖山吃势量。

在制板之前必须确定衣身（牛仔夹克衫）前片和后片袖窿弧线的总长度，以及袖窿深。本例中，袖窿总长为42.4cm，袖窿深为18cm。

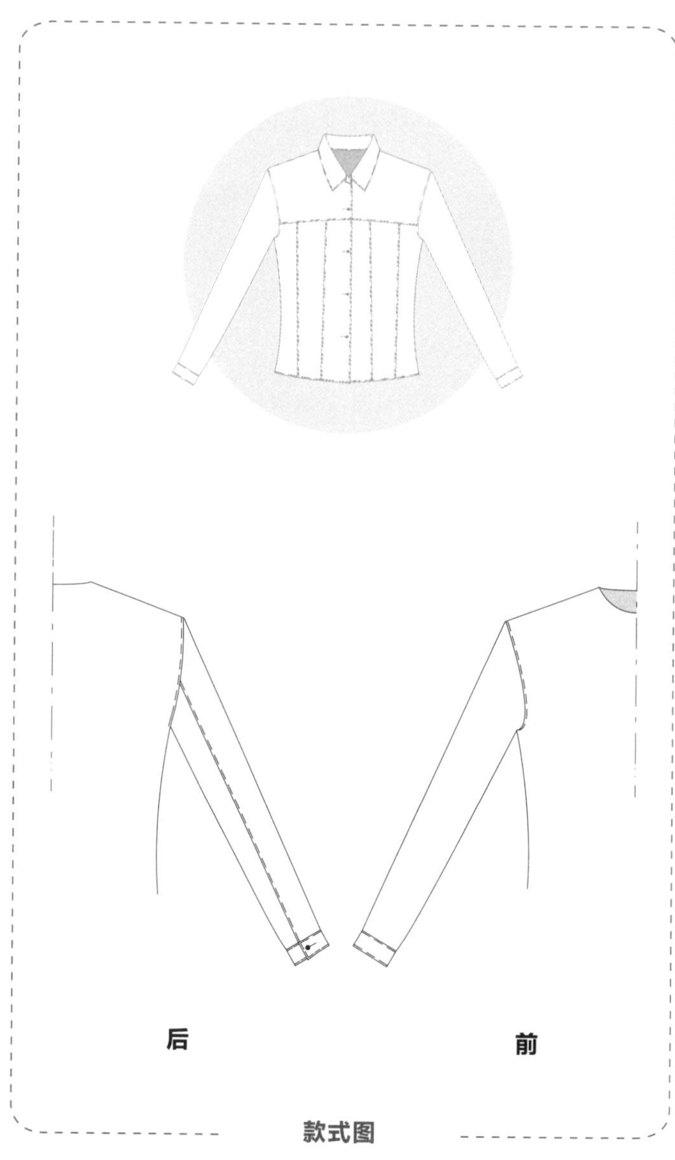

款式图

图1

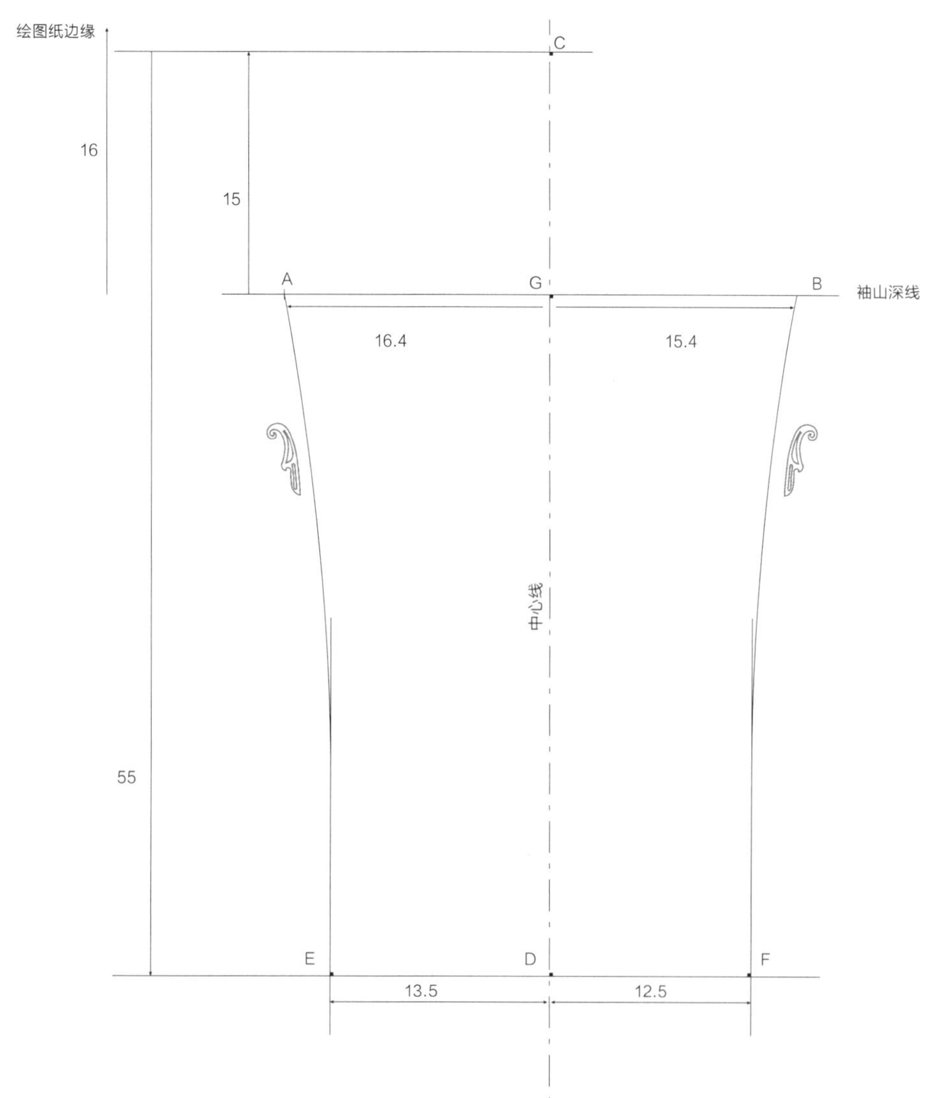

图1

1. 计算袖山高和袖子的理想宽度：

- 袖山高=5/6袖窿深度=18×5/6=15cm
- 袖宽=3/4袖窿总长=42.4×3/4=31.8cm

2. 在绘图纸的中央绘制一条垂直线作为中心线，接着绘制一条水平线作为袖山深线。*本例中，袖山深线位于绘图纸上边缘线下方16cm处。*

袖宽除以2，并调整前后片尺寸，确定前后片袖宽：

- 31.8/2=15.9cm
- 后片：15.9+0.5=16.4cm
- 前片：15.9−0.5=15.4cm

将以上尺寸分配在中心线两侧，分别标记A点和B点。

自袖山深线向上，在中心线上取袖山高15cm，标记为C点。

3. 根据手臂长度确定袖长。测量人体臂长时手臂自然弯曲，从外肩点经过手肘再到手腕处。

用臂长（62cm）减去理想的袖克夫长度（5cm），再减去相对于短上衣基础样板肩斜线的延长量（2cm），即62−5−2=55cm。

从C点向下55cm，在中心线上标记D点。

经过D点绘制中心线的垂直线，以便设置袖口宽度。

理想的袖口宽度为手腕围（16cm）加放松量（7cm）及叠门量（3cm），即16+7+3=26cm。

将袖口总宽除以2，调整前后片尺寸，确定前后片袖口宽：

- 26/2=13cm
- 后片：13+0.5=13.5cm
- 前片：13−0.5=12.5cm

在中心线两侧，在经过D点的袖口水平线上设置相应数值，分别标记E点和F点。

在E点和F点绘制垂线，以保持拼缝垂直于袖口水平线*（与袖克夫拼接时会更容易）*。

4. 借助曲线板，方向如图所示，分别将两条垂线与袖山深线上的A点和B点连接起来，使曲线与垂线相切。

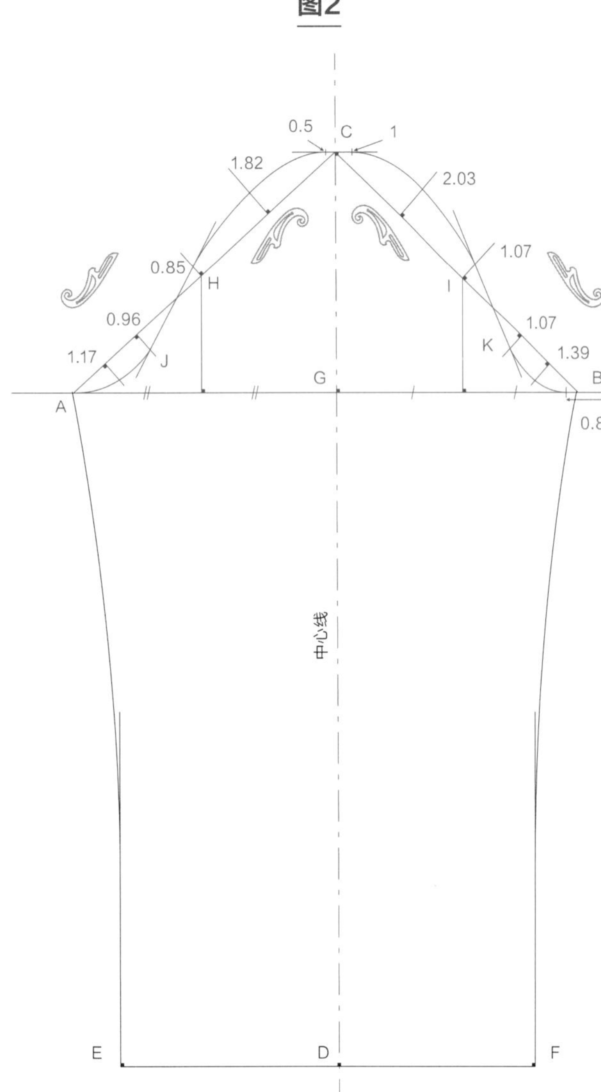

图2

1. 分别用直线连接C点和A点、C点和B点。

分别取AG和GB中点并向上作垂线，在后片上与CA相交于H点，在前片上与CB相交于I点。

在计算每条垂线的长度时，可以将短袖基础样板的袖山高作为参考尺寸，即14cm。

2. 用本例中的袖山高（15cm）除以参考尺寸，即15/14=1.07。

将短袖基础样板袖山弧线上每条垂线的长度（1.3cm、1cm、1cm、1.9cm、1.7cm、0.8cm、0.9cm、1.1cm）乘以系数1.07，即可计算出本例的垂线长度（1.39cm、1.07cm、2.03cm、1.82cm、0.85cm、0.96cm、1.17cm）。

分别从H点和I点向上作垂线，在后片的垂线上取0.85cm，在前片的垂线上取1.07cm。

3. 分别取CH、HA、CI和IB的中点。在后片，自CH中点向上绘制一条1.82cm长的垂线，在前片，自CI中点向上绘制一条2.03cm长的垂线。接着，在后片，自HA中点向下绘制一条0.96cm长的垂线，在前片，自IB中点向下绘制一条1.07cm长的垂线。

4. 分别取AJ和KB的中点。在后片，自AJ中点向下绘制一条1.17cm长的垂线，在前片，自KB中点向下绘制一条1.39cm长的垂线。

过C点绘制一小段水平线，在后片上长0.5cm，在前片上长1cm。然后，自B点（向左）在水平线上向内收0.8cm。

用直线连接前片上的两个1.07cm的点并延伸至这两个点外。接着，对后片0.85cm和0.96cm的两个点进行同样的处理。

5. 借助曲线板绘制袖山弧线，使其经过各个标记点，并与之前绘制的两条直线相切。如图所示，根据线条形状来变换曲线板方向。

图3b

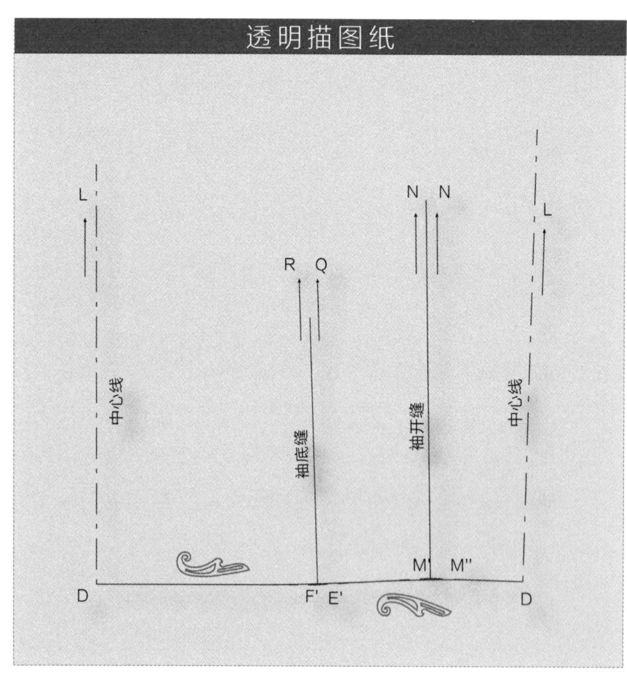

图3

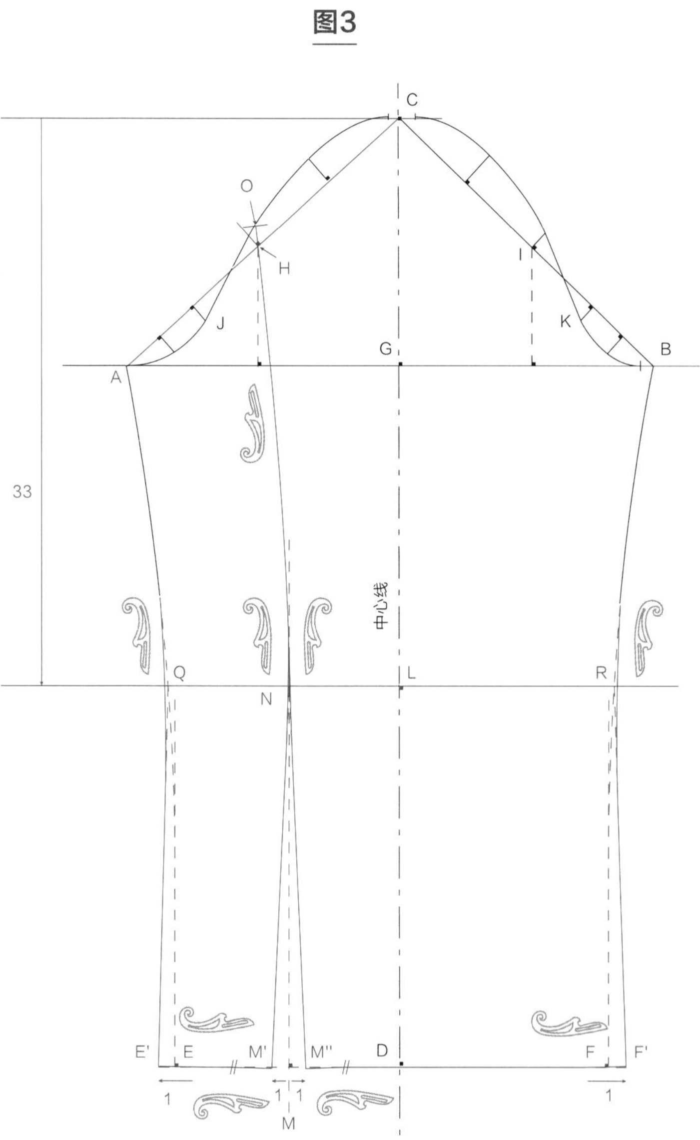

图3

1. 设置肘线。根据规格尺码表中的参考尺寸，肘高=35cm。从中减去因为衣身袖窿部位下移而增加的尺寸，本例为2cm，即35－2=33cm。自C点向下，在中心线上量取33cm，标记为L点，过L点绘制一条水平线，即肘线。

2. 将ED等分以定位袖开缝，得到M点。从M点向上绘制一条垂直线，与肘线相交于N点，并且向上延伸出去。

3. 借助曲线板绘制袖开缝，使其与N点上方的垂直线相切，经过H点，直至与袖山线相交于O点。

加深位于肘线上方的袖开缝的曲线弧度，从而使袖片的形状更贴合弯曲的手肘形状。

在M点两侧1cm处分别标记M'点和M''点，用直线将其与肘线上的N点连接起来，并画顺N点处形成的转角线条。

4. 为了保持袖口的理想宽度，要把M点两侧去掉的2cm分别添加到两条袖底缝（E点和F点）的外侧。

从E点和F点分别向外延长1cm，标记E'点和F'点。

分别用直线将这两个点与肘线上的Q点和R点连接起来，然后借助曲线板画顺Q点和R点处形成的转角线条。

5. 借助透明描图纸（图3b）并拢袖底缝以调整袖口线。

从中心线开始拓描前片袖口线，直至F'点。然后拓描袖底缝RF'，使其与后片的E'Q重合。

拓描后片袖口线直至M'点，然后拓描M'N，使其与M''N重合后，继续拓描袖口线，直至最终回到中心线。

在M'点、M''点和F'点、E'点处出现转角，需将转角线条画顺，然后用锥子将调整后的袖口线拓描到绘图纸上。

图4

图4

1. 由于此样板设计了袖开缝，因此可以将袖山吃势量转移至开缝处，以免衣袖缝合后出现褶皱影响美观。

2. 计算袖山吃势量：

- 袖山总长：AC+BC=23.5+23=46.5cm
- 衣身袖窿总长：后片+前片=21.9+20.5=42.4cm

袖山吃势量=46.5−42.4=4.1cm，这个数值相对较大。

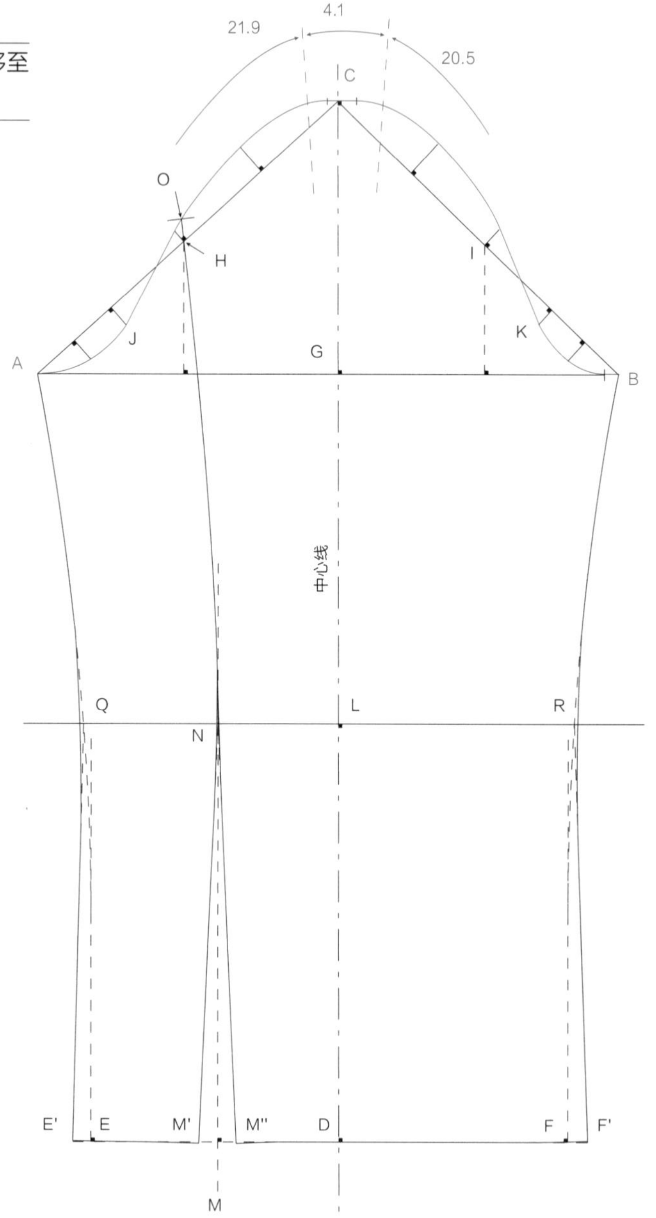

图5

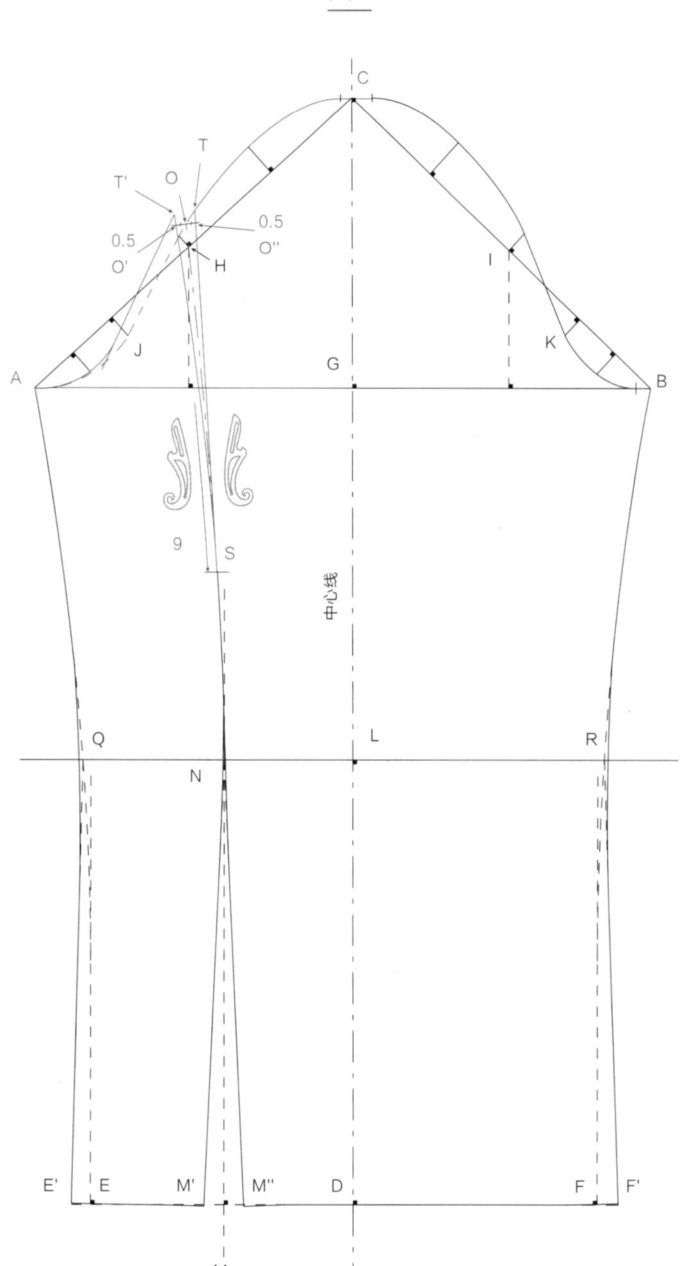

图5b

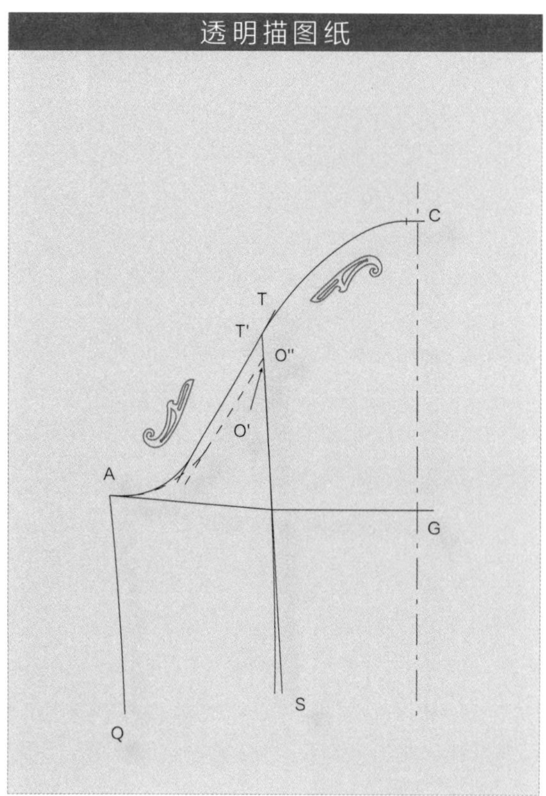

图5

1. 将一部分袖山吃势量转移至袖开缝两侧。

在袖开缝（ON）两侧的垂线上各取0.5cm，标记为O'点和O''点。

借助曲线板将S点（省道底部，位于袖山深线以下9cm处）分别与O'点和O''点连接起来。延长省边SO''，使其与袖山弧线相交于T点。

2. 调整袖山弧线。

借助透明描图纸（图5b）拓描中心线GC、袖山弧线CT和开缝曲线TS。以S点为圆心旋转闭合袖开缝，使ST与SO'重合，使O'点落在ST上，然后继续拓描袖山弧线直至A点。

O'点和T点间存在落差，因此需要重新绘制袖山弧线，将落差处画顺，标记为T'点。

用锥子将调整后的袖山弧线拓描至样板上。

图6

1. 在新的袖山弧线上设置与衣身袖窿尺寸对应的车缝对位刀眼。重新测量袖山长度：

- 前片：BC=23cm
- 后片：CT+T'A=22.5cm
- 袖山总长：22.5+23=45.5cm

分别在前片袖山弧线上距离B点9.7cm和10.7cm处，以及后片袖山弧线上距离A点11.1cm处设置刀眼。

根据衣身袖窿长度（前片20.5cm，后片21.9cm，袖窿总长为20.5+21.9=42.4cm）设置肩缝对位刀眼。

用袖山总长减去袖窿总长，可以计算出袖山吃势量，即45.5−42.4=3.1cm。

2. 由于袖开缝处转移了1cm的省量（0.5cm+0.5cm），因此袖山吃势量从之前的4.1cm减小为3.1cm。

如果需要，可以通过进一步增加省量来减少袖山吃势量。*注意不要在袖开缝处吸收太多省量，因为这样可能导致肩缝对位刀眼后移，袖子偏向后方，影响美观。*

肩缝对位刀眼通常位于中心线右侧1cm内。

3. 分别在M'点和M"点以上9cm处的袖开缝曲线上设置刀眼，标记袖衩位置。

图6

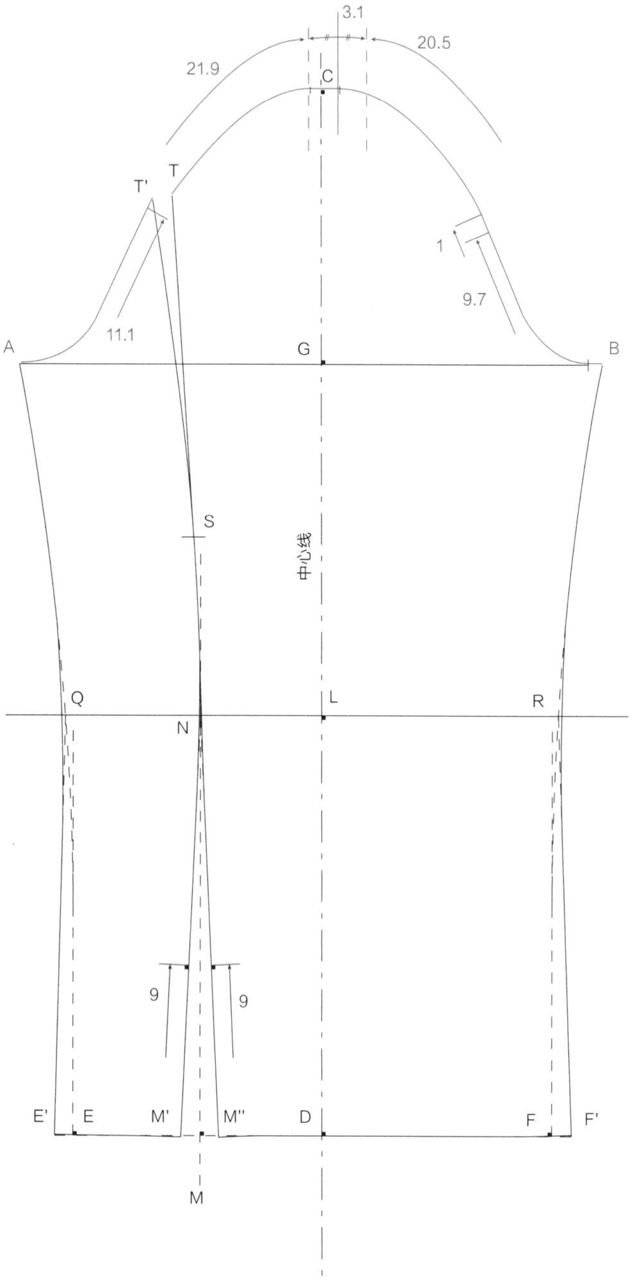

图7

根据之前预留的尺寸绘制袖克夫，即

- 完成后的高度为5cm，由于袖克夫是双层，制板时应乘以2。
- 完成后的宽度为26cm，其中包括3cm的叠门量（左右两侧各半）。
- 在袖克夫高度（5cm）的中间位置设置扣眼和纽扣，扣眼的长度根据纽扣的直径和厚度来确定。

图7

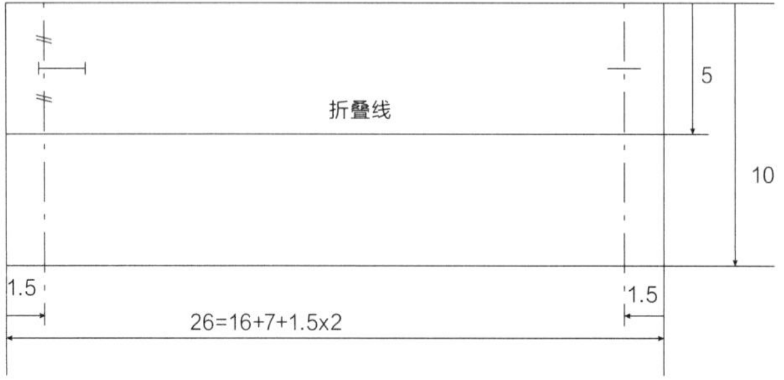

图8

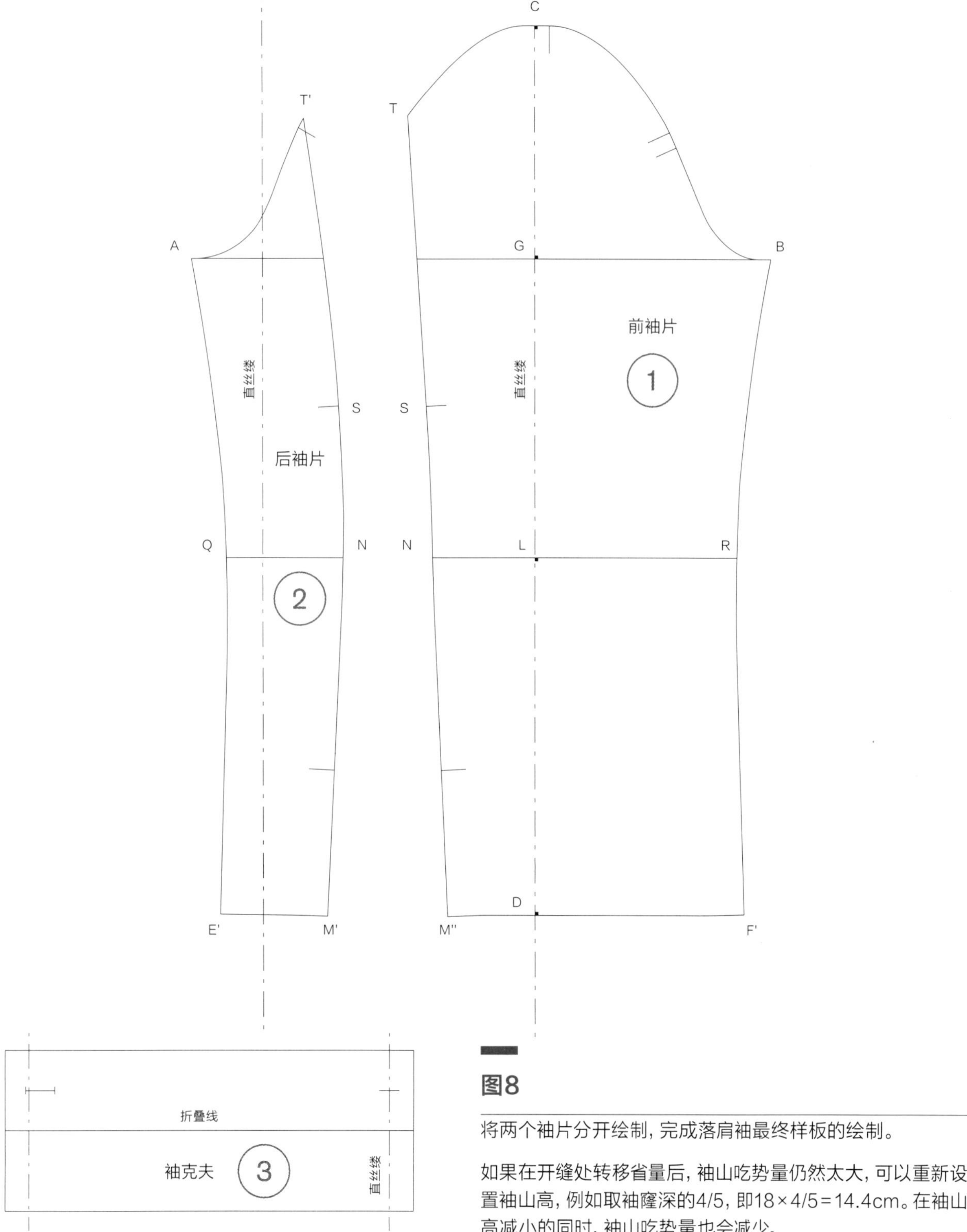

图8

将两个袖片分开绘制，完成落肩袖最终样板的绘制。

如果在开缝处转移省量后，袖山吃势量仍然太大，可以重新设置袖山高，例如取袖窿深的4/5，即18×4/5=14.4cm。在袖山高减小的同时，袖山吃势量也会减少。

低袖窿袖子

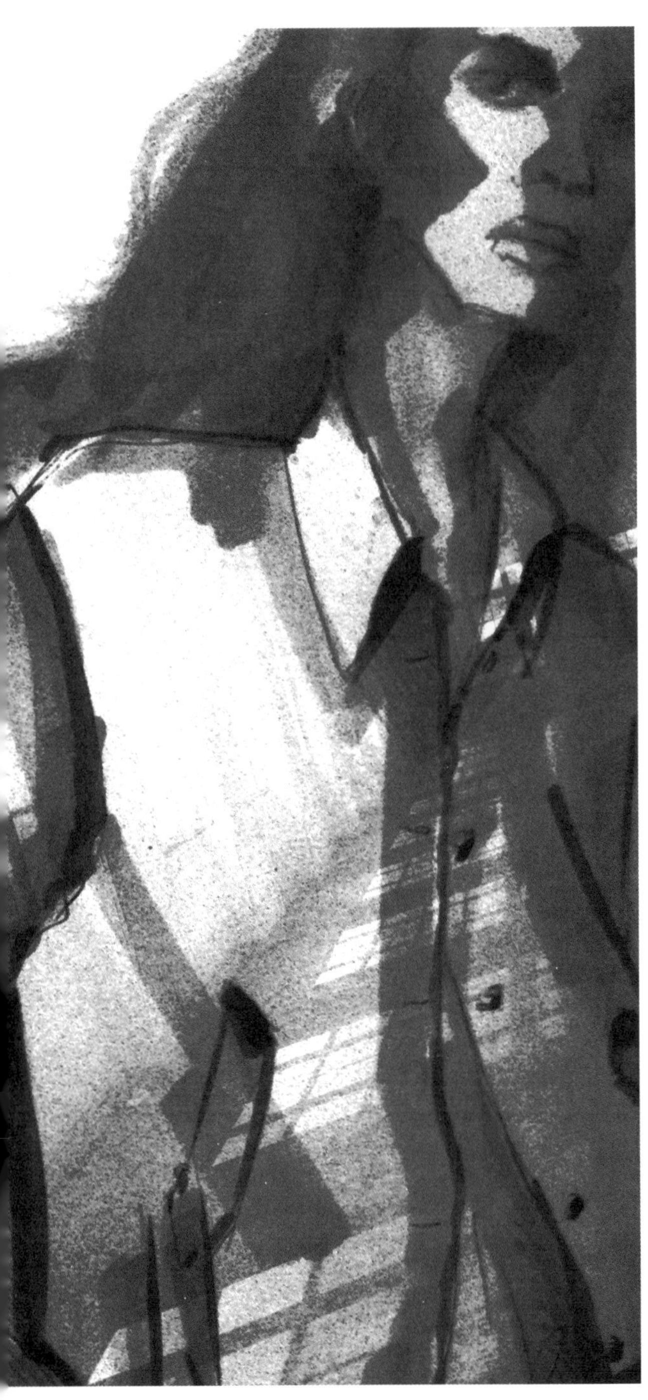

这款袖子的袖山没有吃势量，属于低袖窿袖子。

制板前，需要确定衣身（落肩夹克衫）前片和后片袖窿弧线的总长。本例中，后片袖窿长25.7cm，前片袖窿长22.8cm，袖窿总长为25.7+22.8=48.5cm。

为了准确地绘制样板，需要确定袖山高和袖子的宽度，并确定理想的袖长。

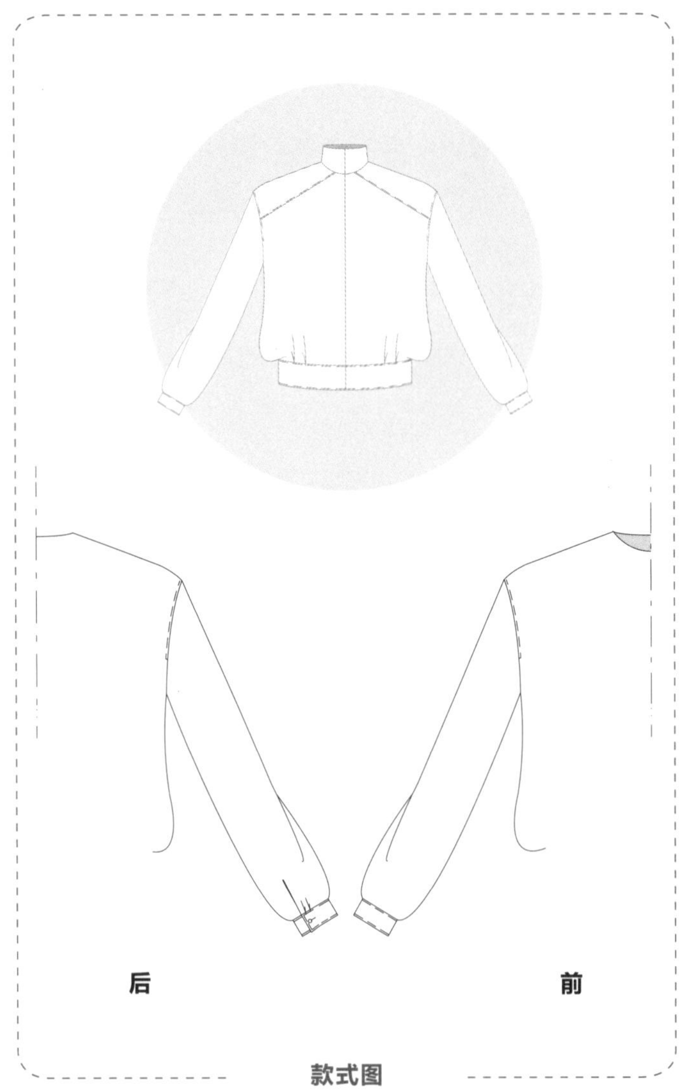

款式图

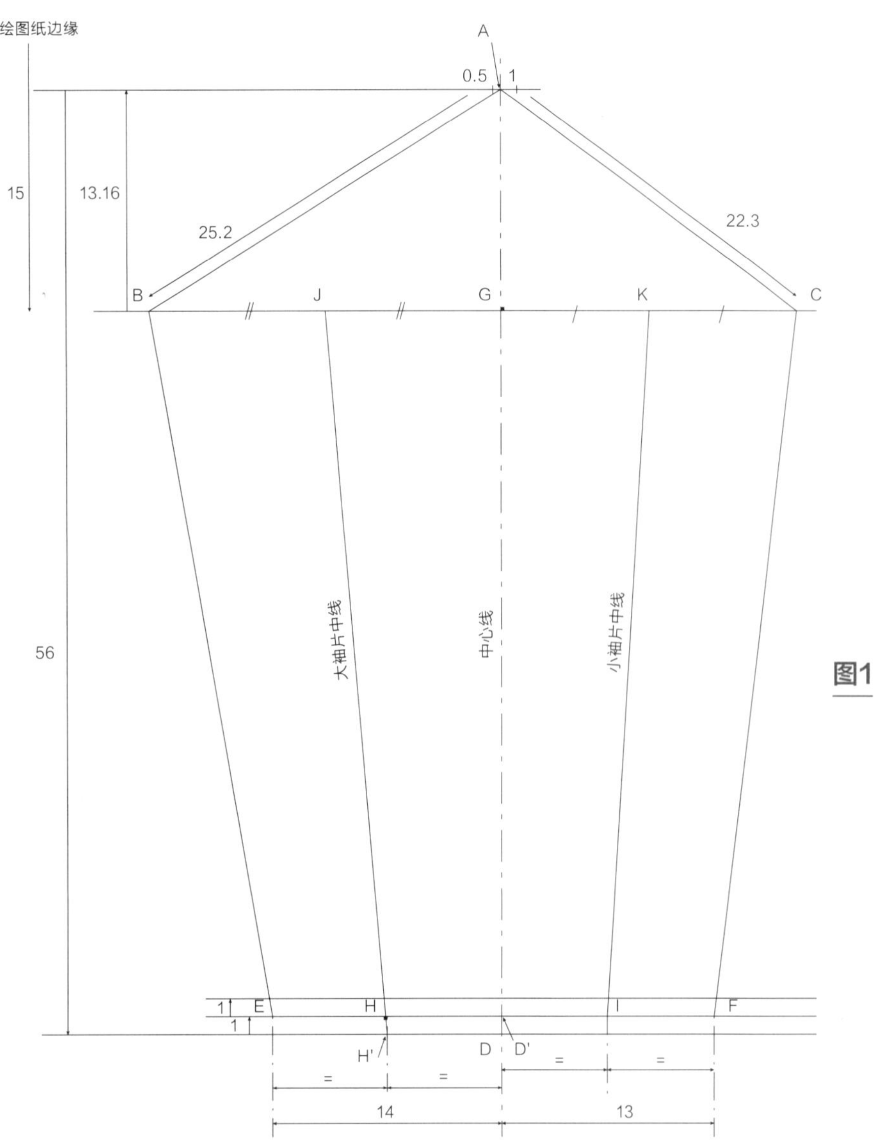

图1

1. 袖山高等于袖窿总长的三分之一减去相对于短上衣基础样板外肩点的加放量（本例为3cm），即

48.5/3－3＝16.16－3＝13.16cm

在绘图纸的中央绘制一条垂直线作为中心线，接着绘制一条水平线作为袖山深线。本例中，袖山深线位于绘图纸上边缘线下方15cm的位置。

在中心线上，自袖山深线向上13.16cm，标记A点。

2. 根据衣身袖窿尺寸设置袖宽。

前袖窿长＝22.8cm，后袖窿长＝25.7cm。这款低袖窿袖子没有袖山吃势量，用袖窿长减去0.5cm即可：

－后片：25.7－0.5＝25.2cm

－前片：22.8－0.5＝22.3cm

从理论上来说，后片袖子始终要比前片大。

自A点向袖山深线取值，即后片25.2cm，前片22.3cm，分别标记B点和C点。

3. 根据手臂长度确定袖长。测量人体臂长时手臂自然弯曲，从外肩点经过手肘再到手腕处。

用臂长62cm减去理想的袖克夫高度5cm，并在手肘处预留放松量2cm，以增加袖子内的活动空间，再减去相对于短上衣基础样板肩斜线的延长量3cm，即袖长＝62－5＋2－3＝56cm。

从A点向下56cm，在中心线上标记D点。

过D点绘制中心线的垂直线，以便设置袖口宽度。

自袖口线向上依次绘制两条间隔1cm的水平线，这2cm即之前在定义袖长时预留的放松量。

4. 确定袖口宽度。

理想的袖克夫宽度等于手腕围（16cm）加放松量（4cm）及叠门量（3cm），即16＋4＋3＝23cm。

袖口总宽等于袖克夫宽度加袖褶量（本例为2cm×2＝4cm），即袖口总宽＝23＋4＝27cm。

图2

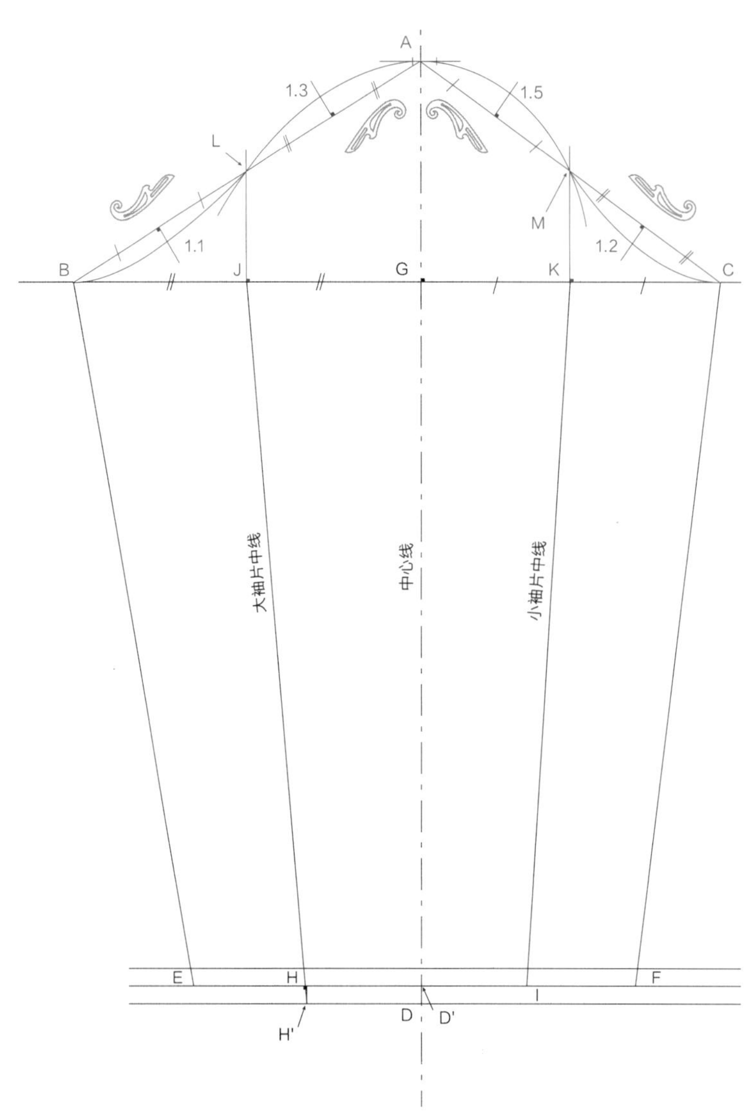

将其等分，即27/2＝13.5cm，并调整前后片比例，确定前后片袖口宽：

－后片：13.5＋0.5＝14cm

－前片：13.5－0.5＝13cm

在经过D'点的水平线上，在中心线两侧设置相应数值，分别标记E点和F点。

5. 定位大袖片中线和小袖片中线。

分别取BG、GC、ED'和D'F的中点，标记H点、I点、J点和K点。

用直线连接H点和J点（大袖片中线）、I点和K点（小袖片中线）。向H点下方延长大袖片中线，并与袖口水平线相交于H'点。从H'点向上方的水平线作垂线。

图2

1. 分别从J点和K点向袖山深线上方作垂线，在垂线与AB和AC的相交处分别标记L点和M点。

2. 分别将AL、LB、AM和MC等分。自后片AL和前片AM的中点，分别向上绘制1.3cm和1.5cm长的垂线。接着，自后片LB和前片MC的中点，分别向下绘制1.1cm和1.2cm长的垂线。

过A点绘制一小段水平线，在后片长0.5cm，前片长1cm。

3. 借助曲线板绘制袖山曲线，使其经过L点和M点。如图所示，根据线条形状来变换曲线板方向。

图3

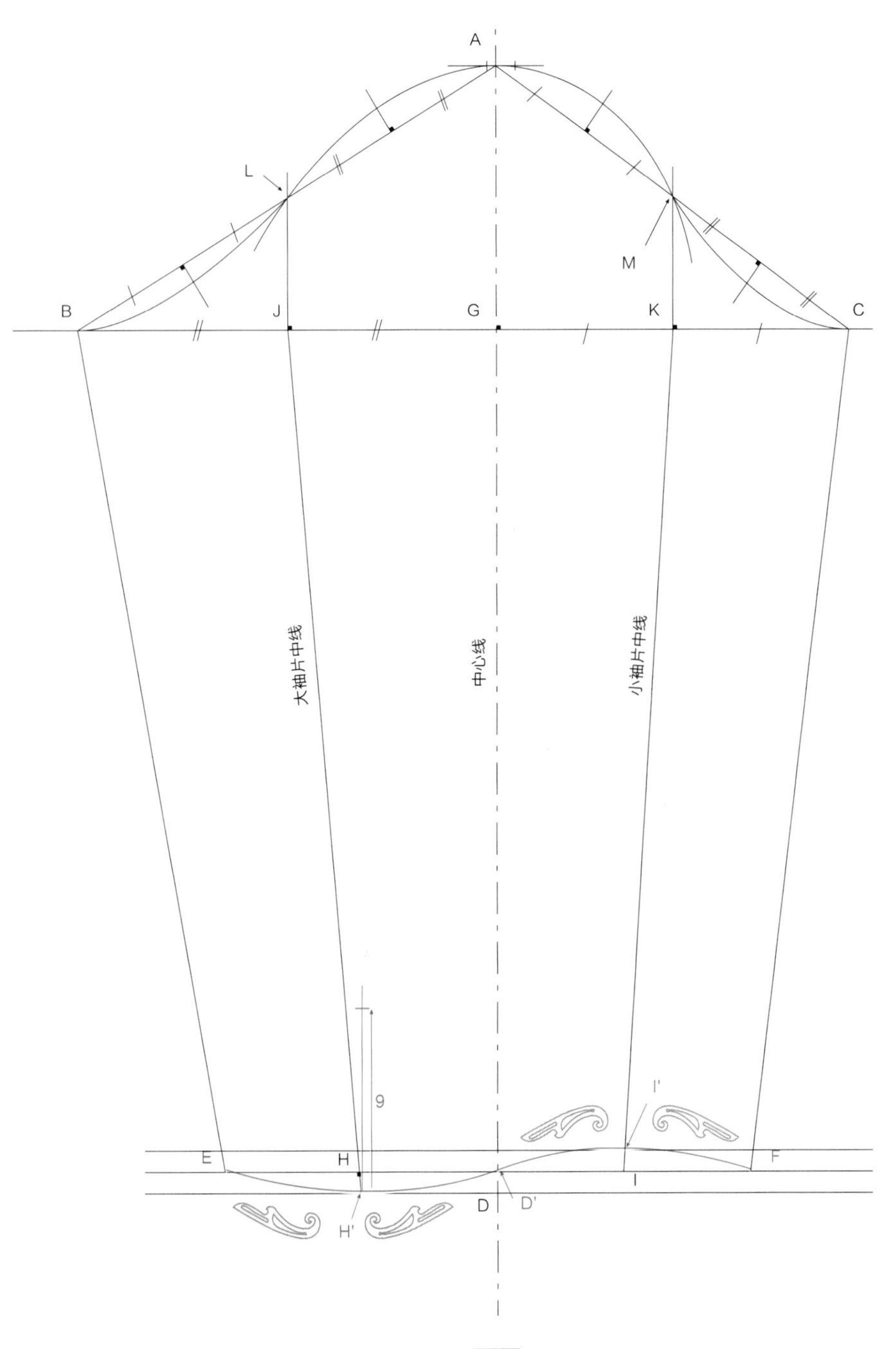

图3

1. 绘制袖口曲线，使其分别经过E点、H'点、D'点、I'点和F点，曲线板方向如图所示。

2. 在大袖片中线处设置袖衩，使其与中心线平行，即与袖口水平线垂直。自H'点垂直向上9cm，标记袖衩位置。

图4

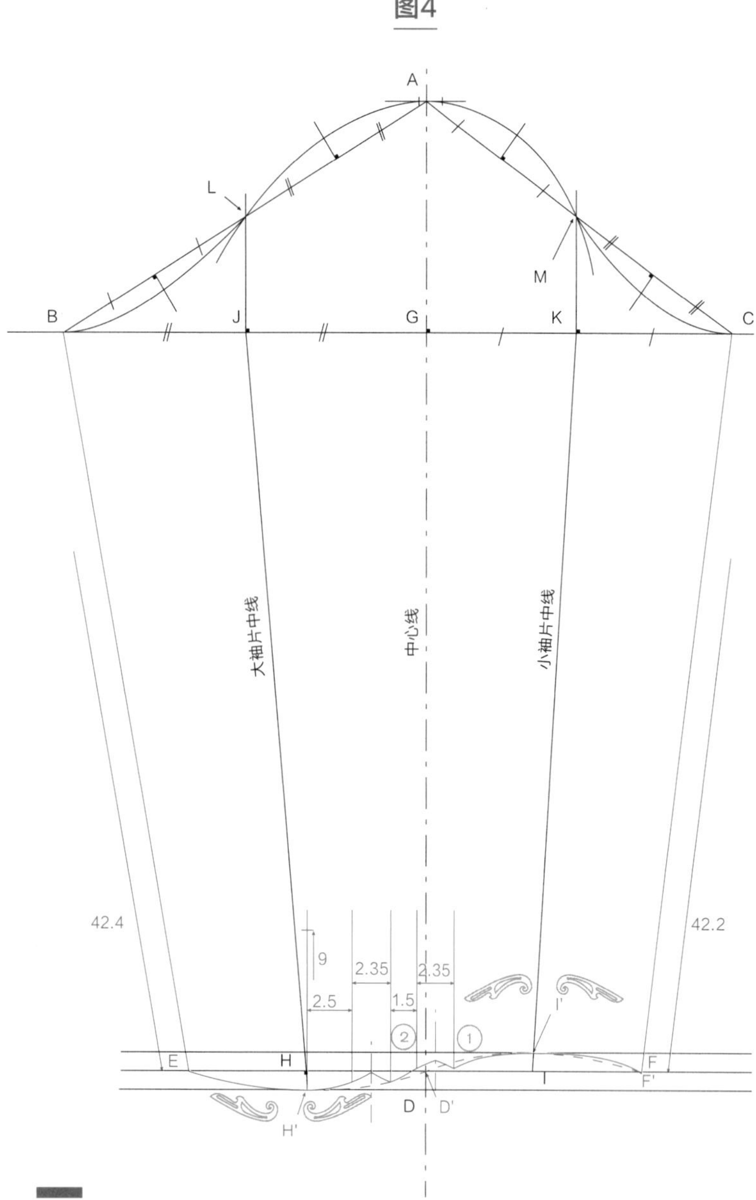

图4b

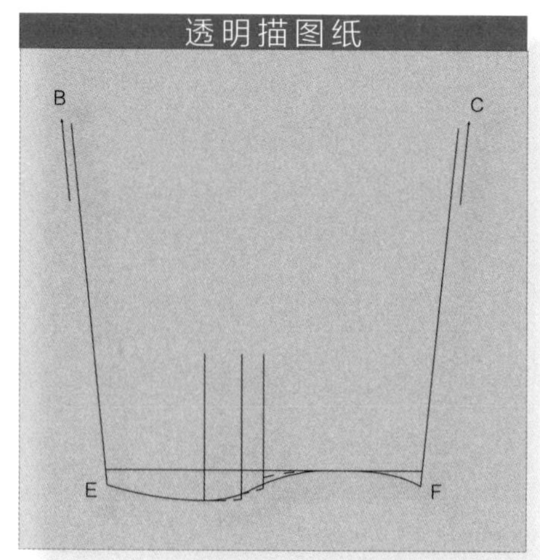

图4c

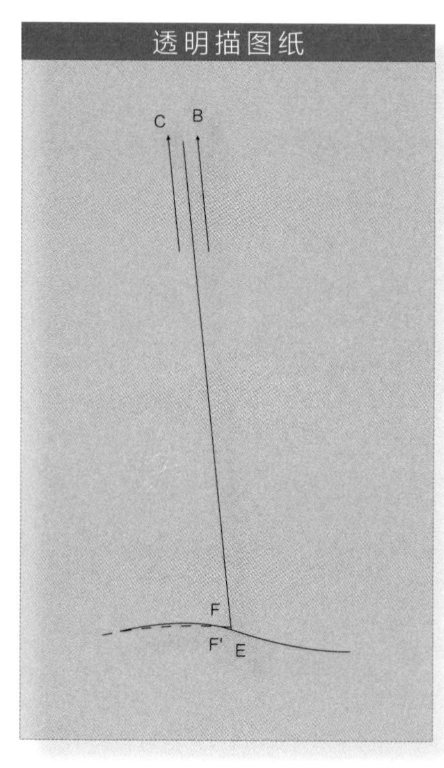

图4

1. 在袖口曲线上设置两个褶裥。

在设置褶裥之前需要测量袖口曲线的长度，因为预估的2cm褶裥量是基于袖口为水平线的计算结果，而现在袖口由水平线变成了曲线。

袖口曲线的长度为27.7cm，因此要处理多出来的这个0.7cm。可以考虑增加褶裥量，本例中，将每个褶裥量从2cm增加到2.35cm（0.7/2=0.35cm）。

第一个2.35cm的褶裥量设置在距离袖衩2.5cm处。在距离第一个褶裥1.5cm处设置第二个2.35cm褶裥量。

这些褶裥应平行于中心线。

2. 借助透明描图纸（图4b）闭合褶裥，调整袖口曲线。调整完成后，用锥子将其拓描至样板上。

3. 还需要借助透明描图纸（图4c）并拢袖底缝（FC和EB），以便调平袖口。本例中，两条袖底缝之间存在0.2cm的差值。

必要时，可调整袖口曲线，再将其拓描至样板上，标记F'点。

4. 借助透明描图纸（图4d）绘制第一褶裥和第二褶裥的褶尖。

图4d

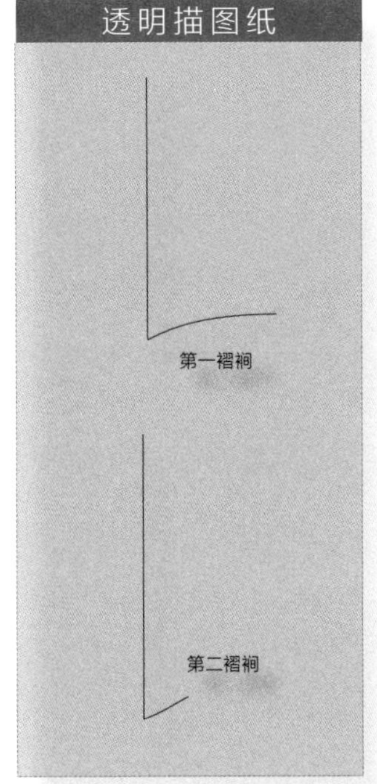

图5

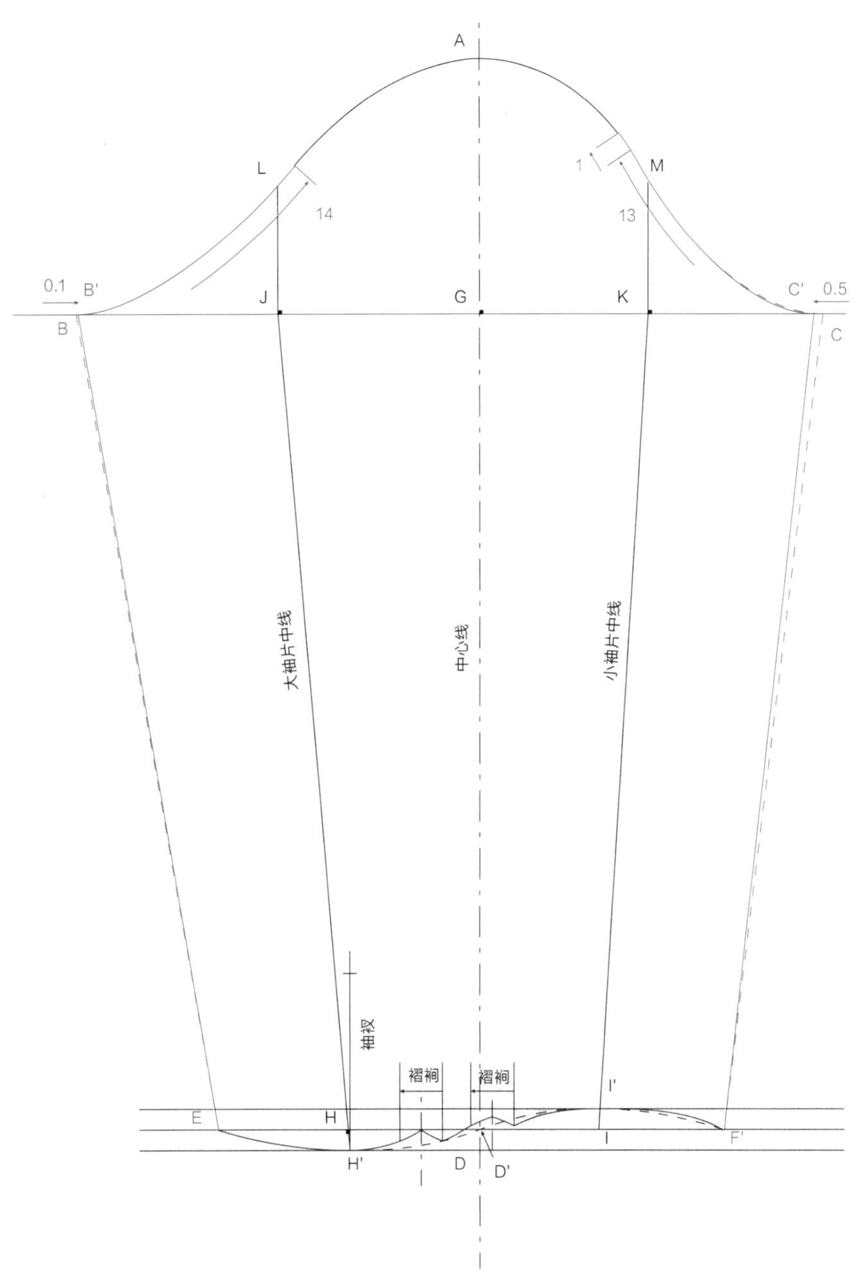

图5

1. 检查前片和后片袖山弧线的长度：

- 前片袖山弧线长度=23.3cm
- 后片袖山弧线长度=25.8cm

袖山弧线与衣身袖窿弧线的长度存在差值：

- 前片袖窿长度=22.8cm，23.3−22.8=0.5cm
- 后片袖窿长度=25.7cm，25.8−25.7=0.1cm

因此，需要减少袖宽以调整袖山弧线的长度：

- 前片：从C点向内收0.5cm，标记为C'点，并重新绘制此处的袖山曲线。
- 后片：从B点向内收0.1cm，标记为B'点。

除了将袖子的两侧向内收，也可以通过减少袖山高来调整袖山弧线的长度（图5b）。

2. 在袖山弧线上设置车缝对位刀眼，对应衣身育克线的位置。

在前片袖山弧线上距离C'点13cm处设置一个刀眼，再向上1cm设置另一个刀眼。在后片袖山弧线上距离B'点14cm处设置一个刀眼。

图5b

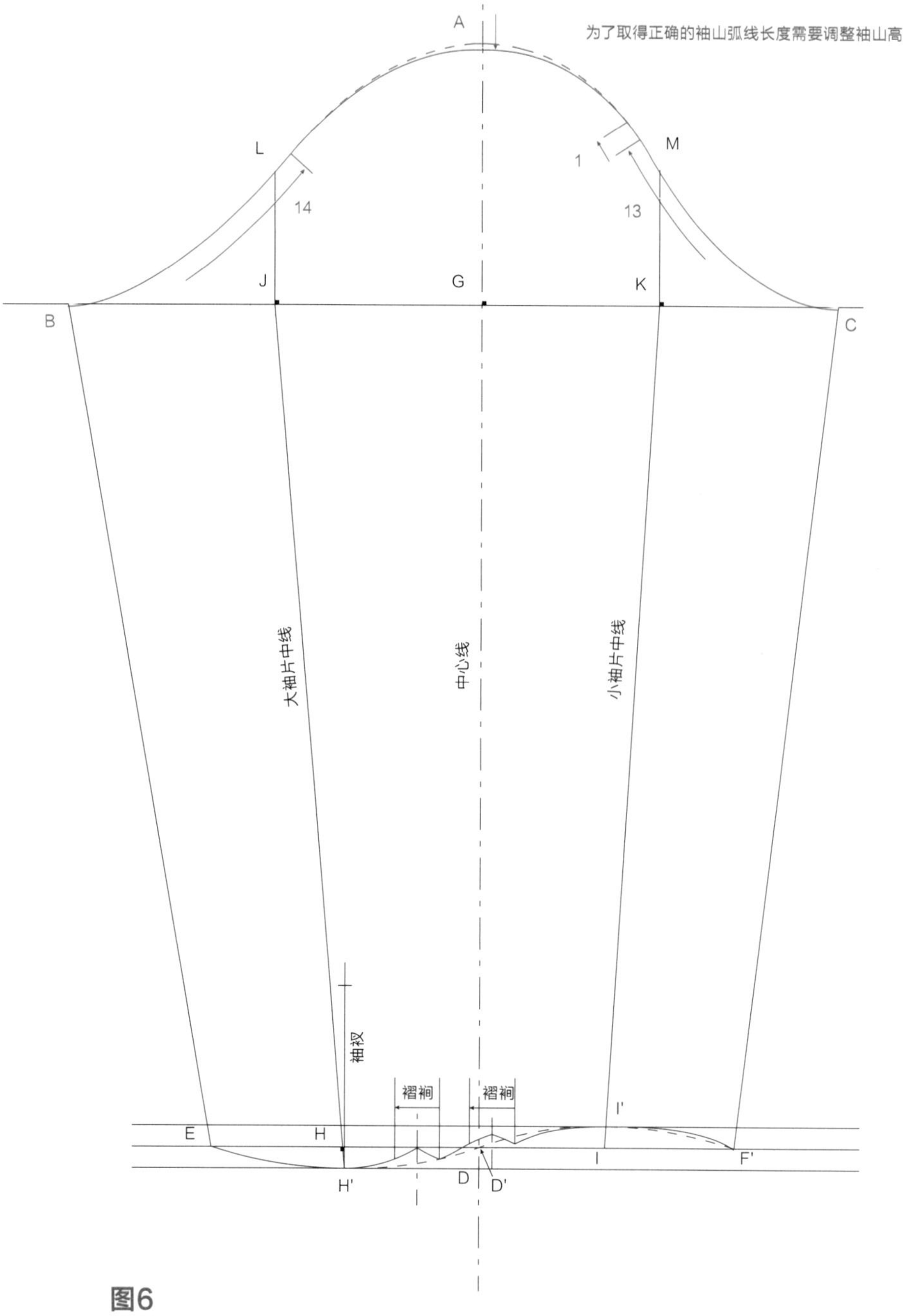

为了取得正确的袖山弧线长度需要调整袖山高

图6

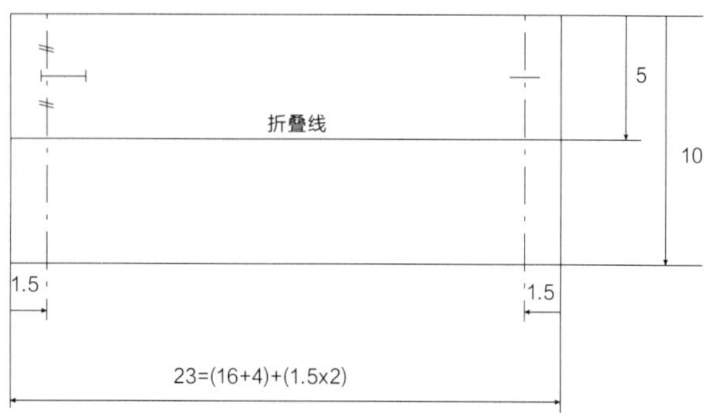

图6

根据之前预估的尺寸绘制袖克夫，即

- 完成后的高度为5cm，由于袖克夫是双层，制板时应乘以2。
- 完成后的宽度为26cm，其中包括3cm的叠门量（左右两侧各半）。
- 在袖克夫高度（5cm）的中间位置设置扣眼和纽扣，扣眼的长度根据纽扣的直径和厚度来确定。

图7

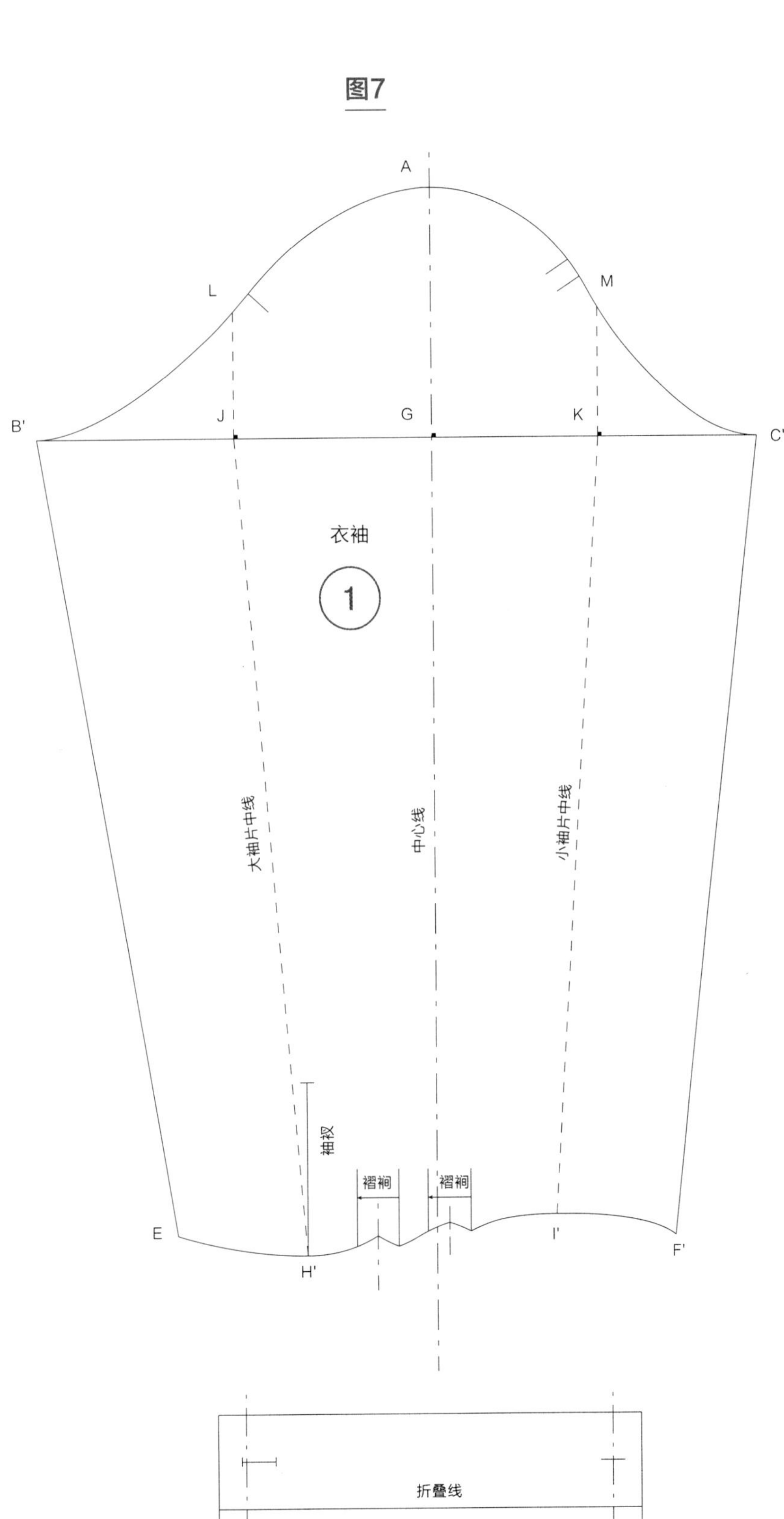

图7

完成该款衣袖和袖克夫最终样板的绘制。

低袖窿落肩袖

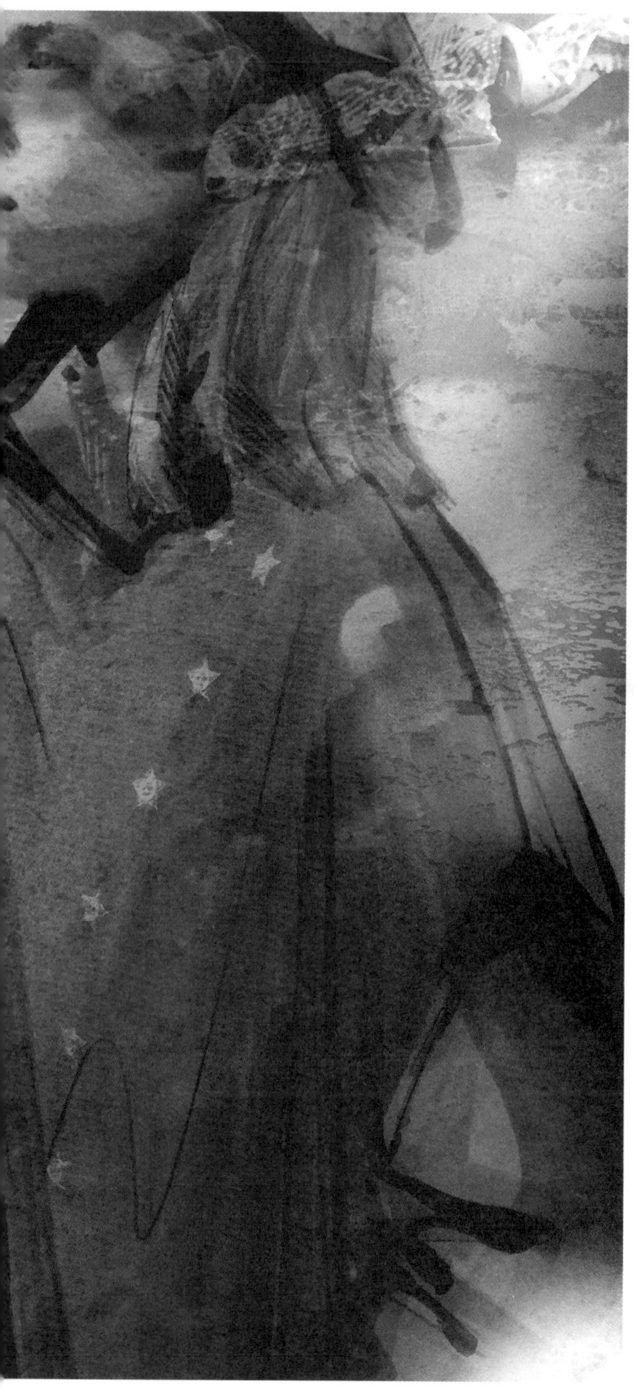

根据低袖窿袖子的设计原理，这款落肩袖没有袖山吃势量。

制板前，需要确定衣身（低袖窿长款大衣）前后片袖窿的总长。本例中，后片袖窿长29.6cm，前片袖窿长26.8cm。与这款落肩袖对应的衣身前后片肩斜线形态一致，因此衣袖前后片也会更加协调。

为了准确地绘制样板，需要确定袖山高和袖子的宽度，并确定理想的袖长。

袖山高等于袖窿总长的三分之一减去绘制衣身样板时在外肩点添加的放松量（本例为15cm），即56.4/3−15=18.8−15=3.8cm。

按照衣身前片和后片袖窿长在袖子的样板上取值，以确定袖宽（不需要从前片和后片的袖窿长度中减少0.5cm，因为这个样板的袖山高尺寸非常小，仅3.8cm）。

款式图

图1

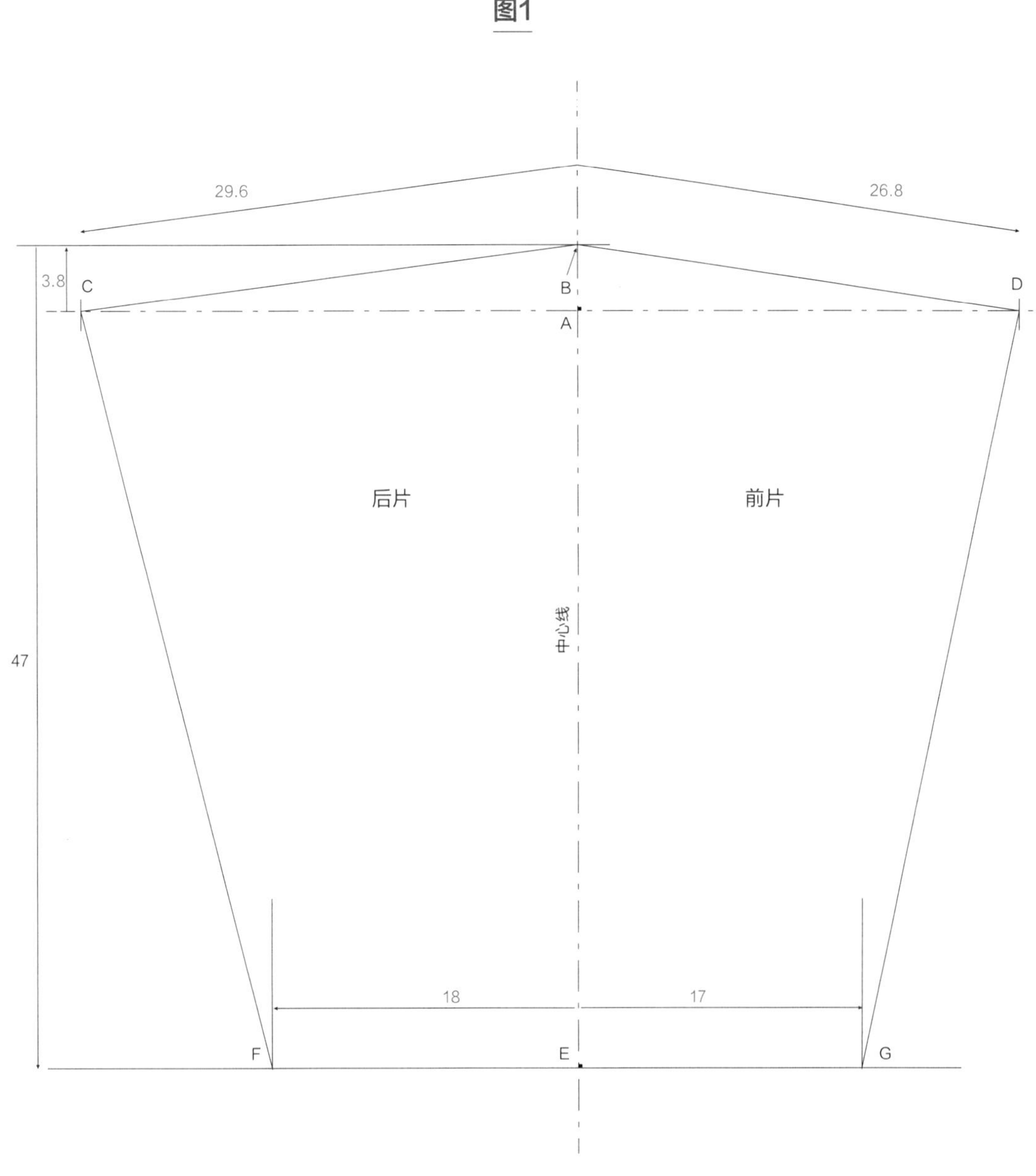

图1

1. 在绘图纸中间绘制一条垂直线作为中心线，再画一条水平线作为袖山深线。本例中，水平线位于绘图纸上边缘线下方5cm处。

自袖山深线的A点向上，在中心线上取袖山高3.8cm，标记为B点。

2. 自B点向袖山深线设置前后袖窿的长度，即前袖窿长26.8cm，后袖窿长29.6cm，在中心线两侧的袖山深线上标记D点和C点。分别用直线连接BD和BC。

从理论上来说，由于手臂后侧肌肉比较发达，袖子的后片始终要比前片稍微大一些。

根据手臂长度确定袖长。测量人体臂长时手臂自然弯曲，从外肩点经过手肘再到手腕处。

用臂长62cm减去相对于短上衣基础样板肩斜线的延长量15cm，即袖长=62-15=47cm。

3. 自B点向下47cm，在中心线上标记E点。

过E点绘制中心线的垂直线，以确定袖口宽度。

本例中，袖口的理想宽度为35cm。

将该尺寸等分，即35/2=17.5cm，并调整前后片比例：

- 后片：17.5+0.5=18cm
- 前片：17.5-0.5=17cm

4. 自E点在中心线的两侧水平线上设置前后片袖宽，标记F点和G点。

分别用直线连接后片上的F点和C点，前片上的G点和D点，绘制袖底缝。

图2

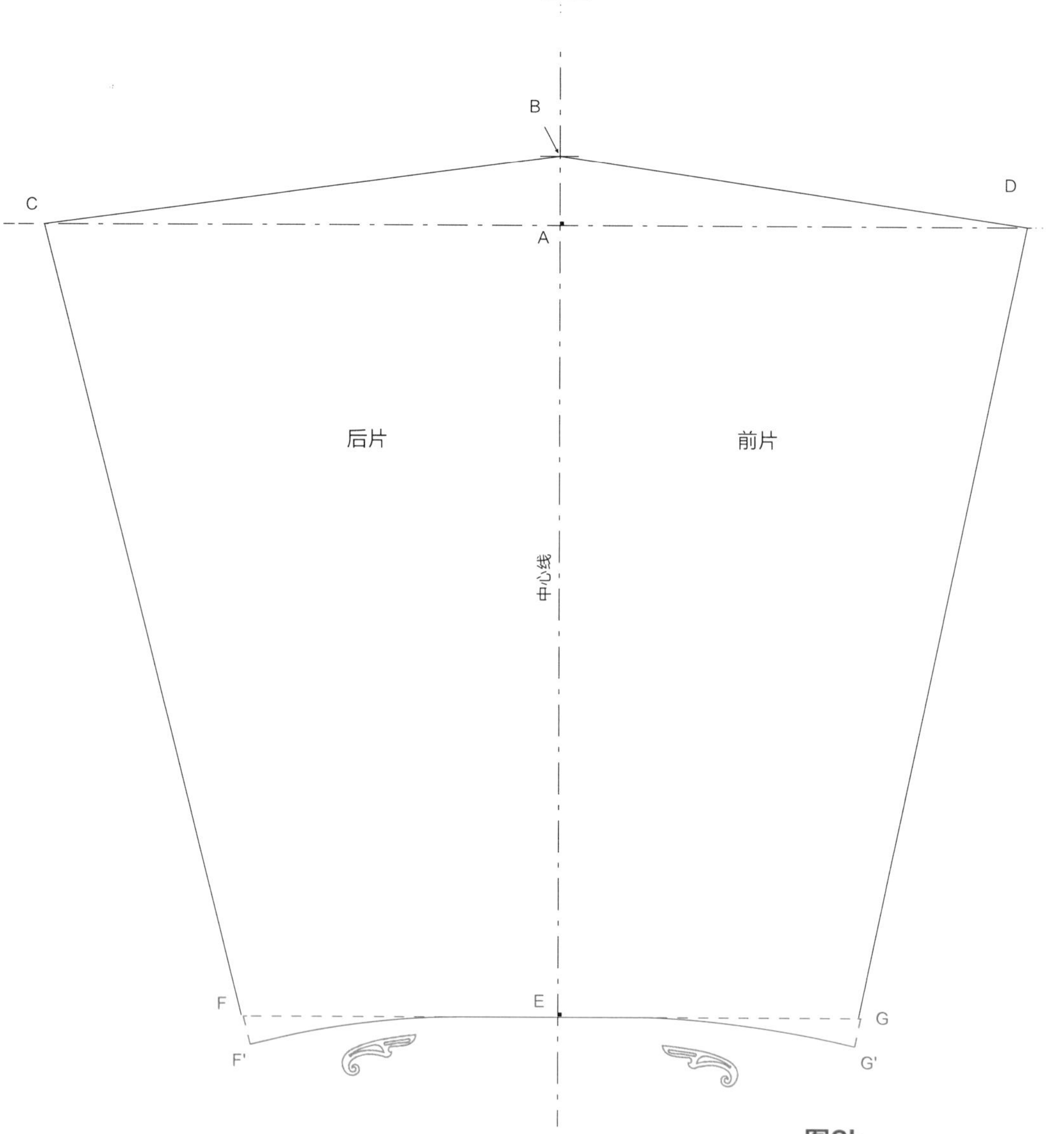

B
C
D
A
后片
前片
中心线
F
E
G
F'
G'

图2b

透明描图纸
D C
前片
后片
E
G
F
G'
F'
E

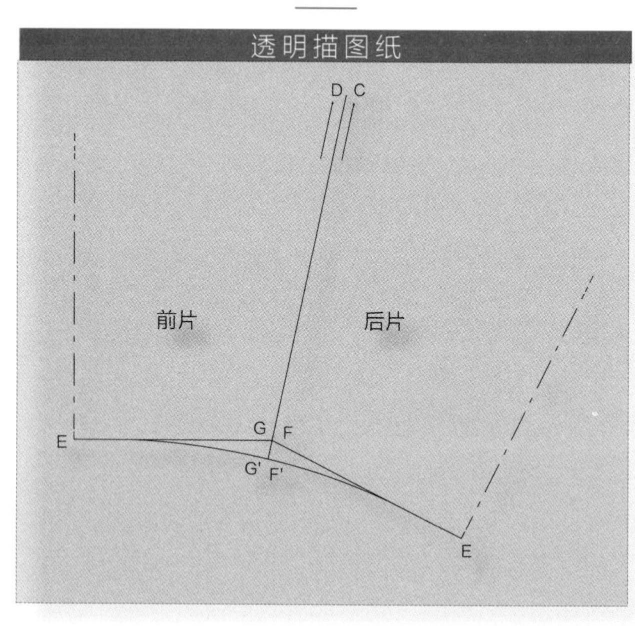

图2

调整袖口曲线

1. 借助透明描图纸（图2b）拓描中心线、前片EG和GD，接着重合C点和D点，使GD与FC合拢，并继续拓描后片FE和中心线。由于后片与前片不对称，在F点和G点的位置出现了微小的落差。

2. 借助曲线板，将F点和G点处形成的转角线条画顺，标记F'点和G'点。

3. 将这条新的袖口曲线拓描至袖子的样板上。

图3

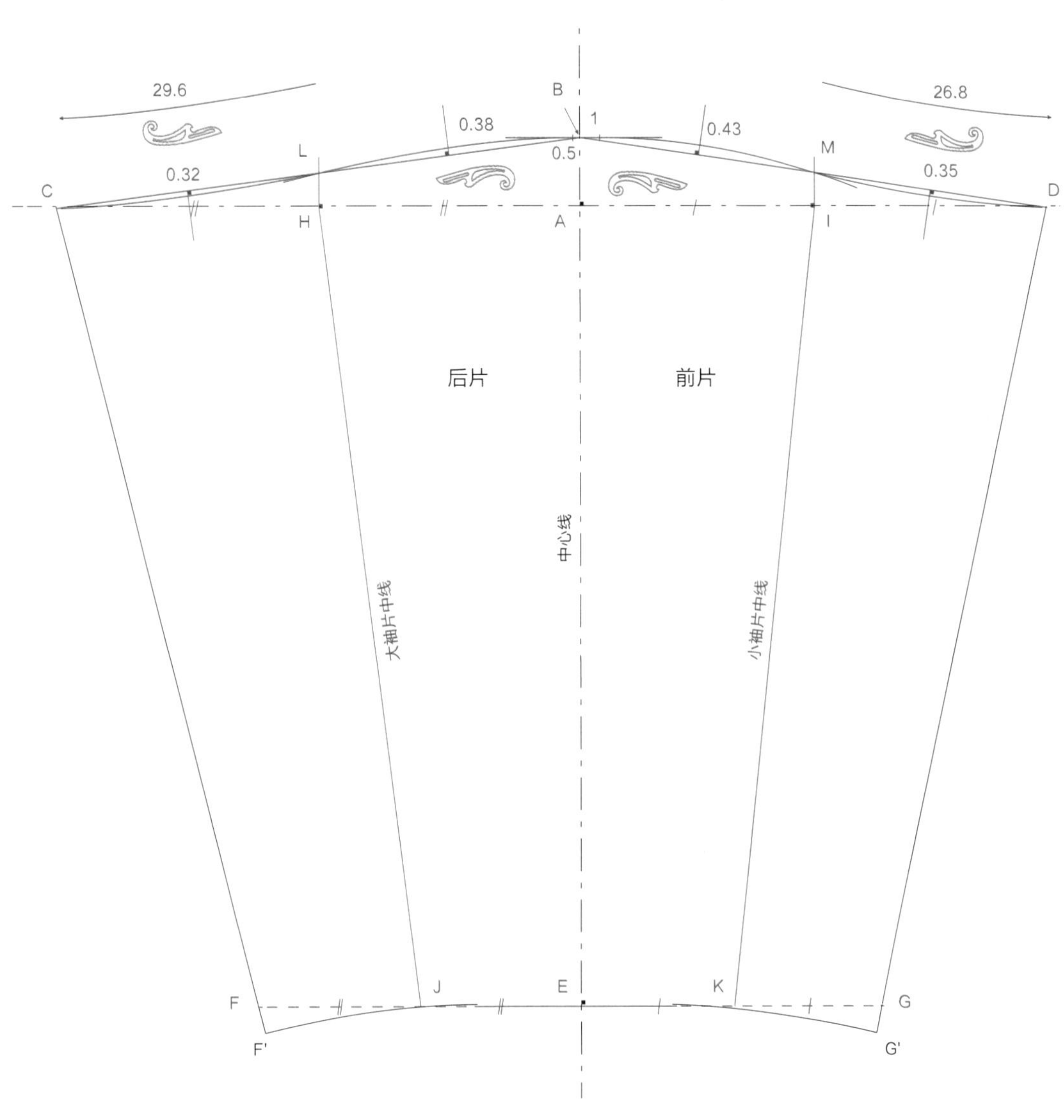

图3

绘制袖山曲线

1. 将本例的袖山高（3.8cm）除以低袖窿袖子的袖山高（13.16cm），得到参考系数，即3.8/13.16=0.29，用于计算绘制这款袖子袖山曲线所需的垂线长度。

2. 计算制板所需的垂线长度（参考低袖窿袖子的制板尺寸）：

1.1×0.29=0.32cm

1.2×0.29=0.35cm

1.3×0.29=0.38cm

1.5×0.29=0.43cm

3. 绘制大片袖中线和小片袖中线时，需将以下间距等分：

– 袖山深线CA、AD

– 袖子底边线FE、EG

标记其中点H点、I点、J点和K点。用直线连接H点和J点（大袖片中线）、I点和K点（小袖片中线）。

分别自H点和I点向袖山深线上方作垂线并与BC和BD相交于L点和M点。将以下间距等分并作垂线：

– 后片：将BL等分并取其中点向上绘制一条0.38cm长的垂线，对LC进行同样的操作并向下绘制一条0.32cm长的垂线。

– 前片：将BM等分并取其中点向上绘制一条0.43cm长的垂线，对MD进行同样的操作并向下绘制一条0.35cm长的垂线。

4. 过B点绘制一小段水平线，在后片上取0.5cm，在前片上取1cm。

5. 借助曲线板绘制袖山曲线，使其经过垂线上的标记点及L点和M点。如图所示，根据线条形状来变换曲线板方向。

6. 检查曲线BC和BD的长度。后片BC=29.6cm，前片BD=26.8cm。

如果这两条曲线的长度与此不符，则需要移动肩缝对位标记或者移动C点和D点，校正曲线长度。

图4

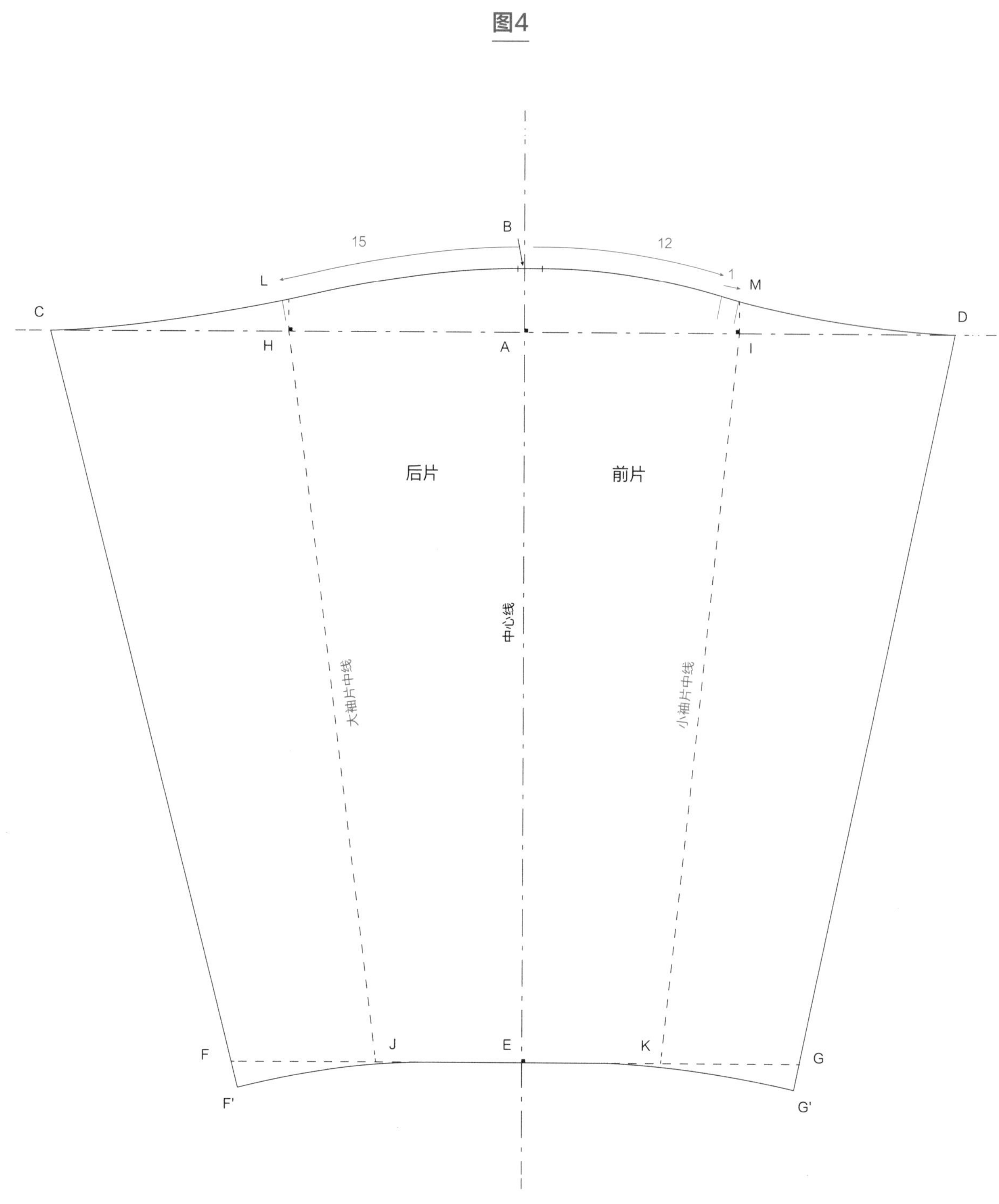

图4

在袖山曲线上与衣身对应的位置设置刀眼

- 在中心线上B点处设置肩缝对位刀眼
- 前片：分别在距离B点12cm和13cm处设置刀眼
- 后片：在距离B点15cm处设置一个刀眼

图5

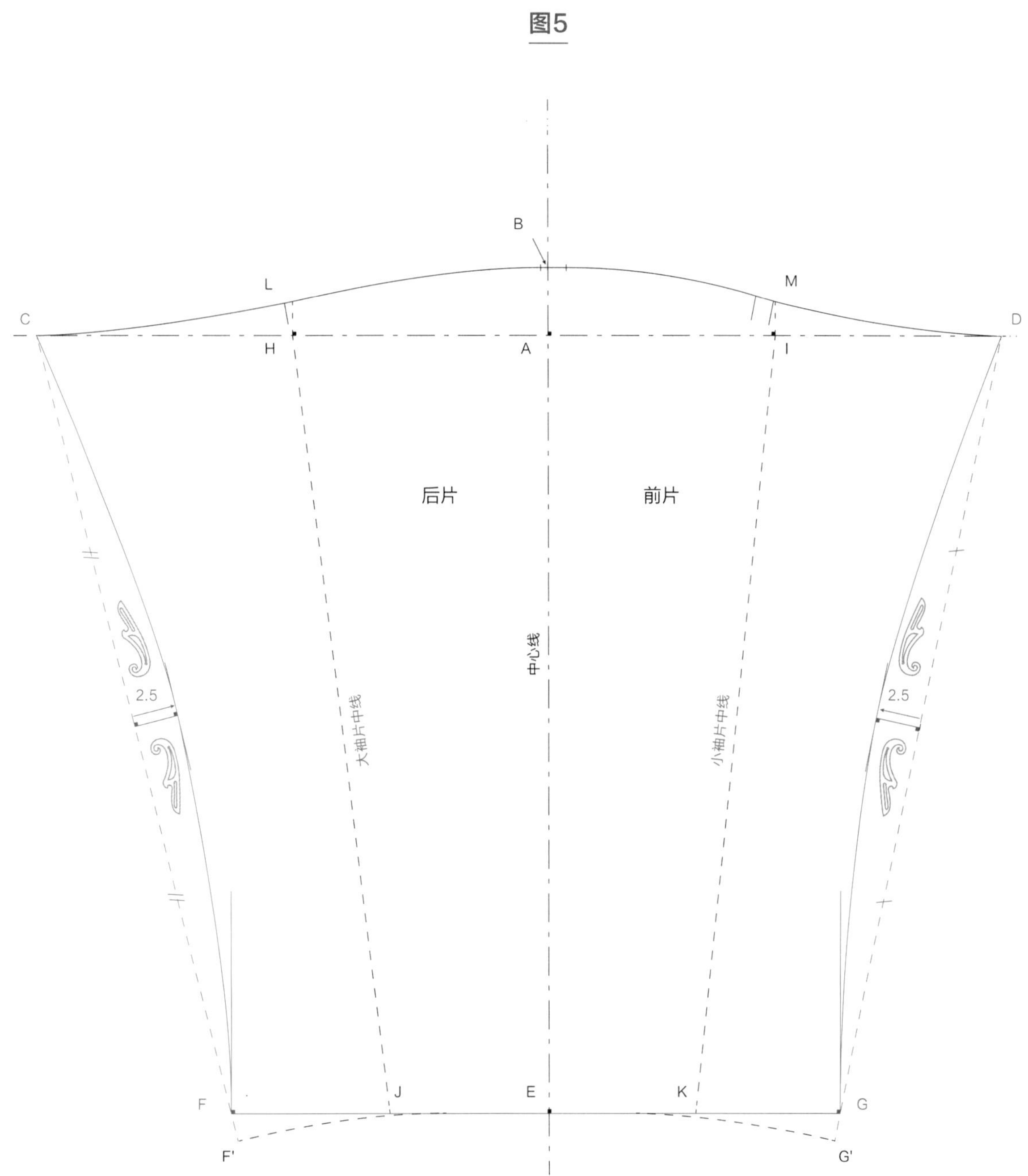

图5

另一种袖口线的收边方法

1. 袖口线保持为一条水平线可以简化车缝（袖口缝份可以沿袖口线对折）。在袖子底边的水平线上，分别过F点和G点向FG上方作垂线。然后，分别取后片FC和前片GD的中点，自中点分别垂直向内收进2.5cm左右的距离。

2. 经过这两处2.5cm标记点绘制垂直线。借助曲线板分别连接F点和C点、G点和D点，使其与这两条垂直线相切。如图所示，根据线条形状来变换曲线板方向。

图6

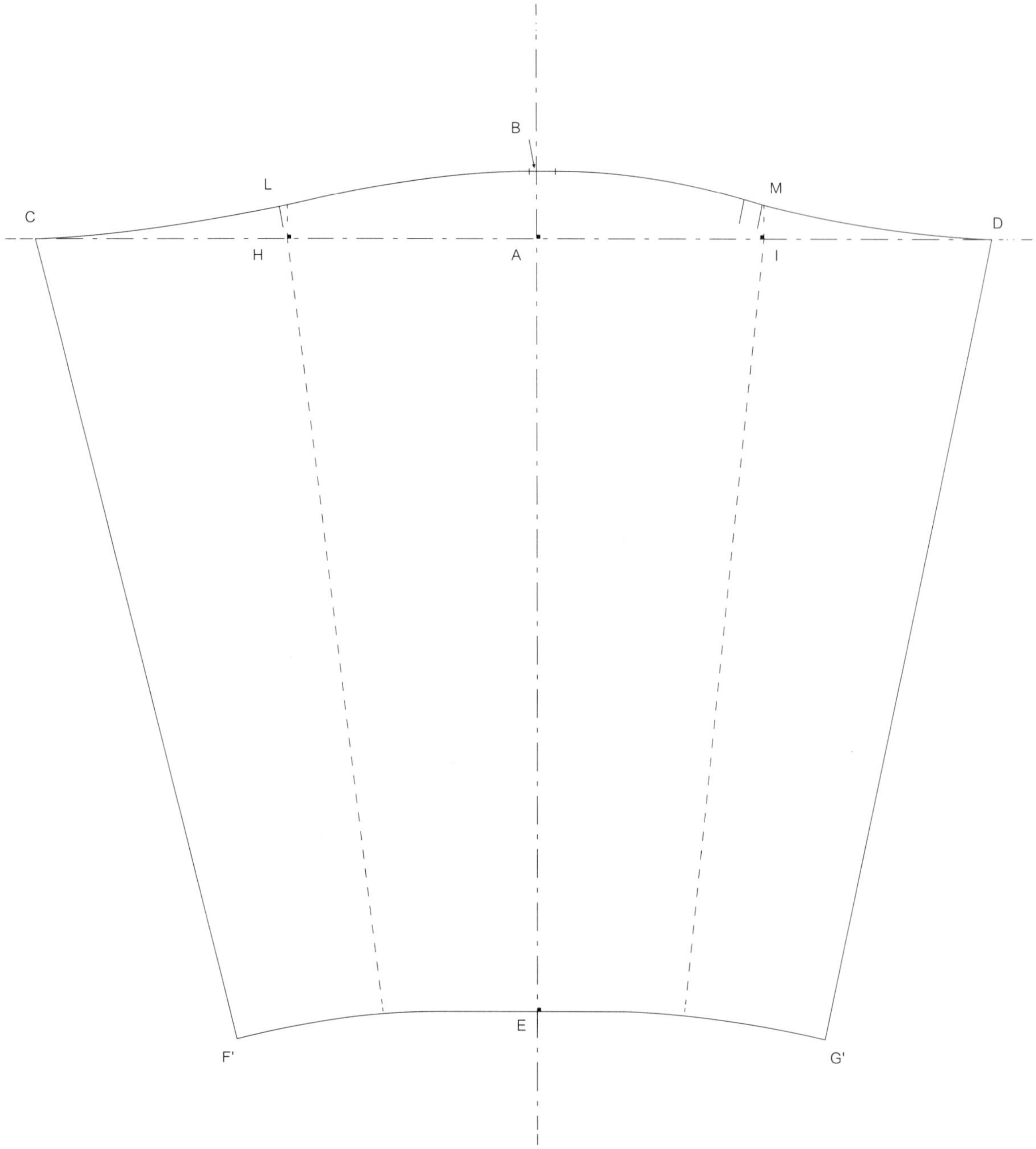

图6

完成袖口为弧线的低袖窿落肩袖最终样板的绘制。

图7

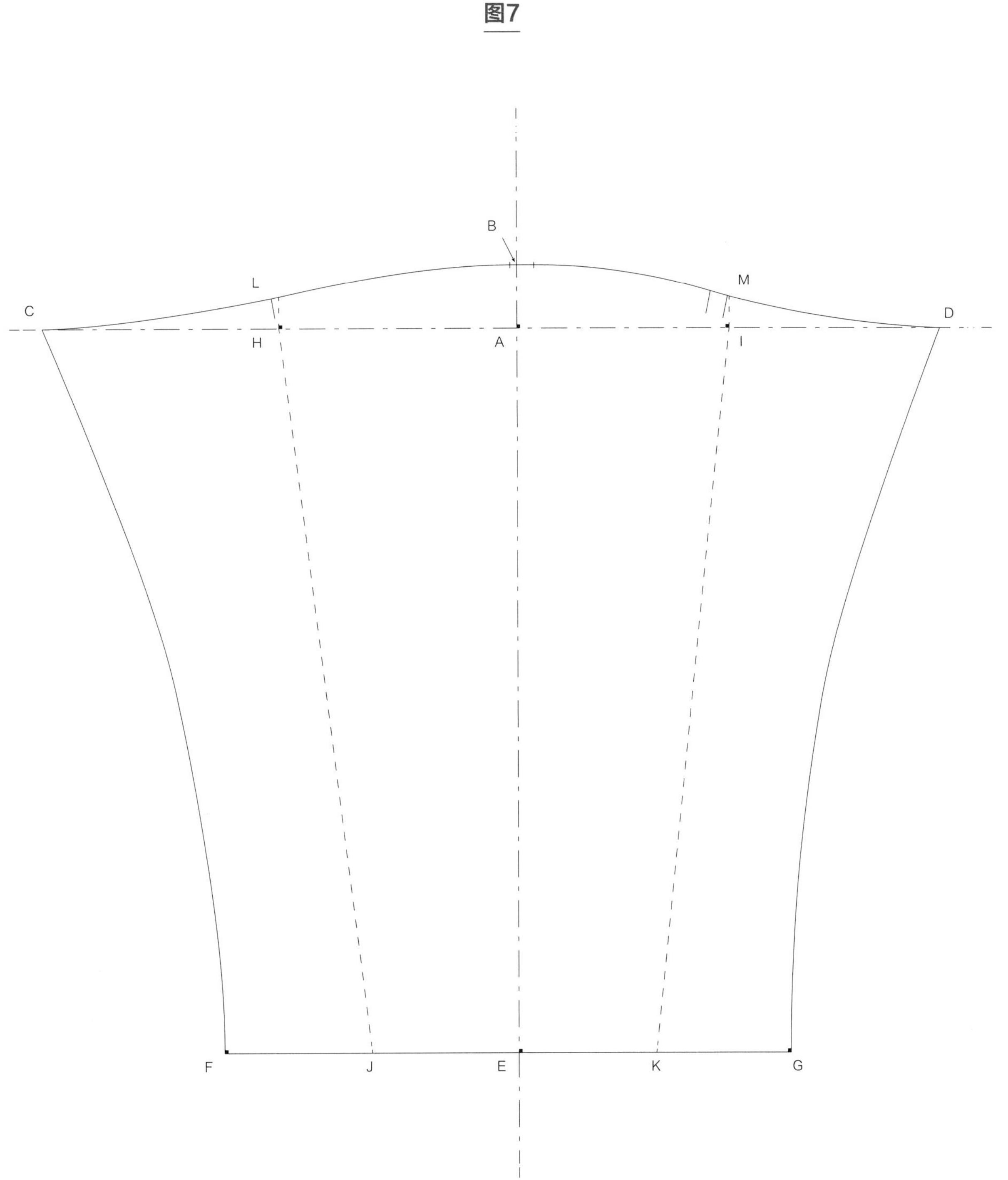

图7

完成袖口为直线的低袖窿落肩袖最终样板的绘制。